Inhaltsverzeichnis

Wichtige Sternkarten

Einleitung

Die folgenden Kapitel sind für den Neuling der Astronomie bestimmt. Wer schon über einschlägige Kenntnisse verfügt, kann diese Kapitel überblättern. Die in diesen Kapiteln beschriebenen und im folgenden Werk benutzten Einstellungen werden kurz zusammengefasst:

Äquinoktium in Sternkarten: 2000
Konjunktionen zwischen Mond, Planeten, Asteroiden und Fixsternen: Wert in Rektaszension
Konjunktionen zwischen Planeten und Asteroiden mit der Sonne: Wert in ekliptikaler Länge

Alle Angaben in diesem Werk wurden mit größtmöglicher Sorgfalt zusammen-gestellt, doch können fehlerhafte Angaben niemals gänzlich ausgeschlossen werden. Der

Autor übernimmt keine Haftung für Personen- oder Sachschäden, insbesondere nicht durch solche, die durch unvorsichtige Sonnenbeobachtung entstehen.

Sterne und Sternbilder

In einer klaren Nacht kann man etwa 2000 – 3000 Sterne sehen. Um in diese Vielzahl von Sternen Ordnung zu bringen, hat man markanten Gruppen von Sternen Namen gegeben, die man als Sternbilder bezeichnet. Jeder Kulturkreis hat im Laufe der Geschichte eigene Sternbilder kreiert. Heutzutage verwendet man 88 Sternbilder. Die meisten, der in Mitteleuropa sichtbaren Sternbilder gehen auf die griechische Sagenwelt zurück, in der die Beteiligten oft am Ende in den Himmel versetzt wurden. Es gibt aber – nicht nur am südlichsten Teil des Himmels, der den antiken Griechen unbekannt war – auch zahlreiche Sternbilder, die erst in der Neuzeit geschaffen wurden.

Die heute verwendeten 88 Sternbilder decken den kompletten Himmel ab und haben eindeutig definierte Grenzen. Die Sterne der Sternbilder bilden in der Regel keine echten Sterngruppen und befinden sich oft in unterschiedlicher Entfernung zur Erde. In den Sternkarten dieses Buches sind die Sternbilder als durch Linien verbundene Sterngruppen dargestellt. Diese Form der Darstellung ermöglicht eine relativ leichte Identifizierung. Natürlich existieren diese Linien am Himmel nicht. Diese Darstellungsform ist nicht genormt. Man kann auch Sternkarten finden, in denen die Sterne der Sternbilder auf andere Weise, wie in diesem Buch, mit Linien verbunden sind.

Liste der Sternbilder

Name des Sternbildes	Lateinischer Name	Genitiv des lateinischen Namens	Abkürzung
Adler	Aquila	Aquilae	Aql
Altar	Ara	Arae	Ara
Andromeda	Andromeda	Andromedae	And
Bärenhüter	Bootes	Bootis	Boo
Becher	Crater	Crateris	Crt
Bildhauer	Sculptor	Sculptoris	Scl
Chamäleon	Chamaeleon	Chamaeleontis	Cha
Chemischer Ofen	Fornax	Fornacis	For
Delphin	Delphinus	Delphini	Del
Drache	Draco	Draconis	Dra
Dreieck	Triangulum	Trianguli	Tri
Eidechse	Lacerta	Lacertae	Lac
Einhorn	Monoceros	Monocerotis	Mon
Eridanus	Eridanus	Eridani	Eri
Fische	Pisces	Piscium	Psc
Fliege	Musca	Muscae	Mus

Name des Sternbildes	Lateinischer Name	Genitiv des lateinischen Namens	Abkürzung
Fliegender Fisch	Volans	Volantis	Vol
Fuchs	Vulpecula	Vulpeculae	Vul
Fuhrmann	Auriga	Aurigae	Aur
Füllen	Equuleus	Equulei	Equ
Giraffe	Camelopardalis	Camelopardalis	Cam
Grabstichel	Caelum	Caeli	Cae
Großer Bär	Ursa Major	Ursae Majoris	Uma
Großer Hund	Canis Major	Canis Majoris	CMa
Haar der Berenike	Coma Berenices	Comae Berenices	Com
Hase	Lepus	Leporis	Lep
Herkules	Hercules	Herculis	Her
Inder	Indus	Indi	Ind
Jagdhunde	Canes Venatici	Canum Venaticorum	CVn
Jungfrau	VIrgo	Virginis	Vir
Kassiopeia	Cassiopeia	Cassiopeiae	Cas
Kepheus	Cepheus	Cephei	Cep
Kleine Wasserschlange	Hydrus	Hydri	Hyi
Kleiner Bär	Ursa Minor	Ursae Minoris	UMi
Kleiner Hund	Canis Minor	Canis Minoris	CMi
Kleiner Löwe	Leo Minor	Leonis Minoris	LMi
Kompass	Pyxis	Pyxidis	Pyx
Kranich	Grus	Gruis	Gru
Krebs	Cancer	Cancri	Cnc
Kreuz des Südens	Crux	Crucis	Cru
Leier	Lyra	Lyrae	Lyr
Löwe	Leo	Leonis	Leo
Luchs	Lynx	Lyncis	Lyn
Luftpumpe	Antlia	Antliae	Ant
Maler	Pictor	Pictoris	Pic
Mikroskop	Microscopium	Microscopii	Mic
Netz	Reticulum	Reticuli	Ret
Nördliche Krone	Corona Borealis	Coronae Borealis	CrB
Oktant	Octans	Octantis	Oct
Orion	Orion	Orionis	Ori
Paradiesvogel	Apus	Apodis	Aps
Pegasus	Pegasus	Pegasi	Peg
Pendeluhr	Horologium	Horologii	Hor
Perseus	Perseus	Persei	Per
Pfau	Pavo	Pavonis	Pav
Pfeil	Sagitta	Sagittae	Sge
Phönix	Phönix	Phoenicis	Phe

Name des Sternbildes	Lateinischer Name	Genitiv des lateinischen Namens	Abkürzung
Rabe	Corvus	Corvi	Crv
Schiffsheck	Puppis	Puppis	Pup
Schiffskiel	Carina	Carinae	Car
Schild	Scutum	Scuti	Sct
Schlange	Serpens	Serpentis	Ser
Schlangenträger	Ophiuchus	Ophiuchi	Oph
Schütze	Sagittarius	Sagittarii	Sgr
Schwan	Cygnus	Cygni	Cyg
Schwertfisch	Dorado	Doradus	Dor
Segel	Vela	Velorum	Vel
Sextant	Sextans	Sextantis	Sex
Skorpion	Scorpius	Scorpii	Sco
Steinbock	Capricornus	Capricorni	Cap
Stier	Taurus	Tauri	Tau
Südliche Krone	Corona Australis	Coronae Australis	CrA
Südlicher Fisch	Piscis Austrinus	Piscis Austrini	PsA
Südliches Dreieck	Triangulum Australe	Trianguli Australis	TrA
Tafelberg	Mensa	Mensae	Men
Taube	Columba	Columbae	Col
Teleskop	Telescopium	Telescopii	Tel
Tukan	Tucana	Tucanae	Tuc
Waage	Libra	Librae	Lib
Walfisch	Cetus	Ceti	Cet
Wassermann	Aquarius	Aquarii	Aqr
Wasserschlange	Hydra	Hydrae	Hya
Widder	Aries	Arietis	Ari
Winkelmaß	Norma	Normae	Nor
Wolf	Lupus	Lupi	Lup
Zentaur	Centaurus	Centauri	Cen
Zirkel	Circinus	Circini	Cir
Zwillinge	Gemini	Geminorum	Gem

Sternhaufen und Nebel

Neben den Sternen gibt es auch noch nebelhaft erscheinende Objekte am Himmel.
Diese sind zum Teil Sternhaufen, die nicht aufgelöst werden können, Gaswolken im
Kosmos, aus denen sich entweder neue Sterne bilden oder die beim Tod von Sternen
entstanden sind oder auch andere Galaxien, also Sternsysteme ähnlich der
Milchstraße. Im Unterschied zu Sternbildern sind Sternhaufen echte Gruppierungen
von Sternen. Es gibt 2 Typen von Sternhaufen: offene Sternhaufen und
Kugelsternhaufen. Letztere sind dichter gepackt und erscheinen, wie der Name sagt,
kugelförmig.

Bezeichnung von Sternen, Sternhaufen und Nebeln

Die hellsten Sterne eines Sternbildes werden, seitdem Johannes Bayer im Jahr 1603
den Sternatlas „Uranometria" herausbrachte, im Regelfall mit einem kleinen
Buchstaben des griechischen Alphabets bezeichnet, den man dem Genitiv des
lateinischen Sternbildnamens (siehe Liste auf Seite 6) anhängt. Hierbei trägt meist,
aber nicht immer, der hellste Stern eines Sternbildes den Buchstaben α (Alpha), der
zweithellste den Buchstaben β (Beta), der dritthellste den Buchstaben γ (Gamma),
usw.

Die Kleinbuchstaben des griechischen Alphabets

α	Alpha
β	Beta
γ	Gamma
δ	Delta
ε	Epsilon
ζ	Zeta
η	Eta
θ	Theta
ι	Iota
κ	Kappa
λ	Lambda
μ	Mü
ν	Nü
ξ	Xi
ο	Omikron
π	Pi
ρ	Rho
σ	Sigma
τ	Tau
υ	Ypsilon
φ	Phi

χ   Chi
ψ   Psi
ω   Omega

Natürlich reichen die 24 Buchstaben des griechischen Alphabets nicht aus, um alle
Sterne eines Sternbildes zu bezeichnen, weshalb der Astronom John Flamsteed im
Jahr 1712 die Sterne der Sternbilder durchnummerierte, wobei auch die Sterne, die
schon mit einem griechischen Buchstaben bezeichnet wurden, mitgezählt wurden.
Noch heute wird dieses Nummerierungssystem genutzt, wobei die Sternennummer in
Verbindung mit dem lateinischen Genitiv des Sternbildnamens verwendet wird. Jedes
Sternbild hat zudem noch eine Abkürzung, die aus 3 Buchstaben des lateinischen
Sternbildnamens besteht.
Selbstverständlich reichte auch dies noch nicht aus und so wurden in den folgenden
Jahrhunderten zahlreiche weitere Sternverzeichnisse, sogenannte Sternkataloge,
geschaffen. In diesen erfolgt meist die Bezeichnung ohne Angabe des Sternbildes mit
fortlaufender Nummerierung, wie HD 128974, welches den Stern mit der Nummer
128974 im Henry-Draper-Katalog bezeichnet.
Helligkeitsveränderliche Sterne werden, sofern sie nicht mit einem Buchstaben des
griechischen Alphabets versehen sind, mit einem oder zwei lateinischen
Großbuchstaben zwischen R und Z in Verbindung mit dem lateinischen Genitiv des
Sternbildes gekennzeichnet.
Die hellsten Sterne und auch einige lichtschwächere Sterne an markanten Positionen
besitzen zudem noch Eigennamen, die meist aus dem Arabischen stammen. Typische
Beispiele hierfür sind Sirius für α Canum Majoris oder Pollux für β Geminorum.
Nebel, Galaxien und Sternhaufen werden unabhängig von ihrer Natur mit einer
fortlaufenden Nummer aus einem entsprechenden Verzeichnis bezeichnet. Die am
häufigsten verwendeten Verzeichnisse, sind der „Messier-Katalog" in dem Objekte mit
einem M und der fortlaufenden Nummer bezeichnet werden, der „New General
Catalogue", dessen Objekte mit „NGC" und der fortlaufenden Nummer benannt
werden und der „Index Catalogue" (Objektbezeichnung: „IC" + fortlaufende Nummer).

Veränderliche Sterne

Manche Sterne zeigen eine mehr oder minder große Schwankung ihrer Helligkeit.
Ursache hierfür können gegenseitige Bedeckungen von Sternen in
Doppelsternsystemen (Bedeckungsveränderliche), die Rotation deformierter oder
ungleichmäßig beschaffener Sternkörper (Rotationsveränderliche) oder physikalische
Veränderungen des Sterns sein. Rotationsveränderliche zeigen meist nur geringe
Helligkeitsschwankungen und sind deshalb für die meisten Amateurbeobachter
uninteressant, weshalb sie in diesem Werk nicht näher behandelt werden.

Bedeckungsveränderliche

Bedeckungsveränderliche sind Doppelsterne, bei denen sich die beiden Komponenten
während eines Umlaufs gegenseitig bedecken, wobei die Helligkeit des Sternsystems
abnimmt, da jeweils nur das Licht einer Komponente die Erde erreicht.
Während eines Umlaufs treten zwei Minima auf, diese fallen je nachdem, wie groß der
Unterschied zwischen beiden Sternen ist, verschieden stark aus.
Zwischen den Minima ist bei Bedeckungsveränderlichen mit nicht deformierten
Sternen die Helligkeit mehr oder minder konstant, während sie bei Systemen, deren
Komponenten durch ihre gegenseitige Schwerkraft deformiert sind, in dieser Zeit in
Folge der Eigenrotation der Sternkomponenten schwanken kann. Ein
Bedeckungsveränderlicher der ersten Sorte ist Algol, einer der letzten ist β Lyrae.

Physikalisch-veränderliche Sterne

Physikalisch-veränderliche Sterne sind Sterne, deren Helligkeit in Folge physikalischer
Veränderungen des Sterns schwanken. Hierbei gibt es zwei Grundtypen: eruptive
Veränderliche und Pulsationsveränderliche. Der Helligkeitsverlauf eruptiv-
veränderlicher Sterne kann nicht vorausberechnet werden, weshalb auf sie nicht näher
eingegangen wird.
Die für Amateurbeobachter wichtigsten Typen von Pulsationsveränderlichen sind
die Cepheiden und die Mirasterne. Cepheiden zeigen einen streng periodischen
Lichtwechsel mit einer Periode von wenigen Tagen und einer Helligkeitsschwankung
von 0,5 mag bis 1 mag. Mirasterne haben eine Periode von 80 bis 1000 Tagen, die
nicht immer streng eingehalten wird. Die Amplitude ihres Lichtwechsels ist beträchtlich
und kann bei einigen Objekten mehr als 10 mag betragen.

Ab Seite 295 werden einige gut beobachtbare, veränderliche Sterne mit Angaben zu
den Zeitpunkten ihrer Helligkeitsmaxima oder Helligkeitsminima vorgestellt.

Astronomische Koordinatensysteme und Sternzeit

Um die Position eines Objekts am Himmel festzulegen, ist die Angabe des Sternbildes
häufig zu ungenau. Es muss ein Koordinatensystem her. Da der Himmel von der Erde
aus wie das Innere einer Kugel erscheint, kommt man mit zwei Winkelkoordinaten aus,
die man wie üblich in Grad, abgekürzt mit ° angibt. Für sehr kleine Werte unterteilt
man das Grad in 60 Bogenminuten (abgekürzt: ') und diese wieder in 60
Bogensekunden (abgekürzt: "). Der naheliegendste Gedanke für ein derartiges
System ist das Horizontsystem, bei dem der Horizont als Bezugsebene dient und man
die Position des Objekts durch seine Höhe über dem Horizont und dem Winkel
zwischen Südlinie und der Linie zwischen Objekt und Scheitelpunkt des
Himmelgewölbes, den sogenannten Azimut bestimmt. Dieses System hat den
Nachteil, dass sich wegen der Erdrotation alle Koordinaten rasch ändern.

Ein Koordinatensystem, welches dieses Problem überwindet, ist das äquatoriale Koordinatensystem. Bei ihm dient der Himmelsäquator als Bezugsebene und als Koordinaten dienen die Winkel des Objekts zwischen dem Objekt und dem Himmelsäquator und dem Objekt und dem Frühlingspunkt. Der Frühlingspunkt ist die Stelle, an der sich die Sonne aufhält, wenn sie den Himmelsäquator in nördlicher Richtung passiert und mit dessen Sonnenpassage der astronomische Frühling beginnt.

Es ist üblich, den Winkel zwischen Objekt und Frühlingspunkt, den sogenannten Rektaszensionswinkel in Stunden, Minuten und Sekunden anzugeben. Hierbei entsprechen 1 Stunde 60 Minuten, 1 Minute 60 Sekunden und 24 Stunden einen kompletten Umlauf um den Himmel. Im üblichen Winkelmaß ausgedrückt, entspricht somit 1 Stunde einen Winkel von 15°, 1 Minute einen Winkel von 15' und 1 Sekunde einen Winkel von 15".

Diese Bezeichnung rührt daher, weil in 24 Stunden sich die Erde einmal um sich selbst gedreht hat, so dass dann wieder der gleiche Punkt seinen höchsten Stand am Himmel erreicht.

Allerdings darf man hierzu nicht unsere normalen Stunden nehmen, denn diese sind von dem im Alltag gebräuchliche Tag abgeleitet, welcher als zeitliche Differenz zwischen zwei Höchstständen der Sonne definiert ist. Da die Erde um die Sonne wandert, hat sich die Sonne nach einem Tag am Himmel etwas in Richtung höherer Rektaszensionswerte verschoben, so dass sich dann etwas mehr als der komplette Himmel scheinbar um die Erde gedreht hat.

Man muss deshalb eine andere Tagesdefinition verwenden, den sogenannten Sterntag, der die zeitliche Differenz zwischen zwei Höchstständen des Frühlingspunkts darstellt. Er ist mit einer Länge von 23h56m4s etwas kürzer.

Von diesen können analog zum Sonnentag Stunden, Minuten und Sekunden abgeleitet werden, die um den Faktor 0,997268, ungefähr 365/366-mal kürzer sind als die im Alltagsgebrauch üblichen entsprechenden Zeiteinheiten.

Wenn an einen bestimmten Tag der Frühlingspunkt um 21.30 Uhr kulminiert, das heißt seinen höchsten Stand im Süden erreicht, dann kulminiert ein Objekt mit der Rektaszension 1h30m 1h29m45s später, also um 22h59m45s.

Die Deklination hingegen wird – wie allgemein üblich – in Grad (°), Bogenminute (') und Bogensekunden (") angegeben.

Ein korrekt aufgestelltes, parallaktisch montiertes Fernrohr, dessen Achsen mit Teilkreisen ausgestattet sind, kann mit Hilfe der Sternzeit blind auf ein Himmelsobjekt bekannter Rektaszension und Deklination eingestellt werden. Hierzu muss vom Rektaszensionswert der zur Beobachtungszeit gültige Sternzeitwert subtrahiert werden. Der erhaltene Winkel, der sogenannte Stundenwinkel ist an der Polachse und der Deklinationswert an der Deklinationsachse einzustellen.

Wenn die Montierung korrekt ausgerichtet ist, sieht man jetzt das Objekt im Fernrohr. Zur Bestimmung der Sternzeit gibt es auf Seite 288 eine Tabelle mit der Sternzeit für jeden Tag des Jahres 2024.

Leider ist auch der Himmelspol nicht fest am Himmel, sondern beschreibt durch die Kreiselbewegung der Erde, die sogenannte Präzession, im Zeitraum von 25800 Jahren einen Kreis mit 47° Durchmesser am Himmel.

Dies mag auf den ersten Blick vernachlässigbar klein erscheinen, wenn man
Zeiträume von wenigen Jahren und Jahrzehnten betrachtet, ist es aber nicht, weil man
in der Astronomie oft Koordinatenangaben mit hoher Genauigkeit im
Bogensekundenbereich macht. Deshalb muss man bei äquatorialen Koordinaten stets
angeben, für welchen Zeitpunkt, den man als Epoche bezeichnet, die Position des
Frühlingspunktes wählt. In diesem Werk wird für Sternkarten die Epoche 2000
verwendet, während in den Ephemeriden, das sind die Listen mit den Positionen der
Himmelsobjekte, die aktuelle Epoche verwendet wird.
Ein weiteres astronomisches Koordinatensystem ist das ekliptikale System. Es
verwendet die Erdbahnebene als Bezugsebene mit dem Frühlingspunkt als Nullpunkt.
Es wird in diesem Werk nicht verwendet, wie auch das galaktische System, welches
die Ebene unseres Milchstraßensystems als Bezugsebene mit dem Zentrum der
Milchstraße als Nullpunkt verwendet.

Helligkeit

Die Helligkeit von Himmelsobjekten wird in Größenklassen angegeben, wobei es
üblich ist für ein Objekt mit der Helligkeit der Größenklasse 2,1 2,1 mag zu schreiben.
Je größer der Wert der Helligkeit eines Objektes ist, umso lichtschwächer ist es. Mit
bloßem Auge kann man Objekte beobachten, deren Größenklassenwert kleiner gleich
6 ist, mit einem Feldstecher kommt man bis zur 9. Größe und mit einem 6 Zentimeter
Fernrohr bis zu 11 mag.
Großteleskope können Objekte bis zu 28 mag detektieren.
Die Größenwerte sehr heller Objekte sind kleiner als 0. So hat Sirius, der hellste
Fixstern, eine Helligkeit von −1,47 mag, die Venus eine von etwa − 4 mag, der
Vollmond von −12,7 mag und die Sonne von −26,7 mag.
Die Größenklassenskala ist eine logarithmische Skala: ein Objekt, dessen
Größenklassenwert um 5 Werte niedriger ist, als die eines anderen, ist 100-mal heller
als dieses, folglich ist ein Objekt, welches um 1 Größenklasse heller ist als ein anderes
um den Faktor der 5. Wurzel aus 100 (ungefähr: 2,512-mal) heller als dieses.

Uhrzeit

Alle Uhrzeiten in diesem Buch sind, sofern nicht anders angegeben, als
mitteleuropäische Zeit (MEZ) angegeben. Herrscht Sommerzeit (MESZ), so ist zu
diesen Angaben 1 Stunde zu addieren, wobei sich für Zeitangaben zwischen 23 Uhr
und 24 Uhr MEZ, auch das Datum des Ereignisses auf den nächsten Tag verschiebt.
Sind in der Liste der Sternbedeckungen durch den Mond bei einem Ereignis für
manche Orte Zeitangaben mit Werten vor 24 Uhr zugeordnet und für andere solche
mit Werten nach 0 Uhr zu finden, so heißt dies, dass in letzteren Orten das Ereignis
kurz nach Mitternacht am folgenden Tag stattfindet.

Konjunktion und Opposition

Wenn von der Erde aus betrachtet, zwei Himmelskörper in der gleichen Richtung zu sehen sind, dann sagt man, sie sind in Konjunktion zueinander.
Das präzisere Kriterium für gleiche Richtung ist der gleiche Rektaszensionswert (Konjunktion in Rektaszension) oder der gleiche Wert der ekliptikalen Länge (Konjunktion in Länge).
Für Konjunktionen zwischen Mond, Planeten, Zwergplaneten, Asteroiden und Fixsternen werden in diesem Buch in der Liste „Astronomische Ereignisse" stets die Werte der Konjunktion in Rektaszension angegeben, während bei Konjunktionen mit der Sonne immer der Wert der Konjunktion in ekliptikaler Länge angegeben ist.
Zum Zeitpunkt der Konjunktion erreichen zwei Himmelskörper ihren kleinsten gegenseitigen Winkelabstand. Es ist möglich, dass dieser Winkelabstand so klein ist, dass der eine Körper den anderen bedeckt oder vor diesen vorbeizieht. Da die Himmelskörper hierbei sehr unterschiedlich weit von der Erde entfernt sein können, ist es möglich, dass ein solches Ereignis nicht überall dort sichtbar ist, wo beide Himmelskörper zum fraglichen Zeitpunkt über dem Horizont stehen.
Stehen am Himmel zwei Objekte einander gegenüber, so stehen sie in Opposition zueinander. Dies ist insbesondere in Bezug auf die Sonne von großer Bedeutung, weil dann ein Objekt am besten beobachtet werden kann. Als Zeitpunkt wird hierbei stets der Zeitpunkt der Opposition in ekliptikaler Länge angegeben.

Sonnenuntergang und Dämmerung

In dieser Tabelle sind für jeden Tag des Jahres der Zeitpunkt des Sonnenaufgangs, des Sonnenuntergangs, des höchsten Standes der Sonne, des Anfangs und des Endes der Dämmerung sowie der Wert der Zeitgleichung angegeben. Es wird hierbei zwischen 3 Arten der Dämmerung unterschieden:
- bürgerliche Dämmerung: Sonne 6° unter dem Horizont. Die hellsten Sterne sind sichtbar und man kann nicht mehr ohne künstliche Beleuchtung lesen
- nautische Dämmerung: Sonne 12° unter dem Horizont. Sterne bis zur 3. Größe sind sichtbar und man kann nicht mehr die exakte Lage des Horizonts bestimmen
- astronomische Dämmerung: Sonne 18° unter dem Horizont. Es ist vollkommen dunkel.

Die Zeitgleichung beschreibt die Differenz zwischen der Kulmination der Sonne und dem Mittagszeitpunkt, der in dieser Tabelle nicht 12 Uhr, sondern 12.24 Uhr ist. Dies ist auf dem Umstand zurückzuführen, dass die Zeitangaben in MEZ angegeben sind, sich aber auf den Ort mit 50° nördlicher Breite und 9° östlicher Länge beziehen. Die Längendifferenz von 6° führt zu einer Verspätung der Sonnenkulmination von 24 Minuten.

Mond

Der Mond durchwandert in 27,5 Tagen den kompletten Tierkreis, weshalb für jeden
Tag seine Position angegeben ist. Da der von der Sonne beleuchtete Teil des
Mondes, den wir als Mondphase bezeichnen, innerhalb von etwa 29,5 Tagen einen
kompletten Zyklus durchläuft, ist auch der sogenannte Phasenwinkel angegeben,
wobei 0 nicht beleuchtet (Neumond), 0,5 (halb beleuchtet) und 1 (Vollmond) bedeutet.
Die exakten Zeitpunkte der Hauptmondphasen Neumond, Erstes Viertel
(zunehmender Mond halb beleuchtet), Vollmond und Letztes Viertel (abnehmender
Mond halb beleuchtet), die in der Tabelle mit den Mondpositionen durch
entsprechende Symbole gekennzeichnet sind, können der Tabelle „Astronomische
Ereignisse" entnommen werden, ebenso die Konjunktionen des Mondes mit Planeten
und hellen Fixsternen.
In dieser Rubrik findet man auch die Zeitpunkte der größten Erdnähe und Erdferne
des Mondes und auch die Zeitpunkte, zu denen der Mond die Ekliptikebene
durchwandert (den Durchgang des aufsteigenden bzw. absteigenden Knotens) und
des maximalen Abstandes von der Ekliptikebene, der sogenannten größten Nord-
oder Südbreite.

Sternbedeckungen durch den Mond

Bei seiner Wanderung durch den Tierkreis bedeckt der Mond auch gelegentlich
Fixsterne und Planeten, was mit einem Fernrohr verfolgt werden kann. Da der Mond
keine Atmosphäre hat, verschwinden Fixsterne bei Bedeckungen schlagartig und
tauchen auch unvermittelt wieder auf. Im Anhang befindet sich auf Seite 186 eine
Tabelle mit derartigen Ereignissen. Die Ein- und Austrittszeitpunkte sind hierbei stark
ortsabhängig, weshalb diese für verschiedene Orte im deutschsprachigen Raum
angegeben sind. Bedeckungen von Himmelskörpern durch den Mond sind auch nicht
überall sichtbar. Aus diesem Grund enthält diese Tabelle auch für manche Orte keine
Werte.

Finsternisse

Wenn der Neumond vor der Sonne vorbeizieht, ereignet sich eine Sonnenfinsternis
und wenn der Vollmond durch den Erdschatten wandert, eine Mondfinsternis. Diese
Ereignisse werden in der Rubrik „Astronomische Ereignisse" und speziellen Kapiteln
beschrieben. Mondfinsternisse sind überall dort sichtbar, wo der Mond während der
Finsternis über dem Horizont steht, während Sonnenfinsternisse nur in bestimmten
Gebieten mit unterschiedlicher Ausprägung zu sehen sind.

Planeten

Die Sterne verändern innerhalb „überschaubarer" Zeiträume von einigen
Jahrtausenden ihre Position untereinander am Himmel praktisch nicht und erscheinen
„fix", weshalb man auch von Fixsternen spricht. Daneben gibt es auch einige Objekte,
die den Beobachter mit bloßem Auge zwar als Sterne erscheinen, aber ihre Position in
Bezug zu den anderen Sternen relativ rasch ändern. Man bezeichnet diese Objekte
als Wandelsterne oder Planeten. Sie sind allesamt Objekte des Sonnensystems, die
wie die Erde um die Sonne laufen.
Im Fernrohr sieht man Planeten als mehr oder minder große Scheibchen, während
Fixsterne selbst in größten Fernrohren punktförmig erscheinen.
Die Beobachtung dieser Objekte ist besonders interessant, weshalb der größte Teil
des Werkes den Planeten gewidmet ist.
Man unterscheidet zwischen äußeren und inneren Planeten. Innere Planeten laufen
innerhalb der Erdbahn um die Sonne, äußere außerhalb.
Da wir uns auch auf einem Planeten befinden, der um die Sonne läuft, erscheinen uns
manchmal die Bahnen der Planeten am Himmel etwas verworren. So sehen wir, wenn
die Erde einen äußeren Planeten überholt oder sie von einem inneren Planeten
überholt wird, dass dieser am Himmel langsamer wird, stillzustehen scheint, sich am
Himmel rückläufig bewegt, wieder stillzustehen scheint und sich dann wieder
rechtläufig bewegt. Man spricht hierbei von der Oppositionsschleife (bei äußeren
Planeten) bzw. Konjunktionsschleife (bei inneren Planeten).
Innere Planeten können nur am Abendhimmel nach Sonnenuntergang und am
Morgenhimmel vor Sonnenaufgang beobachtet werden. Sie sind im Regelfall am
günstigsten zum Zeitpunkt ihres größten Winkelabstandes von der Sonne, der größten
Elongation zu sehen. Diese Planeten können auf zwei Arten mit der Sonne in
Konjunktion stehen und zwar in dem sie „hinter" oder „vor" der Sonne stehen. (Da
Planetenbahnen gegen die Erdbahnebene geneigt sind, stehen sie meist nördlich oder
südlich der Sonne). Im ersteren Fall spricht man von der oberen, im letzteren Fall von
der unteren Konjunktion.
In beiden Fällen ist der Planet im Regelfall unbeobachtbar. Allerdings kann die Venus
bei einer unteren Konjunktion in so großem Abstand an der Sonne vorbei-ziehen, dass
sie kurzzeitig sowohl am Abendhimmel kurz nach Sonnenuntergang als auch am
Morgenhimmel kurz vor Sonnenaufgang gesehen werden kann. Ein innerer Planet
kann, wenn er zum Zeitpunkt der unteren Konjunktion sehr nahe an der
Erdbahnebene steht, vor der Sonne vorbeiziehen, was mit geeigneten Vorsichtsmaßnahmen beobachtbar ist. Man spricht hierbei von einem Durchgang oder Transit.
Es gibt nur zwei innere Planeten: Merkur und Venus. Alle anderen Planeten sind
äußere Planeten. Auch die Zwergplaneten und die meisten der sogenannten
Asteroiden benehmen sich wie äußere Planeten.
Äußere Planeten kann man am besten zur Zeit der Opposition sehen. Sie stehen dann
gegenüber von der Sonne am Himmel und gehen bei Sonnenuntergang auf und bei
Sonnenaufgang unter und können die ganze Nacht über beobachtet werden.
Wenn sie mit der Sonne in Konjunktion stehen, sind sie natürlich im Regelfall
unbeobachtbar, da sie mit der Sonne auf- und untergehen.

Alle Planeten halten sich, wie der Mond, stets in der Nähe der Ekliptik auf. Die Ekliptik ist die Linie, auf der sich die Sonne im Laufe eines Jahres durch die Sternbilder scheinbar bewegt. Sie verläuft durch die Sternbilder Fische, Waage, Stier, Zwillinge, Krebs, Löwe, Jungfrau, Waage, Skorpion, Schlangenträger, Schütze, Steinbock und Wassermann. Mit Ausnahme des Schlangenträgers werden diese Konstellationen als Tierkreissternbilder bezeichnet. Sie sind trotz Namensgleichheit nicht identisch mit den Tierkreiszeichen. Letztere teilen die Ekliptik in 12 gleich lange Teile, während die Länge der Ekliptik in den Tierkreissternbildern unterschiedlich ist. Außerdem sind die Tierkreiszeichen gegenüber den Sternbildern, in Folge der Präzession, welche eine Wanderung des Frühlingspunktes, an den die Tierkreiszeichen gekoppelt sind, um ca. 1° in 72 Jahren in westlicher Richtung bewirkt, um etwa 30° in westlicher Richtung verschoben, so dass eine Position in einem bestimmten Sternbild meist identisch ist mit einer Position im nächsten Tierkreiszeichen.

Identifizierung der Planeten

Merkur: nur während der Abenddämmerung In geringer Höhe über dem Westhorizont oder während der Morgendämmerung tief über dem Osthorizont zu sehen. Orangefarbenes Licht. Helligkeit: 6,2 mag bis –2,3 mag, Symbol: ☿.

Venus: nur am Abendhimmel oder am Morgenhimmel zu sehen. Sie ist nach Sonne und Mond das hellste Objekt am Himmel. Gelbes Licht. Helligkeit: –3,7 mag bis –4,7 mag, Symbol: ♀.

Mars: Orangerotes Licht („Der rote Planet"). Helligkeit: 1,8 mag bis –2,9 mag, Symbol: ♂.

Jupiter: Gelbes Licht. Meist das vierthellste Gestirn. Helligkeit: –1,7 mag bis –2,9 mag, Symbol: ♃.

Saturn: Weißes Licht, Helligkeit: 1,3 mag bis –0,5 mag. Die berühmten Ringe sind nur in einem Fernrohr von mindestens 5 cm Durchmesser bei 30facher Vergrößerung sichtbar, Symbol: ♄.

Uranus: Grünliches Licht. Mit bloßem Auge nur bei sehr dunklem Himmel als schwacher Stern sichtbar. Helligkeit: 5,3 mag bis 5,9 mag, Symbol: ♅.

Neptun: Bläuliches Licht. Nur mit Ferngläsern oder Fernrohren beobachtbar. Helligkeit: 7,8 mag bis 8,0 mag, Symbol: ♆.

Asteroiden und Zwergplaneten

Die Planeten sind nicht die einzigen sternförmigen Objekte, die am Himmel relativ rasch ihre Position verändern. Auch die sogenannten Zwergplaneten und Asteroiden zeigen ein derartiges Verhalten.
Sie sind wie die Planeten Objekte des Sonnensystems, aber kleiner als diese. Mit Ausnahme von Vesta, die bei günstiger Opposition mit freiem Auge als Stern 6. Größe gesehen werden kann, ist zu ihrer Beobachtung optisches Gerät notwendig. Im Unterschied zu Planeten erscheinen Asteroiden und Zwergplaneten auch in größeren Fernrohren punktförmig.
Es gibt 5 Zwergplaneten (Ceres, Pluto, Eris, Makemake und Haumea) sowie einige tausend Asteroiden. In diesem Werk werden nur für Amateurastronomen interessante Objekte dieser Kategorien berücksichtigt.
Manche Asteroiden und Zwergplaneten haben Umlaufbahnen mit großer Neigung gegenüber der Erdbahn, so dass nicht alle diese Objekte immer in unmittelbarer Nähe der Ekliptik zu finden sind.

Monde anderer Planeten

Schon mit einem Feldstecher sind die 4 hellsten Monde des Planeten Jupiter, Io, Europa, Ganymed und Kallisto zu sehen. Für alle Monate, in denen Jupiter beobachtet werden kann, ist ein Diagramm mit den Stellungen dieser Monde bezüglich des Planeten vorhanden.
Auf diesem Diagramm erscheint Jupiter als schwarzer Strich in der Mitte und die Monde sind mit I für Io, II für Europa, III für Ganymed und IV für Kallisto gekennzeichnet.
Diese Monde treten manchmal in den Schatten Jupiters ein, werden von ihm bedeckt, werfen ihren Schatten auf Jupiter oder ziehen vor ihm vorbei. Derartige Ereignisse können mit Fernrohren verfolgt werden und sind in der Rubrik „Jupitermond-Ereignisse" aufgeführt.
Mit einem Fernrohr können auch die Saturnmonde Titan, Rhea, Thethys, Japetus und Enceladus beobachtet werden. Während Titan schon mit einem lichtstarken Fernglas gesehen werden kann, ist für Rhea und Japetus ein Fernrohr mit 6 cm Objektivöffnung und für weitere Monde ein noch größeres Instrument erforderlich. Diagramme mit der Sichtbarkeit der Saturnmonde finden sich im Anhang auf Seite 270.
Die Helligkeit des Mondes Japetus schwankt stark während eines Umlaufs: in westlicher Elongation ist er 10,5 mag hell, während in östlicher Elongation seine Helligkeit auf 11,9 mag zurückgeht.
Die anderen Monde von Jupiter und Saturn sowie die Monde anderer Planeten können nur mit sehr großen Fernrohren beobachtet werden. Sie werden in diesem Werk nicht berücksichtigt.

Astronomische Ereignisse

Diese Tabelle enthält alle wichtigen astronomischen Ereignisse, außer
Sternbedeckungen durch den Mond und Ereignisse bei denen Monde anderer
Planeten involviert sind. Man findet dort:
- Wichtige Stellungen der Planeten (Opposition, Konjunktion zur Sonne, größte
Elongationen zur Sonne bei Merkur und Venus, Beginn und Ende von Oppositions-
und Konjunktionsschleifen)
- Mondphasen
- Erdnähe (Perigäum) und Erdferne (Aphel) des Mondes
- Passage des Perihels (sonnennächster Punkt) und Aphels (sonnenfernster Punkt)
von Planeten und Zwergplaneten
- Passage der Ekliptikebene von Mond, Planeten, Zwergplaneten und Asteroiden
(absteigender Knoten, wenn von Nord nach Süd, aufsteigender Knoten, wenn von Süd
nach Nord)
- Maximaler Abstand von Mond, Planeten, Zwergplaneten und Asteroiden zur Ekliptik
(Größte Nordbreite bzw. Größte Südbreite)
- Mond- und Sonnenfinsternisse
- Konjunktionen des Mondes, der Planeten, Zwergplaneten und Asteroiden
untereinander sowie mit hellen ekliptiknahen Sternen. Der angegebene Winkelwert
bezeichnet den Winkelabstand zwischen den Mittelpunkten beider, an der Konjunktion
beteiligten Himmelskörper.
Bei allen Konjunktionen ist auch ein Elongationswinkel zur Sonne angegeben, welcher
den Winkel zwischen dem Sonnenmittelpunkt und dem Mittelpunkt des an diesem
Ereignis beteiligten Himmelskörpers mit der kleinsten Elongation bezeichnet. Je
größer dieser ist, umso besser ist es im Regelfall beobachtbar. Der Elongationswert
kann für Konjunktionen mit der Sonne, unter die auch bekanntlich der Neumond fällt,
einen negativen Wert annehmen. In diesem Fall wandert der entsprechende
Himmelskörper im angegebenen Abstand südlich an der Sonne vorbei.

Ephemeriden

Ephemeriden sind Tabellen der Position beweglicher Himmelsobjekte. Im Anhang
finden sich derartige Ephemeriden für die Sonne, die Planeten und die in diesem Werk
erwähnten Zwergplaneten und Asteroiden. Sie enthalten neben den Rektaszensions-
und Deklinationswerten für das aktuelle Äquinoktium noch den Zeitpunkt des Auf- oder
Untergangs, wobei der Aufgang angegeben ist, falls dieser vor der Sonne erfolgt und
der Untergang, wenn dieser erst nach Sonnenuntergang stattfindet. Aufgangszeiten
sind mit „A", Untergangszeiten mit „U" gekennzeichnet.

Benutzung der Monatssternkarten

Um mit den Sternkarten die Sterne zu bestimmen, muss man zuerst einmal am Beobachtungsort die Himmelsrichtungen festlegen. In erster Näherung kann dies mit einem Kompass erfolgen, allerdings können in und in der Nähe von größeren Objekten aus Eisen, wie Stahlbetonbauten, Missweisungen auftreten.

Daher empfiehlt es sich, als Erstes den Polarstern aufzusuchen. Er steht fast genau über dem Punkt der Nordrichtung und bietet den Bewohnern der Nordhalbkugel die genaueste, einfache Möglichkeit zur Bestimmung der Nordrichtung. Um dies zu tun, gibt es zwei Möglichkeiten:

1.) Man sucht den sogenannten Großen Wagen, das sind die hellsten Sterne des Großen Bären, die eine Sterngruppe bilden, welche an einen Wagen mit einer Deichsel erinnern, auf und verlängert in Gedanken die Verbindungslinie der beiden hintersten Kastensterne, welche die Namen Dubhe und Merak tragen, um etwa den Faktor 5. Dann trifft man auf einen auffälligen Stern 2. Größe, den Polarstern.

2.) Man sucht das Sternbild Kassiopeia auf, welches auch „Himmels-W" genannt wird, weil die hellsten Sterne dieses Sternbildes die Form eines Buchstabens „W" bilden. Die Spitze dieses „W" zeigt ungefähr in Richtung Polarstern.

Welche Methode gewählt wird, sei dem Leser überlassen. Die Sternbilder Kassiopeia und Großer Bär liegen in entgegengesetzter Richtung vom Polarstern, somit kann, wenn eines dieser Bilder durch irdische Hindernisse verdeckt wird, das andere zum Aufsuchen des Polarsterns genutzt werden.

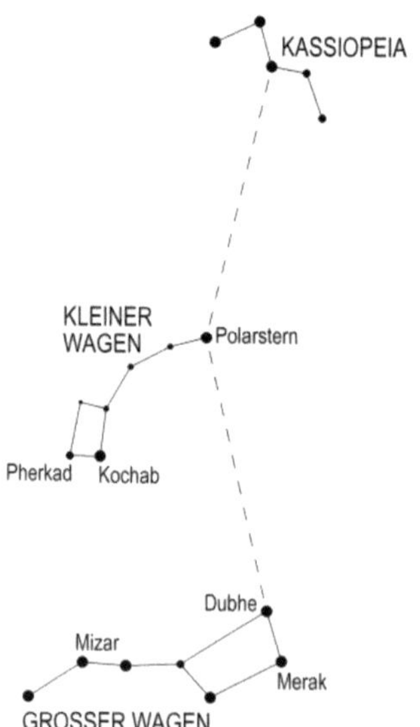

Die Sternbilder Großer Wagen, Kleiner Wagen und Kassiopeia mit Polarstern und anderen im Text erwähnten Sternen

Der Polarstern ist der hellste Stern des Sternbildes Kleiner Bär, das auch als Kleiner Wagen bezeichnet wird und steht mit einer Abweichung von maximal 1° über dem Nordpunkt. Das Sternbild Kleiner Bär besteht sonst überwiegend aus lichtschwachen Sternen, die nur bei dunklem Himmel freiäugig sichtbar sind. Einzig die beiden hintersten Kastensterne des Kleinen Bären, welche die Namen Kochab und Pherkad tragen, sind 2. und 3. Größe und damit auch bei aufgehelltem Himmel sichtbar. Nachdem man die Himmelsrichtungen für den Beobachtungsort bestimmt hat und wissen möchte, welche Sterne in einer bestimmten Richtung stehen, nimmt man die Monatskarte, die den gewünschten Zeitpunkt am nächsten kommt und dreht das Buch so, dass diese Richtung auf der Monatskarte nach unten weist. Ein Vergleich der Sterne am Himmel mit denen auf der Karte ermöglicht dann die Identifizierung dieser. Die Position der in den Monatskarten eingezeichneten Planeten gilt nur für den 1. des jeweiligen Monats. Sie können zum gewählten Beobachtungszeitpunkt ganz woanders am Himmel stehen.

Planetenkarte

Diese Sternkarte, die man am Anfang des Kapitels „Planeten" des jeweiligen Monats findet, veranschaulicht den Weg der Sonne und der hellen Planeten Merkur, Venus, Mars, Jupiter und Saturn im jeweiligen Monat. Aus Platzgründen werden in diesen Karten die Sternbilder mit den international üblichen Abkürzungen (siehe „Liste der Sternbilder", auf Seite 6 und die Planeten mit den entsprechenden Symbolen (siehe „Identifizierung der Planeten" auf Seite 17) bezeichnet. Der Buchstabe neben den Planeten ist der Anfangsbuchstabe des jeweiligen Monats. Der entsprechende Planet steht dort am 1. Tag dieses Monats. Da die aufeinander folgenden Monate Juni und Juli beide mit dem gleichen Buchstaben anfangen, wird der Juni in diesen Karten mit 6 und der Juli mit 7 bezeichnet.

Jahreszeitensternkarten

In den Monaten Januar, April, Juli und Oktober findet man zusätzliche Jahreszeitensternkarten, welche die Sternbilder der jeweiligen Jahreszeit inklusive aller in den Beschreibungen des monatlichen Sternenhimmels erwähnten Objekte zeigen. Auch die Fixsterne, deren Konjunktionen mit Mond und Planeten in den Monatslisten der astronomischen Ereignisse vermerkt sind, wurden markiert. Planeten sind in diesen Karten nicht eingetragen.
Eine Karte der sogenannten Zirkumpolarsterne, das sind die Sterne, die nicht untergehen, mit in diesem Werk erwähnten Objekten existiert auf Seite 25.

Zentralmeridiane

Als Zentralmeridian bezeichnet man den Längengrad auf der Oberfläche eines
Planeten, welcher durch die Mitte seines Scheibchens verläuft. Hierbei erfolgt die
Zählung des planetaren Längengrades von 0° bis 360° in westlicher Richtung. Im
Anhang dieses Werkes sind für die Planeten Mars und Jupiter die Zentralmeridiane
sowie die Neigungswinkel ihrer Rotationsachsen zur Erde für die Monate, in denen
diese Planeten lohnende Objekte für Fernrohrbeobachtungen sind, tabelliert. Die
angegebenen Werte beziehen sich auf 0 Uhr MEZ des jeweiligen Tages.
Da die Äquatorregion von Jupiter schneller rotiert als seine Polarregionen, gibt es für
Jupiter zwei Zentralmeridiane, und zwar einen für seine Äquatorregion (System I) und
einen für seine Polarregionen (System II).

Korrektur der Auf- und Untergangszeiten

Die in diesem Buch angegebenen Auf- und Untergangszeiten gelten für einen Punkt
bei 9° östlicher Länge und 50° nördlicher Breite. Für andere Orte ergeben sich
abweichende Zeiten. Allerdings sind die Zeitdifferenzen im deutschsprachigen Raum
so gering, dass eher die Beschaffenheit des lokalen Horizonts die größere Rolle spielt.
Wer aber dennoch für seinen Beobachtungsort genaue Werte ermitteln möchte, findet
auf Seite 292 die nötigen Informationen.

Meteorströme

Neben einzeln auftretenden Meteoren gibt es auch Meteorströme, das sind Häufungen
von Sternschnuppen, welche zu gewissen Zeiten auftreten und aus den Resten von
Kometen stammen. Ihre Bahnen verlaufen im Raum annähernd parallel und sie
scheinen, wenn sie in die Erdatmosphäre eintreten, von einem Fluchtpunkt, dem
Radianten, herzukommen. Ein Meteorstrom wird in der Regel nach dem lateinischen
Namen des Sternbildes, in dem sich der Radiant befindet, bezeichnet. Wenn mehrere
Meteorströme ihren Radianten in einem Sternbild besitzen, wird zusätzlich meist
entweder der Maximumsmonat oder der dem Radianten nächstgelegene, hellere Stern
zur Bezeichnung herangezogen.

Die sichere Sonnenbeobachtung

Immer wieder besteht der Wunsch, die Sonne zu beobachten oder zu fotografieren.
Während die freiäugige Beobachtung der tief stehenden oder von Dunst
geschwächten, nicht blendenden Sonne ohne Filter gefahrlos möglich ist, muss für die
freiäugige Beobachtung der hochstehenden blendenden Sonne ein geeigneter Filter
verwendet werden. Berußte Gläser oder Rettungsfolien sind hierfür nicht zu
empfehlen, weil sie die für das Auge gefährliche Infrarot- oder UV-Strahlung nicht im

nötigen Umfang blockieren. Sicher sind nur für visuelle Beobachtungen bestimmte Sonnenfilter, Schutzbrillen mit Mylarfolien oder Schweißergläser nach DIN EN 169 mit mindestens Filterstufe 14. Mit derartigen Gerätschaften ist auch ein längerer, freiäugiger Blick in die hochstehende, blendende Sonne möglich, ohne Augenschäden befürchten zu müssen.

Wenn für die Sonnenbeobachtung ein Fernglas oder ein Fernrohr eingesetzt werden soll, erfordert dies besondere Vorsichtsmaßnahmen, weil derartige optische Instrumente wie ein Brennglas Licht bündeln. **Schon ein kurzer Blick durch ein optisches Instrument ohne geeignete Filter zerstört das Auge des Beobachters! Auch eine oben genannte Gerätschaft zur freiäugigen Beobachtung der Sonne würde keinen Schutz bieten, weil sie durch die Hitze im Brennpunkt binnen kürzester Zeit zerstört würde!**

Um mit einem Fernrohr oder Fernglas die Sonne gefahrlos zu beobachten, gibt es prinzipiell zwei Möglichkeiten: die Verwendung von Filtern oder die Projektionsmethode.

Letzteres Verfahren, dass schon Galileo 1610 anwandte, besteht darin, hinter dem Okular einen Schirm anzubringen, auf dem das Sonnenbild projiziert wird. Es ist für Beobachter absolut gefahrlos und bietet die Möglichkeit, das Sonnenbild abzuzeichnen und ist, wenn mehrere Personen gleichzeitig das Ereignis verfolgen wollen, das Mittel der Wahl.

Allerdings können insbesondere bei größeren Fernrohren durch die Hitzeentwicklung verkittete Okulare beschädigt werden, weshalb es sich empfiehlt, vor dem Gerät eine Blende anzubringen.

Da man nicht durch das Fernrohr blicken darf, wird das Gerät anhand seines Schattenwurfes auf die Sonne ausgerichtet. Sucherfernrohre müssen hierbei verschlossen oder abmontiert werden, um eine versehentliche Benutzung zu vermeiden.

Ein mit einem Projektionsschirm versehenes Fernrohr soll, während es auf die Sonne ausgerichtet ist, nicht unbeaufsichtigt gelassen werden.

Die andere Möglichkeit der gefahrlosen teleskopischen Sonnenbeobachtung besteht in der Verwendung geeigneter Filter, die in Optikfachgeschäften erhältlich sind.

Allerdings sollten nicht, die zahlreichen Fernrohren als Zubehör beiliegenden Okularfilter verwendet werden, weil sich diese stark erhitzen und platzen können. Die menschliche Reaktionszeit reicht nicht aus, das Auge rechtzeitig aus der Gefahrenzone zu bringen.

Filter, die vor dem Objektiv angebracht werden, sind sicher, weil sie sich kaum erwärmen und deshalb nicht platzen können. Es müssen optische Filter mit einer optischen Dichte von mindestens 5, was einer Lichtabschwächung um den Faktor 100000 entspricht, verwendet werden. Da auch die im Sonnenlicht vorhandenen, unsichtbaren Infrarot- und UV-Strahlen die Augen schädigen können, dürfen für visuelle Beobachtung nur Filter verwendet werden, die auch diese Strahlung ausreichend stark unterdrücken.

Aus diesem Grund sollte man keine Sonnenfilter aus Materialien basteln, deren Absorptionsvermögen für Infrarot und UV-Strahlung nicht spezifiziert ist, wie dies zum Beispiel bei Rettungsfolien der Fall ist.

Grundsätzlich ist darauf zu achten, dass Sonnenfilter so gelagert werden, dass sie nicht beschädigt werden, weil sonst nicht das Lichtabsorptionsverhalten sichergestellt werden kann. Insbesondere bei Folienfiltern ist die Gefahr der Beschädigung durch Kratzer und Alterung gegeben.

Filter für fotografische Zwecke unterdrücken nicht immer schädliche UV- und Infrarotstrahlung in ausreichendem Masse, weshalb man durch diese die Sonne nur zum Ein- und Scharfstellen des Sonnenbildes betrachten soll.

Eine Alternative zu Objektivsonnenfiltern stellen Herschelkeile dar. Sie werden am Okular befestigt und bestehen aus einem Prisma an dessen Oberfläche ein kleiner Teil des einfallenden Lichtes (etwa 4 %) reflektiert wird, während der Rest in eine Lichtfalle umgelenkt wird.

Da sie kaum Licht absorbieren, erhitzen sie sich nur wenig und können deshalb nicht platzen.

Die Intensität des am Herschelkeils reflektierten Lichtes ist immer noch für eine direkte Beobachtung zu groß, aber nicht mehr so groß, um Okularfilter, die für diese Anwendung eine optische Dichte von 3 (Filterfaktor: 1000) haben müssen, zu zerstören. Herschelkeile sind teurer als Objektivfilter, liefern allerdings bessere Bilder. Herschelkeile sollen nicht bei Spiegelteleskopen eingesetzt werden, weil es durch Überhitzung des Fangspiegels zu Schäden am Teleskop kommen kann. **Bei Herschelkeilen mit offener Lichtfalle ist darauf zu achten, dass in diese keine brennbaren Gegenstände geraten können und auch niemand hineinsehen oder hineingreifen kann.**

Wenn Sucherfernrohre verwendet werden, müssen diese ebenfalls mit einem Sonnenfilter ausgestattet sein.

Detaillierte Fotografien der Sonne sind mit einer auf einem Stativ montierten Kamera, welche mit einem Teleobjektiv versehen ist, auf das ein Objektivsonnenfilter gesetzt wurde, problemlos möglich. Da die für fotografischen Zwecke vorgesehenen Filter oft nicht die schädliche UV- und Infrarotstrahlung ausreichend unterdrücken, sollte man die visuelle Beobachtung im Sucher nur auf das Ein- und Scharfstellen des Sonnenbildes beschränken.

Zirkumpolarsterne

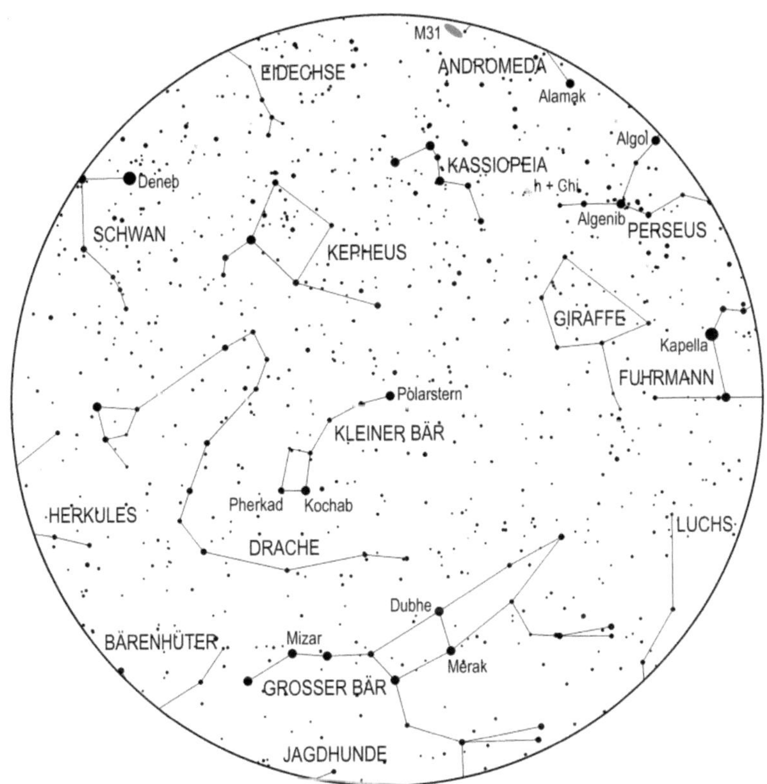

Der Sternenhimmel im Lauf des Jahres 2024

Januar

Sternenhimmel

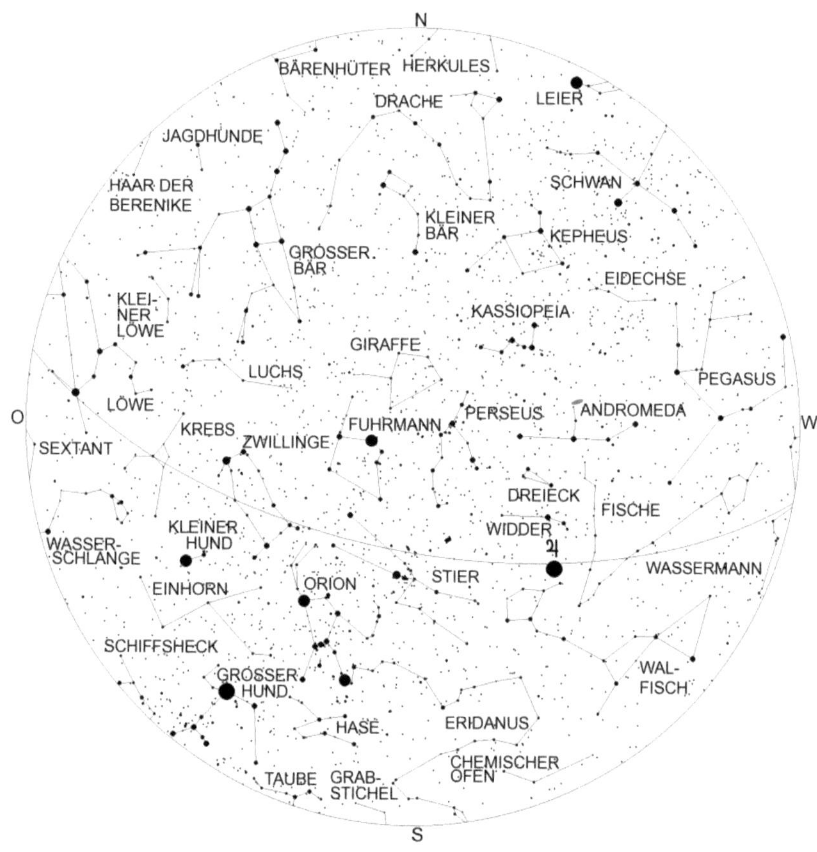

Gültig für

1.10. 4 Uhr	15.10. 3 Uhr
1.11. 2 Uhr	15.11. 1 Uhr
1.12. 0 Uhr	15.12. 23 Uhr
1.1. 22 Uhr	15.1. 21 Uhr
1.2. 20 Uhr	15.2. 19 Uhr

Im Januar dominieren erwartungsgemäß die Wintersternbilder den Himmel. So steht der Orion, eines der bekanntesten Sternbilder kurz vor seiner Kulmination im Süden. Die beiden hellsten Sterne im Orion sind Beteigeuze, der rötliche Stern am nordöstlichen Ende dieser Sternfigur und der bläulich-weiße Rigel an seinem südwestlichen Ende.

Die drei mittleren Sterne des Orion weisen in südöstliche Richtung auf Sirius im Großen Hund, den hellsten Stern des Himmels. Sirius ist nicht deshalb der hellste Stern, weil er extrem leuchtstark ist, sondern weil er mit einer Entfernung von 8,8 Lichtjahren zu den sonnennächsten Sternen gehört. Würden die anderen Sterne, welche die Figur des Sternbildes Großer Hund bilden, in der gleichen Entfernung zur Sonne stehen, so erschienen sie viel heller. Nordöstlich vom Großem Hund erkennt man einen weiteren hellen Stern, Prokion, den Hauptstern des Kleinen Hundes, der ebenfalls zu den sonnennahen Sternen zählt. Zwischen dem Großem Hund und dem Kleinem Hund befindet sich das lichtschwache Sternbild Einhorn.

Hoch im Südosten über dem Kleinen Hund erkennt man das Sternbild Zwillinge, mit seinen beiden hellen Sternen Kastor und Pollux. Für Fernrohrbeobachter ist Kastor interessant, denn er entpuppt sich schon in kleinen Fernrohren als Doppelstern. Seine beiden Komponenten, die 1,9 mag und 3,0 mag hell sind, befinden sich in oinem Winkelabstand von 6", was eine Trennung schon in einem Fernrohr von 5 cm Objektivöffnung erlaubt. Westlich der Zwillinge befindet sich das Sternbild Stier, in dem es zwei, schon mit bloßem Auge auflösbare Sternhäufen gibt, die Plejaden und die Hyaden. Letztere sind um den rötlichen Stern Aldebaran platziert, der aber nur im Vordergrund steht.

Über dem Stier, fast im Zenit, steht das Sternbild Fuhrmann mit dem hellen Stern Kapella. Kapella, Aldebaran, Rigel, Sirius, Prokion und Pollux bilden das Wintersechseck, eine markante Konstellation.

Im Osten erkennt man das aufgehende Sternbild Löwe, ein Frühlingssternbild, dessen hellster Stern Regulus sich sehr nahe an der Ekliptik befindet. Zwischen dem Löwen und den Zwillingen befindet sich der Krebs, der nur aus lichtschwachen Sternen besteht, aber über einen markanten Sternhaufen verfügt, der als Krippe, Praesepe oder M44 bezeichnet wird und schon mit bloßem Auge als Nebelfleckchen erkennbar ist.

Westlich des Fuhrmanns erkennt man den Perseus, in dessen nördlichen Teil es den bekannten Doppelsternhaufen h + Chi Persei gibt, der ein schönes Feldstecherobjekt darstellt und mit bloßem Auge als Nebelfleckchen erkennbar ist. In diesem Sternbild befindet sich auch Algol, der bekannteste bedeckungsveränderliche Stern.

Südwestlich des Perseus erkennt man das Tierkreissternbild Widder, in dem sich zur Zeit der helle Planet Jupiter aufhält. Der Widder wird – wie das Sternbild Walfisch im Südwesten – zu den Herbststernbildern gerechnet. Der bekannteste Stern des Walfisches ist der veränderliche Stern Mira, der im Maximum ein auffälliges Objekt 2. Größe sein kann (mitunter aber lichtschwächer ist) und im Minimum so lichtschwach ist, dass es schon eines Fernrohres bedarf, um ihn zu sehen.

Mira ist ein pulsationsveränderlicher Riesenstern, der einer ganzen Klasse von veränderlichen Sternen seinen Namen gab. Zwischen Walfisch und Widder befindet sich das Tierkreissternbild Fische, das nur aus lichtschwachen Sternen besteht, welche nur an ausreichend dunklen Beobachtungsorten mit bloßem Auge sichtbar sein dürften.

Nördlich der Fische erkennt man die Sternenkette der Andromeda, an die sich das Sternbild Pegasus anschließt, von dem bald die ersten Sterne unter dem Horizont versinken werden.

Zwischen Walfisch und Orion liegt das ausgedehnte, nur aus Sternen geringer Helligkeit bestehende Sternbild Eridanus. An dieses grenzt, tief im Südsüdwesten, der Chemische Ofen an, der ebenfalls nur aus lichtschwachen Sternen besteht.

Wintersternbilder

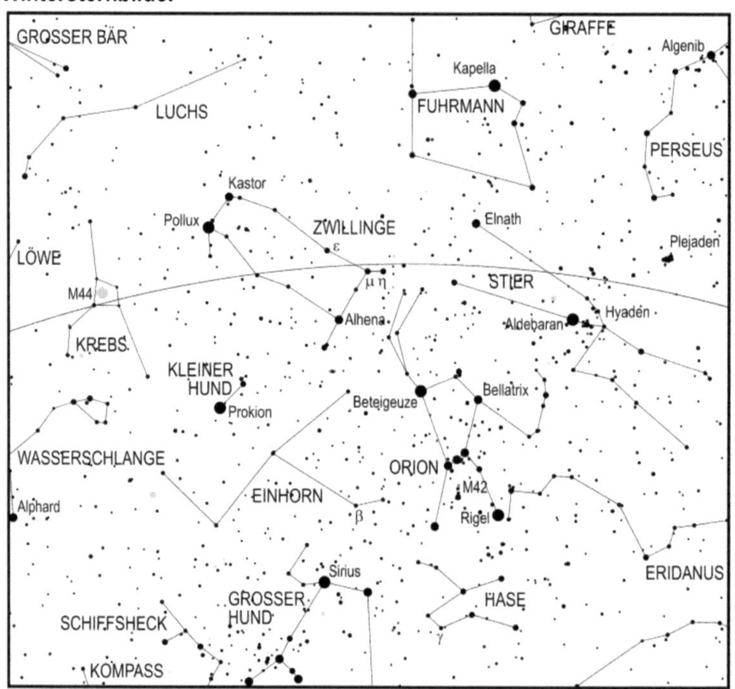

Astronomische Ereignisse

Datum	Uhrzeit	Ereignis	Elongation
1.1.2024	15:24:44	Venus 56,5' nördlich Akrab	37,15°
1.1.2024	16:07:42	Mond im Apogäum	
2.1.2024	05:06:50	Merkur stationär, dann rechtläufig	
2.1.2024	07:06:07	Mond 7,6° nördlich Juno	107,4°
3.1.2024	01:53:56	Erde in Sonnennähe (Abstand Erde-Sonne: 147102065 km)	
3.1.2024	23:18:36	Mond 2,5° südlich Porrima	91,6°
4.1.2024	04:30:33	Letztes Viertel	
4.1.2024	19:36:06	Mond im absteigenden Knoten	
4.1.2024	23:34:29	Mond 1,6° nördlich Spika	79,9°
6.1.2024	09:11:41	Venus 6,4° nördlich Antares	35,65°
6.1.2024	20:31:01	Mond 3,05° südlich Zuben-el-dschenubi	59,7°
7.1.2024	14:20:19	Mond 23,9° südlich Pallas	51,5°
8.1.2024	04:59:42	Mond 5,2° südlich Akrab	43°
8.1.2024	17:03:03	Mond 5,3' nördlich Antares	38°
8.1.2024	21:21:30	Mond 6,1° südlich Venus	35,3°
9.1.2024	07:35:16	Mond 6,9° südlich Ceres	29,5°
9.1.2024	20:27:16	Mond 7° südlich Merkur	23,3°
10.1.2024	08:48:40	Mond 5,1° südlich Mars	15,3°
10.1.2024	23:38:16	Mond 1,9° südlich Nunki	8,2°
11.1.2024	11:51:48	Mond in größter Südbreite	
11.1.2024	12:57:30	Neumond	-5,9°
12.1.2024	02:25:44	Mond 2,7° südlich Pluto	8,8°
12.1.2024	06:23:57	Mond 10,5° südlich Beta Capricorni	11,9°
12.1.2024	15:51:43	Merkur in größter westlicher Elongation	23,5°
13.1.2024	11:50:46	Mond im Perigäum	
13.1.2024	18:38:43	Mond 2,3° südlich Delta Capricorni	30,4°
14.1.2024	09:23:04	Mond 3,2° südlich Saturn	39,9°
15.1.2024	11:36:40	Juno stationär, dann rückläufig	
15.1.2024	22:38:30	Mond 1,4° südlich Neptun	59,6°
16.1.2024	16:21:19	Venus 9' südlich Ceres	34,3°
17.1.2024	15:21:00	Mond im aufsteigenden Knoten	
18.1.2024	04:52:44	Erstes Viertel	
18.1.2024	17:21:23	Mond 9,85° südlich Hamal	96,6°
18.1.2024	22:44:28	Mond 2,4° nördlich Jupiter	97,9°
19.1.2024	21:05:57	Mond 2,55° nördlich Uranus	109,9°
20.1.2024	14:05:55	Mond 1,65° südlich der Plejaden	120°
20.1.2024	14:44:16	Pluto in Konjunktion zur Sonne	-2,8°
21.1.2024	11:25:13	Mond 8,6° nördlich Aldebaran	129,05°
21.1.2024	23:13:18	Mars 2,7° nördlich Nunki	18,4°
22.1.2024	09:28:31	Mond 1,8° südlich Elnath	140,8°

Datum	Uhrzeit	Ereignis	Elongation
22.1.2024	12:10:50	Mond 4,85° nördlich Vesta	142,5°
23.1.2024	06:40:32	Mond 4,9° nördlich Eta Geminorum	150,7°
23.1.2024	08:57:43	Merkur im absteigenden Knoten	
23.1.2024	09:27:52	Mond 4,8° nördlich Mü Geminorum	152,4°
23.1.2024	14:24:29	Mond 10,9° nördlich Alhena	155,35°
23.1.2024	16:51:11	Mond 2,3° nördlich Epsilon Geminorum	156,6°
24.1.2024	11:08:28	Mond in größter Nordbreite	
24.1.2024	14:43:42	Merkur 3,3° nördlich Nunki	21°
24.1.2024	15:02:49	Mond 5,9° südlich Kastor	163,2°
24.1.2024	19:34:54	Mond 2,15° südlich Pollux	167,4°
24.1.2024	20:15:01	Vesta 6,6° südlich Elnath	138,2°
25.1.2024	18:54:08	Vollmond	
25.1.2024	20:40:34	Mond 2,9° nördlich M44	175,4°
27.1.2024	11:47:25	Uranus stationär, dann rechtläufig	
27.1.2024	17:05:19	Mond 3° nördlich Regulus	157°
27.1.2024	17:09:08	Merkur 15' nördlich Mars	19,85°
29.1.2024	14:53:10	Mond 6,1° nördlich Juno	135,3°
31.1.2024	09:34:56	Mond 3,4° südlich Porrima	119,1°
31.1.2024	21:05:18	Mond im absteigenden Knoten	

Planeten

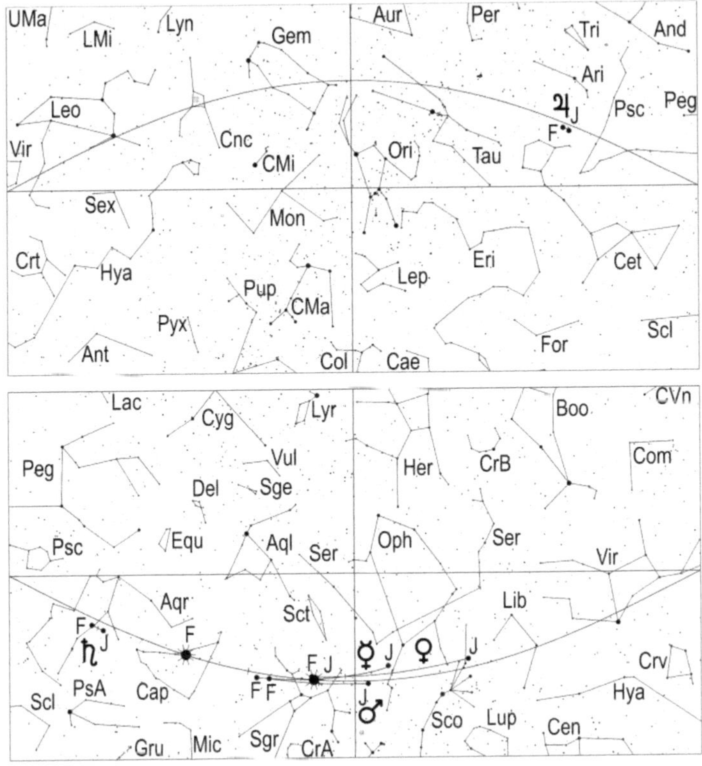

Merkur ist zu Jahresbeginn am Morgenhimmel sichtbar. Am 1. geht der 0,6 mag helle Planet um 6.49 Uhr MEZ auf. Ungefähr eine halbe Stunde später kann der flinke Planet in der beginnenden Morgendämmerung tief im Südosten beobachtet werden, bevor or etwa gegen 7.30 Uhr MEZ in der Dämmerung verblasst.
Er bewegt sich zuerst rückläufig durch den Schlangenträger. Am 3. kehrt er seine Bewegungsrichtung um und wandert dann vom Schlangenträger in den Schützen. Bis zum 9. verfrüht sich sein Aufgang auf 6.37 Uhr MEZ und seine Helligkeit steigt auf 0,0 mag, was seine Sichtbarkeit verbessert. An diesem Tag kann man auch die abnehmende Mondsichel ab etwa 7 Uhr MEZ südlich von Merkur erblicken. 3 Tage später, am 12., erreicht er seine größte westliche Elongation mit 23,5°. An diesem Tag geht der -0,2 mag helle Merkur um 6.40 Uhr MEZ auf. Bis etwa 7.45 Uhr MEZ kann der innerste Planet unseres Sonnensystems am Morgenhimmel beobachtet werden. Nach dem 12. verspätet sich der Zeitpunkt, zu dem der innerste Planet des Sonnensystems über dem Horizont erscheint, ziemlich rasch, wodurch sich seine

Sichtbarkeit immer mehr verkürzt. Der letzte Tag von Merkurs Morgensichtbarkeit
dürfte der 21. sein. Der -0,2 mag helle Merkur erscheint am 21. um 6.57 Uhr MEZ über
dem Horizont und kann etwa eine halbe Stunde später für einige Minuten über dem
Südosthorizont erblickt werden, bevor er in der Morgendämmerung verblasst.
Im Fernrohr erscheint Merkur am 1. als zu 28% beleuchtete Sichel mit 8,6"
Durchmesser. In der Folgezeit nimmt der beleuchtete Anteil des Merkurscheibchens
zu, während dessen Durchmesser abnimmt. Am 7. wird die Halbphase (Dichotomie)
bei einem Winkeldurchmesser von 7,4" erreicht und am 21. präsentiert sich der 5,8"
große Planet zu 78% beleuchtet.

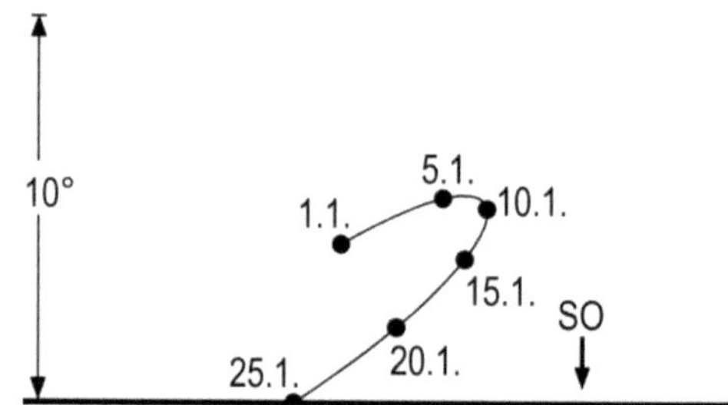

Position des Planeten Merkur am Morgenhimmel, 1 Stunde vor Sonnenaufgang

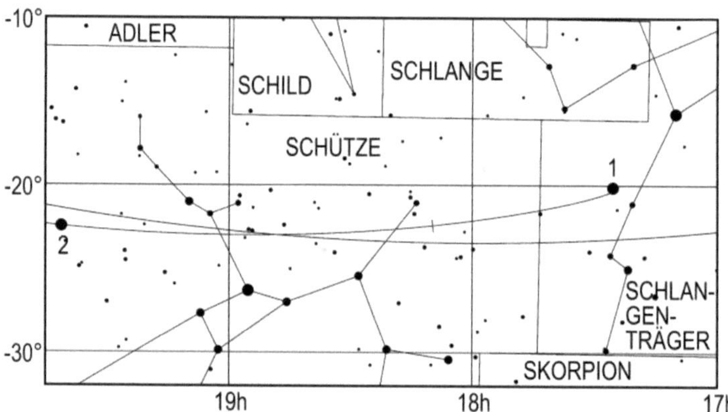

Lauf des Planeten Merkur von Januar bis Februar 2024. Die Zahl gibt die Position am
1. des entsprechenden Monats an, also 2 die Position am 1.2.

32

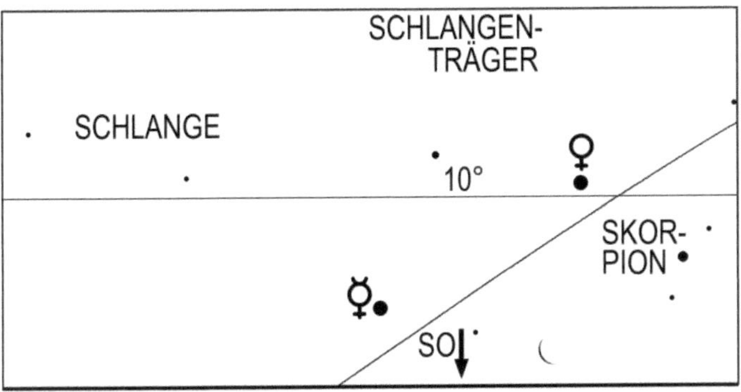

Merkur, Venus und Mond in der Morgendämmerung des 9.1.2024 um 7.10 Uhr MEZ

Venus ist strahlender Morgenstern und wandert durch den Skorpion und den Schlangenträger in den Schützen. Hierbei passiert sie am Neujahrstag Akrab in 56,5' nördlichem Abstand und am Dreikönigstag wandert sie 6,4° nördlich an Antares vorbei.

Venus verspätet ihren Aufgang im Laufe des Monats von 5.19 Uhr MEZ am 1., auf 5.53 Uhr MEZ am 15. und auf 6.19 Uhr MEZ am 31., womit sie am Monatsende erst nach Beginn der astronomischen Dämmerung über dem Horizont erscheint.

Im Laufe des Januars geht die Helligkeit von unseren inneren Nachbarplaneten leicht von -4,1 mag auf -4,0 mag zurück. Im Fernrohr bemerkt man, dass sie kleiner und rundlicher wird: am 1. ist das Venusscheibchen mit einem Durchmesser von 14,1" zu 78% beleuchtet, während am Monatsende die zu 86% beleuchtete Venus nur noch einen scheinbaren Durchmesser von 12,3" besitzt.

Die abnehmende Mondsichel kann man am Morgen des 8. südlich von Venus erblicken.

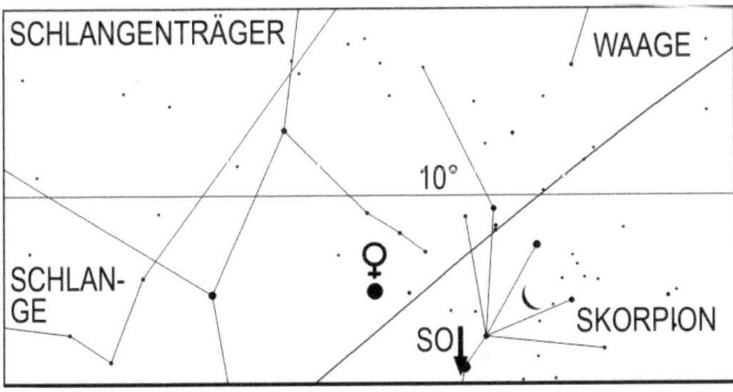

Mond und Venus am Morgenhimmel des 8.1.2024 um 6.25 Uhr MEZ

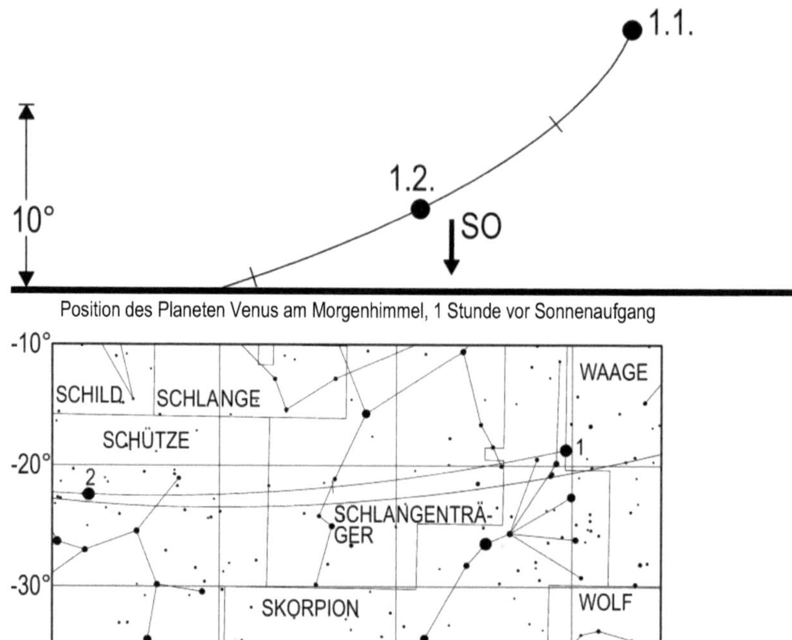

Position des Planeten Venus am Morgenhimmel, 1 Stunde vor Sonnenaufgang

Lauf des Planeten Venus im Januar und Februar 2024. Die Zahl gibt die Position am 1. des entsprechenden Monats an, also 2 die Position am 1.2.

Mars kann im Januar nicht beobachtet werden.

Jupiter ist im Januar ein markantes Objekt am Abendhimmel, welches sich rechtläufig durch das Sternbild Widder bewegt. Am 1. verschwindet der -2,6 mag helle Riesenplanet um 3.02 Uhr MEZ unter dem Horizont und am 31. ist Jupiter, dessen Helligkeit leicht auf -2,4 mag abgenommen hat, bis zu seinem Untergang um 1.13 Uhr MEZ zu sehen. Er ist ein interessantes Fernrohrobjekt für die frühen Abendstunden, auch wenn sein Durchmesser im Laufe des Monats von 44" auf 39,7" zurückgeht. Am Abend des 18. findet man den zunehmenden Mond im ersten Viertel nördlich des Riesenplaneten.

34

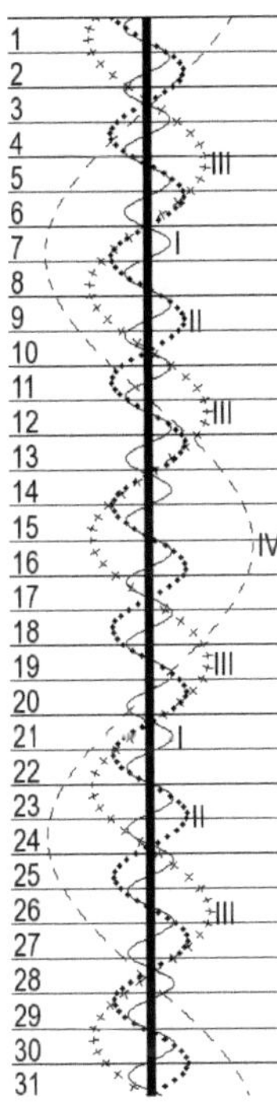

Stellung der 4
hellen Jupiter-
monde im
Januar 2024

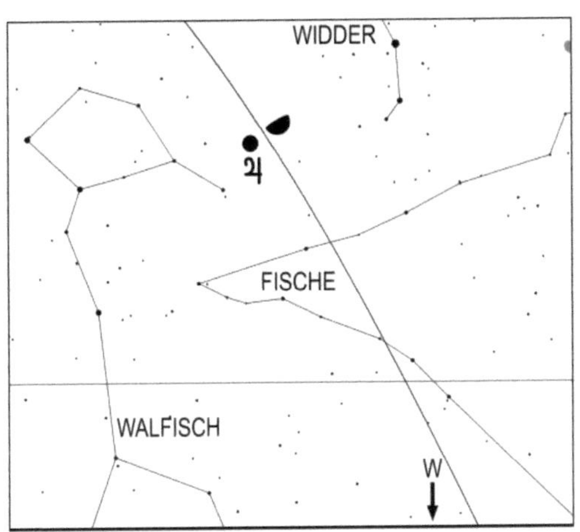

Mond und Jupiter am 18.1.2024 um 23 Uhr MEZ

Saturn ist Planet des frühen Abendhimmels. Am 1. geht der Ringplanet, der sich im Januar rechtläufig durch das Sternbild Wassermann bewegt, um 21.10 Uhr MEZ unter. Im Laufe des Januars verfrüht sich sein Untergang auf 20.22 Uhr MEZ am 15. und auf 19.29 Uhr MEZ am 31. Somit ist er am Monatsende nur noch für etwas mehr als eine Stunde am Abendhimmel mit bloßem Auge gut sichtbar.

Seine Helligkeit geht im Laufe des Monats von 0,9 mag auf 1,0 mag zurück und auch sein Scheibchendurchmesser schrumpft in diesem Zeitraum von 16,2" auf 15,7". Im Fernrohr erkennt man, dass der Blickwinkel auf sein Ringsystem im Januar von 9° am Monatsanfang auf 8° am Monatsende abnimmt.

Am Abend des 14. erblickt man die zunehmende Mondsichel in der Nähe des Ringplaneten.

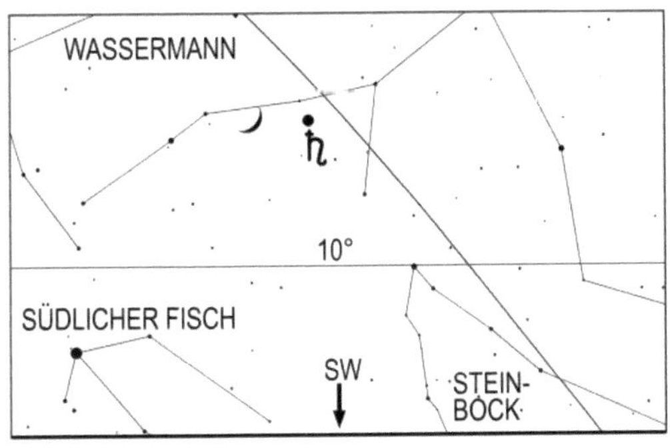

Mond und Saturn am 14.1.2024 um 18 Uhr MEZ

35

Uranus beendet am 27. seine Oppositionsschleife und bewegt sich dann rechtläufig durch das Sternbild Widder. Der grünliche, 5,7 mag helle Planet kann am frühen Abendhimmel leicht mit einem Feldstecher beobachtet werden (Aufsuchkarte, Seite 162)
Er kulminiert am 1. um 20.48 Uhr MEZ und am 31. um 18.49 Uhr MEZ, während sich sein Untergang im Laufe des Monats von 4.22 Uhr MEZ auf 2.22 Uhr MEZ verfrüht.

Neptun kann am frühen Abend nach Dämmerungsende in südwestlicher Richtung mit einem Fernrohr im südwestlichen Teil des Sternbildes Fische beobachtet werden (Aufsuchkarte, Seite 134).
In der zweiten Monatshälfte wird es zunehmend schwieriger, den 7,9 mag hellen Planeten, der seinen Untergang von 23.13 Uhr MEZ am 1., auf 22.19 Uhr MEZ am 15. und auf 21.19 Uhr MEZ am Monatsletzten verlegt, aufzusuchen.

Klein- und Zwergplaneten

Ceres kann im Januar nicht beobachtet werden.

Pallas durchwandert im Januar das Sternbild Schlange und erscheint am 1. um 2.56 Uhr MEZ, am 15. um 2.17 Uhr MEZ und am 31. um 1.27 Uhr MEZ über dem Horizont. Der Kleinplanet, dessen Helligkeit in diesem Monat leicht von 9,7 mag auf 9,6 mag ansteigt, kann am besten zu Beginn der Morgendämmerung mit einem Fernrohr aufgesucht werden (Aufsuchkarte, Seite 81).

Juno, im südlichen Teil des Sternbildes Löwe, setzt am 15. zu ihrer Oppositionsschleife an und erscheint am 1. um 23.04 Uhr MEZ, am 15. um 22.11 Uhr MEZ und am 31. um 20.59 Uhr MEZ über dem Horizont. Juno, deren Helligkeit im Januar von 9,7 mag auf 9,2 mag ansteigt, kann am besten zwischen 3 Uhr MEZ und 5 Uhr MEZ mit einem Fernrohr aufgesucht werden, weil sie dann ihre größte Höhe im Süden erreicht (Aufsuchkarte, Seite 59)

Vesta wandert rückläufig durch die östlichen Gebiete des Sternbildes Stieres und kann während großer Teile der Nacht mit einem Feldstecher aufgesucht werden (Aufsuchkarte, Seite 37). Am 1. kulminiert die 6,6 mag helle Vesta um 23.28 Uhr MEZ und versinkt um 7.23 Uhr MEZ unter dem Horizont. Zur Monatsmitte erfolgt die Kulmination des 6,9 mag hellen Kleinplaneten um 22.19 Uhr MEZ und ihr Untergang um 6.18 Uhr MEZ. Am Monatsletzten erreicht Vesta, deren Helligkeit auf 7,2 mag gesunken ist, um 21.08 Uhr MEZ ihren höchsten Stand im Süden und verschwindet um 5.11 Uhr MEZ unter dem Horizont.

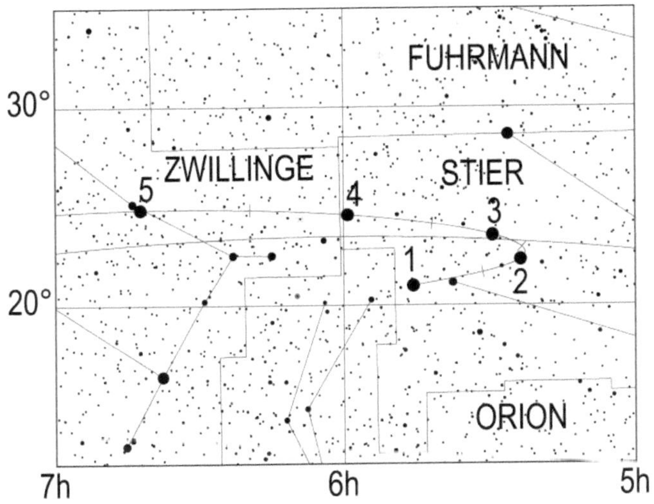

Lauf des Kleinplaneten Vesta von Januar bis Mai 2024. Die Zahl gibt die
Position am 1. des entsprechenden Monats an, also 3 die Position am 1.3.

Periodische Sternschnuppenströme

Bis zum 6. sind die Quadrantiden aktiv, die ihren Radianten im nördlichen Teil des
Sternbildes Bärenhüter haben. Die mäßig schnellen Quadrantiden erreichen ihr
Maximum am 4. um 11.30 Uhr MEZ mit einer Rate von bis zu 130 Meteoren pro
Stunde.
Die beste Zeit für ihre Beobachtung ist am selben Tag um 7 Uhr MEZ, weil dann der
Radiant bei ausreichender Dunkelheit seine größte Höhe über dem Horizont erreicht.
Bei klarem Himmel sind bis zu 29 Sternschnuppen pro Stunde zu erwarten. Da nach 7
Uhr MEZ die Morgendämmerung immer stärker wird, fällt die Zahl der beobachtbaren
Meteore schnell ab.
Der Mond, der sich im Sternbild Jungfrau aufhält und am 4. das letzte Viertel erreicht,
kann bei der Beobachtung stören.

Sonnenuntergang und Dämmerung

	Astr. Anf.	Naut. Anf.	Bürg. Anf.	Auf-gang	Kulm.	Unter-gang	Bürg. Ende	Naut. Ende	Astr. Ende	Zeitgl.
1.1.2024	6:23	7:03	7:45	8:22	12:27	16:32	17:11	17:52	18:31	3m03s
2.1.2024	6:23	7:03	7:45	8:22	12:28	16:33	17:12	17:53	18:32	3m31s
3.1.2024	6:24	7:03	7:45	8:22	12:28	16:34	17:13	17:54	18:33	3m59s
4.1.2024	6:24	7:03	7:44	8:22	12:29	16:35	17:14	17:55	18:34	4m27s
5.1.2024	6:23	7:03	7:44	8:22	12:29	16:36	17:15	17:56	18:35	4m54s

	Astr. Anf.	Naut. Anf.	Bürg. Anf.	Auf-gang	Kulm.	Unter-gang	Bürg. Ende	Naut. Ende	Astr. Ende	Zeitgl.
6.1.2024	6:23	7:03	7:44	8:22	12:30	16:38	17:16	17:57	18:36	5m21s
7.1.2024	6:23	7:03	7:44	8:21	12:30	16:39	17:17	17:58	18:37	5m48s
8.1.2024	6:23	7:02	7:44	8:21	12:31	16:40	17:18	17:59	18:38	6m14s
9.1.2024	6:23	7:02	7:43	8:20	12:31	16:41	17:19	18:00	18:39	6m39s
10.1.2024	6:23	7:02	7:43	8:20	12:31	16:43	17:21	18:01	18:40	7m04s
11.1.2024	6:22	7:02	7:43	8:19	12:32	16:44	17:22	18:02	18:41	7m29s
12.1.2024	6:22	7:01	7:42	8:19	12:32	16:45	17:23	18:03	18:42	7m53s
13.1.2024	6:22	7:01	7:42	8:18	12:33	16:47	17:24	18:05	18:43	8m16s
14.1.2024	6:21	7:00	7:41	8:18	12:33	16:48	17:26	18:06	18:45	8m39s
15.1.2024	6:21	7:00	7:40	8:17	12:33	16:50	17:27	18:07	18:46	9m01s
16.1.2024	6:20	6:59	7:40	8:16	12:34	16:51	17:28	18:08	18:47	9m23s
17.1.2024	6:20	6:59	7:39	8:15	12:34	16:53	17:30	18:10	18:48	9m43s
18.1.2024	6:19	6:58	7:38	8:14	12:34	16:54	17:31	18:11	18:50	10m03s
19.1.2024	6:18	6:57	7:38	8:14	12:35	16:56	17:33	18:12	18:51	10m23s
20.1.2024	6:18	6:56	7:37	8:13	12:35	16:57	17:34	18:14	18:52	10m41s
21.1.2024	6:17	6:56	7:36	8:12	12:35	16:59	17:36	18:15	18:54	10m59s
22.1.2024	6:16	6:55	7:35	8:11	12:35	17:01	17:37	18:16	18:55	11m16s
23.1.2024	6:16	6:54	7:34	8:10	12:36	17:02	17:39	18:18	18:56	11m32s
24.1.2024	6:15	6:53	7:33	8:08	12:36	17:04	17:40	18:19	18:58	11m48s
25.1.2024	6:14	6:52	7:32	8:07	12:36	17:06	17:42	18:21	18:59	12m03s
26.1.2024	6:13	6:51	7:31	8:06	12:36	17:07	17:43	18:22	19:00	12m16s
27.1.2024	6:12	6:50	7:30	8:05	12:37	17:09	17:45	18:23	19:02	12m30s
28.1.2024	6:11	6:49	7:29	8:04	12:37	17:11	17:46	18:25	19:03	12m42s
29.1.2024	6:10	6:48	7:27	8:02	12:37	17:12	17:48	18:26	19:05	12m53s
30.1.2024	6:09	6:47	7:26	8:01	12:37	17:14	17:49	18:28	19:06	13m04s
31.1.2024	6:08	6:46	7:25	8:00	12:37	17:16	17:51	18:29	19:08	13m14s

Mondlauf

	Rektaszension	Deklination	Elong.	Phase	Mag	Auf-gang	Kulm.	Unter-gang
Mo 1.1.2024	10h36m48,3s	12°13'07"	124,4°	0,78	-11,2	22:17	04:26	11:27
Di 2.1.2024	11h19m59,8s	6°55'23"	113,7°	0,7	-10,9	23:25	05:06	11:39
Mi 3.1.2024	12h02m05,5s	1°23'13"	102,9°	0,61	-10,5		05:45	11:50
Do 4.1.2024	12h44m09,4s	-4°14'09"	92,1°	0,52 ☽	-10,1	00:33	06:24	12:02
Fr 5.1.2024	13h27m18,4s	-9°47'32"	81,0°	0,42	-9,7	01:43	07:05	12:14
Sa 6.1.2024	14h12m41,7s	-15°06'15"	69,8°	0,33	-9,2	02:56	07:48	12:30
So 7.1.2024	15h01m26,2s	-19°56'41"	58,2°	0,24	-8,7	04:12	08:36	12:50
Mo 8.1.2024	15h54m27,2s	-24°01'14"	46,2°	0,15	-8	05:33	09:29	13:19
Di 9.1.2024	16h52m07,8s	-26°58'31"	33,8°	0,09	-7,2	06:51	10:28	14:01
Mi 10.1.2024	17h53m53,1s	-28°26'13"	21,2°	0,03	-6,1	08:01	11:30	15:00
Do 11.1.2024	18h57m58,1s	-28°07'06"	8,9°	0,01 ●	-4,9	08:57	12:34	16:17
Fr 12.1.2024	20h01m54,2s	-25°55'48"	8,0°	0,01	-4,9	09:37	13:36	17:46
Sa 13.1.2024	21h03m28,9s	-22°01'48"	20,6°	0,03	-6,1	10:05	14:35	19:17
So 14.1.2024	22h01m33,0s	-16°46'14"	34,2°	0,09	-7,3	10:26	15:29	20:46
Mo 15.1.2024	22h56m07,0s	-10°35'35"	47,8°	0,16	-8,2	10:42	16:20	22:13

	Rektaszension	Deklination	Elong.	Phase	Mag	Auf-gang	Kulm.	Unter-gang
Di 16.1.2024	23h47m59,1s	-3°56'18"	61,2°	0,26	-9	10:57	17:08	23:36
Mi 17.1.2024	0h38m19,6s	2°47'49"	74,5°	0,37	-9,6	11:12	17:56	
Do 18.1.2024	1h28m23,8s	9°16'06"	87,4°	0,48 ☽	-10,1	11:28	18:44	00:58
Fr 19.1.2024	2h19m20,6s	15°10'05"	100,0°	0,59	-10,6	11:46	19:34	02:20
Sa 20.1.2024	3h12m03,0s	20°12'44"	112,4°	0,69	-10,9	12:08	20:26	03:42
So 21.1.2024	4h06m56,0s	24°08'17"	124,5°	0,78	-11,3	12:39	21:20	05:00
Mo 22.1.2024	5h03m45,8s	26°43'17"	136,3°	0,86	-11,6	13:21	22:16	06:12
Di 23.1.2024	6h01m34,7s	27°48'53"	147,9°	0,92	-11,9	14:14	23:10	07:13
Mi 24.1.2024	6h58m55,6s	27°23'09"	159,2°	0,97	-12,2	15:19		08:00
Do 25.1.2024	7h54m20,6s	25°31'57"	169,8°	0,99 ○	-12,4	16:30	00:03	08:34
Fr 26.1.2024	8h46m49,8s	22°27'18"	174,7°	1	-12,5	17:43	00:53	08:59
Sa 27.1.2024	9h36m03,6s	18°24'21"	165,9°	0,99	-12,3	18:55	01:39	09:18
So 28.1.2024	10h22m17,8s	13°38'32"	155,4°	0,95	-12	20:04	02:22	09:33
Mo 29.1.2024	11h06m11,5s	8°23'50"	144,7°	0,91	-11,7	21:13	03:03	09:46
Di 30.1.2024	11h48m36,4s	2°52'20"	134,0°	0,85	-11,4	22:20	03:42	09:57
Mi 31.1.2024	12h30m30,7s	-2°45'31"	123,2°	0,77	-11,1	23:28	04:21	10:08

Jupitermond-Ereignisse

Datum	Uhrzeit (MEZ)	Mond	Erscheinung	Phase
1.1.2024	17:30:14	Europa	Bedeckung	Ende
1.1.2024	17:38:46	Europa	Verfinsterung	Anfang
1.1.2024	19:46:37	Io	Verfinsterung	Ende
1.1.2024	19:59:52	Europa	Verfinsterung	Ende
2.1.2024	17:01:38	Io	Schattenvorübergang	Ende
6.1.2024	22:06:10	Ganymed	Durchgang	Anfang
6.1.2024	23:06:57	Europa	Durchgang	Anfang
6.1.2024	23:48:04	Io	Bedeckung	Anfang
6.1.2024	23:56:03	Ganymed	Durchgang	Ende
7.1.2024	01:26:56	Europa	Durchgang	Ende
7.1.2024	01:36:56	Europa	Schattenvorübergang	Anfang
7.1.2024	21:01:07	Io	Durchgang	Anfang
7.1.2024	22:18:21	Io	Schattenvorübergang	Anfang
7.1.2024	23:11:48	Io	Durchgang	Ende
8.1.2024	00:28:35	Io	Schattenvorübergang	Ende
8.1.2024	17:40:19	Europa	Bedeckung	Anfang
8.1.2024	18:16:05	Io	Bedeckung	Anfang
8.1.2024	20:02:09	Europa	Bedeckung	Ende
8.1.2024	20:17:43	Europa	Verfinsterung	Anfang
8.1.2024	21:41:55	Io	Verfinsterung	Ende
8.1.2024	22:38:53	Europa	Verfinsterung	Ende
9.1.2024	17:40:07	Io	Durchgang	Ende
9.1.2024	18:57:38	Io	Schattenvorübergang	Ende
10.1.2024	17:07:20	Ganymed	Verfinsterung	Anfang
10.1.2024	17:14:27	Europa	Schattenvorübergang	Ende

Datum	Uhrzeit (MEZ)	Mond	Erscheinung	Phase
10.1.2024	18:46:21	Ganymed	Verfinsterung	Ende
14.1.2024	22:54:27	Io	Durchgang	Anfang
15.1.2024	00:14:23	Io	Schattenvorübergang	Anfang
15.1.2024	01:05:18	Io	Durchgang	Ende
15.1.2024	20:08:56	Io	Bedeckung	Anfang
15.1.2024	20:13:56	Europa	Bedeckung	Anfang
15.1.2024	22:36:29	Europa	Bedeckung	Ende
15.1.2024	22:56:38	Europa	Verfinsterung	Anfang
15.1.2024	23:37:15	Io	Verfinsterung	Ende
16.1.2024	01:17:55	Europa	Verfinsterung	Ende
16.1.2024	17:23:02	Io	Durchgang	Anfang
16.1.2024	18:43:26	Io	Schattenvorübergang	Anfang
16.1.2024	19:33:56	Io	Durchgang	Ende
16.1.2024	20:53:39	Io	Schattenvorübergang	Ende
17.1.2024	17:14:06	Europa	Durchgang	Ende
17.1.2024	17:30:43	Europa	Schattenvorübergang	Anfang
17.1.2024	17:35:04	Ganymed	Bedeckung	Ende
17.1.2024	18:06:05	Io	Verfinsterung	Ende
17.1.2024	19:50:25	Europa	Schattenvorübergang	Ende
17.1.2024	21:09:11	Ganymed	Verfinsterung	Anfang
17.1.2024	22:47:56	Ganymed	Verfinsterung	Ende
22.1.2024	00:49:00	Io	Durchgang	Anfang
22.1.2024	22:02:58	Io	Bedeckung	Anfang
22.1.2024	22:50:01	Europa	Bedeckung	Anfang
23.1.2024	19:17:53	Io	Durchgang	Anfang
23.1.2024	20:39:28	Io	Schattenvorübergang	Anfang
23.1.2024	21:28:56	Io	Durchgang	Ende
23.1.2024	22:49:41	Io	Schattenvorübergang	Ende
24.1.2024	17:26:40	Europa	Durchgang	Anfang
24.1.2024	19:36:09	Ganymed	Bedeckung	Anfang
24.1.2024	19:48:21	Europa	Durchgang	Ende
24.1.2024	20:01:29	Io	Verfinsterung	Ende
24.1.2024	20:06:34	Europa	Schattenvorübergang	Anfang
24.1.2024	21:34:44	Ganymed	Bedeckung	Ende
24.1.2024	22:26:28	Europa	Schattenvorübergang	Ende
29.1.2024	23:58:07	Io	Bedeckung	Anfang
30.1.2024	21:13:50	Io	Durchgang	Anfang
30.1.2024	22:35:30	Io	Schattenvorübergang	Anfang
30.1.2024	23:24:59	Io	Durchgang	Ende
31.1.2024	18:27:03	Io	Bedeckung	Anfang
31.1.2024	20:02:32	Europa	Durchgang	Anfang
31.1.2024	21:56:53	Io	Verfinsterung	Ende
31.1.2024	22:24:47	Europa	Durchgang	Ende
31.1.2024	22:42:33	Europa	Schattenvorübergang	Anfang
31.1.2024	23:37:42	Ganymed	Bedeckung	Anfang

Februar

Sternenhimmel

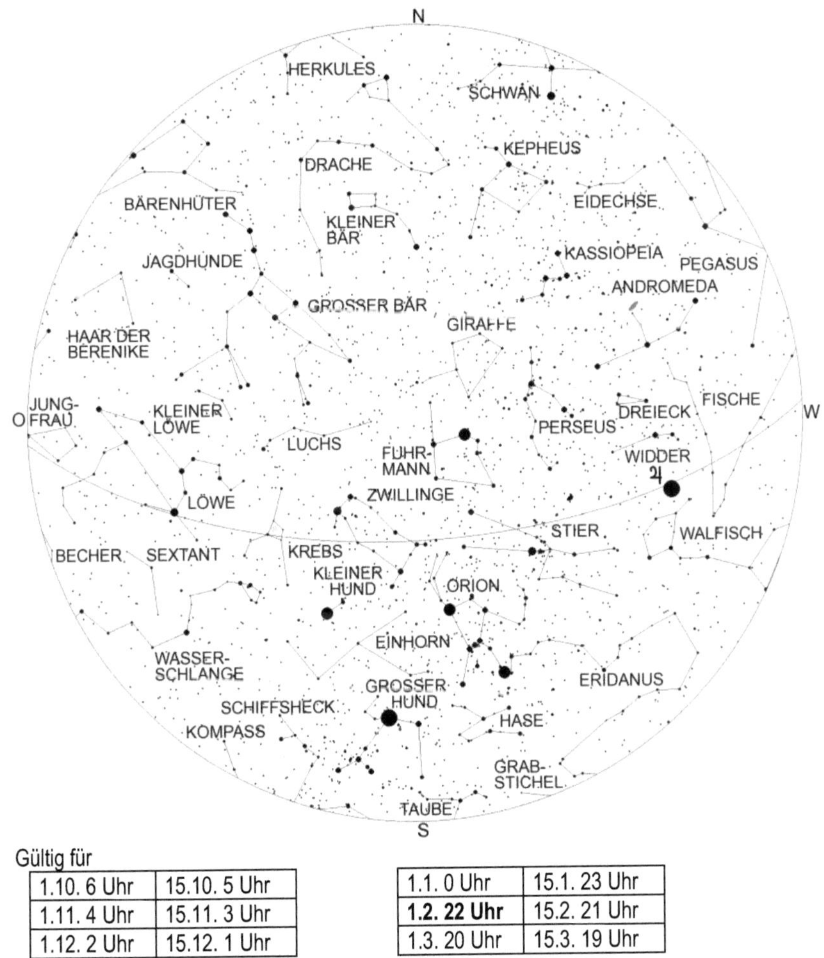

Gültig für

1.10. 6 Uhr	15.10. 5 Uhr
1.11. 4 Uhr	15.11. 3 Uhr
1.12. 2 Uhr	15.12. 1 Uhr

1.1. 0 Uhr	15.1. 23 Uhr
1.2. 22 Uhr	15.2. 21 Uhr
1.3. 20 Uhr	15.3. 19 Uhr

Im Februar hat zur Standbeobachtungszeit (1. um 22 Uhr MEZ) der Orion seine höchste Position überschritten. Man erkennt in diesem Sternbild unterhalb der Gürtelsterne eine Sterngruppe mit einem nebligen Fleckchen. Dies ist der berühmte Orionnebel, ein Gasnebel, in dem neue Sterne entstehen. Die beiden hellsten Sterne des Orions, Rigel (rechts unten) und Beteigeuze (links oben), sind Riesensterne von

41

ganz unterschiedlicher Natur. Der bläuliche Rigel ist 60-mal größer als die Sonne und strahlt so viel Energie ab wie 41000 Sonnen. Seine Oberfläche ist mit 12300 Kelvin Oberflächentemperatur auch wesentlich heißer als die unseres Zentralgestirns, dessen Oberfläche 5800 K heiß ist. Sein Abstand zur Sonne beträgt etwa 770 Lichtjahre.

Der rötliche Stern Beteigeuze ist mit einer Oberflächentemperatur von 3450 K kühler als die Sonne, hat aber einen ungefähr tausendmal größeren Durchmesser. In ihrem Inneren hätten die Umlaufbahnen aller inneren Planeten Platz.

Beteigeuze strahlt etwa 55000-mal so viel Energie wie die Sonne ab und ist ca. 640 Lichtjahre von ihr entfernt.

Das Sternbild Zwillinge steht jetzt kurz vor der Kulmination, während der Stier diese schon hinter sich gebracht hat, wie auch das Sternbild Fuhrmann.

Tief im Süden erreichen die ersten Sterne des Großen Hundes ihren höchsten Stand. Westlich von diesen erkennt man den Hasen, der in der Mythologie eine Beute des Himmelsjägers Orion darstellt. Im Hasen befindet sich ein schon im Feldstecher trennbarer Doppelstern, Gamma (γ) Leporis. Seine beiden Komponenten haben eine Helligkeit von 3,6 mag und 6,1 mag und stehen 97" voneinander entfernt. Bei guten Sichtbedingungen kann man auch das Sternbild Taube knapp über dem Südhorizont erkennen.

Nördlich des Großen Hundes befindet sich das Sternbild Einhorn, welches nur aus lichtschwachen Sternen besteht. Dieses Sternbild hat im Unterschied zu vielen anderen in Mitteleuropa sichtbaren Sternbildern, wie der Orion und der Stier, seinen Ursprung nicht in der Antike, sondern wurde 1602 von den niederländischen Kartografen Petrus Plancius eingeführt. In diesem Sternbild gibt es einen für Amateurastronomen interessanten Dreifachstern, und zwar den Stern Beta (β) Monocerotis, der schon mit einem Fernrohr von 5 Zentimetern Objektivöffnung aufgelöst werden kann. Beta Monocerotis besteht aus einem 4,6 mag hellen Stern mit einem 5,3 mag hellen Begleiter in 3" Abstand. Ein weiterer Begleiter mit einer Helligkeit von 5,0 mag befindet sich in 7" Entfernung vom 4,6 mag hellem Hauptstern. Alle 3 Sterne dieses Systems liegen in etwa auf einer Linie.

Höher am Himmel, zwischen Einhorn und Zwillinge, findet man den Kleinen Hund mit dem hellen Fixstern Prokion.

Nordöstlich des Kleinen Hundes kann man an dunkleren Beobachtungsorten das lichtschwache Sternbild Krebs erkennen.

In westlicher Richtung sieht man den Widder mit dem Planeten Jupiter und den im Untergang befindlichen Walfisch. Zwischen dem Widder und dem Horizont erblickt man bei dunklem Himmel die lichtschwachen Sterne der Fische, während das Gebiet zwischen Walfisch, Orion und Hase von dem ausgedehntem Eridanus ausgefüllt wird, der fast nur aus lichtschwachen Sternen besteht.

Weiter in nördlicher Richtung befinden sich noch einige Sterne des Pegasus über dem Horizont. Über diesen erkennt man das Sternbild Andromeda.

Im Osten ist jetzt das Sternbild Löwe komplett aufgegangen, auch die ersten Sterne des Tierkreissternbildes Jungfrau sind schon über dem Horizont erschienen, aber wegen des Horizontdunstes noch kaum zu sehen. Zwischen dem Kleinem Hund und dem Südosthorizont erkennt man den Kopf des Sternbildes Wasserschlange. Das Sternbild Wasserschlange ist das größte Sternbild des Himmels. Es besteht aber zum größten Teil aus Sternen der 4. Größenklasse und schwächer weshalb es von helleren Beobachtungsorten aus nur rudimentär erkannt werden kann. Es gibt nur einen Stern 2. Größe in dieser Konstellation, Alphard, der das hellste Objekt im Südosten darstellt. Alphard ist ein orangeroter Riesenstern mit 400-facher Sonnenleuchtkraft und 41-fachen Sonnendurchmesser in 180 Lichtjahren Entfernung.

Der Große Wagen, der aus den hellsten Sternen des Sternbildes Großer Bär besteht, gewinnt jetzt Höhe im Nordosten. Tief im Nordosten geht gerade der Bärenhüter auf. Allerdings ist sein hellster Stern, Arktur, noch unter dem Horizont und seine schon aufgegangenen Sterne sind im Horizontdunst kaum zu erkennen.

Zwischen Bärenhüter und Großen Wagen kann man Chara, den mit 2,9 mag hellsten Stern der Jagdhunde erblicken. Alle anderen Sterne dieser Konstellation haben eine Helligkeit von 4 mag und weniger und sind nur an dunkleren Orten zu sehen.

Auch das „Haar der Berenike" ist inzwischen vollständig über dem ostnordöstlichen Horizont getreten, kann aber, da es nur aus Sternen 4. Größe und schwächer besteht, nur an dunkleren Orten gesichtet werden.

Astronomische Erelgnisse

Datum	Uhrzeit	Ereignis	Elongation
1.2.2024	10:01:52	Mond 40' nördlich Spika	107,8°
1.2.2024	22:48:49	Pallas 24° nördlich Akrab	69°
2.2.2024	17:58:05	Merkur im Aphel (Abstand Sonne-Merkur: 69817793 km)	
3.2.2024	00:18:09	Letztes Viertel	
3.2.2024	01:02:36	Venus 4° nördlich Nunki	30,5°
3.2.2024	04:58:39	Mond 3,65° südlich Zuben-el-dschenubi	87,3°
4.2.2024	16:25:04	Mond 29,55° südlich Pallas	70,9°
4.2.2024	16:30:02	Mond 5,4° südlich Akrab	70,8°
5.2.2024	00:46:38	Mond 6,5' nördlich Antares	65,6°
5.2.2024	18:40:58	Merkur 1,4° nördlich Pluto	15,7°
6.2.2024	13:38:02	Mond 6,6° südlich Ceres	47,5°
7.2.2024	03:12:20	Merkur 6,4° südlich Beta Capricorni	14,2°
7.2.2024	10:28:24	Mond 2,6° südlich Nunki	35,5°
7.2.2024	18:13:27	Mond in größter Südbreite	
7.2.2024	20:27:54	Mond 5,8° südlich Venus	29,5°
8.2.2024	06:26:36	Mond 5,1° südlich Mars	22,8°
8.2.2024	16:12:10	Mond 2,8° südlich Pluto	19°
8.2.2024	19:19:14	Vesta stationär, dann rechtläufig	
8.2.2024	19:21:46	Mond 10,2° südlich Beta Capricorni	15,8°
8.2.2024	23:10:01	Mond 3,6° südlich Merkur	14°
9.2.2024	23:59:13	Neumond	-4,7°
10.2.2024	03:29:02	Mond 2,3° südlich Delta Capricorni	4°
10.2.2024	19:53:20	Mond im Perigäum	
11.2.2024	01:40:26	Mond 2,4° südlich Saturn	15,4°

Datum	Uhrzeit	Ereignis	Elongation
12.2.2024	06:44:01	Mond 1,7° südlich Neptun	32,55°
13.2.2024	18:21:44	Mond im aufsteigenden Knoten	
14.2.2024	00:37:31	Venus im absteigenden Knoten	
14.2.2024	20:52:42	Mars 1,9° nördlich Pluto	24,4°
15.2.2024	01:27:31	Mond 9,5° südlich Hamal	69°
15.2.2024	08:23:24	Mond 2,1° nördlich Jupiter	72,9°
16.2.2024	03:38:11	Mond 2,5° nördlich Uranus	82,35°
16.2.2024	16:01:04	Erstes Viertel	
16.2.2024	21:58:21	Mond 55' südlich der Plejaden	92,45°
17.2.2024	06:22:49	Mars 5,7° südlich Beta Capricorni	24,1°
17.2.2024	17:04:37	Mond 9,3° nördlich Aldebaran	101,6°
17.2.2024	21:45:17	Venus 2,7° nördlich Pluto	27,2°
18.2.2024	11:42:29	Vesta im aufsteigenden Knoten	
18.2.2024	13:46:29	Mond 1,4° südlich Elnath	113,4°
18.2.2024	15:24:05	Mond 4,1° nördlich Vesta	114°
19.2.2024	07:40:15	Venus 5° südlich Beta Capricorni	26,1°
19.2.2024	10:44:15	Mond 5° nördlich Eta Geminorum	123,3°
19.2.2024	13:38:27	Mond 5,2° nördlich Mü Geminorum	124,95°
19.2.2024	20:55:30	Mond 11,5° nördlich Alhena	127,85°
19.2.2024	23:33:31	Merkur 31,5' nördlich Delta Capricorni	7,05°
20.2.2024	00:34:11	Mond 2,6° nördlich Epsilon Geminorum	129,1°
20.2.2024	12:45:48	Mond in größter Nordbreite	
20.2.2024	21:42:46	Mond 5,4° südlich Kastor	137,9°
21.2.2024	03:44:07	Mond 2,3° südlich Pollux	141,1°
22.2.2024	05:06:24	Mond 2,55° nördlich M44	153,6°
22.2.2024	16:36:35	Venus 38' nördlich Mars	26,1°
22.2.2024	23:47:11	Merkur in größter Südbreite	
23.2.2024	19:28:48	Pallas 34,35° nördlich Antares	84,6°
24.2.2024	00:29:27	Mond 3° nördlich Regulus	173,4°
24.2.2024	02:56:29	Vesta 5,3° südlich Elnath	107,7°
24.2.2024	13:30:32	Vollmond	
25.2.2024	12:33:54	Mond 4,5° nördlich Juno	167,5°
25.2.2024	15:58:43	Mond im Apogäum	
27.2.2024	14:47:14	Mond 3,2° südlich Porrima	146,7°
27.2.2024	23:44:04	Mond im absteigenden Knoten	
28.2.2024	09:42:51	Merkur in oberer Konjunktion zur Sonne	-1,8°
28.2.2024	15:04:26	Merkur 12,5' südlich Saturn	1,6°
28.2.2024	15:22:11	Mond 54' nördlich Spika	135,3°
28.2.2024	22:26:24	Saturn in Konjunktion zur Sonne	-1,6°

Planeten

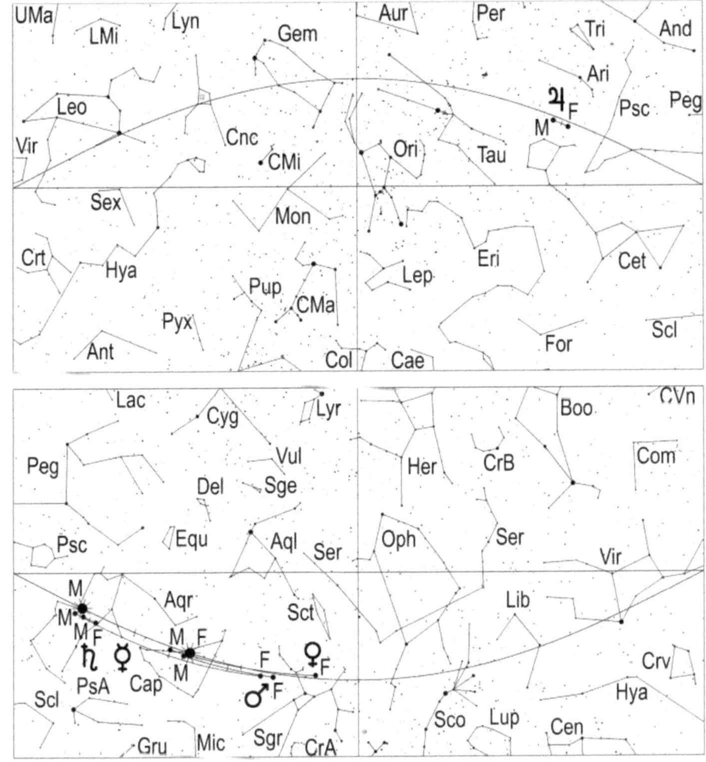

Merkur steht am 28. in oberer Konjunktion zur Sonne und kann im Februar nicht
beobachtet werden.

Venus wandert vom Schützen in den Steinbock und ist weiterhin am Morgenhimmel
zu sehen. Allerdings verschlechtert sich ihre Sichtbarkeit im Februar sehr stark: geht
der Morgenstern am 1. um 6.20 Uhr MEZ – 98 Minuten vor der Sonne – auf, so erfolgt
ihr Aufgang am 15. um 6.28 Uhr MEZ – 68 Minuten vor Sonnenaufgang.
Am 29. erscheint unser innerer Nachbarplanet um 6.24 Uhr MEZ über dem Horizont,
während ihr die Sonne um 7.09 Uhr MEZ folgt, sodass sie nur für kurze Zeit in der
Morgendämmerung zu sehen ist.
Venus wandert am 3. 4° nördlich an Nunki vorbei, was man in der Morgendämmerung
– am besten mit einem Feldstecher – beobachten kann. Am 22. passiert Venus Mars
in 38' nördlichen Abstand. Allerdings ist der rote Planet bei dieser Konjunktion
zumindest für Beobachter in mitteleuropäischen Breiten nicht mit bloßem Auge zu
sehen.

Am Morgen des 7. findet man die abnehmende Mondsichel in der Nachbarschaft von Venus.

Im Fernrohr zeigt sich Venus am 1. als zu 86% beleuchtetes Scheibchen mit einem Durchmesser von 12,2". Bis zum Monatsende nimmt der beleuchtete Anteil des Venusscheibchens auf 96% zu, während dessen Durchmesser auf 11,1" abnimmt.

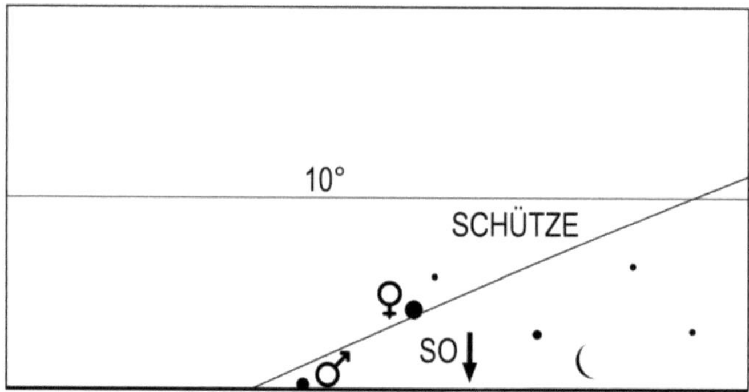

Mond, Venus und Mars in der Morgendämmerung des 7.2.2024 um 7 Uhr MEZ. Mit bloßem Auge dürften nur Mond und Venus zu sehen sein.

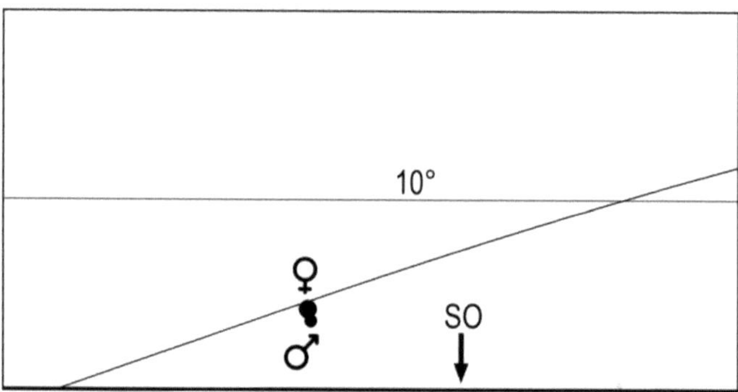

Venus und Mars in der Morgendämmerung des 22.2.2024 um 7 Uhr MEZ. Mars ist mit bloßem Auge nicht zu sehen.

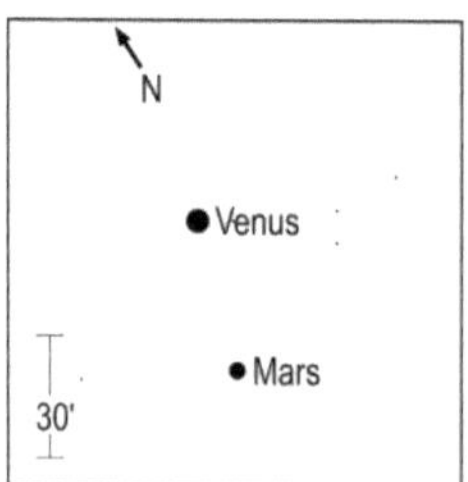

Anblick der Konjunktion zwischen Venus und Mars im Feldstecher am 22.2.2024 um 7 Uhr MEZ

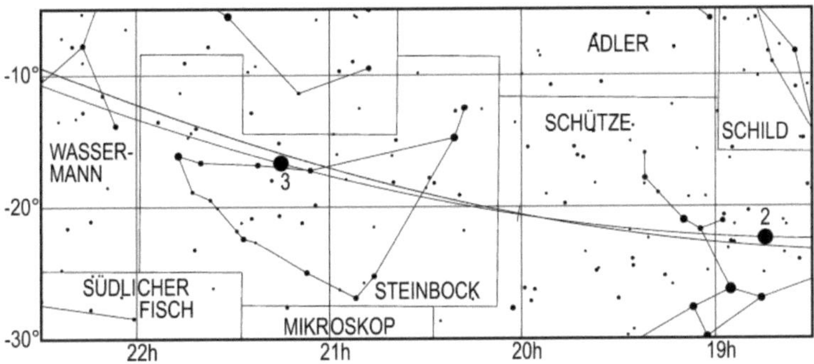

Lauf des Planeten Venus von Februar bis März 2024. Die Zahl gibt die Position am 1.
des entsprechenden Monats an, also 3 die Position am 1.3.

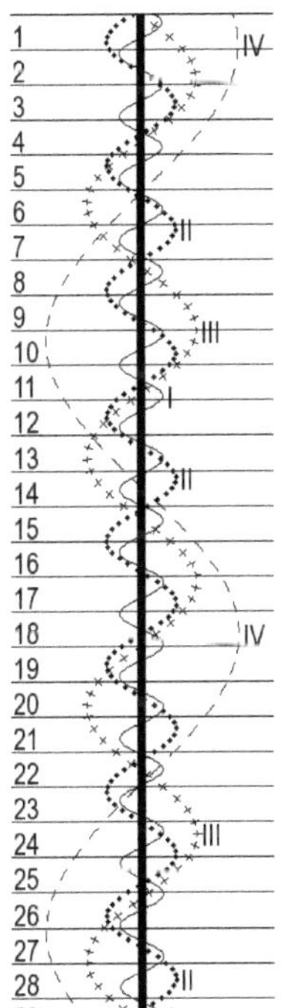

Stellung der 4
hellen Jupiter-
monde im
Februar 2024

Mars hat noch immer eine zu geringe westliche Elongation zur
Sonne, um am Morgenhimmel zu erscheinen. Auch seine
Konjunktion mit Venus am 22. ist zumindest in Mitteleuropa nur
mit optischen Hilfsmitteln zu verfolgen.

Jupiter bewegt sich rechtläufig durch das Sternbild Widder und
ist das hellste Objekt am Abendhimmel. Er versinkt am 1. um
1.10 Uhr MEZ, am 15. um 0.24 Uhr MEZ und am 29. um 23.39
Uhr MEZ unter dem Horizont. Seine Helligkeit nimmt im
Februar von -2,4 mag auf -2,2 mag ab und sein Scheibchen
schrumpft im gleichen Zeitraum von 39,7" auf 36,4".
Am Abend des 14. findet man den Mond in der Nachbarschaft
des Riesenplaneten.

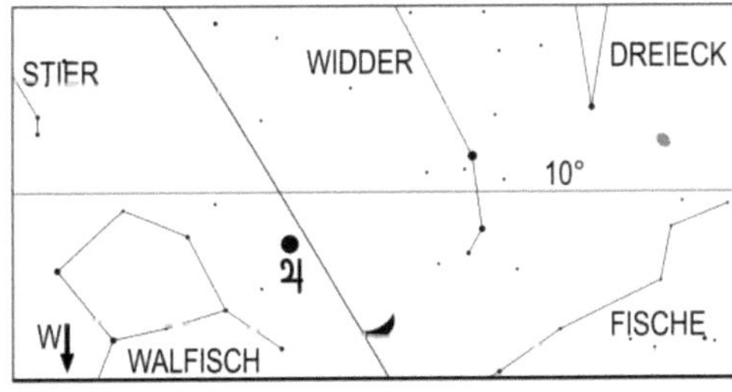

Mond und Jupiter am 14.2.2024 um 23.30 Uhr MEZ

Saturn kann noch bis zum 11. gegen Ende der
Abenddämmerung tief im Südwesten beobachtet werden. Der
Ringplanet, der rechtläufig durch das Sternbild Wassermann
wandert, geht am 1. um 19.26 Uhr MEZ – noch nach Ende der
astronomischen Dämmerung – unter. Allerdings verfrüht sich
sein Untergang täglich um etwa 3 Minuten, während sich der Sonnenuntergang im
gleichen Zeitraum um 1,5 Minuten verspätet, sodass seine Sichtbarkeitsdauer rasch

47

abnimmt. Am 11., dem letzten Tag seiner Sichtbarkeit, versinkt Saturn um 18.53 Uhr MEZ – kurz nach Ende der nautischen Dämmerung – unter dem Horizont, sodass er kaum noch in der Abenddämmerung zu sehen sein dürfte.
Die zunehmende, dünne Mondsichel steht an diesem Tag links oberhalb von Saturn und kann bei dessen Suche in der Dämmerung helfen.
Nach dem 11. ist der Ringplanet, der am 28. in Konjunktion zur Sonne steht, für längere Zeit unsichtbar.

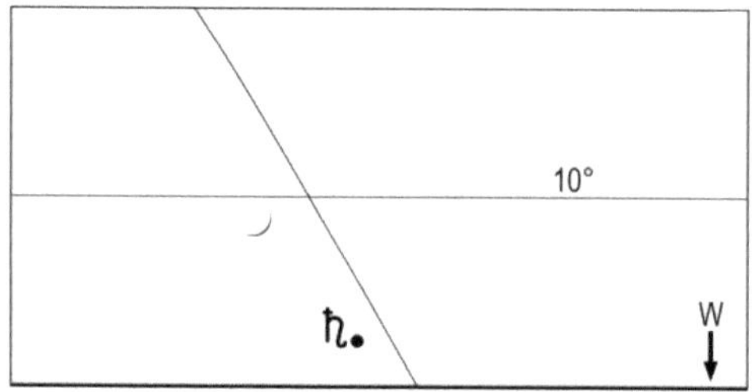

Mond und Saturn am 11.2.2024 um 18.30 Uhr MEZ

Uranus kann am frühen Abendhimmel, nach Ende der Dämmerung, mit einem Fernglas im Sternbild Widder aufgesucht werden (Aufsuchkarte, Seite 162). Der Untergang des grünlichen Planeten, dessen Helligkeit im Februar von 5,7 mag auf 5,8 mag abnimmt, erfolgt am 1. um 2.18 Uhr MEZ, am 15. um 1.25 Uhr MEZ und am 29. um 0.31 Uhr MEZ.

Neptun, dessen Helligkeit im Laufe des Monats von 7,9 mag auf 8,0 mag zurückgeht, kann höchstens noch in der ersten Monatshälfte mit einem Fernrohr gegen Ende der Abenddämmerung in südwestlicher Richtung im Sternbild Fische aufgesucht werden (Aufsuchkarte, Seite 134). Sein Untergang erfolgt am 1. um 21.15 Uhr MEZ, am 15. um 20.22 Uhr MEZ und am 29. um 19.30 Uhr MEZ.

Klein- und Zwergplaneten

Ceres bewegt sich rechtläufig durch das Sternbild Schütze und kann am Monatsende zu Beginn der Morgendämmerung mit einem Fernrohr aufgesucht werden. Am 29. erscheint der 9,0 mag helle Zwergplanet um 4.22 Uhr MEZ über dem Horizont und kann bei guter Horizontsicht etwa 1 Stunde später aufgefunden werden (Aufsuchkarte, Seite 104)

Pallas wandert von der Schlange in den Herkules und kann mit einem Fernrohr – am besten zu Beginn der Morgendämmerung – aufgesucht werden (Aufsuchkarte, Seite 81). Der Kleinplanet, dessen Helligkeit von 9,6 mag auf 9,4 mag ansteigt, erscheint am 1. um 1.24 Uhr MEZ, am 15. um 0.34 Uhr MEZ und am 29. um 23.36 Uhr MEZ über dem Horizont.

Juno, die rückläufig durch die südlichen Teile des Sternbildes Löwe wandert, strebt ihrer Opposition entgegen, was sich an der Verfrühung ihres Aufgangs von 20.30 Uhr MEZ am 1., auf 19.43 Uhr MEZ am 15. und auf 18.26 Uhr MEZ am 29. bemerkbar macht, womit sie am Monatsende fast während der ganzen Nacht über dem Horizont steht. Gleichzeitig steigt ihre Helligkeit von 9,2 mag auf 8,8 mag.
Am besten kann Juno zum Zeitpunkt ihrer Kulmination, die am 1, um 2.59 Uhr MEZ, am 15. um 1.56 Uhr MEZ und am 29. um 0.50 Uhr MEZ erfolgt, beobachtet werden, wofür der Einsatz eines Fernrohrs oder eines lichtstarken Fernglases nötig ist (Aufsuchkarte, Seite 59).

Vesta, im Ostteil des Sternbildes Stier, beendet am 8. ihre Oppositionsschleife. Der Kleinplanet, dessen Helligkeit im Februar von 7,2 mag auf 7,7 mag zurückgeht, versinkt am 1. um 5.07 Uhr MEZ, am 15. um 4.15 Uhr MEZ und am 29. um 3.30 Uhr MEZ unter dem Horizont.
Die beste Zeit für ihre Beobachtung, für die schon ein Feldstecher ausreicht, sind die frühen Abendstunden (Aufsuchkarte, Seite 37).

Periodische Sternschnuppenströme

Der Februar ist der Monat mit der geringsten Sternschnuppenaktivität. Im Zeitraum zwischen dem 15.2. und dem 10.3. sind die Delta-Leoniden aktiv, ein schwacher Strom langsamer Meteore, der am Abend des 23. sein Maximum mit ungefähr einem Meteor pro Stunde erreicht.
Da am 24. Vollmond ist und sich der Mond in der Nähe des Radianten aufhält, wird ihre Beobachtung durch diesen in hohem Maße erschwert.

Sonnenuntergang und Dämmerung

	Astr. Anf.	Naut. Anf.	Bürg. Anf.	Aufgang	Kulm.	Untergang	Bürg. Ende	Naut. Ende	Astr. Ende	Zeitgl.
1.2.2024	6:07	6:44	7:24	7:58	12:38	17:17	17:52	18:31	19:09	13m23s
2.2.2024	6:06	6:43	7:22	7:57	12:38	17:19	17:54	18:32	19:11	13m31s
3.2.2024	6:04	6:42	7:21	7:56	12:38	17:21	17:55	18:34	19:12	13m39s
4.2.2024	6:03	6:41	7:20	7:54	12:38	17:23	17:57	18:35	19:14	13m46s
5.2.2024	6:02	6:39	7:18	7:53	12:38	17:24	17:59	18:37	19:15	13m52s
6.2.2024	6:01	6:38	7:17	7:51	12:38	17:26	18:00	18:39	19:17	13m57s
7.2.2024	5:59	6:36	7:15	7:49	12:38	17:28	18:02	18:40	19:18	14m01s
8.2.2024	5:58	6:35	7:14	7:48	12:38	17:30	18:03	18:42	19:20	14m05s
9.2.2024	5:56	6:34	7:12	7:46	12:38	17:31	18:05	18:43	19:21	14m07s
10.2.2024	5:55	6:32	7:11	7:45	12:38	17:33	18:07	18:45	19:23	14m09s
11.2.2024	5:53	6:31	7:09	7:43	12:38	17:35	18:08	18:46	19:24	14m11s
12.2.2024	5:52	6:29	7:07	7:41	12:38	17:36	18:10	18:48	19:26	14m11s
13.2.2024	5:50	6:27	7:06	7:39	12:38	17:38	18:11	18:49	19:27	14m11s
14.2.2024	5:49	6:26	7:04	7:38	12:38	17:40	18:13	18:51	19:29	14m09s
15.2.2024	5:47	6:24	7:02	7:36	12:38	17:42	18:15	18:53	19:30	14m08s

	Astr. Anf.	Naut. Anf.	Bürg. Anf.	Auf- gang	Kulm.	Unter- gang	Bürg. Ende	Naut. Ende	Astr. Ende	Zeitgl.
16.2.2024	5:46	6:22	7:00	7:34	12:38	17:43	18:16	18:54	19:32	14m05s
17.2.2024	5:44	6:21	6:59	7:32	12:38	17:45	18:18	18:56	19:34	14m02s
18.2.2024	5:42	6:19	6:57	7:30	12:38	17:47	18:20	18:57	19:35	13m57s
19.2.2024	5:40	6:17	6:55	7:29	12:38	17:48	18:21	18:59	19:37	13m53s
20.2.2024	5:39	6:16	6:53	7:27	12:38	17:50	18:23	19:01	19:38	13m47s
21.2.2024	5:37	6:14	6:51	7:25	12:38	17:52	18:24	19:02	19:40	13m41s
22.2.2024	5:35	6:12	6:50	7:23	12:38	17:54	18:26	19:04	19:42	13m34s
23.2.2024	5:33	6:10	6:48	7:21	12:37	17:55	18:28	19:06	19:43	13m27s
24.2.2024	5:31	6:08	6:46	7:19	12:37	17:57	18:29	19:07	19:45	13m18s
25.2.2024	5:29	6:06	6:44	7:17	12:37	17:58	18:31	19:09	19:46	13m10s
26.2.2024	5:28	6:05	6:42	7:15	12:37	18:00	18:33	19:10	19:48	13m00s
27.2.2024	5:26	6:03	6:40	7:13	12:37	18:02	18:34	19:12	19:50	12m50s
28.2.2024	5:24	6:01	6:38	7:11	12:37	18:03	18:36	19:14	19:51	12m40s
29.2.2024	5:22	5:59	6:36	7:09	12:36	18:05	18:37	19:15	19:53	12m29s

Mondlauf

	Rektaszension	Deklination	Elong.	Phase	Mag	Auf- gang	Kulm.	Unter- gang
Do 1.2.2024	13h12m56,4s	-8°20'06"	112,4°	0,69	-10,8		05:00	10:19
Fr 2.2.2024	13h56m57,9s	-13°41'24"	101,4°	0,6	-10,5	00:38	05:42	10:33
Sa 3.2.2024	14h43m40,3s	-18°37'46"	90,1°	0,5 ◑	-10,1	01:52	06:27	10:51
So 4.2.2024	15h34m03,5s	-22°54'44"	78,6°	0,4	-9,6	03:09	07:16	11:15
Mo 5.2.2024	16h28m48,3s	-26°14'16"	66,7°	0,3	-9,1	04:26	08:11	11:49
Di 6.2.2024	17h27m55,0s	-28°15'49"	54,3°	0,21	-8,5	05:41	09:10	12:37
Mi 7.2.2024	18h30m23,2s	-28°39'56"	41,5°	0,13	-7,7	06:42	10:13	13:46
Do 8.2.2024	19h34m14,1s	-27°14'14"	28,3°	0,06	-6,8	07:30	11:16	15:09
Fr 9.2.2024	20h37m10,5s	-23°59'00"	14,9°	0,02 ●	-5,6	08:03	12:17	16:41
Sa 10.2.2024	21h37m30,6s	-19°08'10"	4,2°	0	-4,5	08:27	13:14	18:14
So 11.2.2024	22h34m38,1s	-13°05'46"	14,6°	0,02	-5,6	08:46	14:08	19:46
Mo 12.2.2024	23h28m54,7s	-6°20'09"	28,4°	0,06	-6,8	09:02	14:59	21:14
Di 13.2.2024	0h21m16,7s	0°40'22"	42,2°	0,13	-7,8	09:17	15:49	22:40
Mi 14.2.2024	1h12m53,6s	7°30'07"	55,7°	0,22	-8,7	09:32	16:39	
Do 15.2.2024	2h04m52,5s	13°46'46"	68,9°	0,32	-9,3	09:50	17:29	00:05
Fr 16.2.2024	2h58m07,2s	19°11'12"	81,7°	0,43 ◐	-9,9	10:11	18:22	01:30
Sa 17.2.2024	3h53m06,7s	23°27'15"	94,1°	0,54	-10,3	10:39	19:16	02:51
So 18.2.2024	4h49m44,3s	26°22'13"	106,1°	0,64	-10,7	11:18	20:11	04:06
Mo 19.2.2024	5h47m14,3s	27°48'00"	117,8°	0,73	-11	12:07	21:06	05:10
Di 20.2.2024	6h44m22,1s	27°42'46"	129,2°	0,82	-11,4	13:09	21:59	06:01
Mi 21.2.2024	7h39m48,1s	26°11'22"	140,5°	0,89	-11,7	14:18	22:49	06:38
Do 22.2.2024	8h32m34,0s	23°24'14"	151,5°	0,94	-11,9	15:31	23:36	07:05
Fr 23.2.2024	9h22m16,1s	19°35'05"	162,4°	0,98	-12,2	16:43		07:25
Sa 24.2.2024	10h09m03,4s	14°58'29"	172,8°	1 ○	-12,5	17:53	00:20	07:41
So 25.2.2024	10h53m28,5s	9°48'20"	174,4°	1	-12,5	19:02	01:01	07:53
Mo 26.2.2024	11h36m17,0s	4°17'19"	164,3°	0,98	-12,2	20:10	01:41	08:05
Di 27.2.2024	12h18m21,5s	-1°23'10"	153,6°	0,95	-12	21:18	02:20	08:15

	Rektaszension	Deklination	Elong.	Phase	Mag	Auf-gang	Kulm.	Unter-gang
Mi 28.2.2024	13h00m38,1s	-7°02'26"	142,8°	0,9	-11,7	22:27	02:59	08:27
Do 29.2.2024	13h44m05,1s	-12°29'49"	131,9°	0,83	-11,4	23:39	03:39	08:39

Jupitermond-Ereignisse

Datum	Uhrzeit (MEZ)	Mond	Erscheinung	Phase
1.2.2024	17:54:08	Io	Durchgang	Ende
1.2.2024	19:14:41	Io	Schattenvorübergang	Ende
2.2.2024	19:54:52	Europa	Verfinsterung	Ende
4.2.2024	19:29:48	Ganymed	Schattenvorübergang	Anfang
4.2.2024	21:06:10	Ganymed	Schattenvorübergang	Ende
6.2.2024	23:10:48	Io	Durchgang	Anfang
7.2.2024	20:23:27	Io	Bedeckung	Anfang
7.2.2024	22:10:24	Europa	Durchgang	Anfang
7.2.2024	23:52:17	Io	Verfinsterung	Ende
8.2.2024	19:00:29	Io	Schattenvorübergang	Anfang
8.2.2024	19:51:24	Io	Durchgang	Ende
8.2.2024	21:10:40	Io	Schattenvorübergang	Ende
9.2.2024	18:21:08	Io	Verfinsterung	Ende
9.2.2024	19:53:53	Europa	Bedeckung	Ende
9.2.2024	20:12:02	Europa	Verfinsterung	Anfang
9.2.2024	22:33:44	Europa	Verfinsterung	Ende
11.2.2024	18:01:33	Ganymed	Durchgang	Anfang
11.2.2024	20:02:16	Ganymed	Durchgang	Ende
11.2.2024	23:31:59	Ganymed	Schattenvorübergang	Anfang
14.2.2024	22:20:46	Io	Bedeckung	Anfang
15.2.2024	19:38:15	Io	Durchgang	Anfang
15.2.2024	20:56:27	Io	Schattenvorübergang	Anfang
15.2.2024	21:49:35	Io	Durchgang	Ende
15.2.2024	23:06:36	Io	Schattenvorübergang	Ende
16.2.2024	20:12:34	Europa	Bedeckung	Anfang
16.2.2024	20:16:34	Io	Verfinsterung	Ende
16.2.2024	22:37:29	Europa	Bedeckung	Ende
16.2.2024	22:50:35	Europa	Verfinsterung	Anfang
18.2.2024	19:33:04	Europa	Schattenvorübergang	Ende
18.2.2024	22:14:23	Ganymed	Durchgang	Anfang
22.2.2024	18:57:24	Ganymed	Verfinsterung	Ende
22.2.2024	21:37:10	Io	Durchgang	Anfang
22.2.2024	22:52:21	Io	Schattenvorübergang	Anfang
23.2.2024	18:48:35	Io	Bedeckung	Anfang
23.2.2024	22:11:58	Io	Verfinsterung	Ende
23.2.2024	22:57:25	Europa	Bedeckung	Anfang
24.2.2024	18:18:26	Io	Durchgang	Ende
24.2.2024	19:31:32	Io	Schattenvorübergang	Ende
25.2.2024	19:46:52	Europa	Durchgang	Ende
25.2.2024	19:48:37	Europa	Schattenvorübergang	Anfang

Datum	Uhrzeit (MEZ)	Mond	Erscheinung	Phase
25.2.2024	22:09:22	Europa	Schattenvorübergang	Ende
29.2.2024	18:26:22	Ganymed	Bedeckung	Ende
29.2.2024	21:20:36	Ganymed	Verfinsterung	Anfang

März

Sternenhimmel

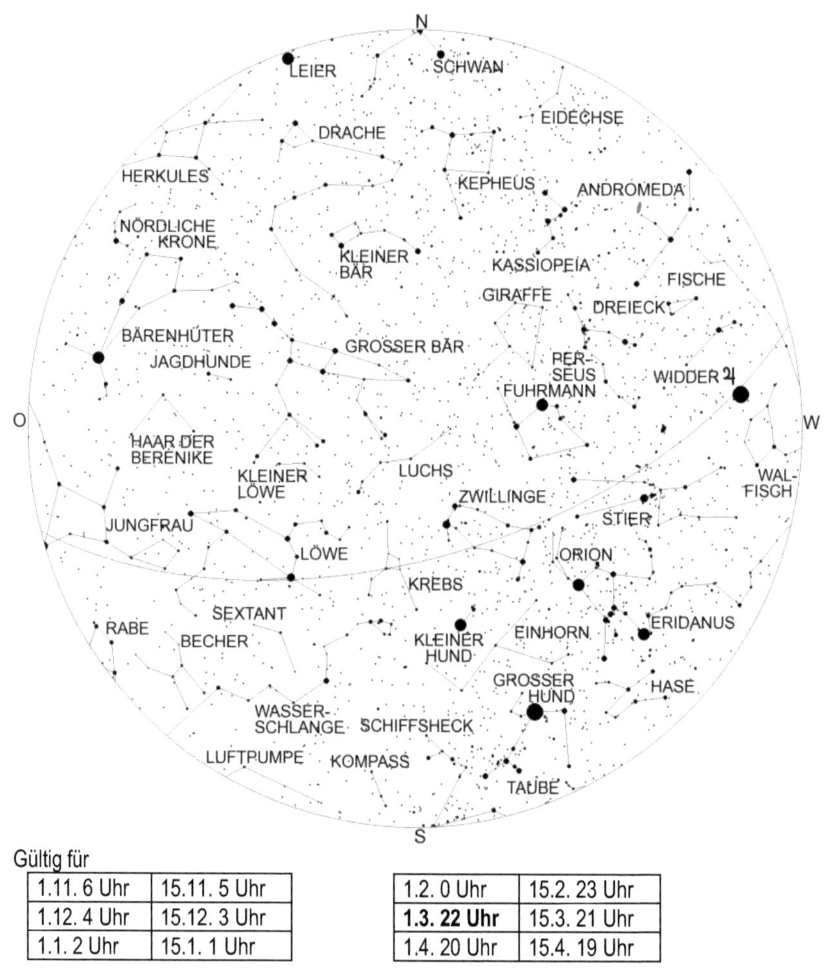

Gültig für

1.11. 6 Uhr	15.11. 5 Uhr	1.2. 0 Uhr	15.2. 23 Uhr
1.12. 4 Uhr	15.12. 3 Uhr	**1.3. 22 Uhr**	15.3. 21 Uhr
1.1. 2 Uhr	15.1. 1 Uhr	1.4. 20 Uhr	15.4. 19 Uhr

Die Wintersternbilder stehen noch alle über dem Horizont, sind aber jetzt fast alle im westlichen Teil des Himmels versammelt. Der Kleine Hund mit Prokion und die Zwillingssterne Kastor und Pollux erreichen jetzt ihren höchsten Stand. Das lichtschwache Sternbild Krebs steht kurz vor der Kulmination und der Löwe hoch im Südosten. Südlich des Krebses erkennt man den Kopf der Wasserschlange und den hellsten Stern dieses Sternbildes, Alphard, was auf Arabisch der „Alleinstehende" heißt, weil er der einzig helle Stern in diesem Gebiet ist. Im Südosten erkennt man unter dem Löwen die lichtschwachen Sterne von Wasserschlange, Becher und Sextant, während im Osten die Jungfrau schon zum größten Teil über den Horizont erschienen ist. Im Nordosten erblickt man einen hellen, orangefarbenen Stern. Es ist Arktur, der hellste Stern im Bärenhüter, der auch der vierthellste Stern des Himmels ist. Inzwischen ist dieses Sternbild genauso wie die Nördliche Krone vollständig über dem Horizont erschienen. Der Große Bär strebt jetzt immer höher in den Himmel, während sein Gegenstück, die Kassiopeia immer tiefer sinkt.

Astronomische Ereignisse

Datum	Uhrzeit	Ereignis	Elongation
1.3.2024	13:24:55	Mond 3,8° südlich Zuben-el-dschenubi	114,8°
2.3.2024	22:20:15	Mond 5,4° südlich Akrab	98,2°
3.3.2024	11:00:33	Mond 30' südlich Antares	93,1°
3.3.2024	12:27:26	Mond 36,5° südlich Pallas	92,5°
3.3.2024	16:23:46	Letztes Viertel	
3.3.2024	19:01:06	Junoopposition	
5.3.2024	14:50:34	Mond 5,8° südlich Ceres	66,3°
5.3.2024	20:14:37	Mond 2,1° südlich Nunki	63°
6.3.2024	02:05:56	Mond in größter Südbreite	
7.3.2024	02:04:18	Mond 2,95° südlich Pluto	45,7°
7.3.2024	03:59:40	Mond 10,75° südlich Beta Capricorni	42,85°
7.3.2024	11:34:23	Venus 1,8° nördlich Delta Capricorni	22,9°
7.3.2024	22:35:00	Ceres im absteigenden Knoten	
8.3.2024	04:48:58	Mond 4,5° südlich Mars	29,6°
8.3.2024	16:34:51	Mond 2,1° südlich Delta Capricorni	24,8°
8.3.2024	18:40:00	Merkur 30' nördlich Neptun	8,5°
8.3.2024	19:05:07	Mond 3,7° südlich Venus	22,6°
9.3.2024	19:33:01	Mond 1,9° südlich Saturn	8,85°
10.3.2024	08:03:43	Mond im Perigäum	
10.3.2024	10:00:30	Neumond	-3,2°
10.3.2024	21:23:35	Mond 59' südlich Neptun	6,3°
11.3.2024	02:56:08	Mond 1,9° südlich Merkur	10,2°
12.3.2024	02:25:19	Mond im aufsteigenden Knoten	
13.3.2024	01:28:59	Merkur im aufsteigenden Knoten	
13.3.2024	08:34:56	Mond 9,8° südlich Hamal	41,4°
14.3.2024	02:25:34	Mond 2,8° nördlich Jupiter	49,7°

Datum	Uhrzeit	Ereignis	Elongation
14.3.2024	11:30:40	Mond 2,6° nördlich Uranus	55,7°
15.3.2024	04:41:32	Mond 1,3° südlich der Plejaden	65°
15.3.2024	19:45:21	Mars 1,5° nördlich Delta Capricorni	31,3°
16.3.2024	01:39:28	Mond 9,2° nördlich Aldebaran	74,3°
16.3.2024	22:26:29	Mond 1° südlich Elnath	86,1°
17.3.2024	05:10:52	Erstes Viertel	
17.3.2024	06:15:31	Mond 3,2° nördlich Vesta	90,4°
17.3.2024	12:29:56	Neptun in Konjunktion zur Sonne	-1,2°
17.3.2024	16:51:49	Mond 5,65° nördlich Eta Geminorum	96°
17.3.2024	17:36:05	Merkur im Perihel (Abstand Sonne-Merkur: 46000157 km)	
17.3.2024	21:30:59	Mond 5,6° nördlich Mü Geminorum	97,6°
18.3.2024	03:54:07	Mond 11,2° nördlich Alhena	100,65°
18.3.2024	06:04:21	Mond 2,3° nördlich Epsilon Geminorum	102°
18.3.2024	16:54:36	Mond in größter Nordbreite	
19.3.2024	01:55:30	Ceres 3° nördlich Nunki	75,9°
19.3.2024	04:35:49	Mond 5,8° südlich Kastor	111,2°
19.3.2024	08:23:12	Mond 2,4° südlich Pollux	114,2°
19.3.2024	22:52:52	Venus im Aphel (Abstand Sonne-Venus: 108939393 km)	
20.3.2024	04:06:44	Frühlingsanfang	
20.3.2024	09:36:02	Mond 2,6° nördlich M44	126,5°
22.3.2024	02:59:34	Venus 21' nördlich Saturn	19,4°
22.3.2024	07:24:16	Mond 2,65° nördlich Regulus	147°
23.3.2024	07:47:59	Mond 2,6° nördlich Juno	158°
23.3.2024	17:12:47	Mond im Apogäum	
24.3.2024	23:33:34	Merkur in größter östlicher Elongation	18,7°
25.3.2024	05:52:43	Halbschattenmondfinsternis, Eintritt Halbschatten	
25.3.2024	08:00:28	Vollmond	
25.3.2024	08:13:23	Halbschattenmondfinsternis, Maximale Phase, Grösse: 0,974	
25.3.2024	10:34:02	Halbschattenmondfinsternis, Austritt Halbschatten	
25.3.2024	19:37:13	Mond 3° südlich Porrima	173,95°
26.3.2024	04:59:05	Mond im absteigenden Knoten	
26.3.2024	20:05:14	Mond 1° nördlich Spika	162,3°
27.3.2024	10:04:07	Juno im aufsteigenden Knoten	
27.3.2024	22:55:51	Merkur in größter Nordbreite	
28.3.2024	17:33:16	Mond 3,5° südlich Zuben-el-dschenubi	141,9°
30.3.2024	06:05:19	Mond 6° südlich Akrab	125,2°
30.3.2024	16:07:23	Mond 6,7' südlich Antares	120,2°

Planeten

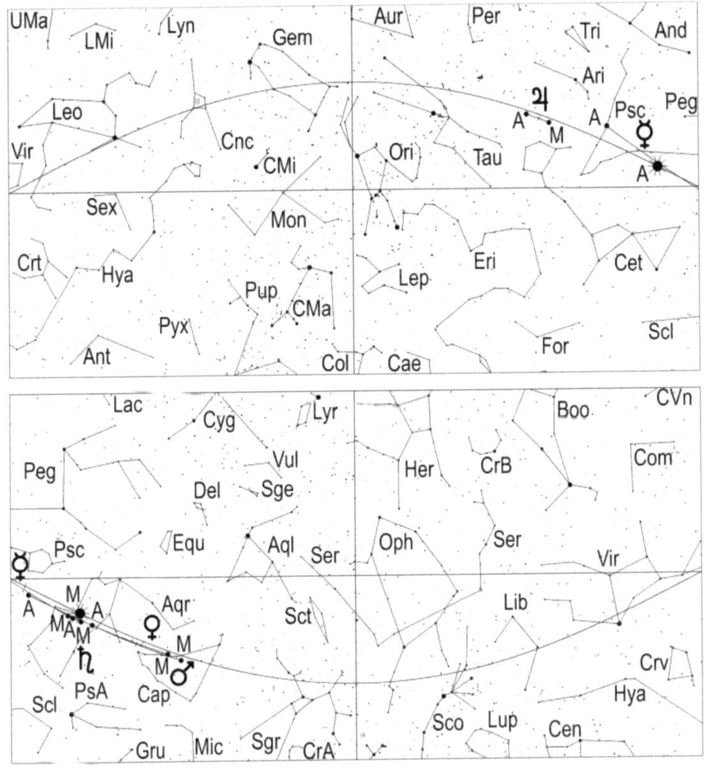

Merkur stand am vorletzten Tag des Vormonats in oberer Konjunktion zur Sonne und gewinnt rasch an östlicher Elongation zur Sonne. Gute Sichtbedingungen vorausgesetzt, kann man den -1,3 mag hellen Merkur am 11. erstmals während der Abenddämmerung tief im Westen sichten. Der flinke Planet, der sich in diesem Monat im Sternbild Fische aufhält, versinkt an diesem Tag um 19.24 Uhr MEZ unter dem Horizont – eine Viertelstunde vorher dürfte er in der Abenddämmerung zu sehen sein. Die dünne Mondsichel, die am selben Tag am Himmel etwas höher als Merkur steht, kann bei der Suche nach dem flinken Planeten behilflich sein.

Im Fernrohr zeigt sich Merkur am 11. als fast volles, zu 89% beleuchtetes Scheibchen mit 5,5" Durchmesser.

Sein Untergang verspätet sich in den folgenden Tagen auf 19.52 Uhr MEZ am 15. und auf 20.20 Uhr MEZ am 20., während seine Helligkeit in diesem Zeitraum leicht abnimmt und zwar auf -1,1 mag am 15. und auf -0,7 mag am 20. Etwa ab 19.15 Uhr MEZ wird Merkur in der Dämmerung sichtbar.

Im Fernrohr bemerkt man, dass das Merkurscheibchen größer wird und sein beleuchteter Anteil abnimmt. So ist am 20. sein 6,7" großes Scheibchen zu 60% beleuchtet. Die Halbphase (Dichotomie) wird am 23. bei einem Winkeldurchmesser von 7,1" erreicht.

Am 24. erreicht der innerste Planet unseres Sonnensystems seine größte östliche Elongation. Sie fällt mit 18,7° sehr klein aus, weil er nur 7 Tage vorher sein Perihel passiert hat.

Der -0,1 mag helle Planet erscheint an diesem Tag gegen 19.20 Uhr MEZ in der Abenddämmerung und versinkt um 20.33 Uhr MEZ unter dem Horizont.

Nach dem 24. verkürzt sich die Sichtbarkeit des innersten Planeten ziemlich rasch, obwohl sich sein Untergang noch bis zum 26. leicht auf 20.37 Uhr MEZ (21.37 Uhr MESZ) verspätet, denn seine Helligkeit nimmt bis zu diesem Tag leicht auf 0,2 mag ab, sodass er erst später in der Dämmerung erscheint.

Bis zum Monatsende verfrüht sich der Untergang von Merkur auf 20.31 Uhr MEZ (21.31 Uhr MESZ). Da seine Helligkeit im gleichen Zeitraum auf 1,4 mag zurückgeht, verkürzt sich seine Sichtbarkeitsdauer beträchtlich. Der flinke Planet dürfte erst kurz vor 20 Uhr MEZ (21 Uhr MESZ) tief im Westen sichtbar werden.

Am 31. präsentiert sich Merkur im Fernrohr als zu 18% beleuchtete Sichel mit 9,2" Durchmesser.

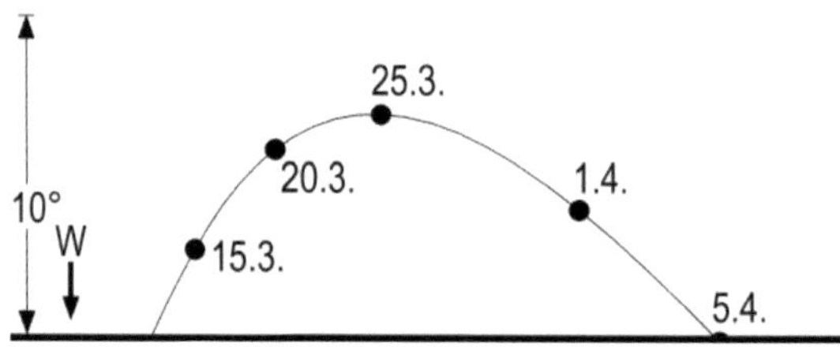

Position des Planeten Merkur am Abendhimmel, 1 Stunde nach Sonnenuntergang

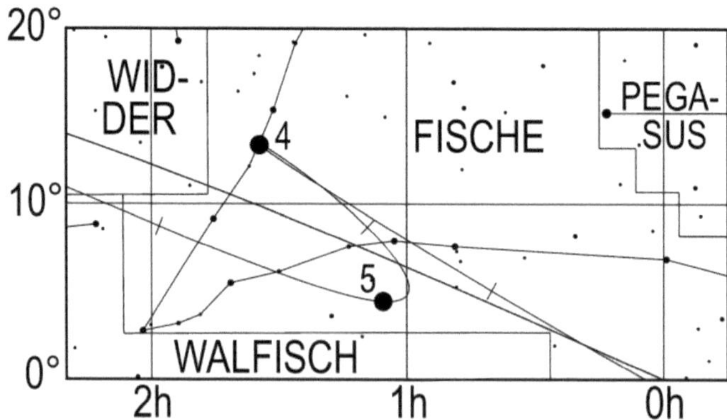

Lauf des Planeten Merkur von März bis Mai 2024. Die Zahl gibt die Position am 1. des entsprechenden Monats an, also 5 die Position am 1.5.

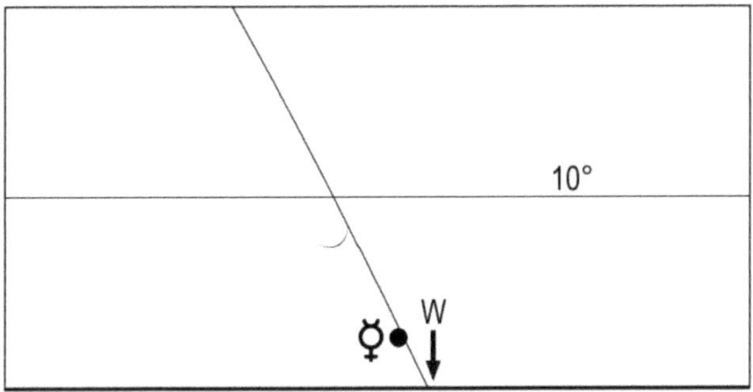

Mond und Merkur in der Abenddämmerung des 11.3.2024 um 19 Uhr MEZ (20 Uhr MESZ)

Venus kann noch bis zum 10. am Morgenhimmel beobachtet werden. Der -3,9 mag helle Morgenstern, der im März vom Steinbock in den Wassermann wandert, erscheint am 1. um 6.22 Uhr MEZ – 45 Minuten vor der Sonne – über dem Horizont. Am 10. geht Venus um 6.13 Uhr MEZ auf, die Sonne folgt ihr nur 35 Minuten später.
In der Morgendämmerung des 8. kann man die abnehmende Mondsichel nahe Venus erspähen.
Um Venus in der ersten Märzdekade zu beobachten, ist somit eine gute Horizontsicht erforderlich. Nach dem 10. ist unser innerer Nachbarplanet für längere Zeit nicht zu sehen. Auch ihre Konjunktion mit Saturn am 22., wobei sie 21' nördlich an diesem vorbeizieht, ist zumindest in Mitteleuropa nicht freiäugig zu beobachten.

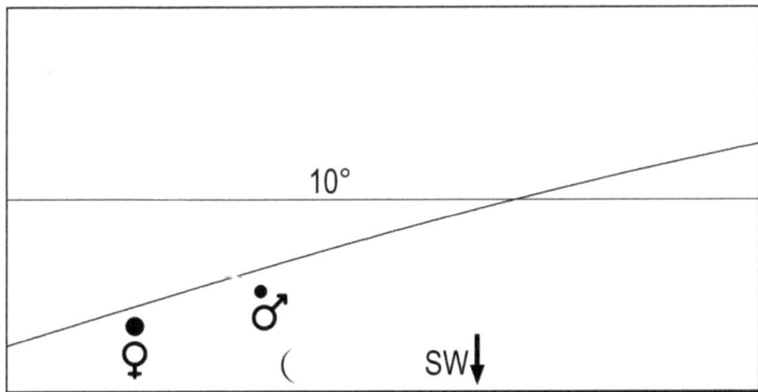

Mond, Venus und Mars in der hellen Morgendämmerung des 8.3.2024. um 6.40 Uhr MEZ.
Selbst unter guten Sichtbedingungen ist Mars ohne optische Hilfsmittel nicht zu sehen.

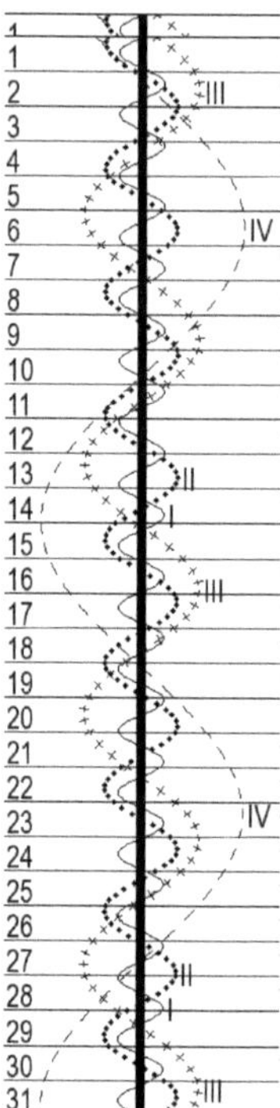

Stellung der 4 hellen Jupitermonde im März 2024

Mars hat immer noch eine zu geringe westliche Elongation von der Sonne, um am Morgenhimmel sichtbar zu werden.

Jupiter wandert rechtläufig durch das Sternbild Widder und ist immer noch ein auffälliges Objekt am Abendhimmel, auch wenn sich sein Untergang von 23.36 Uhr MEZ am 1., auf 22.55 Uhr MEZ am 15. und auf 22.10 Uhr MEZ (23.10 Uhr MESZ) am 31. verfrüht.
Im März geht die Helligkeit des größten Planeten unseres Sonnensystems leicht von -2,2 mag auf -2,1 mag zurück und sein Scheibchendurchmesser schrumpft von 36,4" auf 34". Trotzdem ist er noch ein interessantes Beobachtungsobjekt und der am besten sichtbare Planet in diesem Monat.
Am Abend des 13. findet man die zunehmende Mondsichel nahe Jupiter.

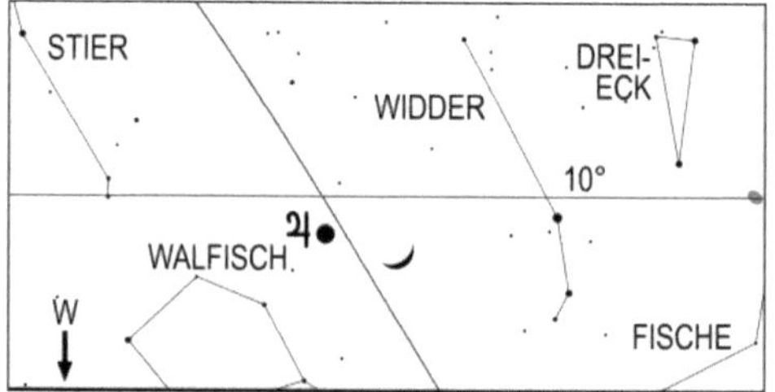

Mond und Jupiter am 13.3.2024 um 22 Uhr MEZ

Saturn stand am vorletzten Tag des Vormonats in Konjunktion zur Sonne und kann im März noch keine ausreichende westliche Elongation gewinnen, um am Morgenhimmel zu erscheinen.

Uranus, rechtläufig im Sternbild Widder, kann am besten gegen Ende der Abenddämmerung mit einem Fernrohr oder Fernglas in westlicher Richtung aufgesucht werden (Aufsuchkarte, Seite 162). Der 5,8 mag helle Planet geht am 1. um 0.27 Uhr MEZ, am 15. um 23.31 Uhr MEZ und am 31. um 22.32 Uhr MEZ (23.32 Uhr MESZ) unter.

Neptun steht am 17. in Konjunktion zur Sonne und kann im März nicht beobachtet werden.

Klein- und Zwergplaneten

Ceres wandert rechtläufig durch das Sternbild Schütze und kann zu Beginn der Morgendämmerung mit einem Fernrohr aufgesucht werden (Aufsuchkarte, Seite 104). Der Zwergplanet, dessen Helligkeit im März von 9,0 mag auf 8,8 mag ansteigt,

58

erscheint am 1. um 4.17 Uhr MEZ, am 15. um 3.42 Uhr MEZ und am 31. um 2.58 Uhr
MEZ (3.58 Uhr MESZ) über dem Horizont. Da Ceres wegen ihrer südlichen Position
nur eine geringe Höhe über dem Horizont erreicht, ist zur Beobachtung eine gute
Horizontsicht nötig.

Pallas hält sich im Sternbild Herkules auf und erscheint am 1. um 23.32 Uhr MEZ, am
15. um 22.29 Uhr MEZ und am 31. um 21.11 Uhr MEZ (22.11 Uhr MESZ) über dem
Horizont. Der Kleinplanet, dessen Helligkeit im März von 9,4 mag auf 9,2 mag
ansteigt, kann am besten zu Beginn der Morgendämmerung mit einem Fernrohr
aufgesucht werden (Aufsuchkarte, Seite 81).

Juno steht am 3. in Opposition zur Sonne und wandert rückläufig vom Sternbild Löwe
in das Sternbild Sextant, um zur Monatsmitte wieder in das Sternbild Löwe zu
wechseln.
Der Kleinplanet, dessen Helligkeit am Oppositionstag 8,7 mag beträgt, steht in diesem
Monat fast während der ganzen Nacht über dem Horizont. Wegen Junos geringer
Helligkeit ist zu ihrer Beobachtung ein lichtstarker Feldstecher oder ein Fernrohr
erforderlich (Aufsuchkarte, Seite 59).
Die beste Zeit hierfür ist ihre Kulmination, welche am 1. um 0.45 Uhr MEZ, am 15. um
23.36 Uhr MEZ und am 31. um 22.23 Uhr MEZ (23.23 Uhr MESZ) erfolgt.
Am 31. geht Juno, deren Helligkeit auf 9,4 mag abgesunken ist, um 5.10 Uhr MEZ
(6.10 Uhr MESZ) unter.

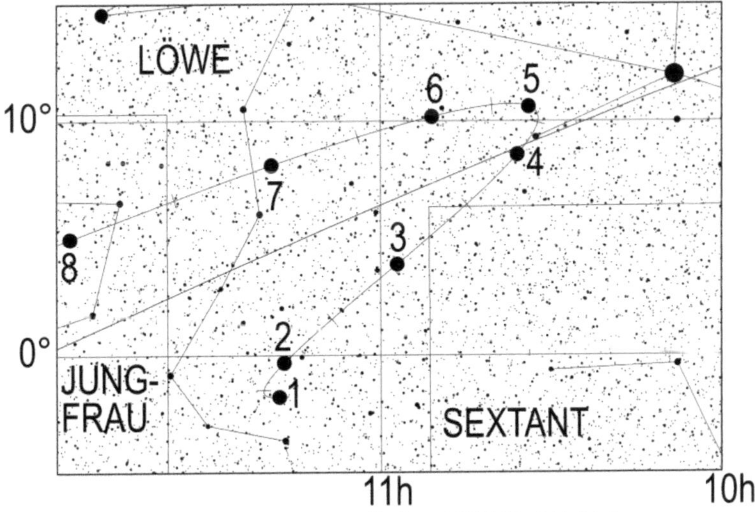

Lauf des Kleinplaneten Juno von Januar bis August 2024. Die Zahl gibt die
Position am 1. des entsprechenden Monats an, also 3 die Position am 1.3.

Vesta bewegt sich rechtläufig durch die östlichen Gebiete des Sternbildes Stier. Der Kleinplanet, dessen Helligkeit im März von 7,7 mag auf 8,1 mag zurückgeht, geht am 1. um 3.27 Uhr MEZ, am 15. um 2.46 Uhr MEZ und am 31. um 2.04 Uhr MEZ (3.04 Uhr MESZ) unter.

Vesta kann am besten in den frühen Abendstunden aufgesucht werden, wofür schon ein Feldstecher ausreichen dürfte (Aufsuchkarte, Seite 37).

Periodische Sternschnuppenströme

Der März gehört zu den Monaten mit der geringsten Aktivität an Meteoren. Vom 22.3. bis zum 26.4. sind die Alpha-Virginiden aktiv, die am 17.4. ein schwach ausgeprägtes Maximum erreichen. Es sind nur wenige, recht langsame Sternschnuppen zu erwarten.

Sonnenuntergang und Dämmerung

	Astr. Anf.	Naut. Anf.	Bürg. Anf.	Aufgang	Kulm.	Untergang	Bürg. Ende	Naut. Ende	Astr. Ende	Zeitgl.
1.3.2024	5:19	5:57	6:34	7:07	12:36	18:07	18:39	19:17	19:54	12m18s
2.3.2024	5:17	5:55	6:32	7:05	12:36	18:08	18:41	19:18	19:56	12m06s
3.3.2024	5:15	5:53	6:30	7:02	12:36	18:10	18:42	19:20	19:58	11m53s
4.3.2024	5:13	5:51	6:28	7:00	12:36	18:12	18:44	19:22	19:59	11m40s
5.3.2024	5:11	5:49	6:26	6:58	12:35	18:13	18:46	19:23	20:01	11m27s
6.3.2024	5:09	5:47	6:24	6:56	12:35	18:15	18:47	19:25	20:03	11m13s
7.3.2024	5:07	5:45	6:22	6:54	12:35	18:16	18:49	19:27	20:04	10m59s
8.3.2024	5:04	5:43	6:19	6:52	12:35	18:18	18:50	19:28	20:06	10m45s
9.3.2024	5:02	5:40	6:17	6:50	12:34	18:20	18:52	19:30	20:08	10m30s
10.3.2024	5:00	5:38	6:15	6:48	12:34	18:21	18:54	19:32	20:10	10m15s
11.3.2024	4:58	5:36	6:13	6:45	12:34	18:23	18:55	19:33	20:11	9m59s
12.3.2024	4:55	5:34	6:11	6:43	12:34	18:25	18:57	19:35	20:13	9m43s
13.3.2024	4:53	5:32	6:09	6:41	12:33	18:26	18:59	19:37	20:15	9m27s
14.3.2024	4:51	5:30	6:07	6:39	12:33	18:28	19:00	19:38	20:17	9m11s
15.3.2024	4:48	5:27	6:05	6:37	12:33	18:29	19:02	19:40	20:18	8m54s
16.3.2024	4:46	5:25	6:03	6:34	12:33	18:31	19:04	19:42	20:20	8m37s
17.3.2024	4:44	5:23	6:00	6:32	12:32	18:33	19:05	19:43	20:22	8m20s
18.3.2024	4:41	5:21	5:58	6:30	12:32	18:34	19:07	19:45	20:24	8m03s
19.3.2024	4:39	5:18	5:56	6:28	12:32	18:36	19:08	19:47	20:26	7m45s
20.3.2024	4:36	5:16	5:54	6:26	12:31	18:37	19:10	19:48	20:27	7m27s
21.3.2024	4:34	5:14	5:52	6:24	12:31	18:39	19:12	19:50	20:29	7m10s
22.3.2024	4:31	5:11	5:50	6:21	12:31	18:41	19:13	19:52	20:31	6m52s
23.3.2024	4:29	5:09	5:47	6:19	12:30	18:42	19:15	19:53	20:33	6m34s
24.3.2024	4:26	5:07	5:45	6:17	12:30	18:44	19:17	19:55	20:35	6m15s
25.3.2024	4:24	5:04	5:43	6:15	12:30	18:45	19:18	19:57	20:37	5m57s
26.3.2024	4:21	5:02	5:41	6:13	12:30	18:47	19:20	19:58	20:39	5m39s
27.3.2024	4:19	5:00	5:39	6:11	12:29	18:49	19:22	20:00	20:41	5m21s
28.3.2024	4:16	4:57	5:36	6:08	12:29	18:50	19:23	20:02	20:43	5m03s

	Astr. Anf.	Naut. Anf.	Bürg. Anf.	Auf-gang	Kulm.	Unter-gang	Bürg. Ende	Naut. Ende	Astr. Ende	Zeitgl.
29.3.2024	4:14	4:55	5:34	6:06	12:29	18:52	19:25	20:04	20:45	4m44s
30.3.2024	4:11	4:52	5:32	6:04	12:28	18:53	19:26	20:05	20:47	4m26s
31.3.2024	4:08	4:50	5:30	6:02	12:28	18:55	19:28	20:07	20:49	4m08s

Mondlauf

	Rektaszension	Deklination	Elong.	Phase	mag	Auf-gang	Kulm.	Unter-gang
Fr 1.3.2024	14h29m41,2s	-17°33'51"	120,9°	0,76	-11,1		04:22	08:55
Sa 2.3.2024	15h18m21,2s	-22°01'16"	109,6°	0,67	-10,7	00:53	05:09	09:16
So 3.3.2024	16h10m47,1s	-25°36'29"	98,1°	0,57 ☽	-10,4	02:09	06:00	09:44
Mo 4.3.2024	17h07m11,7s	-28°01'54"	86,2°	0,47	-10	03:23	06:55	10:24
Di 5.3.2024	18h07m02,0s	-28°59'53"	73,9°	0,36	-9,5	04:29	07:55	11:22
Mi 6.3.2024	19h08m54,1s	-28°16'46"	61,2°	0,26	-8,9	05:21	08:56	12:36
Do 7.3.2024	20h10m54,1s	-25°47'28"	48,1°	0,17	-8,2	05:59	09:57	14:03
Fr 8.3.2024	21h11m20,8s	-21°38'04"	34,5°	0,09	-7,3	06:27	10:55	15:36
Sa 9.3.2024	22h09m19,6s	-16°05'06"	20,5°	0,03	-6,1	06:48	11:50	17:08
So 10.3.2024	23h04m50,4s	-9°32'25"	6,6°	0 ●	-4,7	07:05	12:43	18:39
Mo 11.3.2024	23h58m33,3s	-2°27'32"	8,4°	0,01	-5	07:21	13:35	20:08
Di 12.3.2024	0h51m29,1s	4°41'14"	22,4°	0,04	-6,3	07:36	14:26	21:37
Mi 13.3.2024	1h44m42,0s	11°26'51"	36,3°	0,1	-7,4	07:53	15:18	23:06
Do 14.3.2024	2h39m05,7s	17°25'01"	49,7°	0,18	-8,3	08:13	16:12	
Fr 15.3.2024	3h35m10,5s	22°15'13"	62,8°	0,27	-9	08:39	17:08	00:32
Sa 16.3.2024	4h32m50,7s	25°41'50"	75,3°	0,37	-9,6	09:14	18:04	01:53
So 17.3.2024	5h31m19,9s	27°35'31"	87,4°	0,48 ☽	-10	10:01	19:01	03:04
Mo 18.3.2024	6h29m21,9s	27°54'17"	99,2°	0,58	-10,4	11:00	19:55	04:00
Di 19.3.2024	7h25m35,6s	26°43'27"	110,6°	0,68	-10,8	12:07	20:47	04:41
Mi 20.3.2024	8h19m01,6s	24°13'54"	121,8°	0,76	-11,1	13:20	21:34	05:10
Do 21.3.2024	9h09m16,7s	20°39'24"	132,8°	0,84	-11,4	14:32	22:19	05:32
Fr 22.3.2024	9h56m30,6s	16°14'13"	143,7°	0,9	-11,7	15:43	23:01	05:49
Sa 23.3.2024	10h41m16,6s	11°11'49"	154,5°	0,95	-12	16:52	23:40	06:02
So 24.3.2024	11h24m20,6s	5°44'26"	165,4°	0,98	-12,3	18:00		06:13
Mo 25.3.2024	12h06m34,7s	0°03'26"	176,1°	1 ○	-12,5	19:08	00:19	06:24
Di 26.3.2024	12h48m53,7s	-5°40'11"	172,8°	1	-12,4	20:17	00:58	06:35
Mi 27.3.2024	13h32m13,3s	-11°15'16"	161,8°	0,97	-12,2	21:29	01:38	06:47
Do 28.3.2024	14h17m28,5s	-16°29'37"	150,7°	0,94	-11,9	22:42	02:21	07:02
Fr 29.3.2024	15h05m29,9s	-21°09'38"	139,4°	0,88	-11,6	23:58	03:06	07:21
Sa 30.3.2024	15h56m55,4s	-24°59'59"	128,0°	0,81	-11,3		03:55	07:46
So 31.3.2024	16h51m57,4s	-27°44'07"	116,4°	0,72	-11	01:12	04:49	08:20

Jupitermond-Ereignisse

Datum	Uhrzeit (MEZ)	Mond	Erscheinung	Phase
1.3.2024	20:47:38	Io	Bedeckung	Anfang

Datum	Uhrzeit (MEZ)	Mond	Erscheinung	Phase
2.3.2024	19:17:12	Io	Schattenvorübergang	Anfang
2.3.2024	20:18:12	Io	Durchgang	Ende
2.3.2024	21:27:20	Io	Schattenvorübergang	Ende
3.3.2024	18:36:10	Io	Verfinsterung	Ende
3.3.2024	20:06:54	Europa	Durchgang	Anfang
3.3.2024	22:24:47	Europa	Schattenvorübergang	Anfang
3.3.2024	22:31:04	Europa	Durchgang	Ende
5.3.2024	19:48:50	Europa	Verfinsterung	Ende
7.3.2024	20:42:09	Ganymed	Bedeckung	Anfang
9.3.2024	20:07:10	Io	Durchgang	Anfang
9.3.2024	21:12:57	Io	Schattenvorübergang	Anfang
9.3.2024	22:18:32	Io	Durchgang	Ende
10.3.2024	20:31:33	Io	Verfinsterung	Ende
16.3.2024	22:08:00	Io	Durchgang	Anfang
17.3.2024	19:17:42	Io	Bedeckung	Anfang
18.3.2024	19:41:59	Ganymed	Schattenvorübergang	Anfang
18.3.2024	19:47:33	Io	Schattenvorübergang	Ende
18.3.2024	21:19:09	Ganymed	Schattenvorübergang	Ende
19.3.2024	20:44:11	Europa	Bedeckung	Anfang
21.3.2024	19:17:04	Europa	Schattenvorübergang	Ende
24.3.2024	21:18:32	Io	Bedeckung	Anfang
25.3.2024	19:33:00	Io	Schattenvorübergang	Anfang
25.3.2024	19:58:00	Ganymed	Durchgang	Anfang
25.3.2024	20:50:49	Io	Durchgang	Ende
25.3.2024	21:43:04	Io	Schattenvorübergang	Ende
28.3.2024	19:31:46	Europa	Schattenvorübergang	Anfang
28.3.2024	20:15:16	Europa	Durchgang	Ende

Finsternisse

Am Morgen des 25. findet eine Halbschattenmondfinsternis mit einer maximalen Größe von 0,974 statt. Halbschattenmondfinsternisse sind eher unauffällige Ereignisse. Der Eintritt und der Austritt des Mondes aus dem irdischen Halbschatten sind unbeobachtbar, aber man bemerkt zum Zeitpunkt der größten Phase, dass der Teil des Mondes, der am weitesten im Halbschatten liegt, dunkler erscheint als der übrige Mond. Auf kurz belichteten Fotografien ist dieser Effekt ausgeprägter als bei visueller Beobachtung. Zum Zeitpunkt der maximalen Verfinsterung befinden sich 99% des Mondes im Halbschatten. Die Finsternis nimmt folgenden Verlauf (alle Zeiten in MEZ)

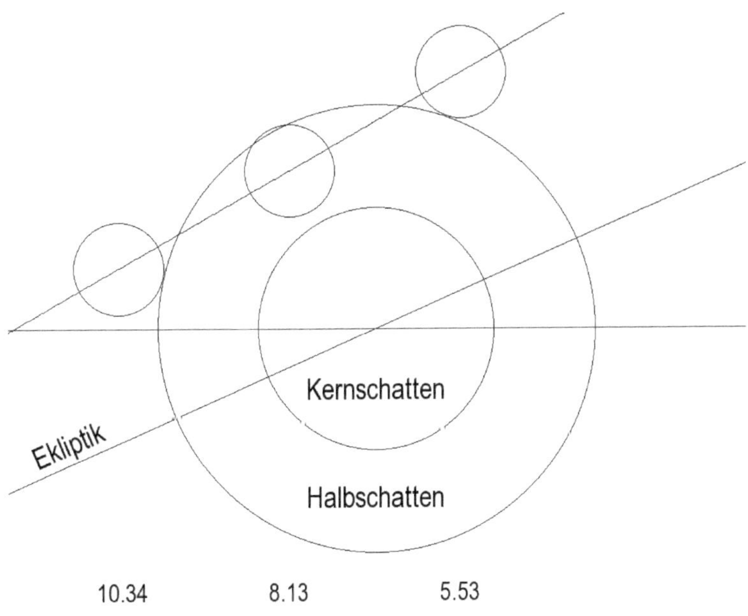

Da der Mond für Beobachter in Mitteleuropa schon kurz nach seinem Eintritt in den Halbschatten untergeht und weil die durch den Halbschatten bedingte Verdunklung des Mondes im Horizontdunst kaum erkennbar ist, dürften mitteleuropäische Beobachter von dieser Finsternis nichts bemerken.
Allerdings kann man trotzdem versuchen, den Verdunklungseffekt durch den Halbschatten fotografisch oder fotometrisch festzuhalten.
Auf den amerikanischen Kontinent ist diese Finsternis in ihrer gesamten Länge zu sehen.

Monduntergang für verschiedene Orte im deutschsprachigen Raum am 25.3.2024

(alle Zeiten in MEZ)

Berlin	Bern	Dresden	Frankfurt	Hamburg	Hannover
6:06	6:31	6:05	6:26	6:20	6:21

Köln	Leipzig	München	Nürnberg	Stuttgart	Wien
6:33	6:11	6:14	6:16	6:24	5:55

April

Sternenhimmel

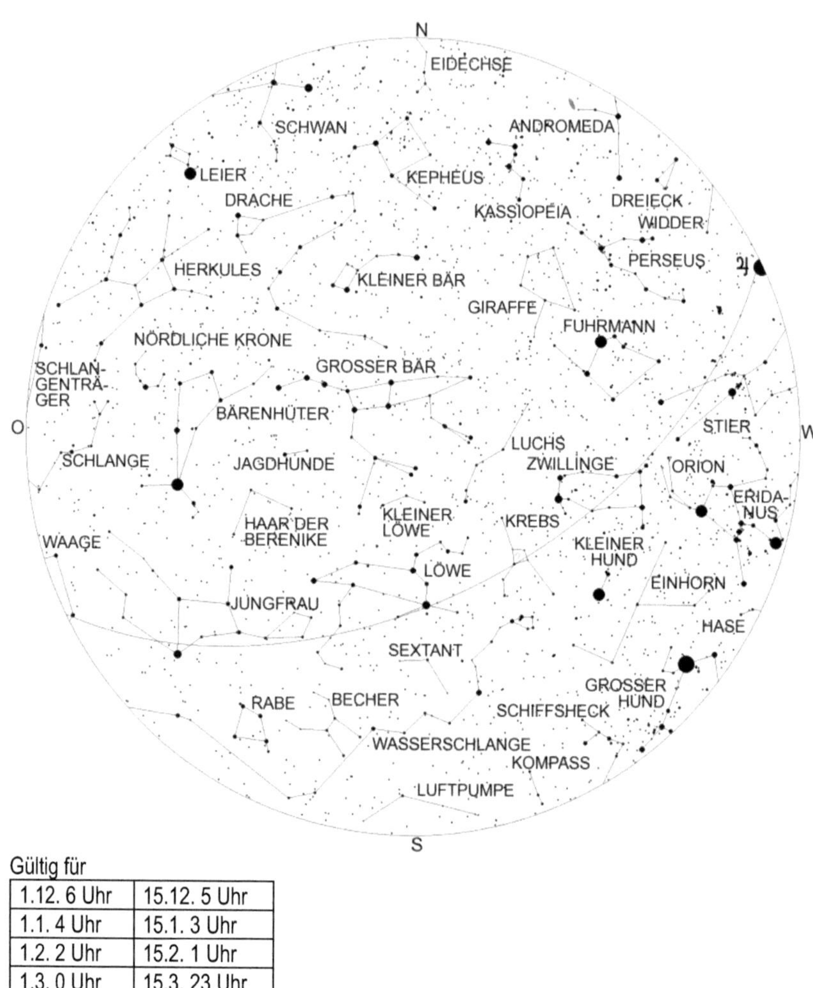

Gültig für

1.12. 6 Uhr	15.12. 5 Uhr
1.1. 4 Uhr	15.1. 3 Uhr
1.2. 2 Uhr	15.2. 1 Uhr
1.3. 0 Uhr	15.3. 23 Uhr
1.4. 22 Uhr	15.4. 21 Uhr

Die Wintersternbilder verschwinden jetzt vom Himmel, wenn auch das aus den
Sternen Kapella, Aldebaran, Rigel, Sirius, Prokion und Pollux gebildete
Wintersechseck noch vollständig über dem Horizont steht. Der Hase ist schon fast

vollständig verschwunden, der Stier und der Große Hund werden ihm bald folgen. Der Orion ist noch vollständig tief im Südwesten zu sehen. In der gleichen Richtung, aber höher, sind die Zwillinge zu finden.

Tief im Westnordwesten kann man noch den Planeten Jupiter sehen. Er ist im Regelfall nach Mond und Venus das hellste Gestirn am Nachthimmel.

Im Süden erreicht jetzt der Löwe seinen höchsten Stand. Südlich des Löwen findet man die lichtschwachen Sternbilder Sextant, Becher, Wasserschlange und bei guter Horizontsicht auch das Sternbild Luftpumpe. Bemerkenswert ist, dass der Kopf der Wasserschlange schon in südwestlicher Richtung zu finden ist, während ihr Schwanz noch nicht aufgegangen ist. Im Südosten ist jetzt das Sternbild Jungfrau mit seinem hellen Hauptstern Spika über dem Horizont erschienen. Für Fernrohrbeobachter ist in diesem Sternbild der Stern Porrima (Gamma Virginis) von besonderem Interesse, denn er ist ein Doppelstern, der aus zwei fast gleich hellen, weißlichen Sternen besteht, die einander in 169 Jahren umkreisen, wobei der gegenseitige Winkelabstand beider Sterne zwischen 0,4" und 6,2" schwankt. Dies hat zur Folge, dass er zeitweise nur mit großen Fernrohren aufgelöst werden kann. Zuletzt war dies von 1995 bis 2015 der Fall. In diesem Jahr beträgt der Winkelabstand beider Komponenten wieder 2,9" was eine Trennung schon mit Fernrohren ab 5 cm Objektivöffnung ermöglicht. Südlich der Jungfrau erkennt man vier Sterne dritter Größe, die das Sternbild Rabe formen. Nördlich der Jungfrau befinden sich der Bärenhüter mit seinem hellen Stern Arktur und die Nördliche Krone. Arktur bildet zusammen mit Regulus im Löwen und Spika in der Jungfrau die markante Sternfigur des Frühlingsdreiecks. Zwischen Löwen und Bärenhüter liegt das Sternbild Haar der Berenike. In diesem Sternbild existiert eine auffällige Konzentration von Fixsternen vierter Größe und schwächer, welche einen offenen Sternhaufen bilden, der ca. 290 Lichtjahre entfernt ist und nach der lateinischen Bezeichnung des Sternbildes, Coma Berenices, Coma-Berenices-Sternhaufen heißt.

Oberhalb des Löwen ist das kleine Sternbild des Kleinen Löwen zu finden, über dem – hoch im Zenit – der Große Bär steht. Der zweitöstlichste helle Stern dieses Sternbildes, Mizar ist besonders interessant, denn er ist ein Mehrfachsternsystem. Schon mit bloßem Auge ist bei guten Sichtbedingungen neben diesem ein Stern 4. Größe, Alkor genannt, zu sehen. Es ist immer noch nicht endgültig geklärt ist, ob Alkor ein Hintergrundstern ist oder gravitativ an Mizar gekoppelt ist. Im Fernrohr erkennt man, dass Mizar selbst doppelt ist. Beide Sterne sind wiederum Doppelsterne, was aber nur durch Spektralanalyse nachweisbar ist.

Frühlingssternbilder

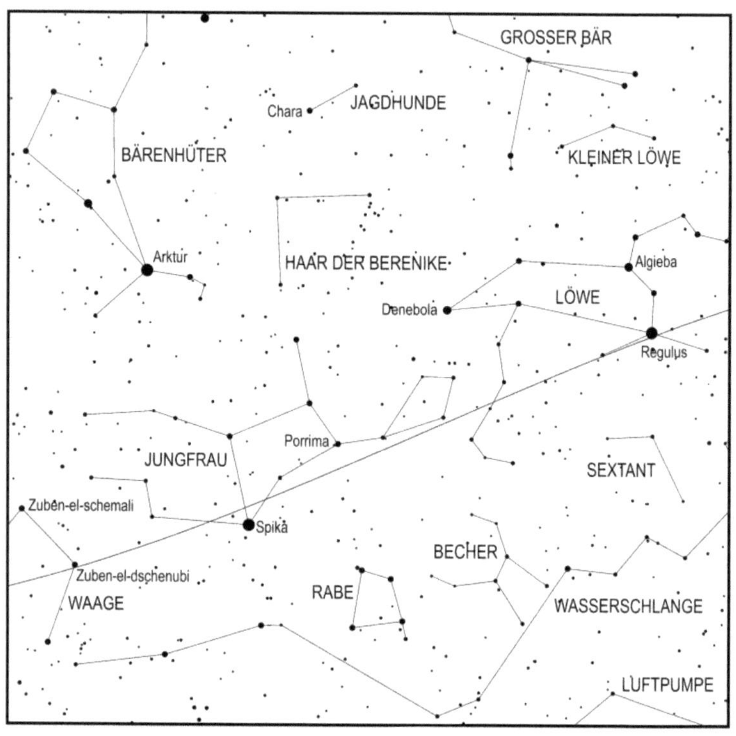

Astronomische Ereignisse

Datum	Uhrzeit	Ereignis	Elongation
1.4.2024	21:07:07	Merkur stationär, dann rückläufig	
2.4.2024	02:42:41	Mond 2,7° südlich Nunki	90,1°
2.4.2024	04:14:53	Letztes Viertel	
2.4.2024	08:58:52	Mond in größter Südbreite	
2.4.2024	10:51:23	Mond 5,05° südlich Ceres	86,55°
3.4.2024	11:59:23	Venus 17' südlich Neptun	16,2°
3.4.2024	13:38:37	Mond 2,7° südlich Pluto	72,4°
3.4.2024	14:47:03	Mond 10,4° südlich Beta Capricorni	70°
4.4.2024	19:34:22	Pallas stationär, dann rückläufig	
5.4.2024	00:25:12	Mond 2,5° südlich Delta Capricorni	51,85°
6.4.2024	03:37:58	Mond 3° südlich Mars	35,8°

Datum	Uhrzeit	Ereignis	Elongation
6.4.2024	10:23:17	Mond 2,1° südlich Saturn	32,9°
7.4.2024	08:22:48	Mond 1,5° südlich Neptun	19,9°
7.4.2024	18:51:09	Mond 2,3' südlich Venus	15,3°
7.4.2024	18:51:20	Mond im Perigäum	
8.4.2024	13:18:12	Mond im aufsteigenden Knoten	
8.4.2024	19:18:29	Totale Sonnenfinsternis, in Mitteleuropa nicht sichtbar	
8.4.2024	19:21:00	Neumond	-7,3'
9.4.2024	02:00:50	Mond 3,2° südlich Merkur	3,8°
9.4.2024	21:30:02	Mond 9,3° südlich Hamal	14,4°
10.4.2024	20:56:47	Venus in größter Südbreite	
10.4.2024	23:00:31	Mond 3,3° nördlich Jupiter	28°
11.4.2024	01:11:36	Mond 2,7° nördlich Uranus	29,7°
11.4.2024	04:11:34	Mars 29' nördlich Saturn	36,9°
11.4.2024	14:13:12	Mond 49' südlich der Plejaden	38,1°
12.4.2024	00:03:12	Merkur in unterer Konjunktion zur Sonne	2,2°
12.4.2024	00:22:46	Mars in größter Südbreite	
12.4.2024	08:43:25	Mond 9,1° nördlich Aldebaran	47,5°
12.4.2024	19:34:33	Vesta 2,3° nördlich Eta Geminorum	70,4°
13.4.2024	05:33:08	Mond 1,45° südlich Elnath	59,2°
14.4.2024	02:08:38	Mond 5,2° nördlich Eta Geminorum	69,1°
14.4.2024	04:16:09	Mond 2,75° nördlich Vesta	70,45°
14.4.2024	04:46:49	Mond 5,1° nördlich Mü Geminorum	70,8°
14.4.2024	09:38:46	Mond 11,3° nördlich Alhena	73,8°
14.4.2024	12:07:30	Mond 2,6° nördlich Epsilon Geminorum	75,1°
14.4.2024	23:54:39	Mond in größter Nordbreite	
15.4.2024	09:50:28	Mond 5,6° südlich Kastor	84,8°
15.4.2024	14:22:36	Mond 1,9° südlich Pollux	87,5°
15.4.2024	20:13:14	Erstes Viertel	
16.4.2024	15:21:12	Mond 3,1° nördlich M44	99,6°
18.4.2024	09:57:46	Vesta 2,3° nördlich Mü Geminorum	66,7°
18.4.2024	11:58:05	Mond 3,05° nördlich Regulus	120,1°
18.4.2024	16:23:17	Juno stationär, dann rechtläufig	
18.4.2024	23:41:14	Merkur 2° nördlich Venus	11,6°
19.4.2024	08:09:35	Mond 1,1° nördlich Juno	128,7°
20.4.2024	03:25:06	Mond im Apogäum	
20.4.2024	08:12:48	Merkur im absteigenden Knoten	
20.4.2024	08:26:06	Jupiter 32' südlich Uranus	20,95°
22.4.2024	04:43:03	Mond 3,6° südlich Porrima	157,8°
22.4.2024	11:43:36	Mond im absteigenden Knoten	
23.4.2024	05:01:34	Mond 26' nördlich Spika	170,4°
24.4.2024	00:49:11	Vollmond	
24.4.2024	09:24:21	Merkur stationär, dann rechtläufig	

Datum	Uhrzeit	Ereignis	Elongation
25.4.2024	00:02:29	Mond 3,95° südlich Zuben-el-dschenubi	168,2°
26.4.2024	11:49:29	Mond 5,6° südlich Akrab	151,8°
26.4.2024	20:30:05	Mond 12' südlich Antares	146,6°
28.4.2024	01:07:42	Vesta 8,4° nördlich Alhena	60,7°
29.4.2024	05:09:41	Mars 2,3' südlich Neptun	40,5°
29.4.2024	10:28:58	Mond 2,4° südlich Nunki	116,8°
29.4.2024	14:25:51	Mond in größter Südbreite	
29.4.2024	22:28:42	Mond 3,55° südlich Ceres	109,1°
30.4.2024	17:14:15	Merkur im Aphel (Abstand Sonne-Merkur: 69817793 km)	
30.4.2024	18:56:25	Mond 2,5° südlich Pluto	98,8°
30.4.2024	19:34:59	Mond 10,4° südlich Beta Capricorni	96,5°

Planeten

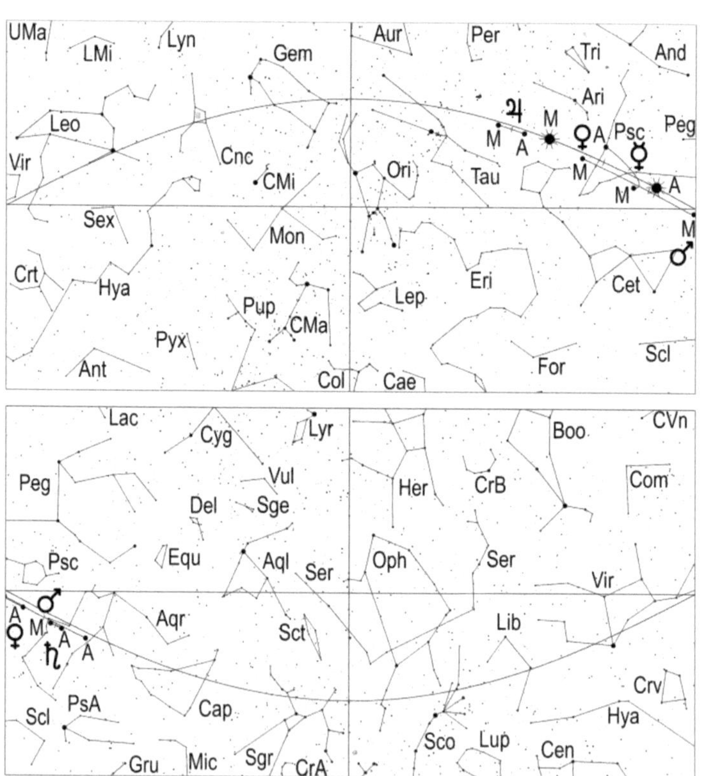

Merkur kann höchstens noch am 1. abends tief im Westen beobachtet werden. Der 1,7 mag helle Planet geht an diesem Tag um 20.28 Uhr MEZ (21.28 Uhr MESZ) unter und kann etwa eine halbe Stunde zuvor gesichtet werden.
Merkur wird am 1. stationär und strebt rückläufig der Sonne entgegen, mit der er am 12. in unterer Konjunktion steht.
Anschließend gewinnt er an westlicher Elongation zur Sonne, doch kommt es, weil er erst in der hellen Morgendämmerung über dem Horizont erscheint, nicht zu einer Morgensichtbarkeit.

Venus strebt ihrer oberen Konjunktion entgegen, die sie aber erst im Juni erreichen wird. Sie steht am Himmel zu nahe bei der Sonne und kann in diesem Monat nicht beobachtet werden.

Mars schafft es immer noch nicht, sich aus den Strahlen der Sonne zu befreien und kann ebenfalls nicht beobachtet werden. Auch seine Konjunktion mit Saturn am 11., bei der Mars 29' nördlich an diesem vorbeizieht, kann zumindest in mitteleuropäischen Breiten nicht ohne optische Hilfsmittel beobachtet werden

Jupiter wandert rechtläufig durch das Sternbild Widder und kann am Abendhimmel beobachtet werden, wenn dies auch zum Monatsende immer schwieriger wird. Sein Untergang erfolgt am 1. um 22.08 Uhr MEZ (23.08 Uhr MESZ), am 15. um 21.30 Uhr MEZ (22.30 Uhr MESZ) und am 30. um 20.50 Uhr MEZ (21.50 Uhr MESZ). Am Monatsende versinkt er somit schon vor Ende der nautischen Dämmerung unter dem Horizont.
Während des Aprils geht seine Helligkeit von -2,1 mag auf -2,0 mag zurück und sein Scheibchendurchmesser schrumpft von 34,1" am 1. auf 32,9" am 30.
Am Abend des 10. zieht die zunehmende Mondsichel nördlich an Jupiter vorbei und am 20. passiert Jupiter Uranus in 32' südlichem Abstand. Bei guter Horizontsicht kann man diese Gelegenheit zur letzten Beobachtung von Uranus vor seiner Konjunktion zur Sonne nutzen. Die beste Zeit hierfür dürfte zwischen 20.30 Uhr MEZ (21.30 Uhr MESZ) und 20.45 Uhr MEZ (21.45 Uhr MESZ) sein.
Da zu dieser Zeit der Himmel von der Dämmerung noch relativ stark aufgehellt ist, dürfte eine erfolgreiche Sichtung von Uranus nur mit einem Fernrohr gelingen.

Saturn, schafft es im April noch nicht, am Morgenhimmel zu erscheinen. Der 1,2 mag helle Ringplanet erscheint am 30. um 3.33 Uhr MEZ (4.33 Uhr MESZ) über dem Horizont, doch kann er, bevor er in der Morgendämmerung verblasst, keine für eine

Stellung der 4 hellen Jupitermonde im April 2024

69

freiäugige Sichtung ausreichende Höhe über dem Horizont erreichen.
Seine Konjunktion mit Mars am 11. ist zumindest in Mitteleuropa nicht mit bloßem
Auge zu sehen.

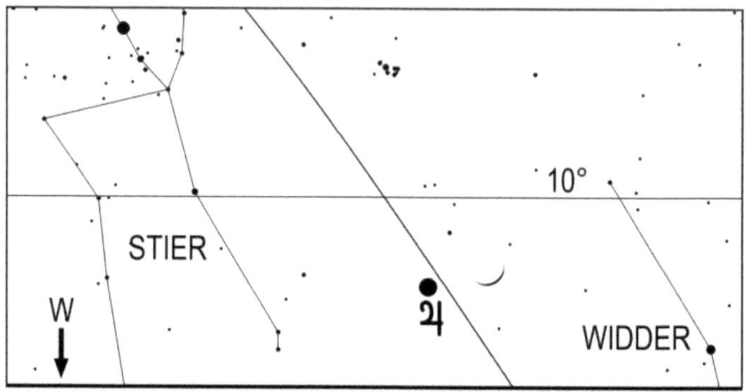

Mond und Jupiter am 10.4.2024 um 21 Uhr MEZ (22 Uhr MESZ)

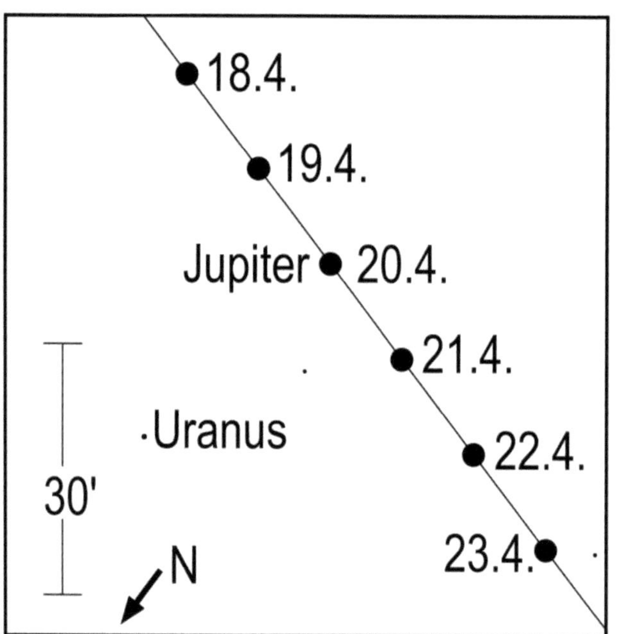

Anblick der Passage von Jupiter an Uranus im umkehrenden Fernrohr im April 2024. Der Kreis gibt die
Position von Jupiter um 21 Uhr MEZ (22 Uhr MESZ) wieder.

Uranus, rechtläufig im Widder, kann noch in der ersten Monatshälfte mit einem
Fernrohr im Sternbild Widder aufgesucht werden (Aufsuchkarte, Seite 162). Am 1.
versinkt der 5,8 mag helle, grünliche Planet um 22.28 Uhr MEZ (23.28 Uhr MESZ)
unter dem Horizont und am 15. erfolgt sein Untergang um 21.38 Uhr MEZ (22.38 Uhr
MESZ). Bis etwa eine halbe Stunde vorher kann man versuchen, Uranus
aufzusuchen. Zu Monatsbeginn dürfte dies noch mit einem Feldstecher gelingen, doch
wird man zur Monatsmitte nur noch mit einem Fernrohr Erfolg haben.
Die letzte Chance zur Beobachtung von Uranus dürfte seine Konjunktion mit Jupiter
am 20. bieten, bei der der lichtschwache Planet 32' nördlich des hellen
Riesenplaneten zu finden ist.

Neptun stand im Vormonat in Konjunktion zur Sonne und hat noch einen zu geringen
westlichen Winkelabstand von der Sonne, um am Morgenhimmel beobachtet werden
zu können.

Klein- und Zwergplaneten

Ceres, deren Helligkeit von 8,8 mag auf 8,5 mag ansteigt, kann zu Beginn der
Morgendämmerung mit einem Fernrohr im Sternbild Schütze aufgesucht werden
(Aufsuchkarte, Seite 104). Ihr Aufgang erfolgt am 1. um 2.55 Uhr MEZ (3.55 Uhr
MESZ), am 15. um 2.14 Uhr MEZ (3.14 Uhr MESZ) und am 30. um 1.27 Uhr MEZ
(2.27 Uhr MESZ).

Pallas setzt am 4. zu ihrer Oppositionsschleife im Sternbild Herkules an. Der
Kleinplanet, dessen Helligkeit im April von 9,2 mag auf 9,0 mag ansteigt, erscheint am
1. um 21.11 Uhr MEZ (22.11 Uhr MESZ), am 15. um 19.50 Uhr MEZ (20.50 Uhr
MESZ) und am 30. schon vor Sonnenuntergang um 18.23 Uhr MEZ (19.23 Uhr MESZ)
über dem Horizont.
Die beste Zeit für ihre Beobachtung ist die zweite Nachthälfte (Aufsuchkarte, Seite 81).

Juno, im Sternbild Löwe, beendet am 18. ihre Oppositionsschleife. Juno steht immer
noch während des größten Teils der Nacht über dem Horizont: Ihr Untergang erfolgt
am 1. um 5.06 Uhr MEZ (6.06 Uhr MESZ), am 15. um 4.13 Uhr MEZ (5.13 Uhr MESZ)
und am 30. um 3.20 Uhr MEZ (4.20 Uhr MESZ).
Am besten kann Juno, deren Helligkeit in diesem Monat von 9,5 mag auf 10,1 mag
zurückgeht, in den Abendstunden aufgesucht werden. Wegen ihrer geringen Helligkeit
sollte hierfür ein Fernrohr von mindestens 8 Zentimeter Objektivöffnung eingesetzt
werden (Aufsuchkarte, Seite 59).

Vesta wechselt zu Monatsbeginn vom Stier in die Zwillinge und versinkt am 1. um 2.02
Uhr MEZ (3.02 Uhr MESZ), am 15. um 1.27 Uhr MEZ (2.27 Uhr MESZ) und am 30. um
0.51 Uhr MEZ (1.51 Uhr MESZ) unter dem Horizont. Der Kleinplanet, dessen Helligkeit
im April von 8,1 mag auf 8,3 mag abnimmt, kann am besten gegen Ende der
Abenddämmerung mit einem lichtstarken Feldstecher aufgesucht werden
(Aufsuchkarte, Seite 37).

Periodische Sternschnuppenströme

Vom 16. bis zum 25. sind die Lyriden, ein Schwarm schnellerer Meteore, unter denen sich auch hellere Exemplare befinden, aktiv. Sie erreichen ihr Maximum am 22. um 11 Uhr MEZ.
Beobachter, für die zu dieser Zeit der Radiant im Zenit steht, können 13 Meteore pro Stunde sichten. In Mitteleuropa ist allerdings zu dieser Zeit Tag. Die beste Zeit für die Beobachtung der Lyriden ist am 22. zu Beginn der Morgendämmerung, also gegen 4 Uhr MEZ, wenn auch der Radiant seine maximale Höhe über dem Horizont erreicht. Es sind bis zu 3 Meteore pro Stunde zu erwarten. Da zur Zeit des Lyriden-Maximums der Mond fast zu 95% beleuchtet ist, kann dieser bei der Beobachtung stark stören. Zwischen dem 1. und dem 8. kann man die Kappa-Serpentiden beobachten, schnellere Meteore mit einer maximalen Rate von 2 Stück pro Stunde. Sie erreichen ihr Maximum am 5. um 9 Uhr MEZ. Die beste Zeit für ihre Beobachtung ist am selben Tag um 5 Uhr MEZ. Der Mond stört nicht, denn er zeigt sich an diesem Tag als dünne Sichel, die erst in der Morgendämmerung aufgeht.
Bis zum 26. sind Meteore des schwachen Stroms der Alpha-Virginiden zu sehen, der am 17. um 22 Uhr MEZ sein Maximum mit bis zu einem Meteor pro Stunde erreicht. Der Mond ist an diesem Tag zu 60% beleuchtet und kann bis in die Morgenstunden ihre Beobachtung beeinträchtigen. Ab dem 19. erscheinen die ersten Eta-Aquariden am Morgenhimmel.

Sonnenuntergang und Dämmerung

	Astr. Anf.	Naut. Anf.	Bürg. Anf.	Aufgang	Kulm.	Untergang	Bürg. Ende	Naut. Ende	Astr. Ende	Zeitgl.
1.4.2024	4:06	4:48	5:27	6:00	12:28	18:57	19:30	20:09	20:51	3m51s
2.4.2024	4:03	4:45	5:25	5:58	12:27	18:58	19:31	20:11	20:53	3m33s
3.4.2024	4:01	4:43	5:23	5:56	12:27	19:00	19:33	20:12	20:55	3m15s
4.4.2024	3:58	4:40	5:21	5:54	12:27	19:01	19:35	20:14	20:57	2m58s
5.4.2024	3:55	4:38	5:18	5:52	12:27	19:03	19:36	20:16	21:00	2m41s
6.4.2024	3:53	4:36	5:16	5:49	12:26	19:04	19:38	20:18	21:02	2m24s
7.4.2024	3:50	4:33	5:14	5:47	12:26	19:06	19:40	20:20	21:04	2m07s
8.4.2024	3:47	4:31	5:12	5:45	12:26	19:08	19:41	20:22	21:06	1m50s
9.4.2024	3:45	4:28	5:09	5:43	12:25	19:09	19:43	20:24	21:09	1m34s
10.4.2024	3:42	4:26	5:07	5:41	12:25	19:11	19:45	20:25	21:11	1m18s
11.4.2024	3:39	4:24	5:05	5:39	12:25	19:12	19:46	20:27	21:13	1m02s
12.4.2024	3:36	4:21	5:03	5:37	12:25	19:14	19:48	20:29	21:15	0m46s
13.4.2024	3:33	4:19	5:01	5:35	12:24	19:16	19:50	20:31	21:18	0m31s
14.4.2024	3:31	4:16	4:58	5:33	12:24	19:17	19:51	20:33	21:20	0m16s
15.4.2024	3:28	4:14	4:56	5:31	12:24	19:19	19:53	20:35	21:23	0m02s
16.4.2024	3:25	4:12	4:54	5:29	12:24	19:20	19:55	20:37	21:25	-0m12s
17.4.2024	3:22	4:09	4:52	5:27	12:23	19:22	19:56	20:39	21:27	-0m25s
18.4.2024	3:19	4:07	4:50	5:25	12:23	19:23	19:58	20:41	21:30	-0m39s
19.4.2024	3:16	4:04	4:48	5:23	12:23	19:25	20:00	20:43	21:32	-0m52s
20.4.2024	3:13	4:02	4:45	5:21	12:23	19:27	20:01	20:45	21:35	-1m05s

	Astr. Anf.	Naut. Anf.	Bürg. Anf.	Auf-gang	Kulm.	Unter-gang	Bürg. Ende	Naut. Ende	Astr. Ende	Zeitgl.
21.4.2024	3:10	4:00	4:43	5:19	12:23	19:28	20:03	20:47	21:37	-1m17s
22.4.2024	3:07	3:57	4:41	5:17	12:22	19:30	20:05	20:49	21:40	-1m29s
23.4.2024	3:04	3:55	4:39	5:15	12:22	19:31	20:06	20:51	21:43	-1m41s
24.4.2024	3:01	3:53	4:37	5:13	12:22	19:33	20:08	20:53	21:45	-1m52s
25.4.2024	2:58	3:50	4:35	5:11	12:22	19:34	20:10	20:55	21:48	-2m02s
26.4.2024	2:55	3:48	4:33	5:09	12:22	19:36	20:12	20:57	21:51	-2m12s
27.4.2024	2:52	3:46	4:31	5:07	12:22	19:38	20:13	20:59	21:53	-2m22s
28.4.2024	2:49	3:43	4:29	5:05	12:21	19:39	20:15	21:01	21:56	-2m31s
29.4.2024	2:46	3:41	4:27	5:03	12:21	19:41	20:17	21:03	21:59	-2m39s
30.4.2024	2:43	3:39	4:25	5:02	12:21	19:42	20:18	21:06	22:02	-2m47s

Mondlauf

	Rektaszension	Deklination	Elong.	Phase	mag	Auf-gang	Kulm.	Unter-gang
Mo 1.4.2024	17h50m08,4s	-29°05'58"	104,4°	0,62	-10,6	02:20	05:45	09:10
Di 2.4.2024	18h50m17,3s	-28°53'02"	92,2°	0,52 ◑	-10,2	03:16	06:44	10:16
Mi 3.4.2024	19h50m45,2s	-26°59'47"	79,6°	0,41	-9,7	03:57	07:43	11:36
Do 4.4.2024	20h50m00,7s	-23°29'34"	66,6°	0,3	-9,2	04:28	08:40	13:04
Fr 5.4.2024	21h47m09,9s	-18°34'07"	53,2°	0,2	-8,5	04:50	09:35	14:33
Sa 6.4.2024	22h42m07,6s	-12°31'31"	39,5°	0,12	-7,6	05:09	10:28	16:03
So 7.4.2024	23h35m27,3s	-5°44'04"	25,5°	0,05	-6,5	05:24	11:19	17:32
Mo 8.4.2024	0h28m06,4s	1°23'12"	11,4°	0,01 ●	-5,2	05:39	12:10	19:01
Di 9.4.2024	1h21m09,8s	8°23'41"	2,8°	0	-4,3	05:55	13:02	20:31
Mi 10.4.2024	2h15m36,8s	14°50'34"	16,7°	0,02	-5,7	06:13	13:57	22:01
Do 11.4.2024	3h12m06,1s	20°18'33"	30,3°	0,07	-6,9	06:37	14:53	23:29
Fr 12.4.2024	4h10m39,6s	24°26'16"	43,5°	0,14	-7,8	07:08	15:51	
Sa 13.4.2024	5h10m32,2s	26°59'05"	56,2°	0,22	-8,6	07:51	16:50	00:47
So 14.4.2024	6h10m18,9s	27°51'29"	68,5°	0,32	-9,2	08:47	17:47	01:51
Mo 15.4.2024	7h08m22,2s	27°07'31"	80,3°	0,41 ◐	9,7	09:54	18:41	02:39
Di 16.4.2024	8h03m26,7s	24°58'39"	91,8°	0,51	-10,1	11:06	19:30	03:13
Mi 17.4.2024	8h54m59,3s	21°40'06"	103,0°	0,61	-10,5	12:19	20:16	03:38
Do 18.4.2024	9h43m07,5s	17°27'28"	114,0°	0,7	-10,8	13:31	20:59	03:56
Fr 19.4.2024	10h28m26,8s	12°34'49"	124,9°	0,79	-11,1	14:40	21:39	04:10
Sa 20.4.2024	11h11m47,2s	7°14'19"	135,7°	0,86	-11,4	15:49	22:18	04:22
So 21.4.2024	11h54m05,1s	1°36'49"	146,6°	0,92	-11,7	16:57	22:57	04:33
Mo 22.4.2024	12h36m18,7s	-4°07'22"	157,5°	0,96	-12	18:06	23:37	04:44
Di 23.4.2024	13h19m26,8s	-9°47'29"	168,5°	0,99	-12,3	19:17		04:56
Mi 24.4.2024	14h04m26,7s	-15°11'28"	178,3°	1 ○	-12,6	20:30	00:19	05:10
Do 25.4.2024	14h52m11,0s	-20°05'17"	168,8°	0,99	-12,4	21:47	01:04	05:27
Fr 26.4.2024	15h43m19,4s	-24°12'51"	157,3°	0,96	-12,1	23:02	01:52	05:50
Sa 27.4.2024	16h38m05,5s	-27°16'41"	145,6°	0,91	-11,8		02:45	06:21
So 28.4.2024	17h36m01,7s	-28°59'57"	133,8°	0,85	-11,5	00:13	03:41	07:07
Mo 29.4.2024	18h35m54,5s	-29°09'52"	121,6°	0,76	-11,1	01:12	04:39	08:07
Di 30.4.2024	19h36m01,4s	-27°41'06"	109,3°	0,67	-10,8	01:58	05:37	09:22

Jupitermond-Ereignisse

Datum	Uhrzeit (MEZ)	Mond	Erscheinung	Phase
1.4.2024	20:41:11	Io	Durchgang	Anfang
2.4.2024	20:46:19	Io	Verfinsterung	Ende
4.4.2024	20:38:53	Europa	Durchgang	Anfang
6.4.2024	19:38:24	Europa	Verfinsterung	Ende
9.4.2024	19:51:47	Io	Bedeckung	Anfang
10.4.2024	20:02:38	Io	Schattenvorübergang	Ende
12.4.2024	20:52:51	Ganymed	Bedeckung	Ende
17.4.2024	19:47:48	Io	Schattenvorübergang	Anfang

Finsternisse

Am 8. findet in Nordamerika eine totale Sonnenfinsternis statt, deren Totalitätszone von Mexiko, über die USA und die kanadische Provinz Quebec zieht und die eine maximale Dauer der totalen Verfinsterung von 4m 28s für einen Beobachter bei 25°17' nördlicher Breite und 104°7' westlicher Länge erreicht. Diese Finsternis ist im gesamten Gebiet der USA (außer Alaska), Kanada, Mittelamerika, Grönland, Island, Irland, den westlichen Teilen Großbritanniens, den Azoren, Madeira und den Kanarischen Inseln als partielle Finsternis zu sehen. In Mitteleuropa kann diese Finsternis nicht beobachtet werden.

Mai

Sternenhimmel

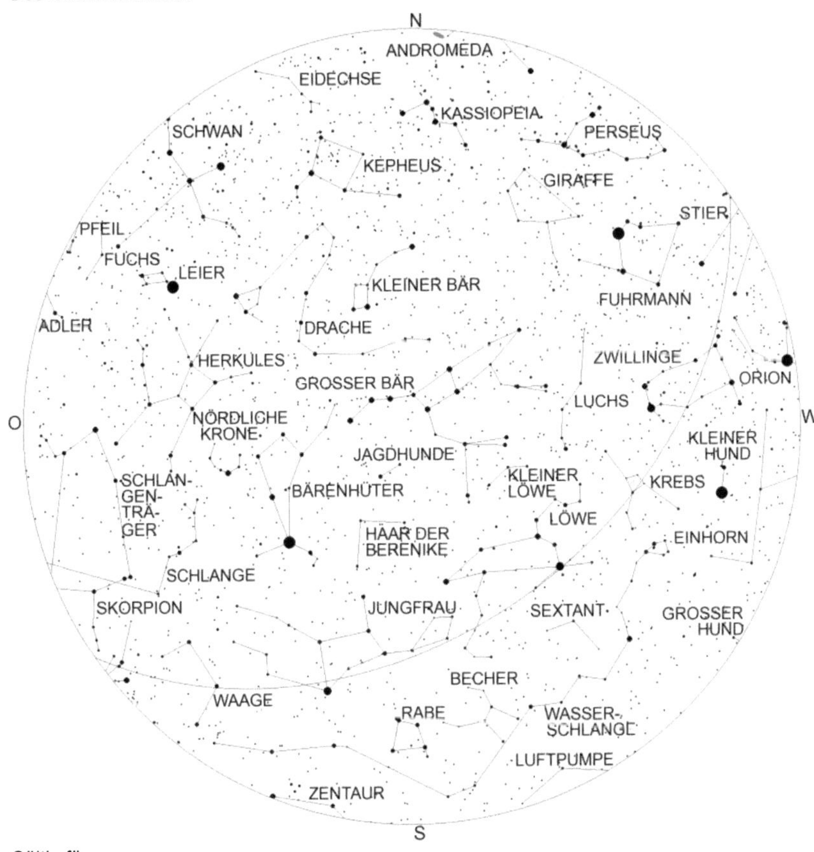

Gültig für

1.1. 6 Uhr	15.1. 5 Uhr
1.2. 4 Uhr	15.2. 3 Uhr
1.3. 2 Uhr	15.3. 2 Uhr
1.4. 0 Uhr	15.4. 23 Uhr
1.5. 22 Uhr	15.5. 21 Uhr

Die Wintersternbilder sind fast vollständig verschwunden. Nur noch der Fuhrmann, die Zwillinge, der Krebs und der Kleine Hund sind noch vollständig zu sehen.
Von Südost bis Südwest erstreckt sich das riesige, aber unauffällige Sternbild Wasserschlange. Über diesem sind der Rabe, der Becher und der Sextant zu sehen. Allerdings besitzt von diesen Sternbildern nur der Rabe einige hellere Sterne. Halbhoch im Südwesten ist der Löwe zu finden, während gerade die Jungfrau kulminiert. Nordnordöstlich von dieser ist das Sternbild Bärenhüter mit dem orangerotem Stern Arktur zu sehen. Östlich des Bärenhüters erkennt man das Halbrund der Nördlichen Krone und das wenig charakteristische Sternbild des Herkules. Im Ostsüdosten geht gerade der Schlangenträger auf. Etwas höher ist der vordere Teil der Schlange zu sehen. Im Südosten erkennt man das Tierkreissternbild Waage, dessen Hauptstern, Zuben-el-dschenubi, fast genau auf der Ekliptik liegt. Er ist ein weiter Doppelstern und schon in einem Fernglas problemlos auflösbar.

Astronomische Ereignisse

Datum	Uhrzeit	Ereignis	Elongation
1.5.2024	12:27:23	Letztes Viertel	
2.5.2024	00:24:28	Vesta 19' südlich Epsilon Geminorum	58,2°
2.5.2024	09:03:25	Mond 2,4° südlich Delta Capricorni	78,55°
2.5.2024	17:49:40	Venus 11,85° südlich Hamal	8,9°
3.5.2024	22:54:18	Mond 1,7° südlich Saturn	57,1°
4.5.2024	04:33:06	Pluto stationär, dann rückläufig	
4.5.2024	20:18:17	Mond 54' südlich Neptun	45,8°
5.5.2024	02:15:16	Mond 54' südlich Mars	41,8°
5.5.2024	22:52:33	Mond im aufsteigenden Knoten	
6.5.2024	08:48:13	Mond 3° nördlich Merkur	24,75°
7.5.2024	05:46:04	Mond 9,75° südlich Hamal	12,5°
7.5.2024	18:18:04	Mond 3° nördlich Venus	6,8°
8.5.2024	04:22:03	Neumond	1,8°
8.5.2024	11:40:12	Mars im Perihel (Abstand Mars-Sonne: 206670839 km)	
8.5.2024	14:20:03	Mond 3,2° nördlich Uranus	4,4°
8.5.2024	20:17:46	Mond 3,7° nördlich Jupiter	7,3°
9.5.2024	00:49:31	Mond 1,3° südlich der Plejaden	11,5°
9.5.2024	20:57:34	Mond 9,25° nördlich Aldebaran	21,1°
9.5.2024	22:27:59	Merkur in größter westlicher Elongation	26,4°
10.5.2024	16:00:54	Mond 57' südlich Elnath	32,7°
11.5.2024	09:33:25	Mond 5,35° nördlich Eta Geminorum	42,6°
11.5.2024	13:16:08	Mond 5,55° nördlich Mü Geminorum	44,3°
11.5.2024	20:51:14	Mond 11,3° nördlich Alhena	47,2°
11.5.2024	23:20:35	Mond 2,3° nördlich Epsilon Geminorum	48,5°
12.5.2024	06:21:56	Mond 2,3° nördlich Vesta	53°
12.5.2024	07:47:29	Mond in größter Nordbreite	

Datum	Uhrzeit	Ereignis	Elongation
12.5.2024	20:17:12	Mond 5,6° südlich Kastor	58,6°
13.5.2024	00:53:35	Mond 2,5° südlich Pollux	61°
13.5.2024	10:11:18	Uranus in Konjunktion zur Sonne	-16'
14.5.2024	01:29:43	Mond 2,45° nördlich M44	73,2°
15.5.2024	12:48:08	Erstes Viertel	
15.5.2024	21:05:21	Mond 2,8° nördlich Regulus	93,7°
16.5.2024	18:19:59	Mond 3,15' südlich Juno	103,8°
17.5.2024	00:20:26	Ceres stationär, dann rückläufig	
17.5.2024	20:16:42	Mond im Apogäum	
18.5.2024	07:18:33	Merkur 13,8° südlich Hamal	22,1°
18.5.2024	10:15:13	Venus 28' südlich Uranus	4,55°
18.5.2024	19:45:33	Jupiter in Konjunktion zur Sonne	-44'
19.5.2024	10:21:18	Mond 3,25° südlich Porrima	131,5°
19.5.2024	16:07:41	Pallasopposition	
19.5.2024	17:34:24	Mond im absteigenden Knoten	
20.5.2024	10:46:10	Mond 51' nördlich Spika	144°
20.5.2024	23:02:46	Merkur in größter Südbreite	
22.5.2024	08:16:51	Mond 3,8° südlich Zuben-el-dschenubi	163,7°
22.5.2024	22:12:18	Jupiter 4,9° südlich der Plejaden	3,1°
23.5.2024	08:07:12	Venus 4,7° südlich der Plejaden	3,4°
23.5.2024	10:29:51	Venus 12' nördlich Jupiter	3,4°
23.5.2024	14:53:18	Vollmond	
23.5.2024	16:45:04	Mond 5,4° südlich Akrab	175,4°
24.5.2024	05:13:49	Mond 30' südlich Antares	171,6°
26.5.2024	15:03:36	Mond 2° südlich Nunki	142,9°
26.5.2024	17:58:52	Mond in größter Südbreite	
27.5.2024	06:57:23	Mond 1,7° südlich Ceres	135,1°
27.5.2024	23:20:29	Mond 2,7° südlich Pluto	125,1°
28.5.2024	00:30:48	Mond 10,7° südlich Beta Capricorni	122,6°
29.5.2024	15:00:29	Mond 1,8° südlich Delta Capricorni	104,8°
30.5.2024	18:12:50	Letztes Viertel	
31.5.2024	02:24:52	Merkur 1,4° südlich Uranus	16°
31.5.2024	09:58:18	Mond 58' südlich Saturn	81,7°
31.5.2024	17:23:56	Vesta 7,95° südlich Kastor	40,9°

Planeten

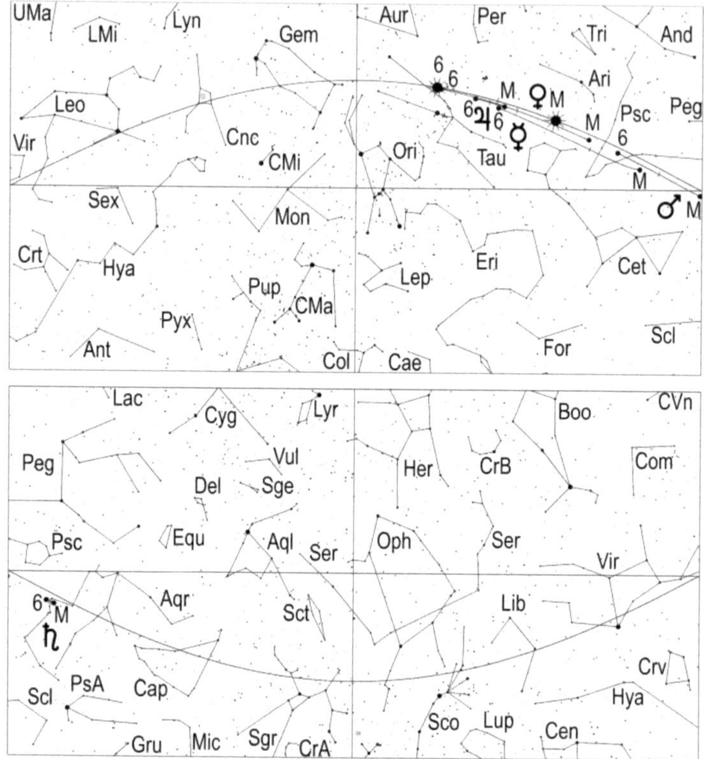

Merkur erreicht am 9. seine größte westliche Elongation mit 26,4°, trotzdem kommt es für Beobachter in Mitteleuropa nicht zu einer Morgensichtbarkeit, denn wenn Merkur am 9. um 4.11 Uhr MEZ (5.11 Uhr MESZ) über dem Horizont erscheint, hat die bürgerliche Dämmerung schon begonnen, sodass er nicht am Morgenhimmel erkannt werden kann.
Erst in Gebieten südlich von 34° nördlicher Breite kommt es zu einer Morgensichtbarkeit.

Venus wird im nächsten Monat ihre obere Konjunktion zur Sonne erreichen und kann nicht beobachtet werden. Auch ihre enge Konjunktion mit Jupiter am 23., bei der Venus 12' nördlich am Riesenplaneten vorbeizieht, ist nicht zu beobachten.

Mars schafft es im Mai noch nicht am Morgenhimmel zu erscheinen. Zwar geht der 1,1 mag helle, rote Planet für einen Beobachter bei 50° nördlicher Breite und 9° östlicher Länge am 31. um 2.33 Uhr MEZ auf, doch reicht dies noch nicht aus, um ihn am Morgenhimmel erscheinen zu lassen.
Beobachter südlich des 48. Breitengrades können allerdings zum Ende des Monats Mars nach langer Pause durchaus erstmals wieder am Morgenhimmel sichten.

Jupiter kann höchstens noch in den ersten beiden Tagen des Monats während der Abenddämmerung tief im Nordwesten beobachtet werden. Am 2. versinkt der Riesenplanet, der sich im Sternbild Stier aufhält, um 20.45 Uhr MEZ (21.45 Uhr MESZ) unter dem Horizont. Bei guter Horizontsicht kann er etwa eine Viertelstunde vorher in der Dämmerung gesichtet werden.
Nach dem 2. ist Jupiter, der am 18. in Konjunktion zur Sonne kommt, nicht mehr zu sehen. Auch seine enge Konjunktion mit Venus am 23. entgeht uns.

Saturn taucht am 5. nach längerer Unsichtbarkeit wieder am Morgenhimmel auf. An diesem Tag erscheint der 1,2 mag helle Ringplanet um 3.14 Uhr MEZ (4.14 Uhr MESZ) über dem Horizont. Etwa 20 Minuten später kann er in der beginnenden Morgendämmerung gesichtet werden.
Seine Sichtbarkeit verbessert sich im Laufe des Monats rasch: am 15. erfolgt sein Aufgang um 2.36 Uhr MEZ (3.36 Uhr MESZ) und am 31. erscheint Saturn, dessen Helligkeit leicht auf 1,1 mag angestiegen ist, um 1.36 Uhr MEZ (2.36 Uhr MESZ) über dem Horizont.
Im Fernrohr erscheint der Saturnring unter einem sehr flachen Winkel, welcher zu Monatsbeginn 3° und zum Monatsende 2° beträgt.
Am Morgen des 31. findet man den abnehmenden Halbmond in der Nachbarschaft des Ringplaneten.

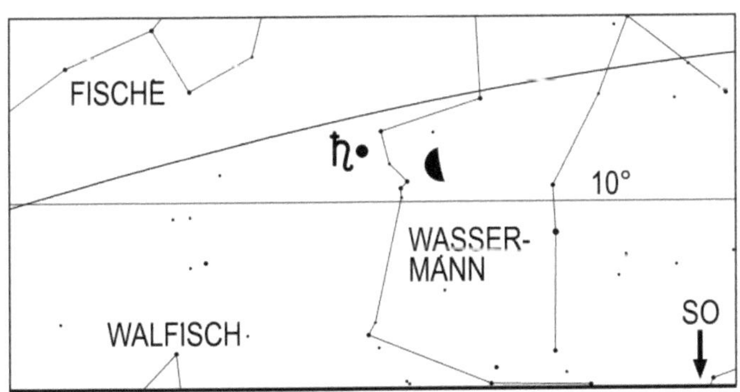

Mond und Saturn am Morgen des 31.5.2024 um 3 Uhr MEZ (4 Uhr MESZ)

Uranus steht am 13. in Konjunktion zur Sonne und ist in diesem Monat nicht zu sehen.

Neptun, der sich im Sternbild Fische aufhält, ist ebenfalls unbeobachtbar. Der 7,9 mag helle Planet geht am Monatsletzten um 1.51 Uhr MEZ (2.51 Uhr MESZ) auf, was ihn aber kaum die Möglichkeit verschafft, bis zum Beginn der Morgendämmerung so viel an Höhe zu gewinnen, dass er erfolgreich mit einem Fernrohr aufgesucht werden kann.

Klein- und Zwergplaneten

Ceres, deren Helligkeit im Mai von 8,5 mag auf 8,0 mag ansteigt, setzt am 17. zu ihrer Oppositionsschleife an. Der Zwergplanet, der sich im Sternbild Schütze aufhält, erscheint am 1. um 1.24 Uhr MEZ (2.24 Uhr MESZ), am 15. um 0.37 Uhr MEZ (1.37 Uhr MESZ) und am 31. um 23.36 Uhr MEZ (0.36 Uhr MESZ) über dem Horizont. Am besten kann Ceres zu Beginn der Morgendämmerung aufgesucht werden, wegen ihrer weit südlichen Stellung ist hierfür – neben einem Fernrohr – auch eine gute Horizontsicht erforderlich (Aufsuchkarte, Seite 104).

Pallas erreicht am 19. ihre Opposition zur Sonne und steht während der gesamten Nacht über dem Horizont. Der Kleinplanet, der rückläufig durch den Herkules wandert und dessen Helligkeit in der zweiten Monatshälfte leicht von 9,1 mag auf 9,0 mag ansteigt, kann am besten gegen Mitternacht mit einem lichtstarken Feldstecher oder einem Fernrohr aufgesucht werden (Aufsuchkarte, Seite 81).

Juno, rechtläufig im Sternbild Löwe, versinkt am 1. um 3.16 Uhr MEZ (4.16 Uhr MESZ), am 15. um 2.27 Uhr MEZ (3.27 Uhr MESZ) und am 31. um 1.32 Uhr MEZ (2.32 Uhr MESZ) unter dem Horizont.
Wegen ihrer geringen Helligkeit, die im Mai von 10,1 mag auf 10,6 mag zurückgeht, sollte für ihre Beobachtung ein Fernrohr von mindestens 10 cm Öffnung eingesetzt werden. Die beste Beobachtungszeit ist das Ende der Abenddämmerung (Aufsuchkarte, Seite 59).

Vesta, rechtläufig im Sternbild Zwillinge, wird im Laufe des Monats zu einem immer ungünstigeren Beobachtungsobjekt: am 1. geht der 8,3 mag helle Kleinplanet um 0.48 Uhr MEZ (1.48 Uhr MESZ) unter und am 15. verschwindet sie um 0.15 Uhr MEZ (1.15 Uhr MESZ) unter dem Horizont. Am 31. versinkt Vesta, deren Helligkeit 8,5 mag beträgt, um 23.32 Uhr MEZ (0.32 Uhr MESZ) unter dem Horizont.
Am besten kann Vesta gegen Ende der Abenddämmerung bis etwa eine Stunde vor ihren Untergang beobachtet werden. Hierfür ist insbesondere gegen Monatsende außer einem Fernrohr auch eine gute Horizontsicht erforderlich (Aufsuchkarten, Seite 37 und Seite 90).
Am 2. zieht Vesta 19' südlich an Epsilon Geminorum vorbei. Dieses Ereignis bietet am Abend des Vortages eine gute Gelegenheit, um nach diesen Kleinplaneten Ausschau zu halten, da dieser Stern eine gute Aufsuchhilfe darstellt.

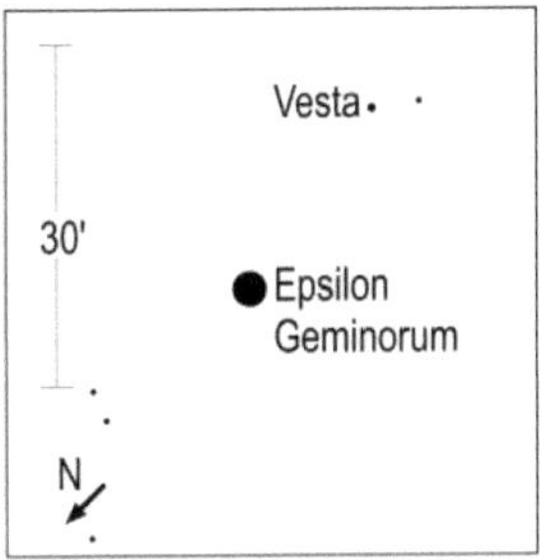

Anblick der Konjunktion zwischen Vesta und Epsilon Geminorum am
1.5.2024 um 22 Uhr MEZ (23 Uhr MESZ) im umkehrenden Fernrohr

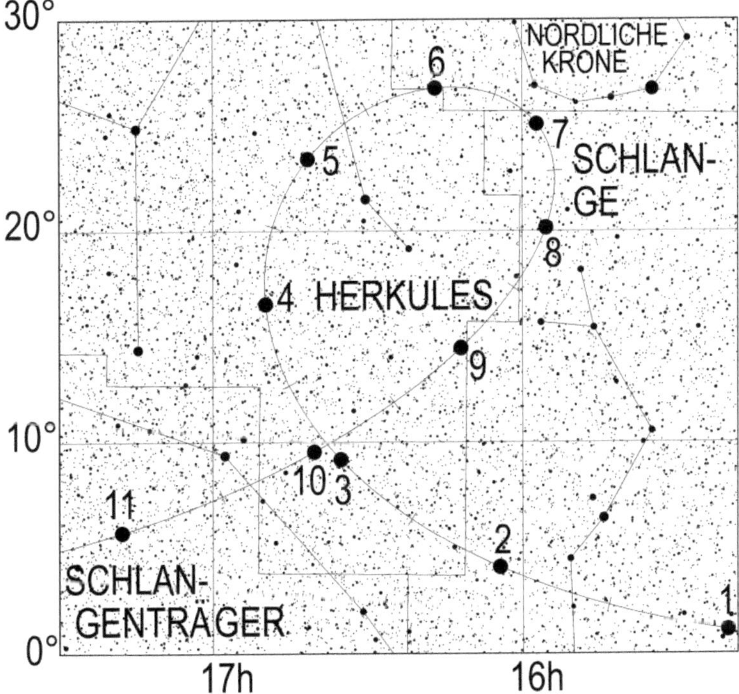

Lauf des Kleinplaneten Pallas von Januar bis November 2024. Die Zahl gibt die
Position am 1. des entsprechenden Monats an, also 3 die Position am 1.3.

Pluto, im westlichen Teil des Sternbildes Steinbock, setzt am 4. zu seiner
Oppositionsschleife an, weshalb er in diesem Monat erwähnt wird. Er ist mit einer
Helligkeit von 14,4 mag nur in Fernrohren mit mindestens 30 cm Objektivdurchmesser
sichtbar (Aufsuchkarte, Seite 105).

Periodische Sternschnuppenströme

Bis zum 28. sind die Eta-Aquariden aktiv, die am 7. um 9 Uhr MEZ ihr Maximum
erreichen. Die Eta-Aquariden sind Reste des Halley'schen Kometen. Der beste
Zeitpunkt zu ihrer Beobachtung ist am 7. gegen 3.30 Uhr MEZ. In unseren Breiten
kann von den sehr schnellen Eta-Aquariden maximal ein Meteor pro Stunde
beobachtet werden, in südlichen Breiten bis zu 30-mal mehr. Da am 8. Neumond ist,
gibt es keine mondbedingten Störungen.
Vom 6. bis zum 12. ist der eher schwache Strom der Eta-Lyriden aktiv, der am 8. sein
Maximum mit bis zu 1,5 Meteoren pro Stunde erreicht. Da am Tag des Maximums
Neumond ist, stört der Mond nicht bei der Beobachtung.
Am 16. um 16 Uhr MEZ erreicht der Meteorschwarm der Alpha-Scorpiiden, die
während des gesamten Mais aktiv sind, sein Maximum. Die beste Zeit für seine
Beobachtung ist am selben Tag um 3 Uhr MEZ. Allerdings ist auch dann höchstens
ein Meteor pro Stunde zu erwarten. Der Mond, der am Vortag im Ersten Viertel stand,
geht etwa zwei Stunden nach Mitternacht unter und kann die Beobachtung in den
Abendstunden beeinträchtigen.

Sonnenuntergang und Dämmerung

	Astr. Anf.	Naut. Anf.	Bürg. Anf.	Auf- gang	Kulm.	Unter- gang	Bürg. Ende	Naut. Ende	Astr. Ende	Zeitgl.
1.5.2024	2:40	3:36	4:23	5:00	12:21	19:44	20:20	21:08	22:04	-2m54s
2.5.2024	2:37	3:34	4:21	4:58	12:21	19:45	20:22	21:10	22:07	-3m01s
3.5.2024	2:34	3:32	4:19	4:56	12:21	19:47	20:23	21:12	22:10	-3m08s
4.5.2024	2:30	3:30	4:17	4:54	12:21	19:48	20:25	21:14	22:13	-3m13s
5.5.2024	2:27	3:27	4:15	4:53	12:21	19:50	20:27	21:16	22:16	-3m18s
6.5.2024	2:24	3:25	4:13	4:51	12:21	19:51	20:29	21:18	22:19	-3m23s
7.5.2024	2:21	3:23	4:12	4:49	12:21	19:53	20:30	21:20	22:22	-3m27s
8.5.2024	2:18	3:21	4:10	4:48	12:21	19:54	20:32	21:22	22:26	-3m30s
9.5.2024	2:14	3:18	4:08	4:46	12:20	19:56	20:34	21:25	22:29	-3m33s
10.5.2024	2:11	3:16	4:06	4:45	12:20	19:57	20:35	21:27	22:32	-3m35s
11.5.2024	2:08	3:14	4:05	4:43	12:20	19:58	20:37	21:29	22:36	-3m37s
12.5.2024	2:04	3:12	4:03	4:42	12:20	20:00	20:39	21:31	22:39	-3m38s
13.5.2024	2:01	3:10	4:01	4:40	12:20	20:01	20:40	21:33	22:42	-3m39s
14.5.2024	1:58	3:08	4:00	4:39	12:20	20:03	20:42	21:35	22:46	-3m39s
15.5.2024	1:54	3:06	3:58	4:37	12:20	20:04	20:44	21:37	22:50	-3m38s
16.5.2024	1:51	3:04	3:57	4:36	12:20	20:05	20:45	21:39	22:53	-3m37s
17.5.2024	1:47	3:02	3:55	4:35	12:20	20:07	20:47	21:41	22:57	-3m36s
18.5.2024	1:44	3:00	3:54	4:33	12:21	20:08	20:48	21:43	23:01	-3m34s
19.5.2024	1:40	2:58	3:52	4:32	12:21	20:09	20:50	21:45	23:05	-3m31s
20.5.2024	1:36	2:56	3:51	4:31	12:21	20:11	20:51	21:47	23:09	-3m28s
21.5.2024	1:32	2:54	3:49	4:30	12:21	20:12	20:53	21:49	23:13	-3m24s
22.5.2024	1:28	2:52	3:48	4:29	12:21	20:13	20:55	21:51	23:18	-3m20s
23.5.2024	1:24	2:50	3:47	4:27	12:21	20:15	20:56	21:53	23:22	-3m15s

	Astr. Anf.	Naut. Anf.	Bürg. Anf.	Auf- gang	Kulm.	Unter- gang	Bürg. Ende	Naut. Ende	Astr. Ende	Zeitgl.
24.5.2024	1:19	2:48	3:46	4:26	12:21	20:16	20:57	21:55	23:27	-3m10s
25.5.2024	1:15	2:47	3:44	4:25	12:21	20:17	20:59	21:57	23:32	-3m04s
26.5.2024	1:10	2:45	3:43	4:24	12:21	20:18	21:00	21:59	23:38	-2m57s
27.5.2024	1:05	2:43	3:42	4:23	12:21	20:19	21:02	22:00	23:44	-2m51s
28.5.2024	0:59	2:42	3:41	4:23	12:21	20:20	21:03	22:02	23:50	-2m43s
29.5.2024	0:53	2:40	3:40	4:22	12:22	20:22	21:04	22:04	23:58	-2m36s
30.5.2024	0:45	2:39	3:39	4:21	12:22	20:23	21:06	22:06		-2m27s
31.5.2024	0:33	2:37	3:38	4:20	12:22	20:24	21:07	22:07	0:10	-2m19s

Mondlauf

	Rektaszension	Deklination	Elong.	Phase	Mag	Auf- gang	Kulm.	Unter- gang
Mi 1.5.2024	20h34m46,7s	-24°37'15"	96,7°	0,56 ☽	-10,4	02:30	06:33	10:45
Do 2.5.2024	21h31m13,7s	-20°09'40"	83,8°	0,45	-9,9	02:55	07:27	12:11
Fr 3.5.2024	22h25m15,2s	-14°34'45"	70,6°	0,34	-9,4	03:14	08:18	13:38
Sa 4.5.2024	23h17m25,0s	-8°11'39"	57,2°	0,23	-8,7	03:30	09:08	15:04
So 5.5.2024	0h08m41,7s	-1°21'14"	43,6°	0,14	-7,9	03:44	09:58	16:30
Mo 6.5.2024	1h00m14,5s	5°34'00"	29,8°	0,07	-6,9	03:59	10:48	17:58
Di 7.5.2024	1h53m11,1s	12°09'59"	16,2°	0,02	-5,7	04:15	11:41	19:27
Mi 8.5.2024	2h48m25,0s	18°01'30"	3,6°	0 ●	-4,3	04:36	12:36	20:56
Do 9.5.2024	3h46m17,8s	22°44'14"	11,5°	0,01	-5,2	05:03	13:34	22:21
Fr 10.5.2024	4h46m22,4s	25°57'56"	24,5°	0,04	-6,4	05:41	14:34	23:34
Sa 11.5.2024	5h47m18,6s	27°30'34"	37,1°	0,1	-7,3	06:32	15:33	
So 12.5.2024	6h47m14,5s	27°21'05"	49,4°	0,17	-8,1	07:36	16:30	00:31
Mo 13.5.2024	7h44m27,6s	25°38'47"	61,3°	0,26	-8,8	08:48	17:22	01:12
Di 14.5.2024	8h37m59,3s	22°39'25"	72,8°	0,35	-9,3	10:03	18:11	01:40
Mi 15.5.2024	9h27m41,5s	18°40'29"	84,1°	0,45 ◗	-9,8	11:16	18:55	02:01
Do 16.5.2024	10h14m04,3s	13°58'00"	95,1°	0,55	-10,2	12:27	19:36	02:16
Fr 17.5.2024	10h57m58,8s	8°45'22"	106,0°	0,64	-10,6	13:36	20:16	02:29
Sa 18.5.2024	11h40m25,3s	3°13'38"	116,9°	0,73	-10,9	14:44	20:55	02:41
So 19.5.2024	12h22m26,5s	-2°27'24"	127,7°	0,81	-11,2	15:52	21:34	02:52
Mo 20.5.2024	13h05m06,3s	-8°08'06"	138,7°	0,88	-11,5	17:02	22:15	03:03
Di 21.5.2024	13h49m27,7s	-13°37'36"	149,8°	0,93	-11,8	18:15	22:59	03:16
Mi 22.5.2024	14h36m30,8s	-18°42'46"	161,0°	0,97	-12,1	19:31	23:46	03:32
Do 23.5.2024	15h27m05,0s	-23°07'39"	172,0°	1 ○	-12,5	20:48		03:53
Fr 24.5.2024	16h21m35,6s	-26°33'43"	173,9°	1	-12,5	22:02	00:37	04:22
Sa 25.5.2024	17h19m44,8s	-28°41'55"	162,8°	0,98	-12,2	23:06	01:34	05:03
So 26.5.2024	18h20m21,0s	-29°16'34"	150,7°	0,94	-11,9	23:57	02:33	06:00
Mo 27.5.2024	19h21m30,7s	-28°09'55"	138,3°	0,87	-11,6		03:32	07:12
Di 28.5.2024	20h21m18,6s	-25°24'48"	125,7°	0,79	-11,3	00:33	04:29	08:33
Mi 29.5.2024	21h18m29,5s	-21°13'26"	112,9°	0,69	-10,9	01:00	05:23	09:59
Do 30.5.2024	22h12m44,7s	-15°53'39"	99,9°	0,59 ☽	-10,5	01:20	06:15	11:24
Fr 31.5.2024	23h04m33,9s	-9°45'22"	86,8°	0,47	-10	01:36	07:04	12:47

Juni

Sternenhimmel

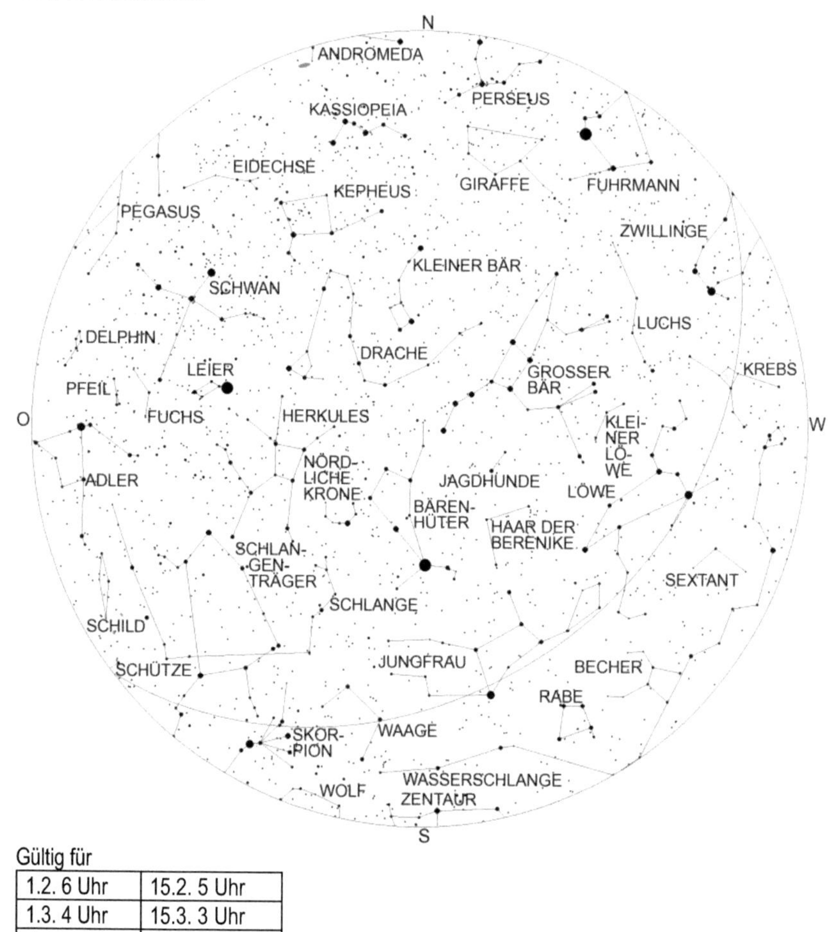

Gültig für

1.2. 6 Uhr	15.2. 5 Uhr
1.3. 4 Uhr	15.3. 3 Uhr
1.4. 2 Uhr	15.4. 1 Uhr
1.5. 0 Uhr	15.5. 23 Uhr
1.6. 22 Uhr	15.6. 21 Uhr

Jetzt sind die Nächte am kürzesten. Zu unserer Standardbeobachtungszeit, am Monatsersten um 22 Uhr MEZ, ist immer noch eine Restdämmerung im Nordwesten vorhanden, wenngleich es ausreichend dunkel ist, um die Sternbilder zu beobachten und zu identifizieren. In allen Gebieten nördlich von 48,5° nördlicher Breite wird es zum Zeitpunkt der Sommersonnenwende überhaupt nicht richtig dunkel, wenn dies auch erst nördlich des 52. Breitengrades auffallen dürfte.

Der helle Stern Arktur im Bärenhüter ist hoch im Süden zu finden. Unterhalb von diesem findet man die Jungfrau mit Spika. Auch der Kopf des Skorpions mit Antares ist tief im Südosten beobachtbar. Oberhalb von diesem ist der Schlangenträger mit der Schlange zu sehen. Tief im Osten erkennt man einen hellen Stern – es ist Atair – der Hauptstern des Adlers. Höher im Osten ist ein noch hellerer Stern sichtbar, es ist Wega, der hellste Stern des kleinen Sternbildes Leier und der fünfthellste Stern des Himmels. Weiter nordöstlich erblickt man das kreuzförmige Sternbild Schwan, dessen hellster Stern Deneb zusammen mit Wega und Atair das sogenannte Sommerdreieck bildet. Zwischen Leier und Bärenhüter befinden sich die Sternbilder Herkules und Nördliche Krone. In der westlichen Himmelshälfte findet man den Löwen, den Kopf der Wasserschlange, den Krebs und das untergehende Sternbild Zwillinge. Tief im Süden kann man bei klarem Himmel die nördlichsten Sterne des Wolfs und des Zentauren sehen.

Astronomische Ereignisse

Datum	Uhrzeit	Ereignis	Elongation
1.6.2024	02:43:34	Mond 1,1° südlich Neptun	71,4°
1.6.2024	17:53:26	Venus 5,3° nördlich Aldebaran	0,8°
2.6.2024	04:07:04	Mond im aufsteigenden Knoten	
2.6.2024	08:16:29	Mond im Perigäum	
2.6.2024	22:43:52	Merkur 5,3° südlich der Plejaden	13,1°
2.6.2024	23:49:02	Mond 1,4° nördlich Mars	47°
3.6.2024	16:33:31	Mond 9,1° südlich Hamal	36,7°
4.6.2024	06:24:17	Vesta 4,3° südlich Pollux	39,9°
4.6.2024	11:04:10	Merkur 7,1' südlich Jupiter	12,1°
4.6.2024	16:33:25	Venus in oberer Konjunktion zur Sonne	-3,5'
5.6.2024	01:02:01	Mond 2,7° nördlich Uranus	19,9°
5.6.2024	09:31:56	Mond 56' südlich der Plejaden	15,4°
5.6.2024	16:30:35	Mond 4,2° nördlich Jupiter	12,6°
5.6.2024	20:25:22	Mond 3,9° nördlich Merkur	10,4°
6.6.2024	04:03:48	Venus im aufsteigenden Knoten	
6.6.2024	04:20:46	Mond 9° nördlich Aldebaran	5,7°
6.6.2024	13:37:48	Neumond	4,1°
6.6.2024	16:30:26	Mond 4,1° nördlich Venus	0,5°
7.6.2024	01:02:34	Mond 1,6° südlich Elnath	7,15°
7.6.2024	21:06:56	Mond 5,1° nördlich Eta Geminorum	16,2°
7.6.2024	23:49:00	Mond 4,9° nördlich Mü Geminorum	18°

Datum	Uhrzeit	Ereignis	Elongation
8.6.2024	04:27:05	Mond 11° nördlich Alhena	21,25°
8.6.2024	06:37:18	Mond 2,3° nördlich Epsilon Geminorum	22,4°
8.6.2024	14:01:46	Mond in größter Nordbreite	
8.6.2024	15:58:08	Merkur 5,45° nördlich Aldebaran	7,4°
9.6.2024	00:44:31	Merkur im aufsteigenden Knoten	
9.6.2024	04:06:09	Mond 6° südlich Kastor	33°
9.6.2024	07:53:39	Mond 2,35° südlich Pollux	35,2°
9.6.2024	12:16:56	Mond 2,1° nördlich Vesta	37,2°
10.6.2024	08:08:01	Mond 2,6° nördlich M44	47,1°
11.6.2024	07:10:11	Venus 5,2° südlich Elnath	1,8°
12.6.2024	04:48:21	Mond 2,4° nördlich Regulus	67,65°
13.6.2024	12:27:58	Mond 1,5° südlich Juno	82,1°
13.6.2024	16:51:43	Merkur im Perihel (Abstand Sonne-Merkur: 46000157 km)	
14.6.2024	01:46:51	Merkur 4,55° südlich Elnath	1,2°
14.6.2024	06:18:34	Erstes Viertel	
14.6.2024	14:35:20	Mond im Apogäum	
14.6.2024	15:27:50	Mars 11,75° südlich Hamal	46,85°
14.6.2024	17:32:49	Merkur in oberer Konjunktion zur Sonne	57'
15.6.2024	18:24:38	Mond 3,6° südlich Porrima	105,4°
15.6.2024	21:17:13	Mond im absteigenden Knoten	
16.6.2024	18:42:28	Mond 30' nördlich Spika	117,9°
17.6.2024	13:39:33	Merkur 53' nördlich Venus	3,5°
18.6.2024	14:27:34	Mond 3,7° südlich Zuben-el-dschenubi	137,6°
19.6.2024	03:10:13	Merkur 2,4° nördlich Eta Geminorum	5,5°
19.6.2024	23:42:01	Merkur 2,4° nördlich Mü Geminorum	6,6°
20.6.2024	02:57:46	Mond 5,95° südlich Akrab	154,3°
20.6.2024	08:12:30	Venus 1,4° nördlich Eta Geminorum	4,3°
20.6.2024	11:54:42	Mond 1' südlich Antares	160°
20.6.2024	21:51:28	Sommeranfang	
21.6.2024	13:30:37	Merkur 8,5° nördlich Alhena	8,4°
21.6.2024	20:19:19	Venus 1,4° nördlich Mü Geminorum	4,7°
22.6.2024	02:07:59	Vollmond	
22.6.2024	06:00:24	Merkur 19' südlich Epsilon Geminorum	9,2°
22.6.2024	21:05:45	Mond in größter Südbreite	
22.6.2024	21:16:27	Mond 2,4° südlich Nunki	167,9°
23.6.2024	07:44:42	Mond 22' nördlich Ceres	163,9°
23.6.2024	22:10:59	Merkur in größter Nordbreite	
24.6.2024	07:16:34	Mond 2,2° südlich Pluto	151,6°
24.6.2024	09:04:09	Mond 10° südlich Beta Capricorni	148,6°
24.6.2024	13:53:51	Venus 7,5° nördlich Alhena	5,5°
25.6.2024	18:07:36	Venus 1,3° südlich Epsilon Geminorum	5,8°
25.6.2024	19:13:28	Mond 2° südlich Delta Capricorni	130,7°

Datum	Uhrzeit	Ereignis	Elongation
27.6.2024	13:00:59	Mond im Perigäum	
27.6.2024	16:20:08	Mond 31' südlich Saturn	107°
28.6.2024	02:47:27	Merkur 8,3° südlich Kastor	15,2°
28.6.2024	11:08:57	Mond 7,4' südlich Neptun	97,3°
28.6.2024	22:53:32	Letztes Viertel	
29.6.2024	05:24:54	Mond im aufsteigenden Knoten	
29.6.2024	10:49:48	Merkur 4,9° südlich Pollux	16,4°
30.6.2024	21:21:36	Mond 9,4° südlich Hamal	62°
30.6.2024	22:15:06	Saturn stationär, dann rückläufig	

Planeten

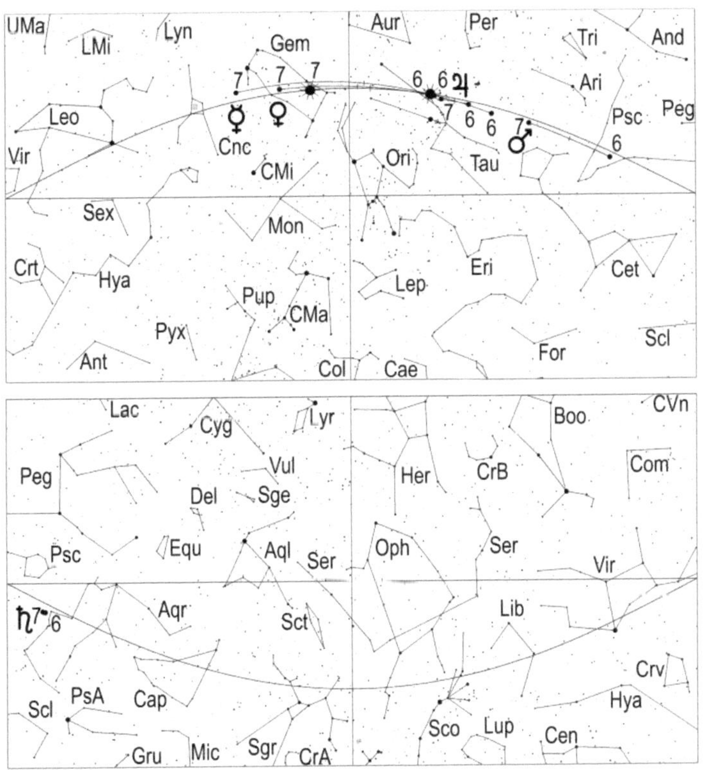

Merkur steht am 14. in oberer Konjunktion zur Sonne und ist nicht zu sehen.

Venus erreicht am 4. ihre obere Konjunktion zur Sonne, wobei sie von der Sonne bedeckt wird. Venus ist den gesamten Monat über nicht zu beobachten.

Mars erscheint nach fast einjähriger Unsichtbarkeit am 8. wieder am Morgenhimmel. An diesem Tag geht der 1,0 mag helle rote Planet, der sich im östlichen Teil des Sternbildes Fische aufhält, um 2.13 Uhr MEZ (3.13 Uhr MESZ) auf. Etwa 20 Minuten später wird er in der Morgendämmerung sichtbar, wobei bei der Suche ein Fernglas gute Hilfe leisten kann.
In der Folgezeit verfrüht sich der Aufgang unseres äußeren Nachbarplaneten, der am 9. in das Sternbild Widder wechselt und am 14. dessen hellsten Stern, Hamal, in 11,75° südlichem Abstand passiert, auf 1.56 Uhr MEZ (2.56 Uhr MESZ) am 15. und auf 1.21 Uhr MEZ (2.21 Uhr MESZ) am 30., Seine Helligkeit bleibt konstant bei 1,0 mag.
Obwohl Mars am Monatsende gut zu sehen ist, ist er mit einem Scheibchendurchmesser von 5,4" für Fernrohrbeobachtungen uninteressant.

Jupiter taucht am 18. wieder am Morgenhimmel auf. Der -2,0 mag helle Riesenplanet erscheint an diesem Tag um 3.01 Uhr MEZ (4.01 Uhr MESZ) über dem Horizont und wird etwa eine Viertelstunde später in der Morgendämmerung sichtbar. Bis zum 30. verfrüht sich der Aufgang des größten Planeten unseres Sonnensystems, der rechtläufig durch das Sternbild Stier wandert, auf 2.22 Uhr MEZ (3.22 Uhr MESZ).

Saturn setzt am letzten Tag des Monats zu seiner Oppositionsschleife im Sternbild Wassermann an. Der Ringplanet, dessen Helligkeit im Juni leicht von 1,1 mag auf 1,0 mag anwächst und dessen Scheibchendurchmesser im gleichen Zeitraum von 17" auf 18" ansteigt, erscheint am 1. um 1.32 Uhr MEZ (2.32 Uhr MESZ), am 15. um 0.38 Uhr MEZ (1.38 Uhr MESZ) und am 30. um 23.36 Uhr MEZ (0.36 Uhr MESZ) über dem Horizont.
Im Fernrohr erscheint sein Ring unter einem sehr flachen Winkel von 2°.
Am 28. findet man den abnehmenden Halbmond in der Nachbarschaft des Ringplaneten.

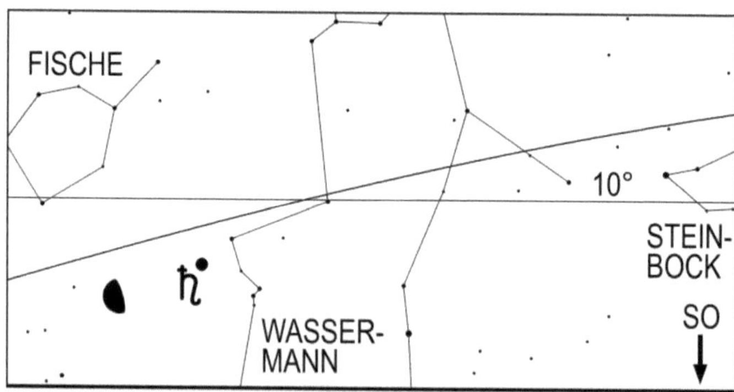

Mond und Saturn am 28.6.2024 um 0.30 Uhr MEZ (1.30 Uhr MESZ)

Uranus kann am Monatsende bei guter Horizontsicht mit einem Fernrohr im Sternbild Stier aufgesucht werden (Aufsuchkarte, Seite 162). Er erscheint am 25. um 2.02 Uhr MEZ (3.02 Uhr MESZ) und am 30. um 1.43 Uhr MEZ (2.43 Uhr MESZ) über dem Horizont. Etwa 30 bis 45 Minuten nach seinem Aufgang kann man in der beginnenden Morgendämmerung mit Aussicht auf Erfolg nach den 5,8 mag hellen Planeten Ausschau halten.

Neptun, im Sternbild Fische, kann am Morgenhimmel in der beginnenden Morgendämmerung mit einem Fernrohr aufgestöbert werden (Aufsuchkarte, Seite 134), wenn dies auch in der ersten Monatshälfte sehr schwierig sein dürfte. Der 7,9 mag helle Neptun überschreitet den Horizont am 1. um 1.48 Uhr MEZ (2.48 Uhr MESZ), am 15. um 0.53 Uhr MEZ (1.53 Uhr MESZ) und am 30. um 23.50 Uhr MEZ (0.50 Uhr MESZ).

Klein- und Zwergplaneten

Ceres, deren Helligkeit im Juni von 8,0 mag auf 7,3 mag anwächst und die sich rückläufig durch das Sternbild Schütze bewegt, kann in der zweiten Nachthälfte mit einem lichtstarken Fernglas oder einem Fernrohr aufgesucht werden (Aufsuchkarte, Seite 104). Der Aufgang des Zwergplaneten verfrüht sich von 23.32 Uhr MEZ (0.32 Uhr MESZ) am 1., auf 22.38 Uhr MEZ (23.38 Uhr MESZ) am 15. und auf 21.37 Uhr MEZ (22.37 Uhr MESZ) am 30.
Da Ceres selbst zu ihrer Kulmination, die am 1. um 3.17 Uhr MEZ (4.17 Uhr MESZ), am 15. um 2.13 Uhr MEZ (3.13 Uhr MESZ) und am 30. um 1.02 Uhr MEZ (2.02 Uhr MESZ) erfolgt, nur eine geringe Höhe über dem Horizont erreicht, ist zu ihrer Beobachtung eine gute Horizontsicht erforderlich.

Pallas wandert rückläufig durch die nördliche Krone und wechselt zum Monatsende in das Sternbild Schlange. Sie steht während der ganzen Nacht über dem Horizont. Der Kleinplanet, dessen Helligkeit im Juni von 9,1 mag auf 9,4 mag abnimmt, kann am besten in den Abendstunden mit einem Fernrohr aufgesucht werden (Aufsuchkarte, Seite 81).

Juno, rechtläufig im Sternbild Löwe, ist im Juni ein Objekt für größere Fernrohre (ab 15 cm Objektivdurchmesser), dessen Sichtbarkeit sich im Laufe des Monats verschlechtert. Der Kleinplanet, dessen Helligkeit in diesem Monat von 10,6 mag auf 11,0 mag abnimmt, versinkt am 1. um 1.29 Uhr MEZ (2.29 Uhr MESZ), am 15. um 0.41 Uhr MEZ (1.41 Uhr MESZ) und am 30. um 23.48 Uhr MEZ (0.48 Uhr MESZ) unter dem Horizont.
Von Dämmerungsende bis etwa eine Stunde vor ihrem Untergang kann man mit entsprechenden Geräten versuchen, Juno aufzusuchen (Aufsuchkarte, Seite 59).

Vesta kann höchstens noch in der ersten Monatshälfte mit einem Fernrohr gegen Dämmerungsende bei guter Horizontsicht aufgesucht werden (Aufsuchkarte, Seite 90).

Der Kleinplanet, der von den Zwillingen in den Krebs wandert, versinkt am 1. um 23.29 Uhr MEZ (0.29 Uhr MESZ) unter dem Horizont. Ab etwa 22 Uhr MEZ (23 Uhr MESZ) kann man versuchen, mit einem Fernrohr nach der 8,4 mag hellen Vesta Ausschau zu halten.

Am 15. erfolgt ihr Untergang um 22.53 Uhr MEZ (23.53 Uhr MESZ). Etwa eine Stunde vorher kann es bei guter Horizontsicht gelingen, Vesta mit einem Fernrohr aufzusuchen.

In der Folgezeit verfrüht sich ihr Untergang weiter bis auf 22.14 Uhr MEZ (23.14 Uhr MESZ) am Monatsende. An diesem Tag herrscht zu der Zeit, während der Vesta für eine erfolgreiche Suche noch ausreichend hoch über dem Horizont steht, helle Dämmerung. Somit ist Vesta am Monatsende nicht mehr sichtbar.

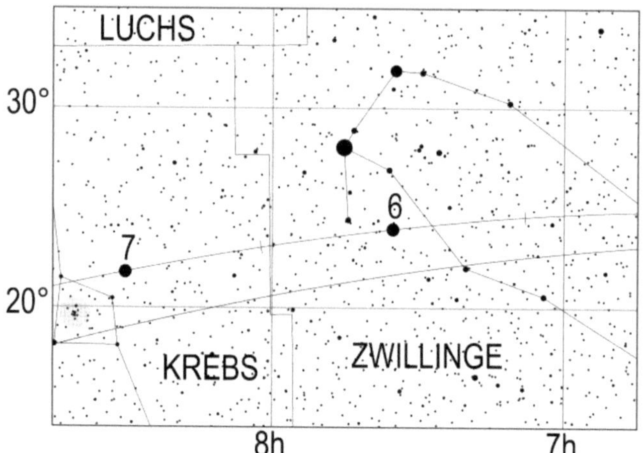

Lauf des Kleinplaneten Vesta von Mai bis Juli 2024. Die Zahl gibt die Position am 1. des entsprechenden Monats an, also 6 die Position am 1.6.

Periodische Sternschnuppenströme

Vom 11. bis zum 21. kann man die Juni-Lyriden beobachten, die ihr Maximum am 16. um 5 Uhr MEZ erreichen. Für Beobachter in Mitteleuropa ist die größte Anzahl an Juni-Lyriden drei Stunden vorher zu erwarten. Allerdings dürfte auch dann nicht mehr als ein Meteor pro Stunde von diesem Schwarm zu sehen sein.

Der zunehmende, zu 66% beleuchtete Mond ist zu dieser Zeit bereits unter dem Horizont versunken.

Während des ganzen Monats sind die ziemlich langsam fliegenden Meteore der Scorpius-Sagittariiden zu registrieren, welche am 14. ihr Maximum erreichen. Der

zunehmende Halbmond geht an diesem Tag kurz vor 1 Uhr MEZ unter und kann somit nur in der ersten Nachthälfte ihre Beobachtung beeinträchtigen.
Zwischen dem 22.6 und dem 2.7. sind die Juni-Bootiden aktiv, die ihr Maximum am 26. um 4 Uhr MEZ erreichen. Es sind bis zu 2, langsame Meteore pro Stunde zu erwarten, doch können höhere Fallraten nicht gänzlich ausgeschlossen werden.
Die Juni-Bootiden sind Reste des Kometen 7P/Pons-Winnecke.
Der abnehmende Mond ist am Tag des Maximums zu 81% beleuchtet und erscheint gegen Mitternacht über dem Horizont, sodass die Abendstunden, wenn der Radiant auch am höchsten steht, die beste Beobachtungszeit sind.

Sonnenuntergang und Dämmerung

	Astr. Anf.	Naut. Anf.	Bürg. Anf.	Auf- gang	Kulm.	Unter- gang	Bürg. Ende	Naut. Ende	Astr. Ende	Zeitgl.
1.6.2024	----	2:36	3:37	4:19	12:22	20:25	21:08	22:09	----	-2m10s
2.6.2024	----	2:35	3:36	4:19	12:22	20:26	21:09	22:10	----	-2m00s
3.6.2024	----	2:33	3:35	4:18	12:22	20:27	21:10	22:12	----	-1m50s
4.6.2024	----	2:32	3:35	4:17	12:22	20:27	21:11	22:13	----	-1m40s
5.6.2024	----	2:31	3:34	4:17	12:23	20:28	21:12	22:15	----	-1m30s
6.6.2024	----	2:30	3:33	4:16	12:23	20:29	21:13	22:16	----	-1m19s
7.6.2024	----	2:29	3:33	4:16	12:23	20:30	21:14	22:17	----	-1m07s
8.6.2024	----	2:28	3:32	4:16	12:23	20:31	21:15	22:19	----	-0m56s
9.6.2024	----	2:27	3:32	4:15	12:23	20:32	21:16	22:20	----	-0m44s
10.6.2024	----	2:27	3:31	4:15	12:24	20:32	21:17	22:21	----	-0m32s
11.6.2024	----	2:26	3:31	4:15	12:24	20:33	21:18	22:22	----	-0m20s
12.6.2024	----	2:25	3:31	4:14	12:24	20:33	21:18	22:23	----	-0m07s
13.6.2024	----	2:25	3:30	4:14	12:24	20:34	21:19	22:23	----	0m04s
14.6.2024	----	2:25	3:30	4:14	12:24	20:35	21:19	22:24	----	0m17s
15.6.2024	----	2:24	3:30	4:14	12:25	20:35	21:20	22:25	----	0m30s
16.6.2024	----	2:24	3:30	4:14	12:25	20:35	21:20	22:26	----	0m43s
17.6.2024	----	2:24	3:30	4:14	12:25	20:36	21:21	22:26	----	0m55s
18.6.2024	----	2:24	3:30	4:14	12:25	20:36	21:21	22:26	----	1m08s
19.6.2024	----	2:24	3:30	4:14	12:26	20:36	21:22	22:27	----	1m21s
20.6.2024	----	2:24	3:30	4:14	12:26	20:37	21:22	22:27	----	1m34s
21.6.2024	----	2:24	3:30	4:15	12:26	20:37	21:22	22:27	----	1m47s
22.6.2024	----	2:24	3:31	4:15	12:26	20:37	21:22	22:27	----	2m00s
23.6.2024	----	2:25	3:31	4:15	12:26	20:37	21:22	22:27	----	2m13s
24.6.2024	----	2:25	3:31	4:15	12:27	20:37	21:22	22:27	----	2m26s
25.6.2024	----	2:26	3:32	4:16	12:27	20:37	21:22	22:27	----	2m39s
26.6.2024	----	2:26	3:32	4:16	12:27	20:37	21:22	22:27	----	2m51s
27.6.2024	----	2:27	3:33	4:17	12:27	20:37	21:22	22:26	----	3m04s
28.6.2024	----	2:28	3:33	4:17	12:27	20:37	21:22	22:26	----	3m16s
29.6.2024	----	2:29	3:34	4:18	12:28	20:37	21:21	22:25	----	3m28s
30.6.2024	----	2:30	3:35	4:18	12:28	20:36	21:21	22:25	----	3m40s

Mondlauf

	Rektaszension	Deklination	Elong.	Phase	mag	Auf-gang	Kulm.	Unter-gang
Sa 1.6.2024	23h54m55,9s	-3°08'41"	73,6°	0,36	-9,5	01:50	07:52	14:11
So 2.6.2024	0h45m03,1s	3°36'15"	60,3°	0,25	-8,8	02:04	08:40	15:35
Mo 3.6.2024	1h36m09,4s	10°08'46"	47,0°	0,16	-8,1	02:20	09:30	17:01
Di 4.6.2024	2h29m19,4s	16°06'56"	33,8°	0,08	-7,1	02:38	10:23	18:28
Mi 5.6.2024	3h25m14,6s	21°08'08"	20,7°	0,03	-6	03:02	11:19	19:55
Do 6.6.2024	4h23m54,8s	24°50'56"	8,4°	0,01 ●	-4,8	03:34	12:18	21:13
Fr 7.6.2024	5h24m24,4s	26°58'55"	7,3°	0	-4,7	04:19	13:18	22:18
Sa 8.6.2024	6h24m59,3s	27°24'57"	18,8°	0,03	-5,8	05:18	14:16	23:06
So 9.6.2024	7h23m42,0s	26°13'07"	30,7°	0,07	-6,8	06:28	15:11	23:40
Mo 10.6.2024	8h19m05,0s	23°36'45"	42,5°	0,13	-7,6	07:43	16:02	
Di 11.6.2024	9h10m33,3s	19°53'42"	54,0°	0,21	-8,3	08:58	16:49	00:03
Mi 12.6.2024	9h58m20,1s	15°21'50"	65,2°	0,29	-8,9	10:11	17:32	00:21
Do 13.6.2024	10h43m09,0s	10°16'33"	76,2°	0,38	-9,4	11:21	18:12	00:35
Fr 14.6.2024	11h25m58,4s	4°50'18"	87,1°	0,47 ☽	-9,9	12:29	18:51	00:47
Sa 15.6.2024	12h07m52,4s	-0°46'43"	98,0°	0,57	-10,3	13:38	19:30	00:58
So 16.6.2024	12h49m56,9s	-6°25'22"	108,9°	0,66	-10,6	14:46	20:10	01:10
Mo 17.6.2024	13h33m18,6s	-11°56'10"	119,9°	0,75	-11	15:57	20:52	01:22
Di 18.6.2024	14h19m03,7s	-17°07'53"	131,0°	0,83	-11,3	17:12	21:38	01:37
Mi 19.6.2024	15h08m12,9s	-21°46'22"	142,4°	0,9	-11,7	18:29	22:28	01:55
Do 20.6.2024	16h01m29,5s	-25°33'58"	154,1°	0,95	-12	19:45	23:23	02:20
Fr 21.6.2024	16h59m00,0s	-28°10'32"	165,7°	0,98	-12,3	20:54		02:57
Sa 22.6.2024	17h59m53,7s	-29°16'43"	175,0°	1 ○	-12,6	21:51	00:22	03:49
So 23.6.2024	19h02m21,3s	-28°39'33"	167,4°	0,99	-12,4	22:33	01:22	04:57
Mo 24.6.2024	20h04m08,5s	-26°17'18"	155,0°	0,95	-12,1	23:03	02:22	06:18
Di 25.6.2024	21h03m27,9s	-22°20'23"	142,1°	0,89	-11,8	23:25	03:18	07:45
Mi 26.6.2024	21h59m33,1s	-17°07'54"	129,0°	0,81	-11,4	23:43	04:12	09:12
Do 27.6.2024	22h52m37,4s	-11°02'33"	115,8°	0,72	-11	23:57	05:02	10:36
Fr 28.6.2024	23h43m33,5s	-4°27'03"	102,6°	0,61 ☾	-10,6		05:50	11:59
Sa 29.6.2024	0h33m33,0s	2°17'10"	89,4°	0,5	-10,1	00:11	06:38	13:22
So 30.6.2024	1h23m51,8s	8°49'56"	76,3°	0,38	-9,6	00:26	07:26	14:46

Juli

Sternenhimmel

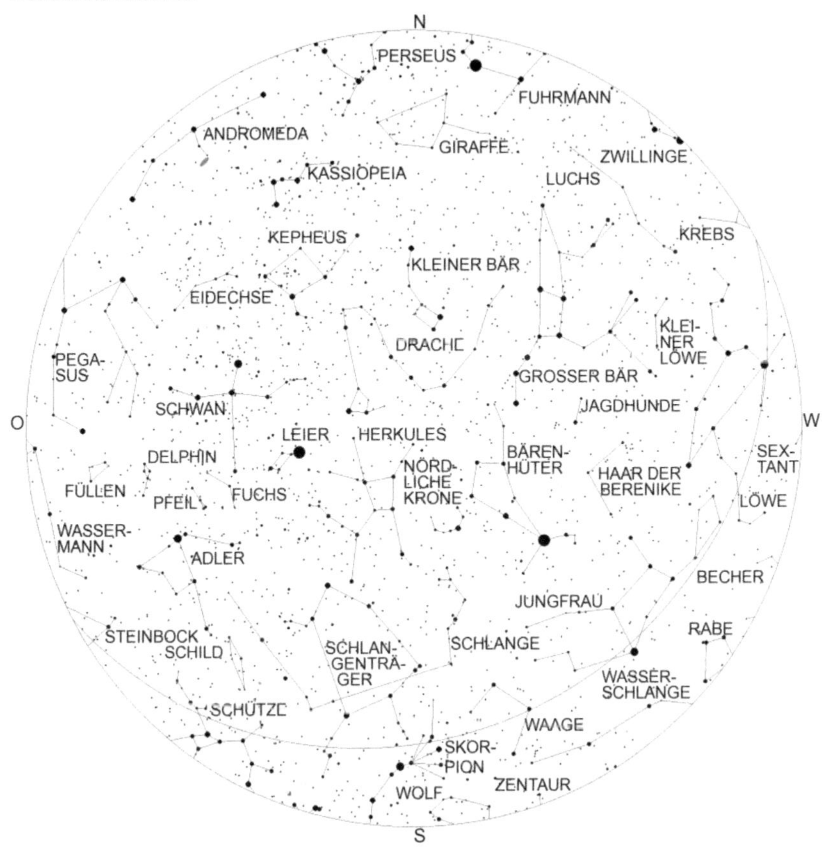

Gültig für

1.3. 6 Uhr	15.3. 5 Uhr
1.4. 4 Uhr	15.4. 3 Uhr
1.5. 2 Uhr	15.5. 1 Uhr
1.6. 0 Uhr	15.6. 23 Uhr
1.7. 22 Uhr	15.7. 21 Uhr

Zur Standardbeobachtungszeit, den Monatsersten um 22 Uhr MEZ, ist im Nordwesten immer noch eine Restdämmerung zu sehen und in den nördlichen Teilen Deutschlands wird es in der ersten Monatshälfte überhaupt nicht vollständig dunkel, doch ist es zu dieser Zeit dunkel genug, um die wichtigsten Sternbilder zu sehen und zu bestimmen.

Tief im Süden steht der Skorpion mit seinem hellen Stern Antares, der zu den größten Sternen überhaupt gehört. Im Skorpion befinden sich mehrere Doppelsterne, die schon mit kleinen Fernrohren getrennt werden können. Einer ist der Scherenstern Akrab, der schon mit Teleskopen ab 5 cm Öffnung aufgelöst werden kann. Er besteht aus den 2,6 mag hellen Hauptstern und einen 4,9 mag hellen Begleiter. Sowohl der Hauptstern als auch der Begleiter sind ihrerseits enge Doppelsterne, deren Auflösung nur mit sehr großen Fernrohren gelingt. Zumindest einer der Sterne, die das Hauptsternsystem bilden und ein Stern des Begleiters sind ebenfalls doppelt, so dass Akrab ein System aus 6, möglicherweise 7 Sternen darstellt.

Der nur knapp östlich von Akrab gelegene Stern Jabbah ist ein schon im Feldstecher trennbarer Doppelstern und besteht aus einem 4,0 mag hellen Hauptstern mit einem 6,3 mag hellem Begleiter in 41" Abstand. In einem Fernrohr ab 6 cm Öffnung erkennt man, dass der Begleiter seinerseits wieder doppelt ist und aus 2 Sternen in 2,4" Abstand besteht. Ein Fernrohr ab 15 cm Öffnung zeigt, dass auch der Hauptstern ein Doppelstern ist, der sich aus einem 4,2 mag und einem 6,6 mag hellen Stern in 1,3" Abstand zusammensetzt.

Beide Komponenten des Hauptsterns sind ihrerseits wieder Doppelsterne, was nur durch Spektralanalyse festgestellt werden kann. Möglicherweise trifft dies auch auf die schwächere Komponente des Begleiters zu.

Jabbah ist somit – wie Akrab – ein System aus 6 vielleicht sogar 7 Sternen.

Östlich des Skorpions, im Südsüdosten geht gerade das Sternbild Schütze auf. Westlich des Skorpions befindet sich die Waage. Nordwestlich davon findet man die Tierkreissternbilder Jungfrau und Löwe, die bald unter dem Horizont versinken werden.

Das Areal nördlich des Skorpions wird von den Sternbildern Schlange und Schlangenträger eingenommen. Erstere ist das einzige Sternbild, welches aus zwei nicht zusammenhängenden Teilen besteht.

Nördlich des Schlangenträgers steht das wenig charakteristische Sternbild Herkules, dessen südöstlichster heller Stern, Ras Algheti (Alpha Herculis), ein schon in Fernrohren ab 5 cm Öffnung auflösbarer Doppelstern ist. Er besteht aus dem orangeroten Hauptstern, dessen Helligkeit zwischen 2,7 mag und 4,0 mag schwankt und einem 5,4 mag hellem, weißlichem Begleiter in 4,8" Abstand. Ras Algheti zeigt im Fernrohr einen schönen Farbkontrast.

Weitere Beobachtungsobjekte im Herkules für Fernrohrbesitzer sind die Kugelsternhaufen M13 und M92, die mit einer Helligkeit von 5,8 mag bzw. 6,3 mag schon im Feldstecher aufgesucht werden können. Westlich des Herkules erkennt man das Halbrund der Nördlichen Krone und den Bärenhüter mit Arktur.

Hoch im Südosten findet man die Sternbilder Schwan, Leier und Adler, deren hellste Sterne Wega, Deneb und Atair das Sommerdreieck bilden. In der Leier finden sich einige interessante Beobachtungsobjekte: als Erstes ist hiervon der Vierfachstern Epsilon (ε) Lyrae zu nennen, der sich nordöstlich von Wega befindet. Seine beiden

Hauptkomponenten, welche 3,45' auseinander stehen, können unter guten Sichtbedingungen schon mit bloßem Auge, auf jedem Fall aber in einem Fernglas getrennt werden. Bei Beobachtung mit einem Fernrohr ab 6 Zentimeter Objektivöffnung erkennt man, dass beide Hauptkomponenten ihrerseits Doppelsterne mit Winkelabständen von 2,3" und 2,7" sind. Wählt man eine ca. 150-fache Vergrößerung kann man alle 4 Sterne gleichzeitig sehen.

Ein weiterer Doppelstern, dessen Hauptkomponente zu den bekanntesten bedeckungsveränderlichen Sternen gehört, ist Beta (β) Lyrae. Er wird auf Seite 296 ausführlich beschrieben und kann schon mit einem Fernglas getrennt werden. Zeta (ζ) Lyrae, der aus einem 4,3 mag und einem 5,6 mag hellem Stern in 44" Abstand besteht, ist ein ebenfalls im Feldstecher auflösbarer Doppelstern. Das Sternbild Schwan liegt direkt in der Milchstraße und zeigt im Fernglas eine enorme Sternenfülle.

Sommersternbilder

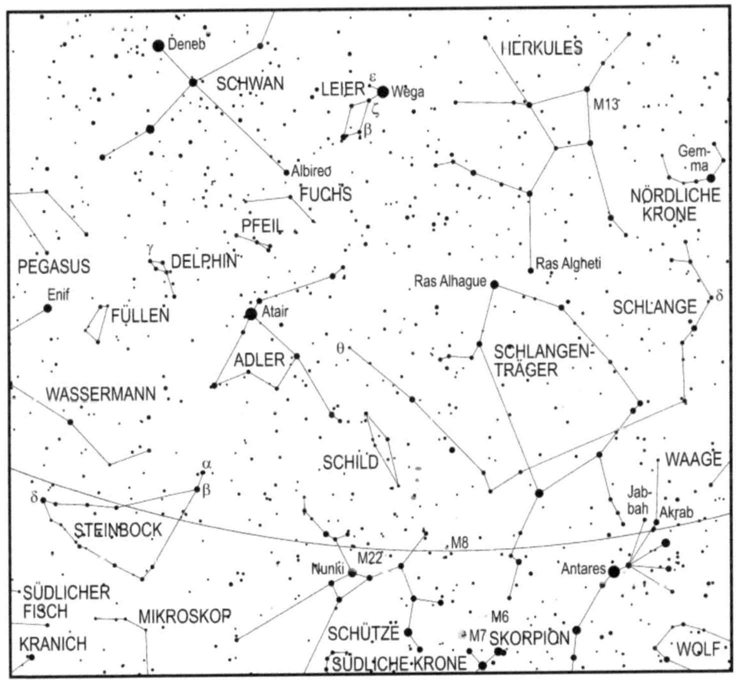

Astronomische Ereignisse

Datum	Uhrzeit	Ereignis	Elongation
1.7.2024	19:44:18	Mond 3,2° nördlich Mars	53°
2.7.2024	11:50:32	Mond 3,6° nördlich Uranus	44,5°
2.7.2024	18:10:27	Mond 59' südlich der Plejaden	41,1°
3.7.2024	04:16:44	Neptun stationär, dann rückläufig	
3.7.2024	09:12:24	Mond 4,6° nördlich Jupiter	32,7°
3.7.2024	13:56:35	Mond 9,5° nördlich Aldebaran	30,85°
4.7.2024	08:25:26	Mond 1,1° südlich Elnath	20,4°
5.7.2024	03:26:24	Mond 5,05° nördlich Eta Geminorum	9,85°
5.7.2024	05:52:29	Erde in Sonnenferne (Abstand Erde-Sonne: 152101659 km)	
5.7.2024	06:28:45	Mond 5,2° nördlich Mü Geminorum	8,1°
5.7.2024	06:37:35	Venus 9,2° südlich Kastor	8,4°
5.7.2024	14:00:05	Mond 11,4° nördlich Alhena	7°
5.7.2024	17:05:29	Mond 2,3° nördlich Epsilon Geminorum	4,4°
5.7.2024	17:43:56	Mond in größter Nordbreite	
5.7.2024	23:57:29	Neumond	4,1°
6.7.2024	01:04:17	Ceresopposition	
6.7.2024	09:37:22	Vesta 1,3° nördlich M44	22,6°
6.7.2024	12:56:13	Mond 5,6° südlich Kastor	8°
6.7.2024	17:10:26	Mond 3,2° nördlich Venus	8,8°
6.7.2024	18:37:29	Mond 2,6° südlich Pollux	9,8°
7.7.2024	04:13:19	Merkur 9,6' südlich M44	22,1°
7.7.2024	07:12:54	Venus 5,7° südlich Pollux	9°
7.7.2024	12:02:22	Merkur 1,5° südlich Vesta	22°
7.7.2024	18:50:31	Mond 2,3° nördlich M44	21,2°
7.7.2024	20:52:10	Mond 2,3° nördlich Merkur	22,1°
7.7.2024	22:02:43	Mond 38' nördlich Vesta	22,8°
9.7.2024	12:01:17	Mond 2,7° nördlich Regulus	41,6°
10.7.2024	06:18:56	Venus im Perihel (Abstand Sonne-Venus: 107480804 km)	
11.7.2024	12:35:43	Mond 3,1° südlich Juno	62,8°
12.7.2024	08:59:37	Mond im Apogäum	
12.7.2024	23:26:22	Mond im absteigenden Knoten	
13.7.2024	03:38:49	Mond 4° südlich Porrima	79,3°
13.7.2024	07:58:08	Jupiter 4,8° nördlich Aldebaran	40,6°
13.7.2024	23:48:50	Erstes Viertel	
14.7.2024	04:12:49	Mond 10' nördlich Spika	91,9°
15.7.2024	10:22:43	Mars 33' südlich Uranus	57,1°
15.7.2024	13:02:48	Ceres 3,6° südlich Nunki	166,8°
16.7.2024	01:36:57	Mond 4,4° südlich Zuben-el-dschenubi	111,4°
17.7.2024	07:27:46	Merkur im absteigenden Knoten	

Datum	Uhrzeit	Ereignis	Elongation
17.7.2024	10:26:19	Mond 5,6° südlich Akrab	128,2°
17.7.2024	21:17:59	Mond 44' südlich Antares	134,2°
17.7.2024	21:44:52	Venus 14' südlich M44	11,9°
18.7.2024	22:20:20	Pallas stationär, dann rechtläufig	
19.7.2024	20:37:23	Mars 4,9° südlich der Plejaden	57,4°
20.7.2024	01:26:50	Mond in größter Südbreite	
20.7.2024	06:45:42	Mond 1,7° nördlich Ceres	162,1°
20.7.2024	08:00:15	Mond 2° südlich Nunki	163,6°
21.7.2024	11:17:14	Vollmond	
21.7.2024	13:27:17	Mond 2° südlich Pluto	174,7°
21.7.2024	15:38:21	Mond 10,1° südlich Beta Capricorni	173,2°
22.7.2024	07:39:08	Merkur in größter östlicher Elongation	26,9°
23.7.2024	04:24:01	Mond 1,8° südlich Delta Capricorni	156,8°
23.7.2024	06:35:57	Plutoopposition	
24.7.2024	07:06:39	Mond im Perigäum	
24.7.2024	17:49:58	Venus 1,7° südlich Vesta	13,6°
24.7.2024	20:37:06	Mond 40,5' südlich Saturn	133,4°
25.7.2024	15:58:14	Mond 9,5' südlich Neptun	123,35°
26.7.2024	06:31:55	Mond im aufsteigenden Knoten	
27.7.2024	13:15:04	Merkur 2,65° südlich Regulus	25,2°
27.7.2024	16:29:24	Merkur im Aphel (Abstand Sonne-Merkur: 69817793 km)	
28.7.2024	02:18:26	Mond 9,1° südlich Hamal	87,5°
28.7.2024	03:51:38	Letztes Viertel	
29.7.2024	18:44:12	Mond 3,3° nördlich Uranus	69,6°
29.7.2024	22:18:19	Mond 1° südlich der Plejaden	67°
30.7.2024	12:43:11	Mond 4,6° nördlich Mars	60,5°
30.7.2024	19:18:25	Mond 9,2° nördlich Aldebaran	56,7°
31.7.2024	00:00:48	Mond 4,5° nördlich Jupiter	53,6°
31.7.2024	16:10:05	Venus in größter Nordbreite	
31.7.2024	16:26:30	Mond 1,2° südlich Elnath	46,2°

Planeten

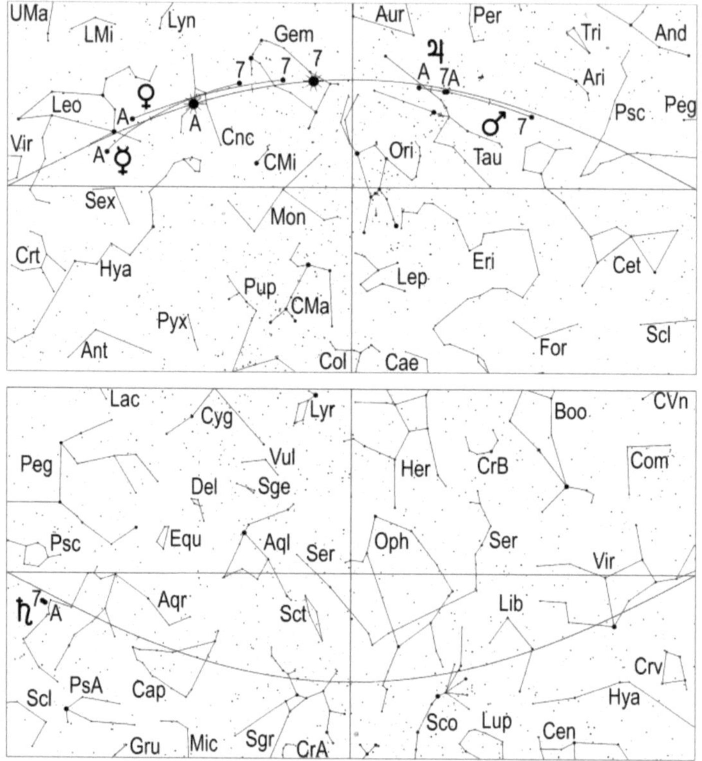

Merkur erreicht am 22. seine größte östliche Elongation mit 26,9°. Trotzdem kommt es für Beobachter in mitteleuropäischen Breiten nicht zu einer Abendsichtbarkeit, denn wenn an diesem Tag der 0.5 mag helle Planet um 21.16 Uhr MEZ (22.16 Uhr MESZ) unter dem Horizont versinkt, herrscht noch helle Dämmerung, sodass der innerste Planet unseres Sonnensystems nicht zu sehen ist.
In Gebieten südlich von 44° nördlicher Breite kann Merkur in diesem Monat am Abendhimmel beobachtet werden.

Venus kann ab dem 22. bei guter Horizontsicht tief im Nordwesten kurz nach Sonnenuntergang gesichtet werden. Am 22. geht die -3,9 mag helle Venus 42 Minuten nach der Sonne um 21.02 Uhr MEZ (22.02 Uhr MESZ) unter. Etwa 30 Minuten vorher kann ihre Sichtung in der Abenddämmerung gelingen, wobei ein Fernglas gute Hilfe leisten kann.

Da Venus südlicheren Deklinationen entgegenstrebt, verfrüht sich ihr Untergang auf 20.51 Uhr MEZ (21.51 Uhr MESZ) am 31. An diesem Tag versinkt sie 44 Minuten nach der Sonne, sodass sie weiterhin ein schwierig zu beobachtendes Objekt bleibt. Im Fernrohr zeigt sich der Abendstern als fast volles Scheibchen mit 10,1" Durchmesser.

Mars wandert vom Widder in den Stier und verbessert seine Sichtbarkeit in diesem Monat beträchtlich. Der rote Planet, dessen Helligkeit im Laufe des Monats leicht von 1,0 mag auf 0,9 mag ansteigt, erscheint am 1. um 1.19 Uhr MEZ (2.19 Uhr MESZ), am 15. um 0.48 Uhr MEZ (1.48 Uhr MESZ) und am 31. um 0.16 Uhr MEZ (1.16 Uhr MESZ) über dem Horizont.
Am 15. zieht Mars 33' südlich an Uranus vorbei, was eine gute Gelegenheit bietet, diesen lichtschwachen Planeten mit einem Fernglas aufzusuchen und am 19. wandert unser äußerer Nachbarplanet 4,9° südlich an den Plejaden vorbei. Der Mond hält sich am Morgen des 2. und am Morgen des 30. in der Nachbarschaft von unseren äußeren Nachbarplaneten auf.
Mit einem Winkeldurchmesser von 5,4" am Monatsbeginn und 5,8" am Monatsende ist Mars noch für Fernrohrbeobachtungen uninteressant.

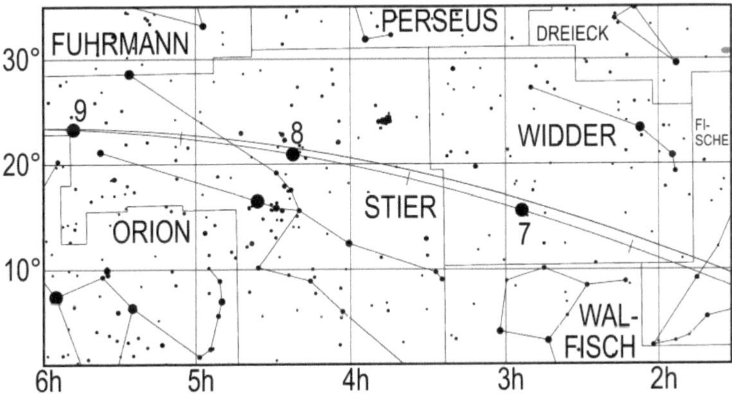

Lauf des Planeten Mars von Juni bis September 2024. Die Zahl gibt die Position am 1. des entsprechenden Monats an, also 7 die Position am 1.7.

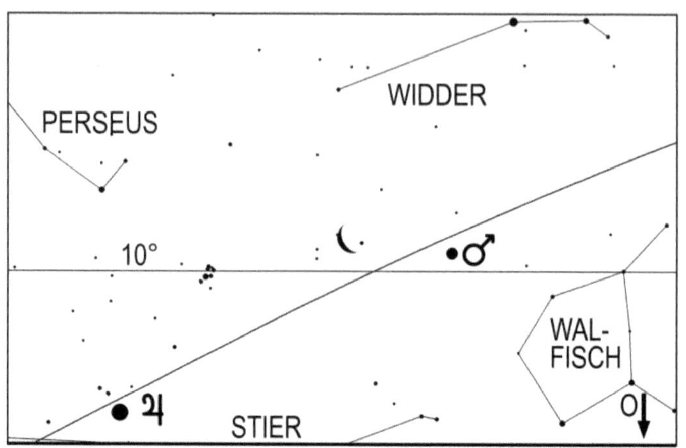

Mond, Mars und Jupiter am Morgenhimmel des 2.7.2024 um 2.30 Uhr MEZ (3.30 Uhr MESZ)

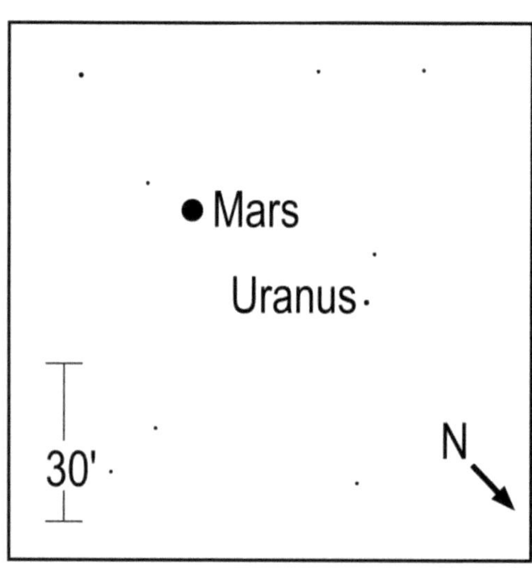

Anblick der Konjunktion zwischen Mars und Uranus am 15.7.2024 um 3 Uhr MEZ (4 Uhr MESZ) im umkehrenden Fernrohr

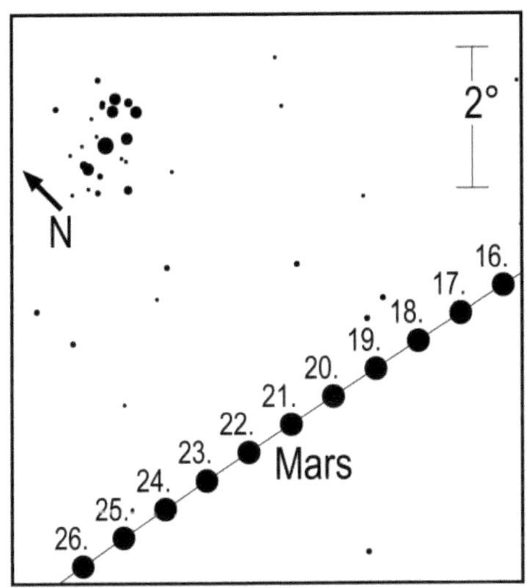

Stellung von Mars bei den Plejaden zwischen dem 16.7. und dem 26.7. Der Kreis gibt die Position von Mars am entsprechenden Tag um 3 Uhr MEZ (4 Uhr MESZ) wieder.

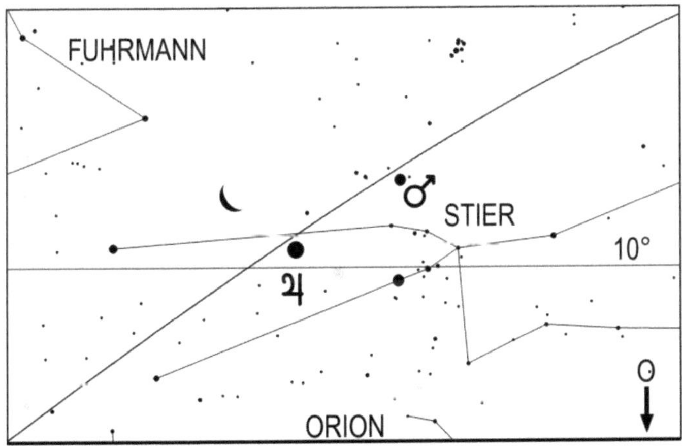

Mond, Mars und Jupiter am Morgenhimmel des 30.7.2024 um 2 Uhr MEZ (3 Uhr MESZ)

Jupiter kann am Morgenhimmel im Sternbild Stier beobachtet werden. Am 1. erscheint der Riesenplanet, dessen Helligkeit im Juli von -2,0 mag auf -2,1 mag ansteigt, um 2.19 Uhr MEZ (3.19 Uhr MESZ), am 15. um 1.34 Uhr MEZ (2.34 Uhr MESZ) und am 31. um 0.41 Uhr MEZ (1.41 Uhr MESZ) über dem Horizont.

Der größte Planet unseres Sonnensystems, dessen Scheibchendurchmesser im Laufe des Monats von 33,6" auf 35,4" anwächst, zieht am 13. 4,8° nördlich an Aldebaran vorbei. Der abnehmende Mond hält sich am 3. und am 31. in der Nähe von Jupiter auf.

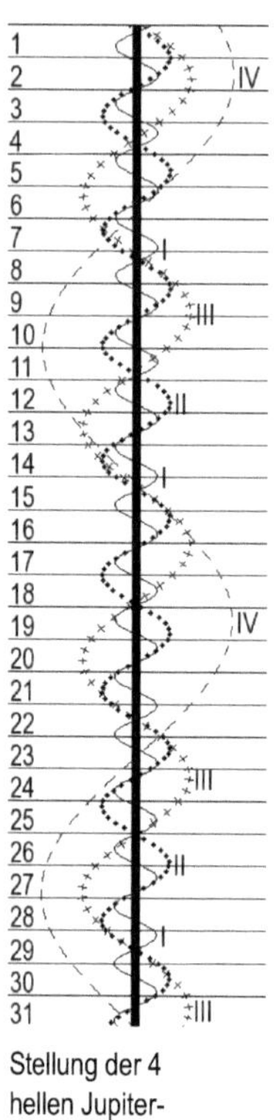

Stellung der 4 hellen Jupitermonde im Juli 2024

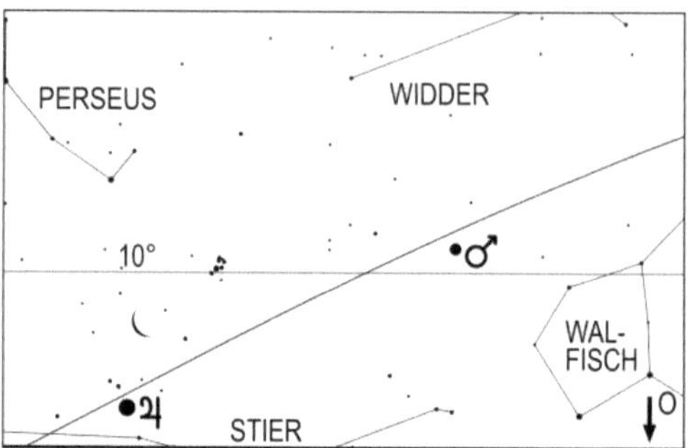

Mond und Jupiter am 3.7.2024 um 2.30 Uhr MEZ (3.30 Uhr MESZ)

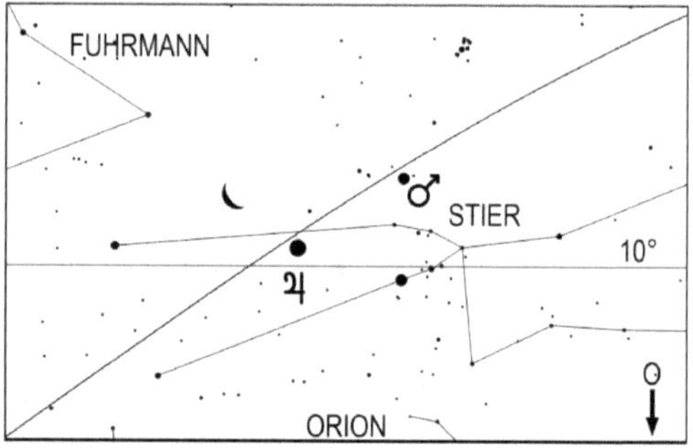

Mond und Jupiter am 31.7.2024 um 2 Uhr MEZ (3 Uhr MESZ)

Saturn, rückläufig im Sternbild Wassermann, verlagert im Laufe des Monats seinen Aufgang in die späten Abendstunden, denn er erscheint am 1. um 23.32 Uhr MEZ (0.32 Uhr MESZ), am 15. um 22.36 Uhr MEZ (23.36 Uhr MESZ) und am 31. um 21.33 Uhr MEZ (22.33 Uhr MESZ) über dem Horizont.

Seine Helligkeit steigt im Juli von 1,0 mag auf 0,8 mag und sein Scheibchendurchmesser nimmt im Laufe des Monats von 17,9" auf 18,8" zu. Im Fernrohr ist sein Ring unter einem flachen Winkel von 2° zu sehen.

Am Abend des 24. findet man den abnehmenden Mond in unmittelbarer Nähe des Ringplaneten.

102

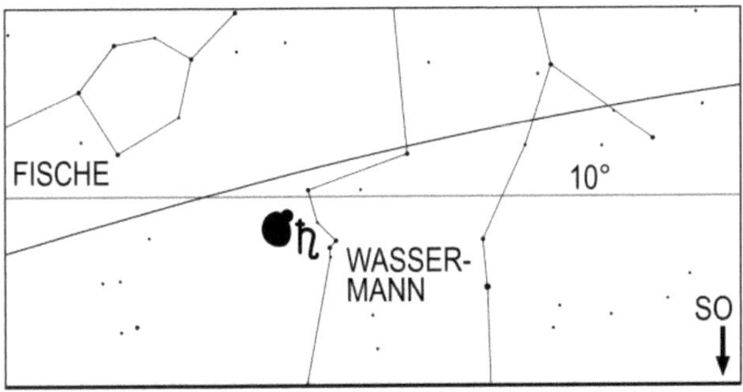

Mond und Saturn am 24.7.2024 um 23 Uhr MEZ (24 Uhr MESZ)

Uranus, rechtläufig im Sternbild Stier, erscheint am 1. um 1.39 Uhr MEZ (2.39 Uhr MESZ), am 15. um 0.45 Uhr MEZ (1.45 Uhr MESZ) und am 31. um 23.40 Uhr MEZ (0.40 Uhr MESZ) über dem Horizont. Der 5,8 mag helle Planet kann zu Beginn der Morgendämmerung aufgesucht werden. Im ersten Monatsdrittel dürfte dies nur mit einem Fernrohr gelingen, in der zweiten Monatshälfte ist schon ein Feldstecher ausreichend (Aufsuchkarte, Seite 162).
Am 15. findet man Uranus 33' nördlich von Mars, was eine gute Gelegenheit bietet, um nach den fernen, grünlichen Planeten Ausschau zu halten, da der helle rote Planet an diesem Tag eine exzellente Aufsuchhilfe darstellt.

Neptun, im Sternbild Fische, setzt am 3. zu seiner Oppositionsschleife an und erscheint am 1. um 23.46 Uhr MEZ (0.46 Uhr MESZ), am 15. um 22.51 Uhr MEZ (23.51 Uhr MESZ) und am 31. um 21.48 Uhr MEZ (22.48 Uhr MESZ) über dem Horizont. Der lichtschwache Planet, dessen Helligkeit im Juli leicht von 7,9 mag auf 7,8 mag ansteigt, kann am besten kurz vor Einbruch der Morgendämmerung mit einem Fernrohr aufgesucht werden (Aufsuchkarte, Seite 134).

Klein- und Zwergplaneten

Ceres erreicht am 6. im Sternbild Schütze ihre Opposition zur Sonne. Der 7,3 mag helle Zwergplanet geht an diesem Tag um 21.11 Uhr MEZ (22.11 Uhr MESZ) auf, erreicht um 0.32 Uhr MEZ (1.32 Uhr MESZ) mit bescheidenen 11° seinen höchsten Stand im Süden und versinkt um 3.50 Uhr MEZ (4.50 Uhr MESZ) unter dem Horizont. Da Ceres nur eine geringe Höhe über dem Horizont erreicht, ist für ihre Beobachtung, zu der schon ein Feldstecher ausreicht, eine gute Horizontsicht erforderlich (Aufsuchkarte, Seite 104).
Bis zum 31. nimmt die Helligkeit von Ceres auf 7,8 mag ab. An diesem Tag kulminiert sie um 22.29 Uhr MEZ (23.29 Uhr MESZ) und geht um 1.38 Uhr MEZ (2.38 Uhr MESZ) unter.

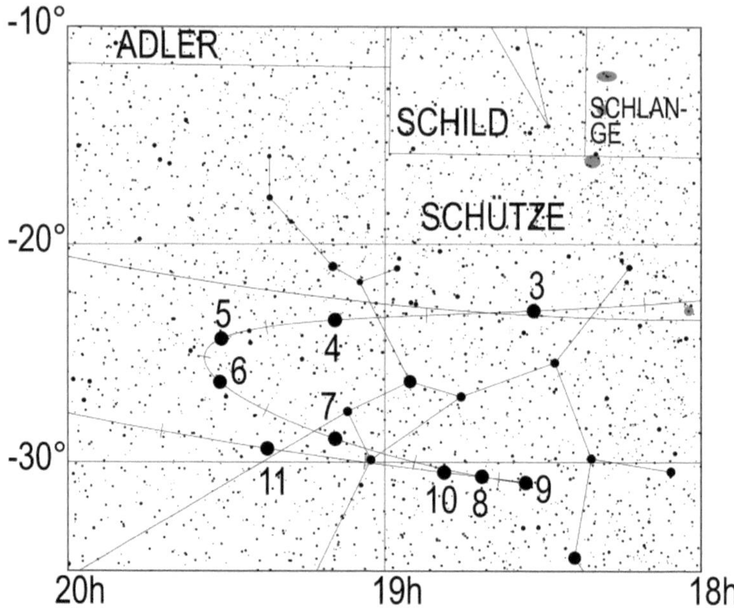

Lauf des Zwergplaneten Ceres von Februar bis November 2024. Die Zahl gibt die Position am 1. des entsprechenden Monats an, also 8 die Position am 1.8.

Pallas beendet am 18. ihre Oppositionsschleife und bewegt sich dann rechtläufig durch die nördlichen Gebiete der Schlange.

Der Kleinplanet, dessen Helligkeit im Juli von 9,4 mag auf 9,8 mag abnimmt, steht fast während der gesamten Nacht über dem Horizont. Am 15. versinkt Pallas um 4.51 Uhr MEZ (5.51 Uhr MESZ) und am 31. um 3.32 Uhr MEZ (4.32 Uhr MESZ) unter dem Horizont.

Am besten kann Pallas gegen Ende der Abenddämmerung aufgesucht werden, wofür ein Fernrohr mit mindestens 6 Zentimeter Objektivöffnung eingesetzt werden sollte (Aufsuchkarte, Seite 81).

Juno wandert rechtläufig vom Löwen in die Jungfrau und kann während der ersten Monatshälfte bei guter Horizontsicht mit einem größeren Fernrohr (ab etwa 15 Zentimeter Objektivöffnung) aufgesucht werden (Aufsuchkarte, Seite 59).

Am 1. versinkt der 11,0 mag helle Kleinplanet um 23.45 Uhr MEZ (0.45 Uhr MESZ) unter dem Horizont. Ab 22.30 Uhr MEZ (23.30 Uhr MESZ) kann eine Suche nach Juno erfolgreich sein.

Am 15. geht Juno, deren Helligkeit leicht auf 11,1 mag abgesunken ist, um 22.58 Uhr MEZ (23.58 Uhr MESZ) unter. Gegen 22 Uhr MEZ (23 Uhr MESZ) kann bei guter Horizontsicht Juno noch mit einem geeigneten Instrument aufgestöbert werden. Vorher ist die Dämmerung für eine erfolgreiche Suche zu hell und später steht Juno zu horizontnah.

Im weiteren Verlauf des Monats verschlechtern sich die Beobachtungsbedingungen weiter und so dürften in der zweiten Julihälfte selbst bei exzellenter Horizontsicht keine erfolgreichen Aufsuchversuche von Juno mehr möglich sein.

Vesta kann im Juli nicht beobachtet werden.

Pluto erreicht am 23. seine Opposition zur Sonne. Da seine Helligkeit nur 14,4 mag beträgt, ist zur Beobachtung ein Fernrohr von mindestens 30 cm Durchmesser nötig. Er kann von April bis Oktober mit geeigneten Geräten im westlichen Teil des Sternbildes Steinbock aufgesucht werden (Aufsuchkarte, Seite 105).

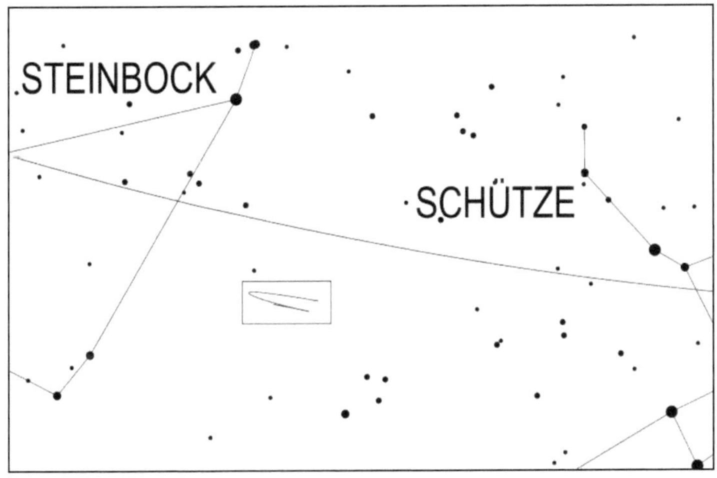

Übersichtskarte zum Aufsuchen des Zwergplaneten Pluto. Die nächste Sternkarte zeigt vergrößert den rechteckigen Ausschnitt

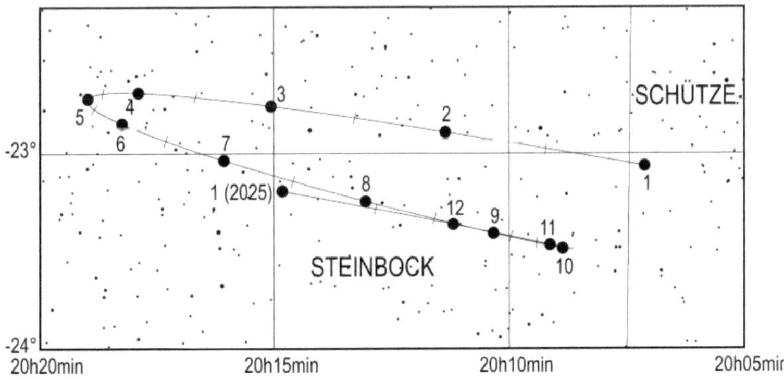

Lauf des Zwergplaneten Pluto im Jahr 2024. Die Zahl gibt die Position am 1. des entsprechenden Monats an, also 4 die Position am 1.4.

Periodische Sternschnuppenströme

Am 28. um 14 Uhr MEZ erreicht der Meteorstrom der Juli-Aquariden mit bis zu 18 Meteoren pro Stunde sein Maximum. Da zu dieser Zeit für mitteleuropäische Beobachter Tag ist, ist die beste Gelegenheit zur Beobachtung der Juli-Aquariden am selben Tag vor Beginn der Morgendämmerung, also gegen 3 Uhr MEZ. Wegen der geringen Höhe des Radianten über dem Horizont dürften Beobachter in Mitteleuropa von diesem Schwarm nur einen Meteor pro Stunde sehen können.
Der abnehmende Halbmond geht an diesem Tag gegen Mitternacht auf und kann bei den Beobachtungen stören.
Die Juli-Aquariden sind vom 12.7. bis zum 23.8. aktiv. Sie haben ihren Radianten in der Nähe des Sterns Delta Aquarii, weshalb sie auch als Delta-Aquariden bezeichnet werden.
Am 29. um 16 Uhr MEZ erreichen die Delta-Cassiopeiiden ihre höchste Fallrate mit bis zu 10 Meteoren pro Stunde. Da für Beobachter in Mitteleuropa der Zeitpunkt ihres Maximums in die Tagstunden fällt, ist der frühe Morgen des 30. um 2 Uhr MEZ, wenn der Radiant seine größte Höhe über dem Horizont erreicht, die beste Zeit für ihre Beobachtung. Es können bis zu 6 Delta-Cassiopeiiden pro Stunde auftreten. Die zu 30% beleuchtete Mondsichel geht am 30. etwa eine Stunde nach Mitternacht auf und kann bei der Beobachtung stören.
Am selben Tag um 14 Uhr MEZ erreichen die Alpha-Capricorniden ihr Maximum. Die beste Zeit für ihre Beobachtung ist gegen 0.30 Uhr MEZ. Von diesem Strom ist höchstens ein Meteor pro Stunde zu erwarten.
Ab dem 17. sind die ersten Perseiden zu beobachten.

Sonnenuntergang und Dämmerung

	Astr. Anf.	Naut. Anf.	Bürg. Anf.	Aufgang	Kulm.	Untergang	Bürg. Ende	Naut. Ende	Astr. Ende	Zeitgl.
1.7.2024	----	2:31	3:35	4:19	12:28	20:36	21:21	22:24	----	3m52s
2.7.2024	----	2:32	3:36	4:20	12:28	20:36	21:20	22:23	----	4m04s
3.7.2024	----	2:33	3:37	4:20	12:28	20:35	21:20	22:23	----	4m15s
4.7.2024	----	2:34	3:38	4:21	12:29	20:35	21:19	22:22	----	4m26s
5.7.2024	----	2:35	3:39	4:22	12:29	20:35	21:19	22:21	----	4m36s
6.7.2024	----	2:37	3:40	4:23	12:29	20:34	21:18	22:20	----	4m47s
7.7.2024	----	2:38	3:41	4:24	12:29	20:33	21:17	22:19	----	4m56s
8.7.2024	----	2:40	3:42	4:25	12:29	20:33	21:16	22:17	----	5m06s
9.7.2024	----	2:41	3:43	4:26	12:29	20:32	21:16	22:16	----	5m15s
10.7.2024	----	2:43	3:44	4:26	12:30	20:31	21:15	22:15	----	5m24s
11.7.2024	----	2:44	3:45	4:27	12:30	20:31	21:14	22:13	----	5m32s
12.7.2024	0:44	2:46	3:46	4:29	12:30	20:30	21:13	22:12	0:16	5m40s
13.7.2024	0:55	2:48	3:48	4:30	12:30	20:29	21:12	22:11	23:58	5m47s
14.7.2024	1:03	2:49	3:49	4:31	12:30	20:28	21:11	22:09	23:51	5m54s
15.7.2024	1:09	2:51	3:50	4:32	12:30	20:27	21:09	22:07	23:46	6m00s
16.7.2024	1:15	2:53	3:51	4:33	12:30	20:26	21:08	22:06	23:41	6m06s
17.7.2024	1:20	2:55	3:53	4:34	12:30	20:25	21:07	22:04	23:36	6m11s

	Astr. Anf.	Naut. Anf.	Bürg. Anf.	Auf- gang	Kulm.	Unter- gang	Bürg. Ende	Naut. Ende	Astr. Ende	Zeitgl.
18.7.2024	1:25	2:57	3:54	4:35	12:30	20:24	21:06	22:02	23:32	6m16s
19.7.2024	1:30	2:59	3:55	4:36	12:30	20:23	21:04	22:01	23:27	6m20s
20.7.2024	1:34	3:01	3:57	4:38	12:30	20:22	21:03	21:59	23:23	6m23s
21.7.2024	1:39	3:02	3:58	4:39	12:31	20:21	21:02	21:57	23:19	6m26s
22.7.2024	1:43	3:04	4:00	4:40	12:31	20:20	21:00	21:55	23:15	6m29s
23.7.2024	1:47	3:06	4:01	4:42	12:31	20:18	20:59	21:53	23:11	6m30s
24.7.2024	1:51	3:08	4:03	4:43	12:31	20:17	20:57	21:52	23:07	6m32s
25.7.2024	1:54	3:10	4:04	4:44	12:31	20:16	20:56	21:50	23:04	6m32s
26.7.2024	1:58	3:12	4:06	4:45	12:31	20:14	20:54	21:48	23:00	6m32s
27.7.2024	2:01	3:14	4:07	4:47	12:31	20:13	20:53	21:46	22:56	6m32s
28.7.2024	2:05	3:16	4:09	4:48	12:31	20:12	20:51	21:43	22:53	6m31s
29.7.2024	2:08	3:19	4:10	4:50	12:31	20:10	20:49	21:41	22:49	6m29s
30.7.2024	2:12	3:21	4:12	4:51	12:30	20:09	20:48	21:39	22:46	6m27s
31.7.2024	2:15	3:23	4:13	4:52	12:30	20:07	20:46	21:37	22:43	6m24s

Mondlauf

	Rektaszension	Deklination	Elong.	Phase	mag	Auf- gang	Kulm.	Unter- gang
Mo 1.7.2024	2h15m40,1s	14°51'19"	63,2°	0,28	-9	00:43	08:17	16:11
Di 2.7.2024	3h09m50,4s	20°01'20"	50,3°	0,18	-8,2	01:04	09:10	17:36
Mi 3.7.2024	4h06m42,1s	24°00'29"	37,6°	0,1	-7,4	01:32	10:07	18:56
Do 4.7.2024	5h05m46,0s	26°32'10"	25,1°	0,05	-6,4	02:11	11:05	20:05
Fr 5.7.2024	6h05m41,3s	27°26'21"	13,2°	0,01 ●	-5,3	03:04	12:04	20:59
Sa 6.7.2024	7h04m37,9s	26°42'34"	5,0°	0	-4,3	04:10	13:01	21:38
So 7.7.2024	8h00m56,1s	24°30'09"	12,9°	0,01	-5,2	05:24	13:53	22:05
Mo 8.7.2024	8h53m39,0s	21°04'56"	24,1°	0,04	-6,2	06:40	14:42	22:25
Di 9.7.2024	9h42m38,8s	16°44'56"	35,4°	0,09	-7,1	07:54	15:26	22:41
Mi 10.7.2024	10h28m24,7s	11°46'56"	46,5°	0,16	-7,8	09:06	16:08	22:53
Do 11.7.2024	11h11m47,0s	6°25'04"	57,5°	0,23	-8,5	10:15	16:47	23:05
Fr 12.7.2024	11h53m45,5s	0°50'48"	68,4°	0,31	-9	11:23	17:26	23:16
Sa 13.7.2024	12h35m23,5s	-4°46'12"	79,2°	0,41 ◗	-9,5	12:31	18:05	23:27
So 14.7.2024	13h17m46,3s	-10°16'57"	90,1°	0,5	-10	13:41	18:46	23:41
Mo 15.7.2024	14h02m00,3s	-15°31'42"	101,1°	0,6	-10,4	14:53	19:30	23:57
Di 16.7.2024	14h49m10,2s	-20°18'39"	112,3°	0,69	-10,8	16:08	20:18	
Mi 17.7.2024	15h40m12,2s	-24°22'43"	123,8°	0,78	-11,1	17:25	21:10	00:19
Do 18.7.2024	16h35m37,7s	-27°25'27"	135,5°	0,86	-11,5	18:37	22:07	00:50
Fr 19.7.2024	17h35m11,1s	-29°06'31"	147,7°	0,92	-11,9	19:40	23:07	01:35
Sa 20.7.2024	18h37m34,1s	-29°08'18"	160,1°	0,97	-12,2	20:28		02:36
So 21.7.2024	19h40m38,8s	-27°21'47"	172,1°	1 ○	-12,6	21:03	00:08	03:54
Mo 22.7.2024	20h42m14,5s	-23°50'48"	171,6°	0,99	-12,6	21:29	01:07	05:21
Di 23.7.2024	21h40m57,6s	-18°51'20"	159,0°	0,97	-12,3	21:48	02:03	06:51
Mi 24.7.2024	22h36m30,1s	-12°47'04"	145,6°	0,91	-11,9	22:04	02:56	08:19
Do 25.7.2024	23h29m26,4s	-6°04'11"	132,1°	0,84	-11,5	22:18	03:46	09:45
Fr 26.7.2024	0h20m50,4s	0°51'50"	118,6°	0,74	-11,1	22:32	04:35	11:10

	Rektaszension	Deklination	Elong.	Phase	mag	Auf-gang	Kulm.	Unter-gang
Sa 27.7.2024	1h11m55,8s	7°37'40"	105,2°	0,63	-10,7	22:48	05:24	12:34
So 28.7.2024	2h03m53,6s	13°51'56"	92,1°	0,52 ☾	-10,2	23:08	06:14	13:59
Mo 29.7.2024	2h57m39,9s	19°14'55"	79,2°	0,41	-9,7	23:34	07:06	15:24
Di 30.7.2024	3h53m42,9s	23°28'30"	66,5°	0,3	-9,1		08:01	16:45
Mi 31.7.2024	4h51m48,4s	26°17'29"	54,0°	0,21	-8,4	00:08	08:58	17:57

Jupitermond-Ereignisse

Datum	Uhrzeit (MEZ)	Mond	Erscheinung	Phase
1.7.2024	03:50:09	Io	Schattenvorübergang	Anfang
2.7.2024	03:56:08	Io	Bedeckung	Ende
8.7.2024	02:49:21	Ganymed	Bedeckung	Ende
8.7.2024	02:57:56	Europa	Verfinsterung	Anfang
9.7.2024	02:55:09	Io	Verfinsterung	Anfang
10.7.2024	03:13:12	Io	Durchgang	Ende
15.7.2024	03:25:48	Ganymed	Verfinsterung	Ende
17.7.2024	02:30:30	Europa	Schattenvorübergang	Ende
17.7.2024	03:02:10	Io	Durchgang	Anfang
18.7.2024	02:27:20	Io	Bedeckung	Ende
24.7.2024	02:40:25	Europa	Schattenvorübergang	Anfang
24.7.2024	03:59:59	Io	Schattenvorübergang	Anfang
26.7.2024	01:55:35	Europa	Bedeckung	Ende
26.7.2024	02:00:05	Ganymed	Durchgang	Ende

August

Sternenhimmel

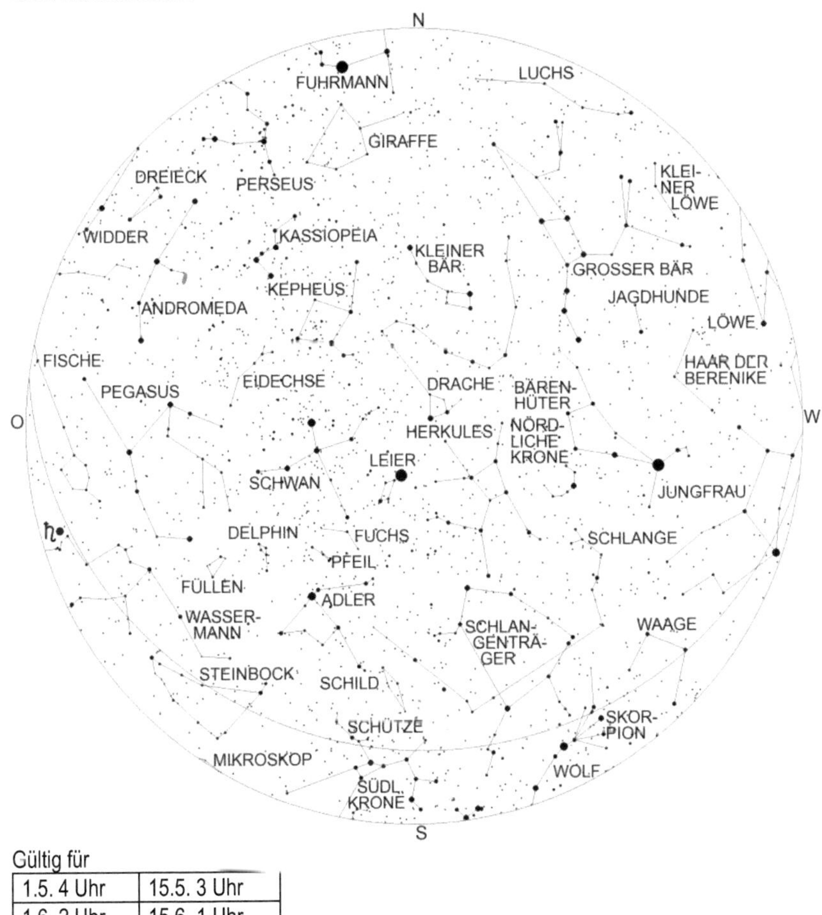

Gültig für

1.5. 4 Uhr	15.5. 3 Uhr
1.6. 2 Uhr	15.6. 1 Uhr
1.7. 0 Uhr	15.7. 23 Uhr
1.8. 22 Uhr	15.8. 21 Uhr

Tief im Süden ist jetzt das Sternbild Schütze zu sehen. Für Fernrohrbeobachter ist
dieses Sternbild sehr interessant, denn es gibt hier zahlreiche Nebel, wie den
Lagunennebel und einige helle Sternhaufen. Im Westen verschwinden gerade die

Jungfrau und der Löwe. Höher im Westen erkennt man Arktur im Bärenhüter und die Nördliche Krone.

Oberhalb des Skorpions und des Schützens sind die ausgedehnten Sternbilder Schlange und Schlangenträger sowie der Adler mit seinem hellen Hauptstern Atair zu finden. Hoch im Süden sieht man die Leier mit Wega und den Schwan mit seinem Hauptstern Deneb. In beiden Sternbildern gibt es bemerkenswerte Doppelsterne: Albireo im Schwan, der das südliche Ende des kreuzförmigen Sternbildes bildet, ist ein schon im Feldstecher trennbarer Doppelstern mit schönen orange-blau Kontrast. Der Stern Epsilon (ε) Lyrae, der sich nordöstlich von Wega befindet, kann bei guten Sichtbedingungen schon freiäugig getrennt werden. In einem Fernrohr ab ca. 6 cm Durchmesser erkennt man, dass beide Komponenten wiederum Doppelsterne sind. Auch der Stern Beta (β) Lyrae ist ein schon mit einem Fernglas auflösbarer Doppelstern.

Im Südosten ist das lichtschwache Sternbild Steinbock aufgegangen. Auch Teile der ebenfalls lichtschwachen Tierkreissternbilder Wassermann und Fische sind bereits zu sehen.

Allerdings sieht man in diesem Jahr in dieser Himmelsgegend ein relativ helles Objekt. Es ist der Planet Saturn.

Höher über dem Horizont erkennt man die Sternbilder Andromeda und Pegasus, zwei typische Herbststernbilder. Das bekannte Herbstviereck, gebildet aus dem südwestlichsten Stern der Andromeda und drei Sternen des Pegasus erinnert jetzt an ein himmlisches Vorfahrtstraßenschild.

Astronomische Ereignisse

Datum	Uhrzeit	Ereignis	Elongation
1.8.2024	11:18:14	Mond 5,6° nördlich Eta Geminorum	35,9°
1.8.2024	15:17:53	Mond 5,3° nördlich Mü Geminorum	34,2°
1.8.2024	20:03:36	Mond in größter Nordbreite	
1.8.2024	20:39:39	Mond 10,9° nördlich Alhena	31,3°
1.8.2024	22:41:36	Mond 2,1° nördlich Epsilon Geminorum	29,9°
2.8.2024	20:42:24	Mond 6,1° südlich Kastor	19,8°
3.8.2024	00:18:36	Mond 2,7° südlich Pollux	17,6°
4.8.2024	00:51:37	Mond 2,2° nördlich M44	4,8°
4.8.2024	09:21:29	Merkur stationär, dann rückläufig	
4.8.2024	12:13:08	Neumond	3,8°
4.8.2024	23:05:30	Venus 1,1° nördlich Regulus	16,8°
5.8.2024	04:56:00	Mond 11' südlich Vesta	9,2°
5.8.2024	19:43:42	Mars 5° nördlich Aldebaran	63°
5.8.2024	21:39:42	Mond 1,9° nördlich Regulus	15,7°
5.8.2024	23:43:47	Mond 48,5' nördlich Venus	16,9°
6.8.2024	01:11:48	Mond 6,6° nördlich Merkur	17,8°
6.8.2024	16:13:39	Merkur 5,9° südlich Venus	17,3°
8.8.2024	16:41:44	Mond 5,2° südlich Juno	44,7°

Datum	Uhrzeit	Ereignis	Elongation
9.8.2024	02:05:52	Mond im absteigenden Knoten	
9.8.2024	02:09:36	Mond im Apogäum	
9.8.2024	09:16:59	Mond 3,8° südlich Porrima	53,3°
10.8.2024	09:58:32	Mond 17' nördlich Spika	65,9°
11.8.2024	23:05:03	Merkur 5,5° südlich Regulus	10,5°
12.8.2024	07:58:46	Mond 4,1° südlich Zuben-el-dschenubi	85,35°
12.8.2024	16:18:51	Erstes Viertel	
13.8.2024	20:05:42	Mond 6,4° südlich Akrab	102°
14.8.2024	06:32:19	Mond 24' südlich Antares	108,1°
14.8.2024	17:50:34	Mars 18,5' nördlich Jupiter	65,7°
16.8.2024	08:12:05	Mond in größter Südbreite	
16.8.2024	08:53:59	Merkur 8,7° südlich Vesta	4°
16.8.2024	09:13:14	Mond 2,2° nördlich Ceres	133,5°
16.8.2024	15:56:09	Mond 2,4° südlich Nunki	137,9°
16.8.2024	22:17:44	Merkur in größter Südbreite	
17.8.2024	22:34:51	Mond 2,5° südlich Pluto	153,7°
18.8.2024	03:24:46	Mond 10,2° südlich Beta Capricorni	155,8°
19.8.2024	02:58:26	Merkur in unterer Konjunktion zur Sonne	-4,5°
19.8.2024	13:11:14	Mond 1,6° südlich Delta Capricorni	174,5°
19.8.2024	19:25:49	Vollmond	
20.8.2024	10:02:29	Vesta in Konjunktion zur Sonne	3,6°
21.8.2024	04:55:09	Mond bedeckt Saturn, siehe Seite 220	161,1°
21.8.2024	06:17:11	Mond im Perigäum	
21.8.2024	22:19:09	Mond 24' südlich Neptun	150°
22.8.2024	11:26:05	Mond im aufsteigenden Knoten	
22.8.2024	21:55:31	Vesta 3,3° nördlich Regulus	0,5°
23.8.2024	21:59:49	Mars 5,6° südlich Elnath	68,4°
24.8.2024	10:59:20	Mond 8,45° südlich Hamal	113,35°
25.8.2024	23:52:49	Mond 3,6° nördlich Uranus	95,2°
26.8.2024	04:13:44	Mond 24' südlich der Plejaden	93,05°
26.8.2024	10:26:03	Letztes Viertel	
26.8.2024	09:02:08	Ceres stationär, dann rechtläufig	
26.8.2024	23:24:40	Mond 9,4° nördlich Aldebaran	82,7°
27.8.2024	14:45:30	Mond 5° nördlich Jupiter	75,9°
27.8.2024	20:30:52	Mond 1,3° südlich Elnath	72,2°
28.8.2024	00:15:53	Mond 4,5° nördlich Mars	69,9°
28.8.2024	03:40:56	Merkur stationär, dann rechtläufig	
28.8.2024	17:13:11	Mond 5,2° nördlich Eta Geminorum	62,1°
28.8.2024	19:51:39	Mond 5,1° nördlich Mü Geminorum	60,3°
28.8.2024	23:00:51	Mond in größter Nordbreite	
29.8.2024	00:44:40	Mond 11,25° nördlich Alhena	57°
29.8.2024	03:14:24	Mond 2,6° nördlich Epsilon Geminorum	56°
30.8.2024	00:52:52	Mond 5,8° südlich Kastor	45,7°

Datum	Uhrzeit	Ereignis	Elongation
30.8.2024	05:23:13	Mond 2,1° südlich Pollux	43,6°
31.8.2024	06:04:18	Mond 2,7° nördlich M44	30,8°

Planeten

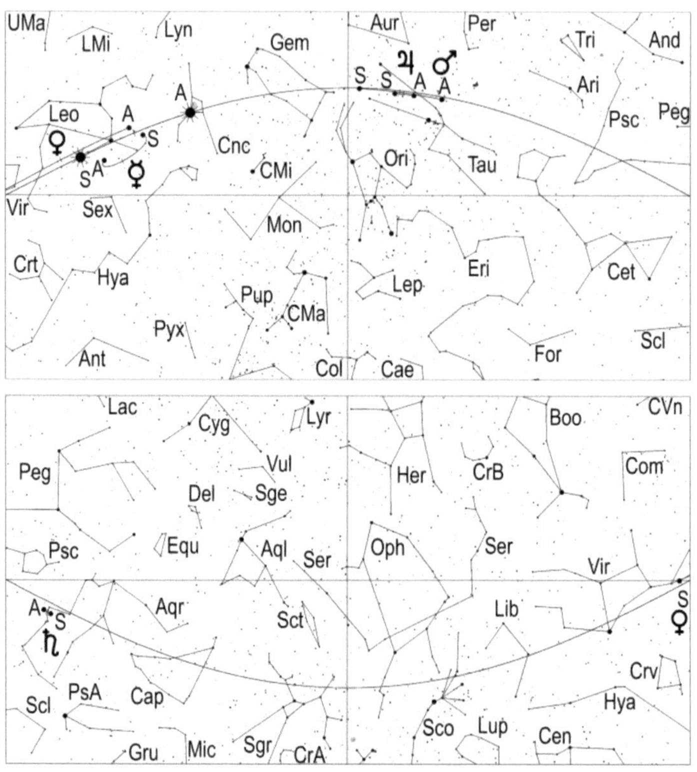

Merkur wird am 4. stationär und setzt zu seiner Konjunktionsschleife an. Am 19. steht er in unterer Konjunktion zur Sonne, wobei er 4,5° südlich an dieser vorbeizieht und am 28. kehrt er erneut seine Bewegungsrichtung um. Gute Sichtbedingungen vorausgesetzt, kann der innerste Planet unseres Sonnensystems am 31. erstmals in der Morgendämmerung beobachtet werden. Der 0,8 mag helle Planet erscheint an diesem Tag um 4.12 Uhr MEZ (5.12 Uhr MESZ) über dem Horizont und kann 20 Minuten später tief im Nordosten gesichtet werden, wobei ein Fernglas gute Dienste leisten kann.

Im Fernrohr zeigt sich Merkur an diesem Tag als eine zu 25% beleuchtete Sichel mit 8,4" Durchmesser.

112

Venus kann am Abendhimmel mehr schlecht als recht kurz nach Sonnenuntergang tief im Westen beobachtet werden. Am 1. versinkt der -3,9 mag helle Abendstern um 20.50 Uhr MEZ (21.50 Uhr MESZ) – 44 Minuten nach der Sonne – unter dem Horizont, zur Monatsmitte erfolgt sein Untergang um 20.27 Uhr MEZ (21.27 Uhr MESZ) – 45 Minuten nach der Sonne und am Monatsletzten verabschiedet sich unser innerer Nachbarplanet, dessen Helligkeit nach wie vor -3,9 mag beträgt, um 19.57 Uhr MEZ (20.57 Uhr MESZ) – 48 Minuten nach der Sonne – von der Himmelsbühne, sodass ihre Sichtbarkeitsdauer unverändert bleibt.

Venus kann bei guter Horizontsicht etwa 15 Minuten nach Sonnenuntergang gesichtet werden. Hierbei kann ein Fernglas gute Hilfe leisten.

Sie durchwandert im August zunächst das Sternbild Löwe, wobei sie am 4. Regulus in 1,1° nördlichem Abstand passiert. Letzterer ist allerdings nur mit einem Fernglas in der hellen Abenddämmerung zu erkennen. Einen Tag später zieht die dünne Mondsichel an Venus vorbei, was man bei guter Horizontsicht kurz nach Sonnenuntergang beobachten kann.

Am 24. verlässt der Abendstern das Sternbild Löwe und wechselt in das Sternbild Jungfrau.

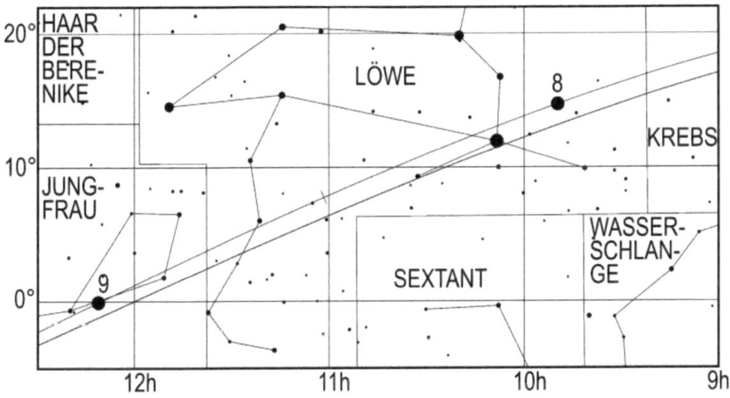

Lauf des Planeten Venus von Juli bis September 2024. Die Zahl gibt die Position am 1. des entsprechenden Monats an, also 8 die Position am 1.8.

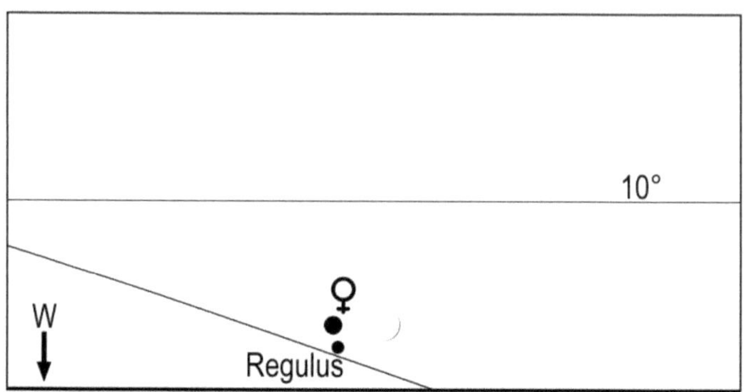

Mond, Venus und Regulus am Abend des 5.8.2024 um 20.15 Uhr MEZ (21.15 Uhr MESZ)
Regulus ist nur mit einem Fernglas in der hellen Abenddämmerung zu sehen.

Mars wandert rechtläufig durch das Sternbild Stier, wobei er am 5. Aldebaran 5°
nördlich und am 23. Elnath 5,6° südlich passiert.
Der rote Planet erscheint am 1. um 0.14 Uhr MEZ (1.14 Uhr MESZ), am 15. um 23.48
Uhr MEZ (0.48 Uhr MESZ) und am 31. um 23.23 Uhr MEZ (0.23 Uhr MESZ) über dem
Horizont, sodass er während großer Teile der zweiten Nachthälfte sichtbar ist.
Seine Helligkeit steigt im August von 0,9 mag auf 0,7 mag und sein Scheibchen
wächst von 5,9" auf 6,5", womit er immer noch für Fernrohrbeobachter uninteressant
ist.
Am frühen Abend des 14. passiert Mars Jupiter in 18,5' nördlichem Abstand. Da zu
dieser Zeit beide Planeten nicht über dem Horizont stehen, muss man bis zu den
Morgenstunden des 15. warten, um ihre gegenseitige Konjunktion zu beobachten.
Der abnehmende Mond zieht am 28. 4,5° nördlich an unseren äußeren
Nachbarplaneten vorbei.

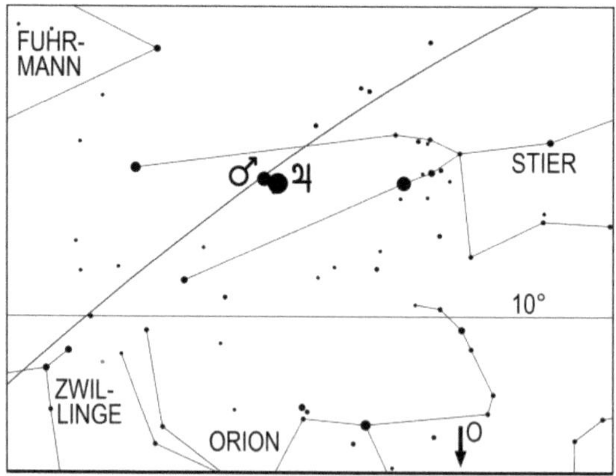

Mars und Jupiter am Morgenhimmel des 15.8.2024 um 2 Uhr MEZ (3 Uhr MESZ)

114

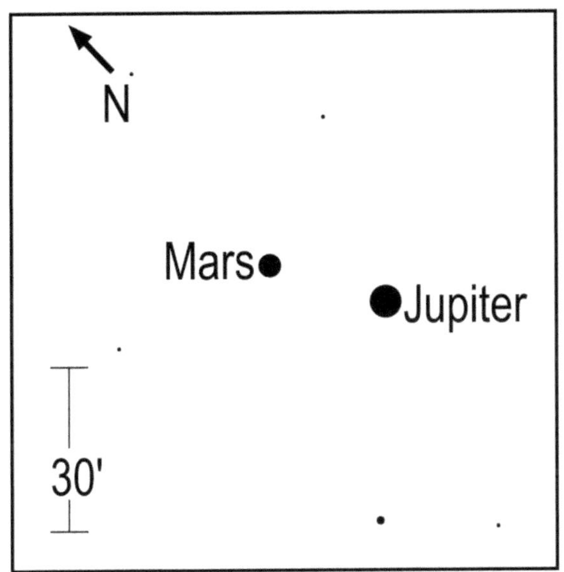

Anblick der Konjunktion zwischen Mars und Jupiter im Feldstecher am 15.8.2024 um 2 Uhr MEZ (3 Uhr MESZ)

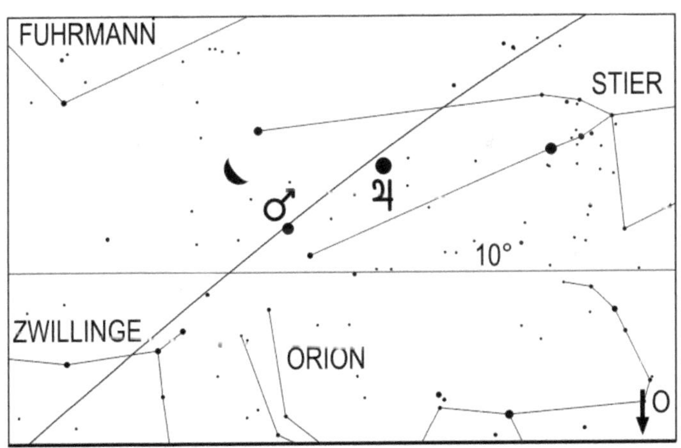

Mond, Mars und Jupiter am Morgenhimmel des 28.8.2024 um 1 Uhr MEZ (2 Uhr MESZ)

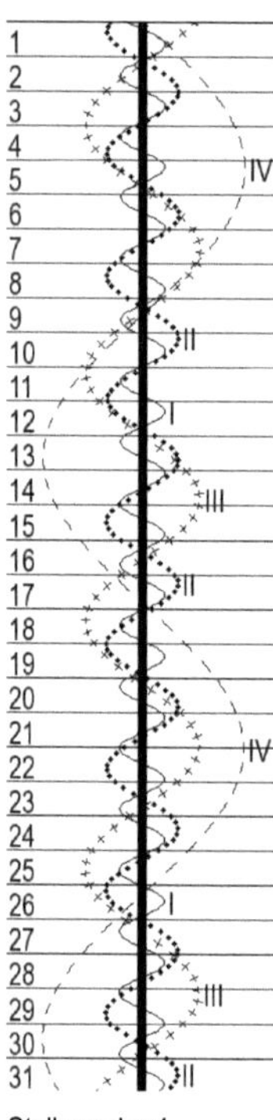

Stellung der 4
hellen Jupiter-
monde im
August 2024

Jupiter, der ebenfalls rechtläufig durch das Sternbild Stier
wandert, verlagert seine Aufgangszeit in die erste Nachthälfte,
denn er erscheint am 1. um 0.38 Uhr MEZ (1.38 Uhr MESZ),
am 15. um 23.48 Uhr MEZ (0.48 Uhr MESZ) und am 31. um
22.53 Uhr MEZ (23.53 Uhr MESZ) über dem Horizont.
Seine Helligkeit nimmt im August von -2,1 mag auf -2,3 mag zu
und sein Scheibchen wächst im Verlauf des Monats von 35,4"
auf 38,4".
Da er zu Beginn der Morgendämmerung schon ziemlich hoch
am Himmel steht, ist er für Fernrohrbeobachtungen aller Art
wieder interessant.
In den Morgenstunden des 15. findet man, wie schon bei
„Mars" beschrieben, Jupiter in der Nachbarschaft des roten
Planeten, was einen schönen Anblick am Morgenhimmel ergibt.
Am Morgen des 27. erblickt man den abnehmenden Mond in
der Nachbarschaft von Jupiter.

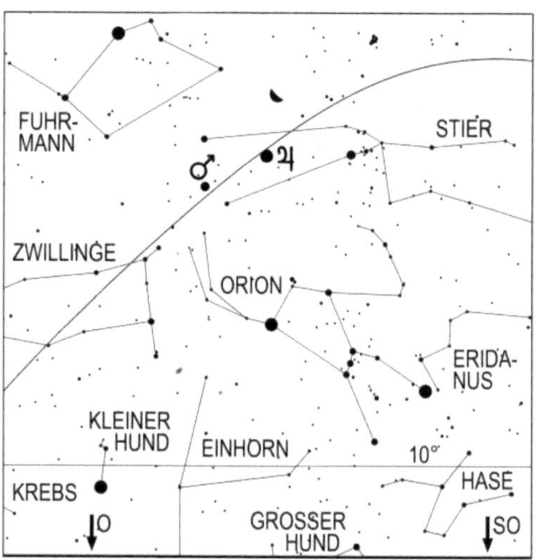

Mond, Mars und Jupiter am 27.8.2024 um 4 Uhr MEZ (5 Uhr MESZ)

Saturn, der rückläufig durch den Wassermann wandert, strebt seiner Opposition
entgegen, die er im nächsten Monat erreicht und wird zum Planeten der ganzen
Nacht. Am 1. erscheint Saturn um 21.29 Uhr MEZ (22.29 Uhr MESZ), am 15. um
20.32 Uhr MEZ (21.32 Uhr MESZ) und am 31. um 19.28 Uhr MEZ (20.28 Uhr MESZ)
über dem Horizont.
Seine Helligkeit nimmt im August von 0,8 mag auf 0,6 mag zu und sein Scheibchendurchmesser steigt von 18,8" auf 19,2". Obwohl der Öffnungswinkel seines Ring-

116

systems im Laufe des Monats leicht von 2° auf 3° zunimmt, ähnelt dieses eher einem Strich.

In den Morgenstunden des 21. bedeckt der abnehmende Mond von 4.30 Uhr MEZ (5.30 Uhr MESZ) bis 5.30 Uhr MEZ (6.30 Uhr MESZ) (genaue Kontaktzeiten für verschiedene Orte im deutschsprachigen Raum findet man auf Seite 220) den Ringplaneten, was man schon mit einem Feldstecher beobachten kann.

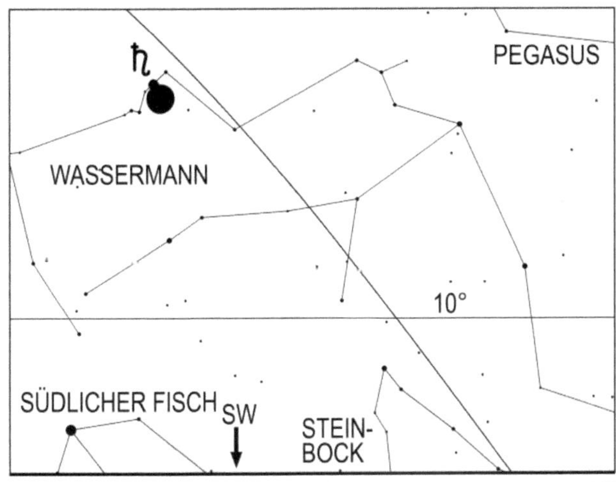

Mond und Saturn – kurz vor dessen Bedeckung durch den Mond – am 21.8.2024 um 4 Uhr MEZ (5 Uhr MESZ)

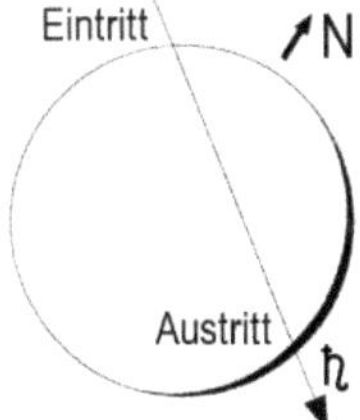

Ablauf der Bedeckung von Saturn durch den Mond am Morgen des 21. Der beleuchtete Teil des Mondes ist weiß, der unbeleuchtete Teil schwarz dargestellt.

Uranus, im Westteil des Sternbildes Stier, geht am 1. um 23.36 Uhr MEZ (0.36 Uhr MESZ), am 15. um 22.42 Uhr MEZ (23.42 Uhr MESZ) und am 31. schon um 21.40 Uhr MEZ (22.40 Uhr MESZ) auf. Der grünliche Planet, dessen Helligkeit im August von 5,8 mag auf 5,7 mag zunimmt, kann am besten unmittelbar vor Beginn der Morgendämmerung mit einem Fernrohr oder Fernglas aufgesucht werden (Aufsuchkarte, Seite 162).

Neptun wandert rückläufig durch die westlichen Gebiete des Sternbildes Fische und verlagert seinen Aufgang von 21.44 Uhr MEZ (22.44 Uhr MESZ) am 1., auf 20.48 Uhr MEZ (21.48 Uhr MESZ) am 15. und auf 19.45 Uhr MEZ (20.45 Uhr MESZ) am Monatsletzten.
Er erreicht seine Kulmination am 1. um 3.44 Uhr MEZ (4.44 Uhr MESZ), am 15. um 2.48 Uhr MEZ (3.48 Uhr MESZ) und am 31. um 1.44 Uhr MEZ (2.44 Uhr MESZ). Der ohne optische Hilfsmittel nicht sichtbare Planet hat eine Helligkeit von 7,8 mag und kann am besten zur Kulminationszeit beobachtet werden (Aufsuchkarte, Seite 134).

Klein- und Zwergplaneten

Ceres beendet am 26. ihre Oppositionsschleife im Sternbild Schütze. Der Zwergplanet, dessen Helligkeit im August von 7,8 mag auf 8,5 mag zurückgeht, kann mit einem lichtstarken Feldstecher oder einem Fernrohr am besten zum Zeitpunkt ihrer Kulmination, bzw. zum Ende der Abenddämmerung aufgesucht werden (Aufsuchkarte, Seite 104). Wegen ihrer südlichen Position ist hierfür eine gute Horizontsicht nötig. Am 1. kulminiert Ceres um 22.24 Uhr MEZ (23.24 Uhr MESZ) und geht um 1.33 Uhr MEZ (2.33 Uhr MESZ) unter, am 15. erfolgt ihre Kulmination um 21.22 Uhr MEZ (22.22 Uhr MESZ) und ihr Untergang um 0.29 Uhr MEZ (1.29 Uhr MESZ).und am 31. erreicht Ceres gegen 20.17 Uhr MEZ (21.17 Uhr MESZ) ihre maximale Höhe über dem Horizont und verabschiedet sich um 23.17 Uhr MEZ (0.17 Uhr MESZ) von der Himmelsbühne.

Pallas wandert rechtläufig entlang der Grenze der Sternbilder Schlange und Herkules und kann zum Ende der Abenddämmerung mit einem größeren Fernrohr (ab 8 Zentimeter Objektivöffnung) aufgesucht werden (Aufsuchkarte, Seite 81). Im Laufe des Monats geht ihre Helligkeit von 9,8 mag auf 10,1 mag zurück und der Zeitpunkt ihres Verschwindens unter dem Horizont verlagert sich von 3.28 Uhr MEZ (4.28 Uhr MESZ) am 1., auf 2.22 Uhr MEZ (3.22 Uhr MESZ) am 15. und auf 1.14 Uhr MEZ (2.14 Uhr MESZ) am 31.

Juno kann im August nicht beobachtet werden.

Vesta erreicht am 20. ihre Konjunktion zur Sonne und ist in diesem Monat nicht zu sehen.

Periodische Sternschnuppenströme

Am 12. um 20 Uhr MEZ erreichen die Perseiden ihr Maximum. Beobachter, die zu dieser Zeit Nacht haben und den Radianten im Zenit sehen, können bis zu 85 Meteore pro Stunde beobachten. Für mitteleuropäische Beobachter erreichen die Perseiden am 13. um 3 Uhr MEZ mit 48 Meteoren pro Stunde die größte Fallrate. Da der

118

zunehmende Mond schon in der ersten Nachthälfte unter dem Horizont versinkt, gibt es keine mondbedingten Störungen.

Bis zum 23. sind noch die Juli-Aquariden aktiv, welche am 8. gegen 11 Uhr MEZ ein Nebenmaximum mit bis zu 4 Meteoren pro Stunde erreichen. Für mitteleuropäische Beobachter ist die beste Beobachtungszeit um 3 Uhr MEZ. Allerdings ist wegen der geringen Höhe des Radianten von diesem Schwarm höchstens eine Sternschnuppe pro Stunde zu erwarten. Der zunehmende Mond ist schon in den frühen Abendstunden des Vortags untergegangen und stört deshalb nicht.

Vom 3. bis zum 25. kann man die Kappa-Cygniden beobachten, welche am 18. um 1 Uhr MEZ ihr Maximum mit bis zu.2 Meteoren pro Stunde erreichen. Die beste Zeit für ihre Beobachtung ist am 17. um 22 Uhr MEZ, weil dann der Radiant seine größte Höhe erreicht und fast im Zenit steht, doch wird man, weil das Maximum dieses Stroms nicht sehr ausgeprägt ist, auch am Vor- und Folgetag zu dieser Zeit fast die maximale Fallrate beobachten können. Der fast volle Mond steht bis weit in die zweite Nachthälfte über dem Horizont und beeinträchtigt die Beobachtung der Kappa-Cygniden in hohem Maße.

Ab dem 25. ist der schwache Meteorstrom der Alpha-Aurigiden zu sehen.

Sonnenuntergang und Dämmerung

	Astr. Anf.	Naut. Anf.	Bürg. Anf.	Aufgang	Kulm.	Untergang	Bürg. Ende	Naut. Ende	Astr. Ende	Zeitgl.
1.8.2024	2:18	3:25	4:15	4:54	12:30	20:06	20:44	21:35	22:39	6m21s
2.8.2024	2:21	3:27	4:17	4:55	12:30	20:04	20:42	21:33	22:36	6m17s
3.8.2024	2:25	3:29	4:18	4:57	12:30	20:03	20:41	21:31	22:33	6m12s
4.8.2024	2:28	3:31	4:20	4:58	12:30	20:01	20:39	21:28	22:29	6m07s
5.8.2024	2:31	3:33	4:22	5:00	12:30	19:59	20:37	21:26	22:26	6m01s
6.8.2024	2:34	3:35	4:23	5:01	12:30	19:58	20:35	21:24	22:23	5m54s
7.8.2024	2:37	3:37	4:25	5:03	12:30	19:56	20:33	21:21	22:20	5m47s
8.8.2024	2:40	3:39	4:26	5:04	12:30	19:54	20:31	21:19	22:17	5m40s
9.8.2024	2:43	3:41	4:28	5:05	12:29	19:53	20:29	21:17	22:13	5m32s
10.8.2024	2:46	3:43	4:30	5:07	12:29	19:51	20:27	21:15	22:10	5m23s
11.8.2024	2:48	3:45	4:31	5:08	12:29	19:49	20:25	21:12	22:07	5m13s
12.8.2024	2:51	3:47	4:33	5:10	12:29	19:47	20:23	21:10	22:04	5m03s
13.8.2024	2:54	3:49	4:35	5:11	12:29	19:46	20:21	21:07	22:01	4m53s
14.8.2024	2:57	3:51	4:36	5:13	12:29	19:44	20:19	21:05	21:58	4m42s
15.8.2024	2:59	3:53	4:38	5:14	12:28	19:42	20:17	21:03	21:55	4m30s
16.8.2024	3:02	3:55	4:40	5:16	12:28	19:40	20:15	21:00	21:52	4m18s
17.8.2024	3:05	3:57	4:41	5:17	12:28	19:38	20:13	20:58	21:49	4m05s
18.8.2024	3:07	3:59	4:43	5:19	12:28	19:36	20:11	20:55	21:46	3m52s
19.8.2024	3:10	4:01	4:45	5:20	12:28	19:34	20:09	20:53	21:43	3m38s
20.8.2024	3:12	4:02	4:46	5:22	12:27	19:32	20:07	20:51	21:41	3m24s
21.8.2024	3:15	4:04	4:48	5:23	12:27	19:30	20:05	20:48	21:38	3m09s
22.8.2024	3:17	4:06	4:50	5:25	12:27	19:28	20:03	20:46	21:35	2m54s
23.8.2024	3:20	4:08	4:51	5:26	12:27	19:26	20:00	20:43	21:32	2m38s
24.8.2024	3:22	4:10	4:53	5:28	12:26	19:24	19:58	20:41	21:29	2m22s
25.8.2024	3:25	4:12	4:55	5:29	12:26	19:22	19:56	20:38	21:26	2m05s

	Astr. Anf.	Naut. Anf.	Bürg. Anf.	Aufgang	Kulm.	Untergang	Bürg. Ende	Naut. Ende	Astr. Ende	Zeitgl.
26.8.2024	3:27	4:14	4:56	5:31	12:26	19:20	19:54	20:36	21:23	1m49s
27.8.2024	3:29	4:15	4:58	5:32	12:25	19:18	19:52	20:33	21:20	1m31s
28.8.2024	3:31	4:17	5:00	5:34	12:25	19:16	19:50	20:31	21:17	1m14s
29.8.2024	3:34	4:19	5:01	5:35	12:25	19:14	19:48	20:29	21:14	0m56s
30.8.2024	3:36	4:21	5:03	5:37	12:24	19:12	19:45	20:26	21:12	0m38s
31.8.2024	3:38	4:23	5:04	5:38	12:24	19:09	19:43	20:24	21:09	0m19s

Mondlauf

	Rektaszension	Deklination	Elong.	Phase	mag	Aufgang	Kulm.	Untergang
Do 1.8.2024	5h50m54,9s	27°32'02"	41,8°	0,13	-7,6	00:56	09:56	18:55
Fr 2.8.2024	6h49m28,0s	27°10'11"	29,9°	0,07	-6,7	01:57	10:53	19:38
Sa 3.8.2024	7h45m52,5s	25°18'43"	18,2°	0,02	-5,7	03:08	11:46	20:08
So 4.8.2024	8h39m04,5s	22°11'06"	7,4°	0 ●	-4,6	04:23	12:36	20:30
Mo 5.8.2024	9h28m44,1s	18°04'03"	6,8°	0	-4,5	05:39	13:22	20:47
Di 6.8.2024	10h15m08,8s	13°14'20"	17,1°	0,02	-5,5	06:51	14:04	21:00
Mi 7.8.2024	10h58m59,5s	7°56'53"	28,0°	0,06	-6,5	08:01	14:44	21:12
Do 8.8.2024	11h41m09,0s	2°24'21"	38,9°	0,11	-7,3	09:10	15:23	21:23
Fr 9.8.2024	12h22m35,1s	-3°12'36"	49,7°	0,18	-8	10:17	16:02	21:34
Sa 10.8.2024	13h04m17,8s	-8°44'28"	60,6°	0,25	-8,6	11:26	16:42	21:46
So 11.8.2024	13h47m18,7s	-14°01'53"	71,4°	0,34	-9,2	12:36	17:24	22:01
Mo 12.8.2024	14h32m39,3s	-18°54'24"	82,4°	0,43 ☽	-9,7	13:50	18:09	22:19
Di 13.8.2024	15h21m16,9s	-23°09'25"	93,6°	0,53	-10,1	15:05	18:59	22:45
Mi 14.8.2024	16h13m54,3s	-26°31'25"	105,1°	0,63	-10,6	16:18	19:52	23:23
Do 15.8.2024	17h10m42,5s	-28°42'18"	116,9°	0,73	-11	17:25	20:50	
Fr 16.8.2024	18h11m02,1s	-29°23'52"	129,1°	0,82	-11,4	18:19	21:50	00:15
Sa 17.8.2024	19h13m19,2s	-28°22'18"	141,7°	0,89	-11,8	19:00	22:50	01:26
So 18.8.2024	20h15m31,9s	-25°33'26"	154,8°	0,95	-12,1	19:29	23:48	02:49
Mo 19.8.2024	21h15m56,7s	-21°05'16"	168,1°	0,99 ○	-12,5	19:51		04:19
Di 20.8.2024	22h13m43,2s	-15°16'34"	175,9°	1	-12,7	20:08	00:44	05:51
Mi 21.8.2024	23h08m58,3s	-8°32'59"	163,3°	0,98	-12,4	20:23	01:36	07:20
Do 22.8.2024	0h02m29,2s	-1°22'54"	149,4°	0,93	-12	20:38	02:27	08:48
Fr 23.8.2024	0h55m22,0s	5°45'31"	135,5°	0,86	-11,7	20:54	03:17	10:16
Sa 24.8.2024	1h48m45,1s	12°26'07"	121,9°	0,76	-11,3	21:12	04:08	11:44
So 25.8.2024	2h43m34,8s	18°15'28"	108,5°	0,66	-10,8	21:36	05:01	13:11
Mo 26.8.2024	3h40m21,0s	22°53'32"	95,5°	0,55 ☾	-10,4	22:08	05:56	14:35
Di 27.8.2024	4h38m53,3s	26°04'41"	82,9°	0,44	-9,9	22:51	06:54	15:51
Mi 28.8.2024	5h38m16,4s	27°39'34"	70,6°	0,34	-9,3	23:49	07:51	16:53
Do 29.8.2024	6h37m02,5s	27°36'43"	58,6°	0,24	-8,7		08:48	17:40
Fr 30.8.2024	7h33m41,9s	26°02'47"	46,8°	0,16	-7,9	00:57	09:42	18:12
Sa 31.8.2024	8h27m12,6s	23°10'41"	35,3°	0,09	-7,1	02:11	10:33	18:36

120

Jupitermond-Ereignisse

Datum	Uhrzeit (MEZ)	Mond	Erscheinung	Phase
1.8.2024	03:06:51	Io	Verfinsterung	Anfang
2.8.2024	01:29:07	Io	Durchgang	Anfang
2.8.2024	01:40:58	Ganymed	Schattenvorübergang	Ende
2.8.2024	02:32:06	Io	Schattenvorübergang	Ende
2.8.2024	03:39:40	Io	Durchgang	Ende
2.8.2024	04:22:12	Ganymed	Durchgang	Anfang
9.8.2024	02:15:33	Io	Schattenvorübergang	Anfang
9.8.2024	02:31:05	Europa	Verfinsterung	Anfang
9.8.2024	03:26:46	Io	Durchgang	Anfang
9.8.2024	03:49:53	Ganymed	Schattenvorübergang	Anfang
9.8.2024	04:25:41	Io	Schattenvorübergang	Ende
10.8.2024	02:54:10	Io	Bedeckung	Ende
11.8.2024	02:11:37	Europa	Durchgang	Ende
16.8.2024	04:09:02	Io	Schattenvorübergang	Anfang
17.8.2024	01:23:47	Io	Verfinsterung	Anfang
17.8.2024	04:51:45	Io	Bedeckung	Ende
18.8.2024	00:47:38	Io	Schattenvorübergang	Ende
18.8.2024	02:03:29	Io	Durchgang	Ende
18.8.2024	02:18:06	Europa	Schattenvorübergang	Ende
18.8.2024	02:24:00	Europa	Durchgang	Anfang
18.8.2024	04:55:30	Europa	Durchgang	Ende
20.8.2024	02:46:42	Ganymed	Bedeckung	Anfang
20.8.2024	04:45:14	Ganymed	Bedeckung	Ende
24.8.2024	03:17:55	Io	Verfinsterung	Anfang
25.8.2024	00:30:52	Io	Schattenvorübergang	Anfang
25.8.2024	01:48:54	Io	Durchgang	Anfang
25.8.2024	02:26:21	Europa	Schattenvorübergang	Anfang
25.8.2024	02:41:09	Io	Schattenvorübergang	Ende
25.8.2024	03:59:33	Io	Durchgang	Ende
25.8.2024	04:55:17	Europa	Schattenvorübergang	Ende
25.8.2024	05:06:04	Europa	Durchgang	Anfang
26.8.2024	01:17:43	Io	Bedeckung	Ende
27.8.2024	01:35:59	Ganymed	Verfinsterung	Anfang
27.8.2024	02:01:29	Europa	Bedeckung	Ende
27.8.2024	03:30:25	Ganymed	Verfinsterung	Ende
31.8.2024	05:12:01	Io	Verfinsterung	Anfang

September

Sternenhimmel

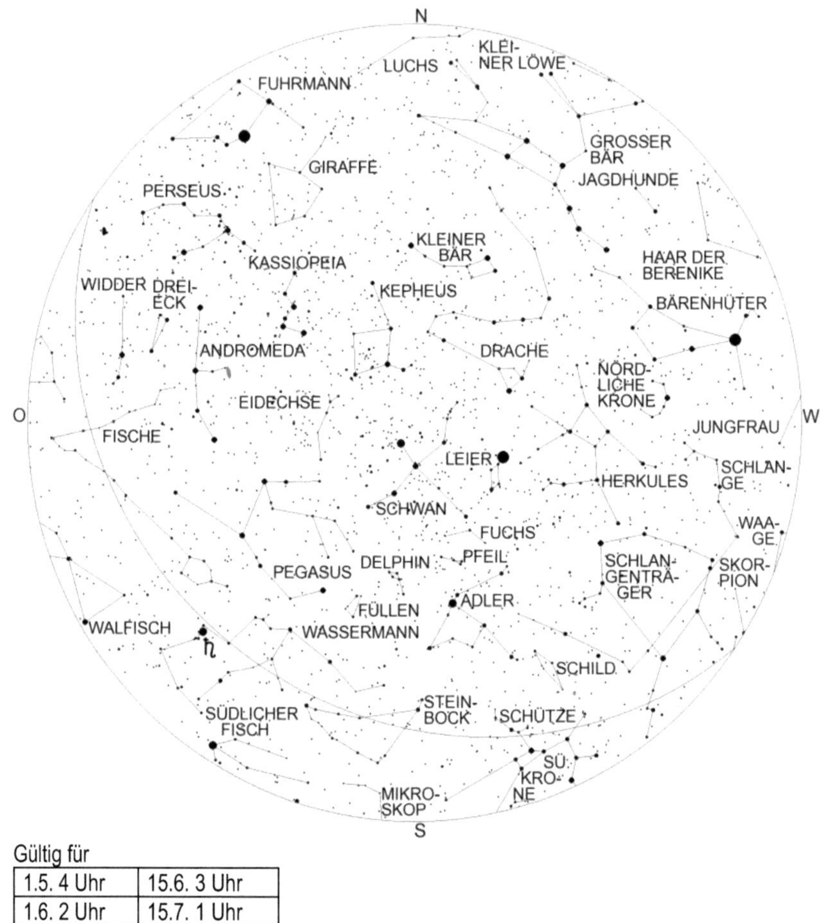

Gültig für

1.5. 4 Uhr	15.6. 3 Uhr
1.6. 2 Uhr	15.7. 1 Uhr
1.8. 0 Uhr	15.8. 23 Uhr
1.9. 22 Uhr	15.9. 21 Uhr
1.10. 20 Uhr	15.10. 19 Uhr

Die Sternbilder Waage, Skorpion und Jungfrau sind fast vollständig verschwunden und der Schlangenträger steht zusammen mit der Schlange über dem Südwesthorizont. Im Südsüdwesten erkennt man das Sternbild Schütze. Östlich davon, kurz vor der

122

Kulmination, befindet sich das Sternbild Steinbock, welches nur aus lichtschwachen Sternen besteht.

Im Südosten und Osten erblickt man die ausgedehnten, ebenfalls nur aus lichtschwachen Sternen bestehenden Sternbilder Wassermann und Fische. Letzteres setzt sich nur aus Sternen mit einer maximalen Helligkeit von 4 mag zusammen, während der Wassermann über einige Sterne 3. Größe verfügt.

Allerdings sieht man in diesem Jahr im Sternbild Wassermann einen hellen „Stern" und zwar den Ringplaneten Saturn. Um seinen Ring zu sehen, braucht man aber ein Fernrohr mit mindestens 5 Zentimeter Objektivöffnung und 30-facher Vergrößerung. Hoch am Himmel erblickt man den Schwan, durch den die Milchstraße verläuft, welche sich im Feldstecher als ein echtes „Sternenmeer" präsentiert. Der südlichste helle Stern des Schwans, Albireo, ist einer der schönsten Doppelsterne des Himmels. Er kann schon in einem Feldstecher aufgelöst werden. Albireo besteht aus einem orangerotem, 3,1 mag hellen Stern, der von einem 5,1 mag hellen, blauen Stern in 34" Abstand begleitet wird. Es ist bis heute nicht zweifelsfrei geklärt, ob beide Sterne einander umkreisen oder nur zufällig in der gleichen Richtung stehen.

Östlich des Schwans findet man den Pegasus und das Sternbild Andromeda. In diesem Sternbild gibt es neben den schon mit bloßem Auge als schwaches Nebelfleckchen sichtbaren Andromedanebel den Doppelstern Alamak, der schon in kleinen Fernrohren aufgelöst werden kann und der aus einem orangefarbenen Hauptstern mit blauem Begleiter besteht.

Zwischen dem Horizont und dem Sternbild Andromeda erkennt man das Tierkreissternbild Widder und das kleine Sternbild Dreieck. Tief im Nordosten bemerkt man, dass der Fuhrmann und der Perseus wieder höher steigen – erste Vorboten des Winters.

Astronomische Ereignisse

Datum	Uhrzeit	Ereignis	Elongation
1.9.2024	09:45:39	Mond 4,6° nördlich Merkur	17,2°
1.9.2024	16:35:03	Uranus stationär, dann rückläufig	
2.9.2024	02:18:25	Mond 2,3° nördlich Regulus	9,9°
2.9.2024	17:25:22	Mond 2,1° südlich Vesta	5°
3.9.2024	02:55:41	Neumond	1,7°
4.9.2024	23:59:34	Merkur im aufsteigenden Knoten	
5.9.2024	03:31:09	Merkur in größter westlicher Elongation	18,1°
5.9.2024	06:42:58	Mond im absteigenden Knoten	
5.9.2024	09:58:31	Mond 1,6° südlich Venus	25,1°
5.9.2024	15:40:01	Mond im Apogäum	
5.9.2024	18:35:42	Mond 4,5° südlich Porrima	27°
5.9.2024	20:51:24	Mond 6,9° südlich Juno	27,3°
6.9.2024	02:45:02	Mars im aufsteigenden Knoten	
6.9.2024	19:18:08	Mond 28' südlich Spika	39,6°
6.9.2024	22:43:59	Juno 2,1° nördlich Porrima	25,3°
7.9.2024	20:29:56	Venus 2,2° südlich Porrima	25°

Datum	Uhrzeit	Ereignis	Elongation
8.9.2024	05:36:04	Saturnopposition	
8.9.2024	05:44:18	Venus 4,3° südlich Juno	24,5°
8.9.2024	08:14:41	Saturn in Erdnähe (Abstand Erde-Saturn: 1295235992 km)	
8.9.2024	15:34:36	Mond 4,7° südlich Zuben-el-dschenubi	59°
9.9.2024	07:39:32	Merkur 30' nördlich Regulus	16,9°
9.9.2024	16:06:56	Merkur im Perihel (Abstand Sonne-Merkur: 46000157 km)	
10.9.2024	03:49:25	Mond 6° südlich Akrab	75,6°
10.9.2024	07:31:46	Mond 39° südlich Pallas	74,7°
10.9.2024	13:03:26	Mond 46' südlich Antares	81,85°
11.9.2024	03:40:24	Mars 59' nördlich Eta Geminorum	75,1°
11.9.2024	07:05:49	Erstes Viertel	
12.9.2024	15:44:17	Mond in größter Südbreite	
12.9.2024	19:18:03	Mond 1,4° nördlich Ceres	107,8°
13.9.2024	03:25:35	Mond 2,3° südlich Nunki	111,6°
14.9.2024	07:55:21	Mars 59' nördlich Mü Geminorum	76,3°
14.9.2024	08:12:15	Mond 2° südlich Pluto	127,2°
14.9.2024	11:51:39	Mond 10,2° südlich Beta Capricorni	129,7°
16.9.2024	00:48:39	Mond 1,8° südlich Delta Capricorni	149,4°
16.9.2024	07:50:32	Merkur 2,4° südlich Vesta	12,6°
17.9.2024	11:27:39	Mond 20,5' südlich Saturn	169,85°
17.9.2024	13:54:56	Venus 2,6° nördlich Spika	28,1°
18.9.2024	01:40:49	Partielle Mondfinsternis, Eintritt Halbschatten	
18.9.2024	03:13:50	Partielle Mondfinsternis, Eintritt Kernschatten	
18.9.2024	03:34:31	Vollmond	
18.9.2024	03:44:52	Partielle Mondfinsternis, Maximale Phase, Größe: 0,083	
18.9.2024	04:15:53	Partielle Mondfinsternis, Austritt Kernschatten	
18.9.2024	05:48:54	Partielle Mondfinsternis, Austritt Kernschatten	
18.9.2024	09:26:43	Mond 9,4' nördlich Neptun	177°
18.9.2024	14:23:55	Mond im Perigäum	
18.9.2024	20:50:31	Mond im aufsteigenden Knoten	
19.9.2024	21:26:14	Merkur in größter Nordbreite	
20.9.2024	05:08:46	Neptun in Erdnähe (Abstand Erde-Neptun: 4322369127 km)	
20.9.2024	05:30:45	Mars 7° nördlich Alhena	78,35°
20.9.2024	17:45:51	Mond 9° südlich Hamal	139,2°
21.9.2024	01:24:16	Neptunopposition	
22.9.2024	09:20:13	Mond 4,1° nördlich Uranus	121,7°
22.9.2024	12:54:01	Mond 30' südlich der Plejaden	119,55°
22.9.2024	13:11:16	Pallas in größter Nordbreite	
22.9.2024	13:43:32	Herbstanfang	

Datum	Uhrzeit	Ereignis	Elongation
22.9.2024	19:51:03	Mars 1,7° südlich Epsilon Geminorum	79,8°
23.9.2024	08:05:41	Mond 10° nördlich Aldebaran	109,15°
23.9.2024	23:14:16	Mond 5,1° nördlich Jupiter	100,05°
24.9.2024	02:15:47	Mond 45' südlich Elnath	98,5°
24.9.2024	02:55:11	Pallas 36,95° nördlich Antares	66,9°
24.9.2024	19:50:05	Letztes Viertel	
24.9.2024	21:33:06	Mond 5,35° nördlich Eta Geminorum	88,5°
25.9.2024	00:30:14	Mond 5,5° nördlich Mü Geminorum	86,8°
25.9.2024	03:57:15	Mond in größter Nordbreite	
25.9.2024	07:55:21	Mond 11,7° nördlich Alhena	83,3°
25.9.2024	11:11:13	Mond 2,7° nördlich Epsilon Geminorum	82,6°
25.9.2024	13:57:24	Mond 4,1° nördlich Mars	81°
25.9.2024	17:26:03	Venus im absteigenden Knoten	
26.9.2024	07:20:55	Mond 5,4° südlich Kastor	72,25°
26.9.2024	13:12:29	Mond 2,4° südlich Pollux	70°
27.9.2024	13:59:30	Mond 2,3° nördlich M44	57,4°
29.9.2024	08:26:11	Mond 2,5° nördlich Regulus	36,5°
30.9.2024	22:09:04	Merkur in oberer Konjunktion zur Sonne	1,3°

Planeten

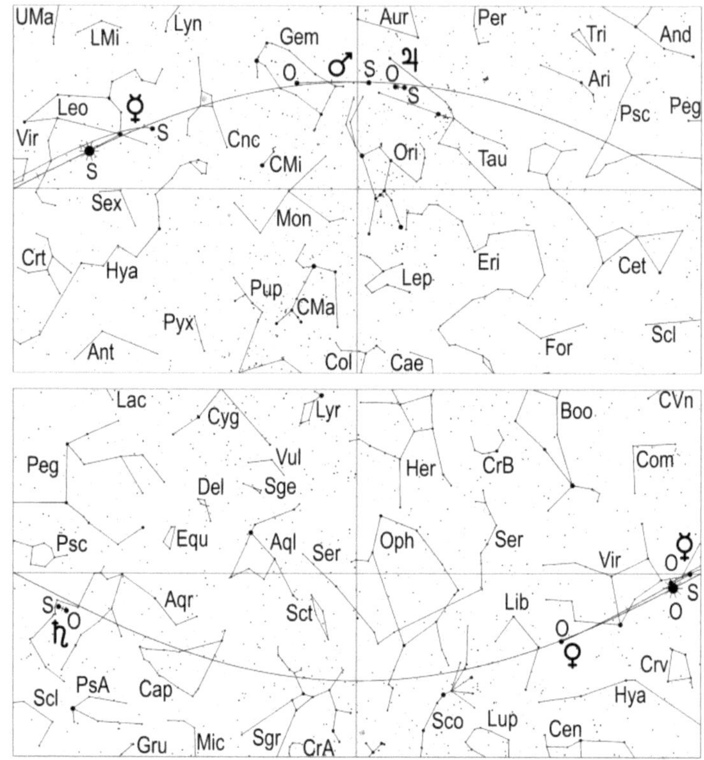

Merkur ist zu Beginn des Monats am Morgenhimmel zu sehen. Am 1. erscheint der 0,6 mag helle Planet um 4.09 Uhr MEZ (5.09 Uhr MESZ) über dem Horizont und wird etwa 15 Minuten später in der beginnenden Morgendämmerung sichtbar. Kurz vor 5 Uhr MEZ (6 Uhr MESZ) verblasst der flinke Planet, der sich unterhalb der abnehmenden Mondsichel, die als Aufsuchhilfe dienen kann, befindet, in der Morgendämmerung.

Am 5. erreicht er seine größte westliche Elongation. Sie fällt mit 18,1° ziemlich bescheiden aus, ermöglicht ihn aber, wegen der steilen Lage der Ekliptik zum Horizont, trotzdem eine gute Sichtbarkeit.

An diesem Tag geht der innerste Planet unseres Sonnensystems, dessen Helligkeit auf -0,2 mag angestiegen ist, um 4.05 Uhr MEZ (5.05 Uhr MESZ) auf.

In der Folgezeit steigt Merkurs Helligkeit weiter an, während sich sein Aufgang verspätet, wodurch sich seine Sichtbarkeitszeit verkürzt. Am 10. erscheint der -0,8 mag helle Planet um 4.17 Uhr MEZ (5.17 Uhr MESZ) über dem Horizont. 5 Tage

126

später, am 15., geht der -1,1 mag helle Merkur um 4.42 Uhr MEZ (5.42 Uhr MESZ) auf.

Merkur wandert im Zuge seiner Morgensichtbarkeit durch das Sternbild Löwe, wobei er dessen hellen Hauptstern Regulus am 9. in 30' nördlichem Abstand passiert. Regulus dürfte an diesem Tag ohne optische Hilfsmittel nicht zu sehen sein. Fernrohrbeobachter sehen Merkur am 1. als zu 29% beleuchtete Sichel mit 8,2" Durchmesser. In der Folgezeit nimmt der beleuchtete Anteil des Merkurscheibchens zu, während dessen Größe abnimmt. Am 6. wird die Halbphase bei einem Scheibchendurchmesser von 7" erreicht. Bis zum 15. nimmt der Durchmesser des Merkurscheibchens auf 5,6" ab, während dessen beleuchteter Anteil auf 84% ansteigt. Der letzte Tag von Merkurs Morgensichtbarkeit dürfte der 19. sein. Der -1,3 mag helle Planet betritt an diesem Tag um 5.07 Uhr MEZ (6.07 Uhr MESZ) die Himmelsbühne und wird bei guter Horizontsicht ca. 15 Minuten später in der schon recht hellen Morgendämmerung sichtbar. Allerdings dürfte er schon wenige Minuten später wieder verblassen. Sein Scheibchen hat an diesen Tag einen Durchmesser von 5,3" und ist zu 92% beleuchtet.

Nach dem 19. strebt der innerste Planet unseres Sonnensystems immer mehr der Sonne entgegen, mit der er am 30. in oberer Konjunktion steht.

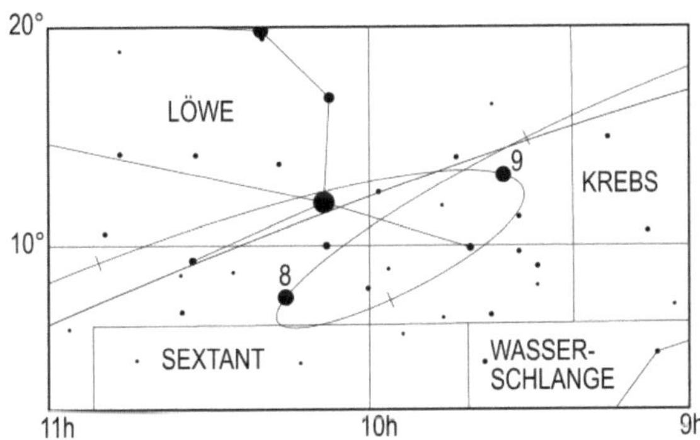

Lauf des Planeten Merkur von Juli bis September 2024. Die Zahl gibt die Position am 1. des entsprechenden Monats an, also 9 die Position am 1.9.

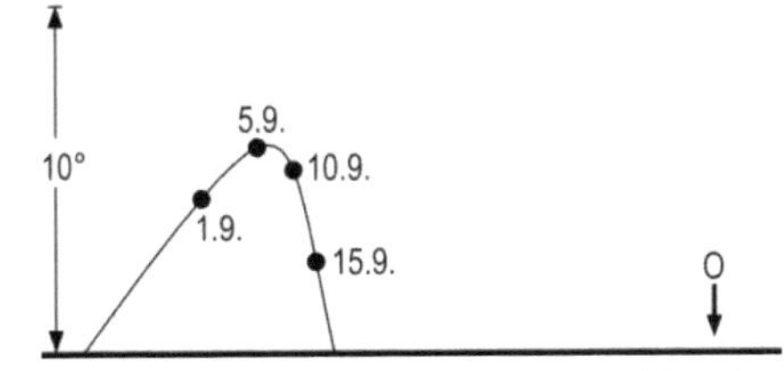

Position des Planeten Merkur am Morgenhimmel, 1 Stunde vor Sonnenaufgang

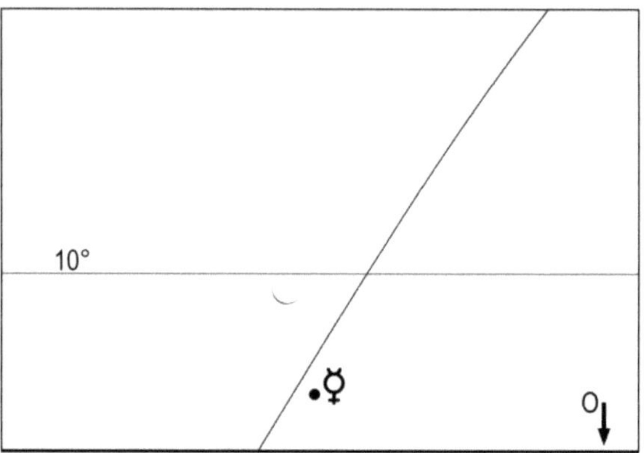

Mond und Merkur am 1.9.2024 um 4.30 Uhr MEZ (5.30 Uhr MESZ)

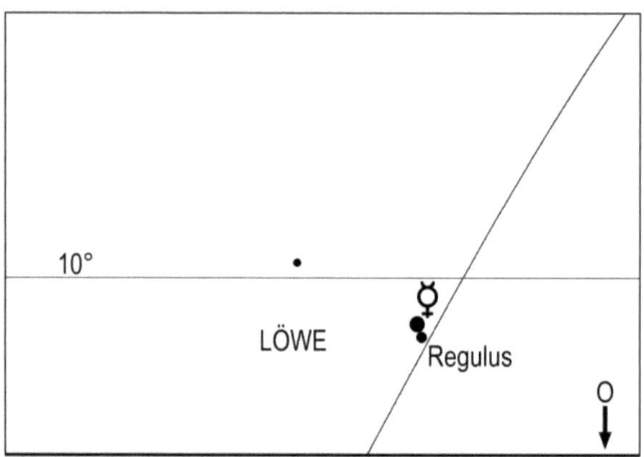

Merkur und Regulus am 9.9.2024 um 5 Uhr MEZ (6 Uhr MESZ).
Mit bloßem Auge dürfte nur Merkur zu sehen sein.

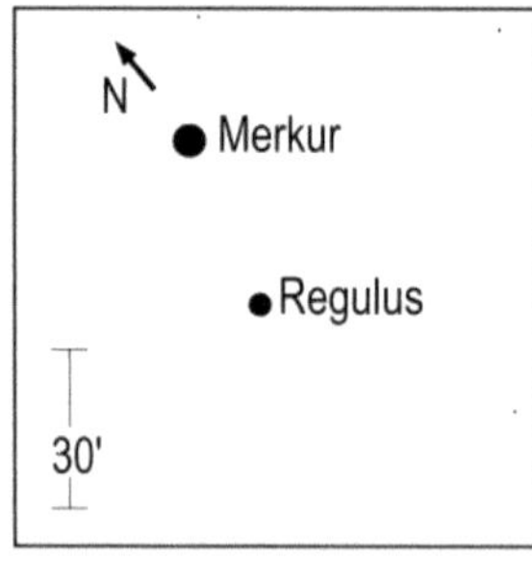

Anblick der Konjunktion zwischen Merkur und Regulus im Feldstecher
am Morgen des 9.9.2024 um 5 Uhr MEZ (6 Uhr MESZ)

128

Venus wandert zunächst durch das Sternbild Jungfrau. Hierbei passiert sie am 17. Spika in 2,6° nördlichem Abstand. Allerdings kann Spika an diesem Tag nicht mit bloßem Auge in der Abenddämmerung gesichtet werden. Am 29.wechselt der Abendstern von der Jungfrau in das Sternbild Waage.

Venus ist immer noch ein eher schwer zu beobachtendes Objekt in der hellen Abenddämmerung: am 1. versinkt unser innerer Nachbarplanet, dessen Helligkeit während des ganzen Monats -3,9 mag beträgt, um 19.55 Uhr MEZ (20.55 Uhr MESZ) – 48 Minuten nach der Sonne – unter dem Horizont, am 15. erfolgt ihr Untergang um 19.28 Uhr MEZ (20.28 Uhr MESZ) – 51 Minuten nach der Sonne und am Monatsletzten 58 Minuten nach der Sonne um 19.02 Uhr MEZ (20.02 Uhr MESZ). Am Abend des 5. kann man bei guter Horizontsicht die zunehmende Mondsichel in der Nähe von Venus erblicken.

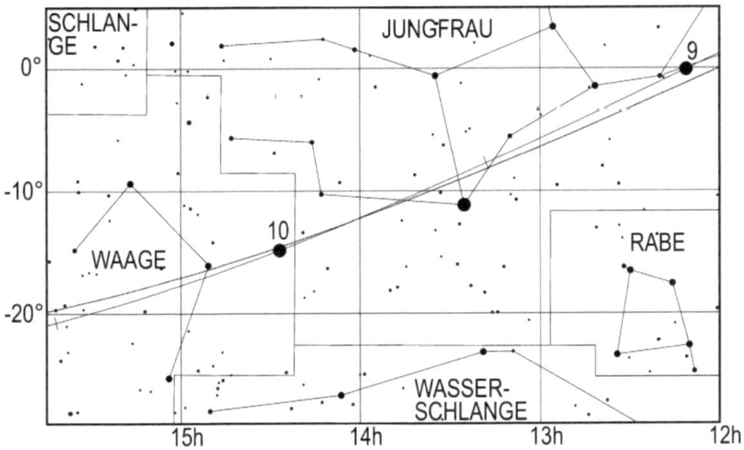

Lauf des Planeten Venus von August bis Oktober 2024. Die Zahl gibt die Position am 1. des entsprechenden Monats an, also 9 die Position am 1.9.

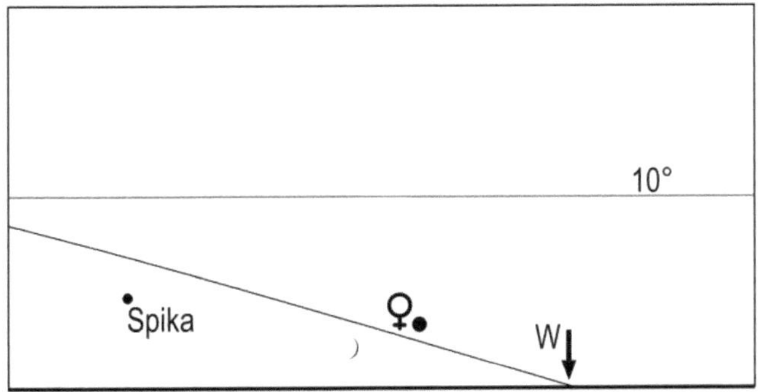

Mond, Venus und Spika am Abend des 5.9.2024 um 19.20 Uhr MEZ (20.20 Uhr MESZ). Spika ist nur mit einem Fernglas in der hellen Abenddämmerung zu sehen.

Mars ist fast während der gesamten zweiten Nachthälfte zu sehen, denn er betritt die
Himmelsbühne am 1. um 23.22 Uhr MEZ (0.22 Uhr MESZ), am 15. um 23.02 Uhr MEZ
(0.02 Uhr MESZ) und am 30. um 22.41 Uhr MEZ (23.41 Uhr MESZ).
Der rote Planet, dessen Helligkeit im September von 0,7 mag auf 0,5 mag ansteigt,
wandert vom Stier in die Zwillinge, wobei er Eta Geminorum am 11. 59' nördlich, Mü
Geminorum am 14. ebenfalls 59' nördlich, Alhena am 20. 7° nördlich und Epsilon
Geminorum am 22. 1,7° südlich passiert.
In den Morgenstunden des 25. findet man den abnehmenden Mond nahe Mars.
Sein Scheibchendurchmesser wächst im Laufe des Monats von 6,5" auf 7,5", womit er
langsam für Fernrohrbeobachter interessant werden dürfte. Diese bemerken, dass
sein Scheibchen nicht rund ist, sondern wie der Mond 3 Tage vor Vollmond aussieht,
denn es ist nur zu 87% beleuchtet.

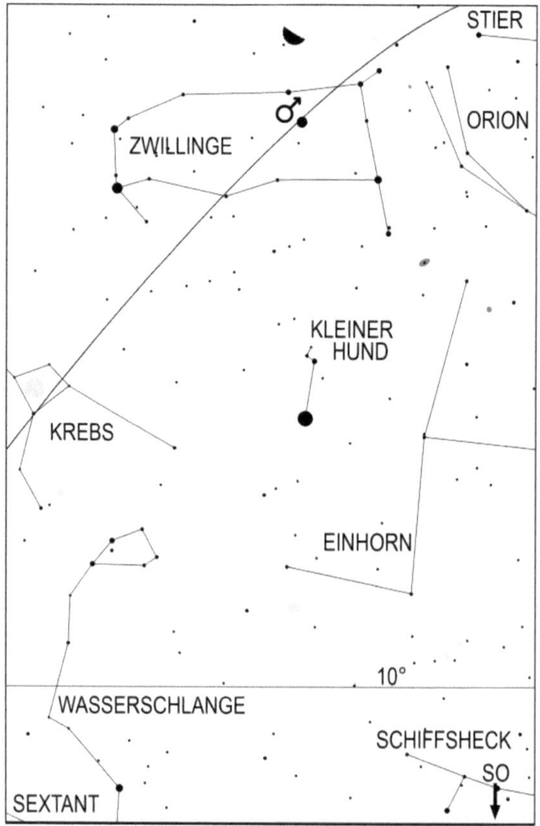

Mond und Mars am Morgenhimmel des 25.9.2024 um 4.30 Uhr MEZ (5.30 Uhr MESZ)

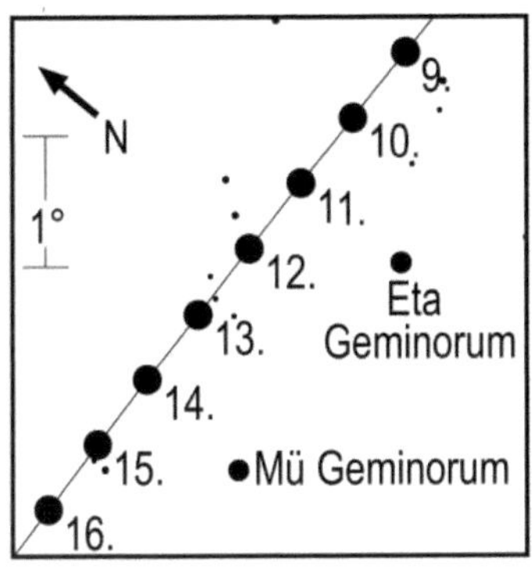

Anblick der Passage von Mars an Eta und Mü Geminorum im September 2024.
Der Kreis zeigt die Position von Mars am jeweiligen Tag um 4 Uhr MEZ (5 Uhr MESZ)

Jupiter, rechtläufig im Sternbild Stier, erscheint während der späten Abendstunden über dem Horizont. Am 1. erscheint der größte Planet unseres Sonnensystems um 22.49 Uhr MEZ (23.49 Uhr MESZ) über dem Horizont, am 15. erfolgt sein Aufgang um 21.59 Uhr MEZ (22.59 Uhr MESZ) und am 30. um 21.03 Uhr MEZ (22.03 Uhr MESZ).

Seine Helligkeit nimmt im Laufe des Monats von -2,3 mag auf -2,5 mag zu und sein Scheibchendurchmesser wächst im September von 38,5" auf 42,2".

Am Morgen des 24. hält sich der abnehmende Mond in der Nähe des Riesenplaneten auf.

Stellung der 4 hellen Jupitermonde im September 2024

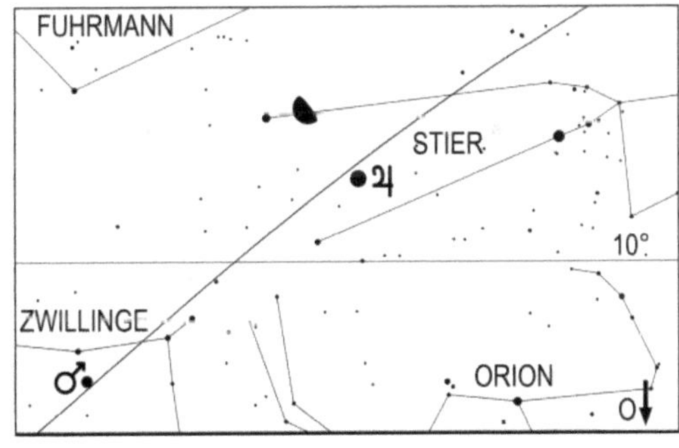

Mond, Mars und Jupiter am 23.9.2024
um 23.15 Uhr MEZ (24.9.2024 um 0.15 Uhr MESZ)

Saturn erreicht am 8. seine Opposition zur Sonne, was Sichtbarkeit während der ganzen Nacht bedeutet. Der Ringplanet erreicht am Oppositionstag auch seine kleinste Entfernung zur Erde, die 1295235992 km beträgt. Ein

131

Lichtstrahl braucht für diese Strecke 1h12min. An diesem Tag beträgt die Helligkeit von Saturn 0,6 mag und sein Scheibchen hat einen Durchmesser von 19,3". Fernrohrbeobachter sehen sein Ringsystem unter einem geringen Öffnungswinkel von 4°. In der zweiten Monatshälfte beginnt Saturn langsam mit seinem Rückzug aus der zweiten Nachthälfte, denn er versinkt am Monatsletzten schon vor Beginn der Morgendämmerung um 4.17 Uhr MEZ (5.17 Uhr MESZ) unter dem Horizont.

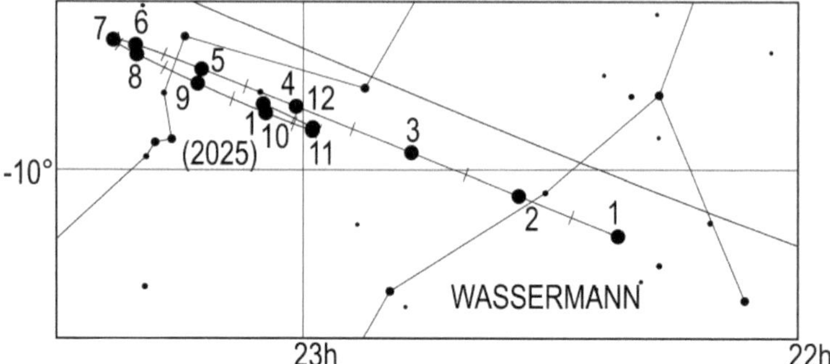

Lauf des Planeten Saturn im Jahr 2024. Die Zahl gibt die Position am 1. des entsprechenden Monats an, also 4 die Position am 1.4.

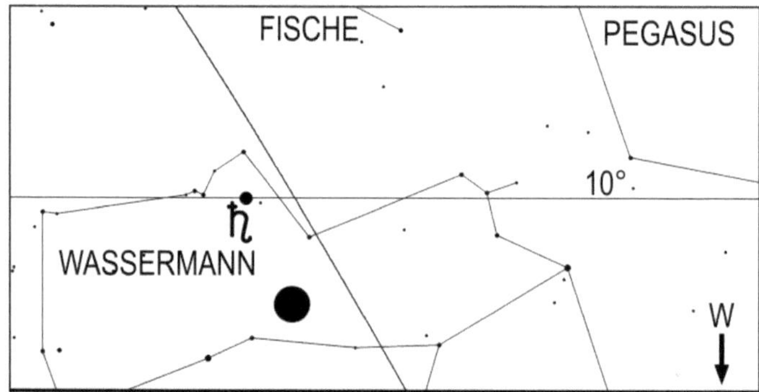

Mond und Saturn am Morgenhimmel des 17.9.2024 um 4 Uhr MEZ (5 Uhr MESZ)

Uranus setzt am 1. zu seiner Oppositionsschleife im Sternbild Stier an. Der grünliche Planet geht am 1. um 21.36 Uhr MEZ (22.36 Uhr MESZ), am 15. um 20.40 Uhr MEZ (21.40 Uhr MESZ) und am 30. um 19.41 Uhr MEZ (20.41 Uhr MESZ) auf und erreicht seine höchste Stellung im Süden am 1. um 5.21 Uhr MEZ (6.21 Uhr MESZ), am 15. um 4.25 Uhr MEZ (5.25 Uhr MESZ) und am 30. um 3.25 Uhr MEZ (4.25 Uhr MESZ). Uranus, dessen Helligkeit im September von 5,7 mag auf 5,6 mag anwächst, kann jetzt gut in den Morgenstunden mit einem Fernglas oder Fernrohr aufgesucht werden,

132

vielleicht ist bei klarem Himmel sogar eine freiäugige Beobachtung möglich
(Aufsuchkarte, Seite 162).

Neptun steht am 21. in Opposition zur Sonne. Der 7,8 mag helle Planet kann am
besten um Mitternacht beobachtet werden, wofür mindestens ein Fernglas nötig ist
(Aufsuchkarte, Seite 134).
Mit einem scheinbaren Durchmesser von 2,3" erscheint Neptun im Feldstecher als
Stern und in größeren Fernrohren als ein kleines, bläuliches Scheibchen.
Am 20. erreicht Neptun mit 4322369127 km seine geringste Entfernung zur Erde. Ein
Lichtstrahl braucht für diese Strecke etwas mehr als 4 Stunden.

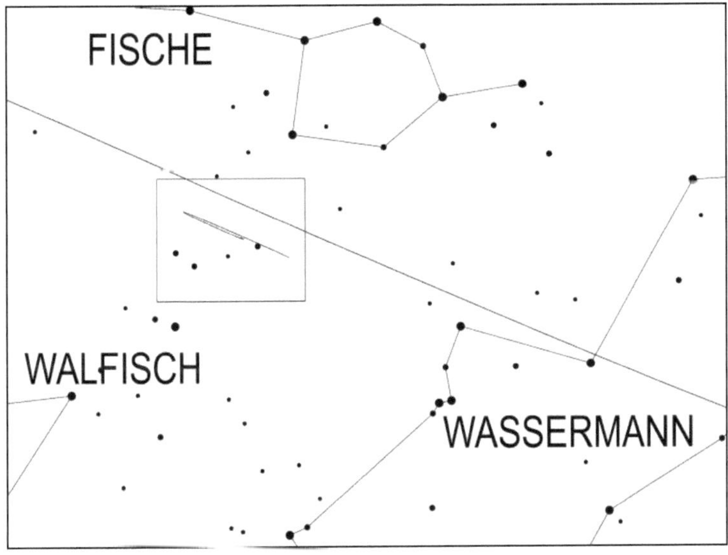

Übersichtskarte zum Aufsuchen des Planeten Neptun. Die nächste Sternkarte zeigt
vergrößert den rechteckigen Ausschnitt.

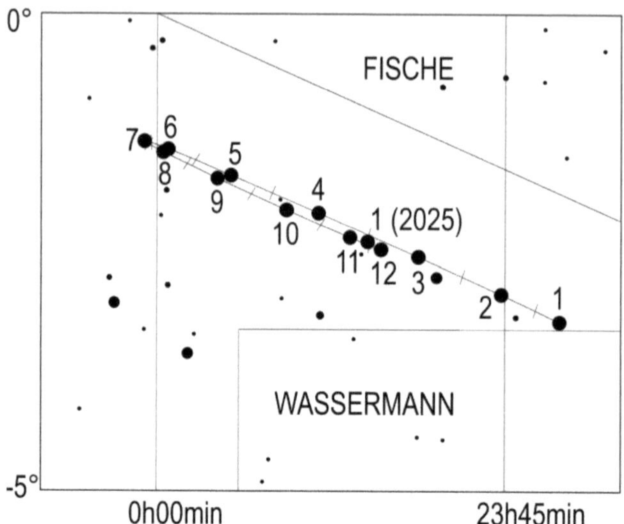

Lauf des Planeten Neptun im Jahr 2024. Die Zahl gibt die Position
am 1. des entsprechenden Monats an, also 4 die Position am 1.4.

Klein- und Zwergplaneten

Ceres kann nach Ende der Abenddämmerung bei guter Horizontsicht mit einem
Fernrohr aufgesucht werden. Der Zwergplanet, dessen Helligkeit im September von
8,5 mag auf 8,9 mag zurückgeht, versinkt am 1. um 23.17 Uhr MEZ (0.17 Uhr MESZ),
am 15. um 22.27 Uhr MEZ (23.27 Uhr MESZ) und am 30. um 21.41 Uhr MEZ (22.41
Uhr MESZ) unter dem Horizont und kann bis etwa eine Stunde zuvor beobachtet
werden (Aufsuchkarte, Seite 104).

Pallas wandert durch die südlichen Gebiete des Sternbildes Herkules und kann gegen
Ende der Abenddämmerung mit einem Fernrohr ab 10 Zentimeter Objektivöffnung
aufgestöbert werden (Aufsuchkarte, Seite 81). Der Kleinplanet, dessen Helligkeit in
diesem Monat von 10,1 mag auf 10,3 mag zurückgeht, versinkt am 1. um 1.10 Uhr
MEZ (2.10 Uhr MESZ), am 15. um 0.14 Uhr MEZ (1,14 Uhr MESZ) und am 30. um
23.14 Uhr MEZ (0.14 Uhr MESZ) unter dem Horizont.

Juno strebt ihrer Konjunktion mit der Sonne entgegen, welche sie im nächsten Monat
erreichen wird Sie kann in diesem Monat nicht beobachtet werden.

Vesta kann im September ebenfalls nicht beobachtet werden.

Periodische Sternschnuppenströme

Bis zum 5. sind noch die Alpha-Aurigiden aktiv, welche am 1. um 1 Uhr MEZ ihr
Maximum mit bis zu 4 Meteoren pro Stunde erreichen. Für mitteleuropäische Beobachter ist am 1. um 4 Uhr MEZ die beste Sichtbarkeitszeit, doch sind auch dann
höchstens zwei Meteore pro Stunde zu erwarten.
Die dünne, zu 4% beleuchtete Mondsichel geht eine halbe Stunde vorher auf und
dürfte bei der Beobachtung nicht stören.
Zwischen dem 5. und dem 21. sind die Epsilon-Perseiden beobachtbar. Dieser Strom
erreicht am 8. um 5 Uhr MEZ sein Maximum mit bis zu 3 Sternschnuppen pro Stunde
und ist am besten in der zweiten Nachthälfte zu sehen. Der zunehmende Mond geht
schon in den frühen Abendstunden unter und stört somit nicht bei seiner Beobachtung.
Während des ganzen Monats kann man die Pisciden beobachten, welche am 20. ihr
Maximum mit bis zu 2 Meteoren pro Stunde erreichen. Der zu 95% beleuchtete Mond
stört am Tag des Maximums bei ihrer Beobachtung beträchtlich, da er sich in der Nähe
des Radianten aufhält und fast während der gesamten Nacht über dem Horizont steht.
Ab dem 10. tauchen die ersten Nord Tauriden auf, denen am 20. die ersten Delta-
Aurigiden folgen.

Sonnenuntergang und Dämmerung

	Astr. Anf.	Naut. Anf.	Bürg. Anf.	Auf-gang	Kulm.	Unter-gang	Bürg. Ende	Naut. Ende	Astr. Ende	Zeitgl.
1.9.2024	3:40	4:25	5:06	5:40	12:24	19:07	19:41	20:21	21:06	0m00s
2.9.2024	3:42	4:26	5:08	5:41	12:24	19:05	19:39	20:19	21:03	-0m18s
3.9.2024	3:45	4:28	5:09	5:43	12:23	19:03	19:36	20:16	21:00	-0m37s
4.9.2024	3:47	4:30	5:11	5:44	12:23	19:01	19:34	20:14	20:58	-0m57s
5.9.2024	3:49	4:32	5:12	5:46	12:23	18:59	19:32	20:12	20:55	-1m17s
6.9.2024	3:51	4:33	5:14	5:47	12:22	18:56	19:30	20:09	20:52	-1m37s
7.9.2024	3:53	4:35	5:16	5:49	12:22	18:54	19:27	20:07	20:49	-1m58s
8.9.2024	3:55	4:37	5:17	5:50	12:22	18:52	19:25	20:04	20:47	-2m18s
9.9.2024	3:57	4:39	5:19	5:52	12:21	18:50	19:23	20:02	20:44	-2m39s
10.9.2024	3:59	4:40	5:20	5:53	12:21	18:48	19:21	20:00	20:41	-3m00s
11.9.2024	4:01	4:42	5:22	5:55	12:20	18:45	19:18	19:57	20:39	-3m21s
12.9.2024	4:02	4:44	5:23	5:56	12:20	18:43	19:16	19:55	20:36	-3m42s
13.9.2024	4:04	4:46	5:25	5:58	12:20	18:41	19:14	19:53	20:33	-4m03s
14.9.2024	4:06	4:47	5:27	5:59	12:19	18:39	19:12	19:50	20:31	-4m25s
15.9.2024	4:08	4:49	5:28	6:00	12:19	18:37	19:09	19:48	20:28	-4m46s
16.9.2024	4:10	4:51	5:30	6:02	12:19	18:34	19:07	19:46	20:26	-5m08s
17.9.2024	4:12	4:52	5:31	6:03	12:18	18:32	19:05	19:43	20:23	-5m29s
18.9.2024	4:14	4:54	5:33	6:05	12:18	18:30	19:02	19:41	20:21	-5m51s
19.9.2024	4:15	4:56	5:34	6:06	12:18	18:28	19:00	19:39	20:18	-6m12s
20.9.2024	4:17	4:57	5:36	6:08	12:17	18:25	18:58	19:36	20:16	-6m34s
21.9.2024	4:19	4:59	5:37	6:09	12:17	18:23	18:56	19:34	20:13	-6m55s
22.9.2024	4:21	5:01	5:39	6:11	12:17	18:21	18:53	19:32	20:11	-7m17s

	Astr. Anf.	Naut. Anf.	Bürg. Anf.	Auf-gang	Kulm.	Unter-gang	Bürg. Ende	Naut. Ende	Astr. Ende	Zeitgl.
23.9.2024	4:22	5:02	5:40	6:12	12:16	18:19	18:51	19:29	20:08	-7m38s
24.9.2024	4:24	5:04	5:42	6:14	12:16	18:17	18:49	19:27	20:06	-7m59s
25.9.2024	4:26	5:05	5:43	6:15	12:16	18:14	18:47	19:25	20:03	-8m20s
26.9.2024	4:28	5:07	5:45	6:17	12:15	18:12	18:44	19:23	20:01	-8m40s
27.9.2024	4:29	5:09	5:46	6:18	12:15	18:10	18:42	19:20	19:59	-9m01s
28.9.2024	4:31	5:10	5:48	6:20	12:14	18:08	18:40	19:18	19:56	-9m21s
29.9.2024	4:33	5:12	5:49	6:21	12:14	18:06	18:38	19:16	19:54	-9m41s
30.9.2024	4:34	5:13	5:51	6:23	12:14	18:04	18:36	19:14	19:52	-10m01s

Mondlauf

	Rektaszension	Deklination	Elong.	Phase	mag	Auf-gang	Kulm.	Unter-gang
So 1.9.2024	9h17m13,5s	19°16'20"	24,0°	0,04	-6,2	03:26	11:19	18:54
Mo 2.9.2024	10h03m59,0s	14°35'52"	12,8°	0,01	-5,1	04:39	12:02	19:08
Di 3.9.2024	10h48m06,4s	9°24'07"	2,7°	0 ●	-4	05:50	12:43	19:20
Mi 4.9.2024	11h30m24,9s	3°53'58"	9,7°	0,01	-4,8	06:58	13:22	19:31
Do 5.9.2024	12h11m48,1s	-1°43'17"	20,5°	0,03	-5,8	08:06	14:01	19:42
Fr 6.9.2024	12h53m11,3s	-7°17'29"	31,3°	0,07	-6,7	09:14	14:40	19:53
Sa 7.9.2024	13h35m30,4s	-12°38'47"	42,1°	0,13	-7,5	10:24	15:21	20:06
So 8.9.2024	14h19m40,7s	-17°36'56"	53,0°	0,2	-8,2	11:36	16:04	20:23
Mo 9.9.2024	15h06m34,1s	-22°00'22"	64,0°	0,28	-8,9	12:49	16:51	20:45
Di 10.9.2024	15h56m52,2s	-25°35'39"	75,1°	0,37	-9,4	14:02	17:42	21:17
Mi 11.9.2024	16h50m54,2s	-28°07'25"	86,6°	0,47 ◗	-9,9	15:11	18:37	22:01
Do 12.9.2024	17h48m22,1s	-29°19'41"	98,3°	0,57	-10,4	16:09	19:35	23:02
Fr 13.9.2024	18h48m13,9s	-28°58'36"	110,5°	0,67	-10,8	16:55	20:33	
Sa 14.9.2024	19h48m55,0s	-26°56'18"	123,0°	0,77	-11,2	17:28	21:31	00:18
So 15.9.2024	20h48m50,7s	-23°13'54"	136,1°	0,86	-11,6	17:52	22:27	01:45
Mo 16.9.2024	21h47m00,1s	-18°02'11"	149,7°	0,93	-12	18:11	23:21	03:15
Di 17.9.2024	22h43m10,8s	-11°40'17"	163,6°	0,98	-12,4	18:27		04:45
Mi 18.9.2024	23h37m53,0s	-4°33'15"	177,6°	1 ○	-12,8	18:42	00:13	06:15
Do 19.9.2024	0h32m03,2s	2°50'10"	167,9°	0,99	-12,6	18:58	01:04	07:46
Fr 20.9.2024	1h26m46,9s	9°59'50"	153,7°	0,95	-12,2	19:15	01:56	09:16
Sa 21.9.2024	2h23m01,9s	16°26'26"	139,8°	0,88	-11,8	19:37	02:50	10:47
So 22.9.2024	3h21m21,1s	21°43'49"	126,1°	0,8	-11,4	20:06	03:47	12:16
Mo 23.9.2024	4h21m35,0s	25°31'28"	113,0°	0,69	-11	20:47	04:45	13:39
Di 24.9.2024	5h22m43,7s	27°37'05"	100,2°	0,59 ◖	-10,5	21:41	05:45	14:47
Mi 25.9.2024	6h23m10,7s	27°58'29"	87,9°	0,48	-10	22:46	06:43	15:40
Do 26.9.2024	7h21m16,9s	26°43'12"	76,0°	0,38	-9,5	23:59	07:39	16:17
Fr 27.9.2024	8h15m55,0s	24°05'34"	64,3°	0,28	-8,9		08:30	16:43
Sa 28.9.2024	9h06m44,0s	20°22'38"	53,0°	0,2	-8,3	01:15	09:18	17:02
So 29.9.2024	9h54m01,2s	15°51'08"	41,8°	0,13	-7,6	02:28	10:01	17:17
Mo 30.9.2024	10h38m27,8s	10°45'52"	30,8°	0,07	-6,7	03:40	10:42	17:29

Jupitermond-Ereignisse

Datum	Uhrzeit (MEZ)	Mond	Erscheinung	Phase
1.9.2024	02:24:18	Io	Schattenvorübergang	Anfang
1.9.2024	03:44:08	Io	Durchgang	Anfang
1.9.2024	04:34:39	Io	Schattenvorübergang	Ende
1.9.2024	05:03:08	Europa	Schattenvorübergang	Anfang
1.9.2024	23:40:36	Io	Verfinsterung	Anfang
2.9.2024	03:13:26	Io	Bedeckung	Ende
3.9.2024	00:23:28	Io	Durchgang	Ende
3.9.2024	01:57:37	Europa	Verfinsterung	Ende
3.9.2024	02:08:08	Europa	Bedeckung	Anfang
3.9.2024	04:38:46	Europa	Bedeckung	Ende
4.9.2024	23:38:04	Europa	Durchgang	Ende
7.9.2024	01:14:01	Ganymed	Durchgang	Anfang
7.9.2024	03:12:16	Ganymed	Durchgang	Ende
8.9.2024	04:17:43	Io	Schattenvorübergang	Anfang
9.9.2024	01:34:39	Io	Verfinsterung	Anfang
9.9.2024	05:08:12	Io	Bedeckung	Ende
10.9.2024	00:06:54	Io	Durchgang	Anfang
10.9.2024	00:56:32	Io	Schattenvorübergang	Ende
10.9.2024	02:03:23	Europa	Verfinsterung	Anfang
10.9.2024	02:17:37	Io	Durchgang	Ende
10.9.2024	04:31:53	Europa	Verfinsterung	Ende
10.9.2024	04:43:28	Europa	Bedeckung	Anfang
10.9.2024	23:36:40	Io	Bedeckung	Ende
11.9.2024	23:28:20	Europa	Schattenvorübergang	Ende
11.9.2024	23:43:35	Europa	Durchgang	Anfang
12.9.2024	02:15:29	Europa	Durchgang	Ende
13.9.2024	23:45:34	Ganymed	Schattenvorübergang	Anfang
14.9.2024	01:41:48	Ganymed	Schattenvorübergang	Ende
14.9.2024	05:13:46	Ganymed	Durchgang	Anfang
16.9.2024	03:28:41	Io	Verfinsterung	Anfang
17.9.2024	00:39:29	Io	Schattenvorübergang	Anfang
17.9.2024	02:00:03	Io	Durchgang	Anfang
17.9.2024	02:50:02	Io	Schattenvorübergang	Ende
17.9.2024	04:10:47	Io	Durchgang	Ende
17.9.2024	04:37:21	Europa	Verfinsterung	Anfang
18.9.2024	01:30:11	Io	Bedeckung	Ende
18.9.2024	22:38:57	Io	Durchgang	Ende
18.9.2024	23:35:11	Europa	Schattenvorübergang	Anfang
19.9.2024	02:05:12	Europa	Schattenvorübergang	Ende
19.9.2024	02:18:47	Europa	Durchgang	Anfang
19.9.2024	04:50:40	Europa	Durchgang	Ende
20.9.2024	23:04:06	Europa	Bedeckung	Ende
21.9.2024	03:44:38	Ganymed	Schattenvorübergang	Anfang
21.9.2024	05:42:04	Ganymed	Schattenvorübergang	Ende
23.9.2024	05:22:41	Io	Verfinsterung	Anfang

Datum	Uhrzeit (MEZ)	Mond	Erscheinung	Phase
24.9.2024	02:32:56	Io	Schattenvorübergang	Anfang
24.9.2024	03:52:11	Io	Durchgang	Anfang
24.9.2024	04:43:35	Io	Schattenvorübergang	Ende
24.9.2024	22:55:17	Ganymed	Bedeckung	Anfang
24.9.2024	23:51:07	Io	Verfinsterung	Anfang
25.9.2024	00:54:19	Ganymed	Bedeckung	Ende
25.9.2024	03:22:35	Io	Bedeckung	Ende
25.9.2024	22:20:06	Io	Durchgang	Anfang
25.9.2024	23:12:00	Io	Schattenvorübergang	Ende
26.9.2024	00:30:52	Io	Durchgang	Ende
26.9.2024	02:11:42	Europa	Schattenvorübergang	Anfang
26.9.2024	04:42:00	Europa	Schattenvorübergang	Ende
26.9.2024	04:51:44	Europa	Durchgang	Anfang
27.9.2024	22:57:58	Europa	Verfinsterung	Ende
27.9.2024	23:03:32	Europa	Bedeckung	Anfang
28.9.2024	01:34:43	Europa	Bedeckung	Ende

Finsternisse

Am Morgen des 18. findet eine partielle Mondfinsternis statt, die in ihrer gesamten Länge in Mitteleuropa zu sehen ist. Für mitteleuropäische Beobachter versinkt an diesem Tag der Mond erst kurz nach dem ohnehin nicht beobachtbaren Austritt aus dem irdischen Halbschatten unter dem Horizont. Allerdings befinden sich selbst zum Höhepunkt dieser Finsternis nur 3,3% der Mondfläche im irdischen Kernschatten, sodass sie nicht sehr spektakulär ist.

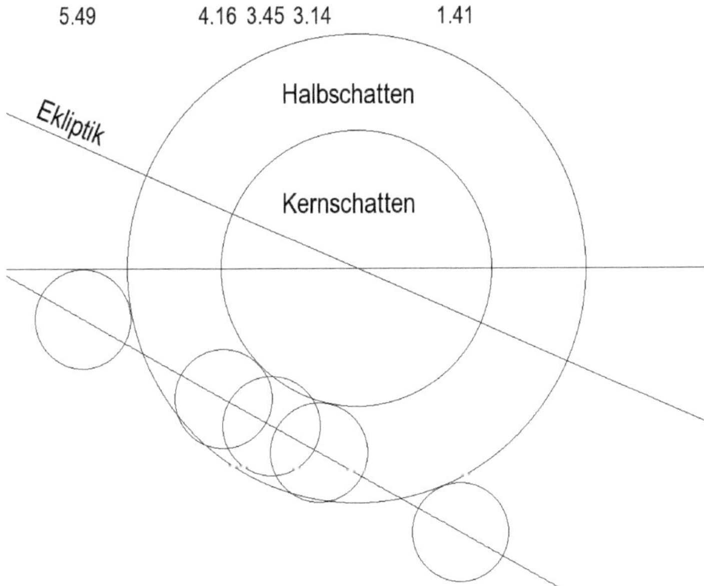

Verlauf der partiellen Mondfinsternis vom 18.9.2024. Alle Zeiten in MEZ. Norden ist oben und Osten links

Monduntergang für verschiedene Orte im deutschsprachigen Raum am 18.9.2024 (alle Zeiten in MEZ)

Bern	Berlin	Dresden	Frankfurt	Hamburg	Hannover
6:23	5:56	5:55	6:17	6:10	6:11

Köln	Leipzig	München	Nürnberg	Stuttgart	Wien
6:24	6:01	6:05	6:07	6:15	5:45

Oktober

Sternenhimmel

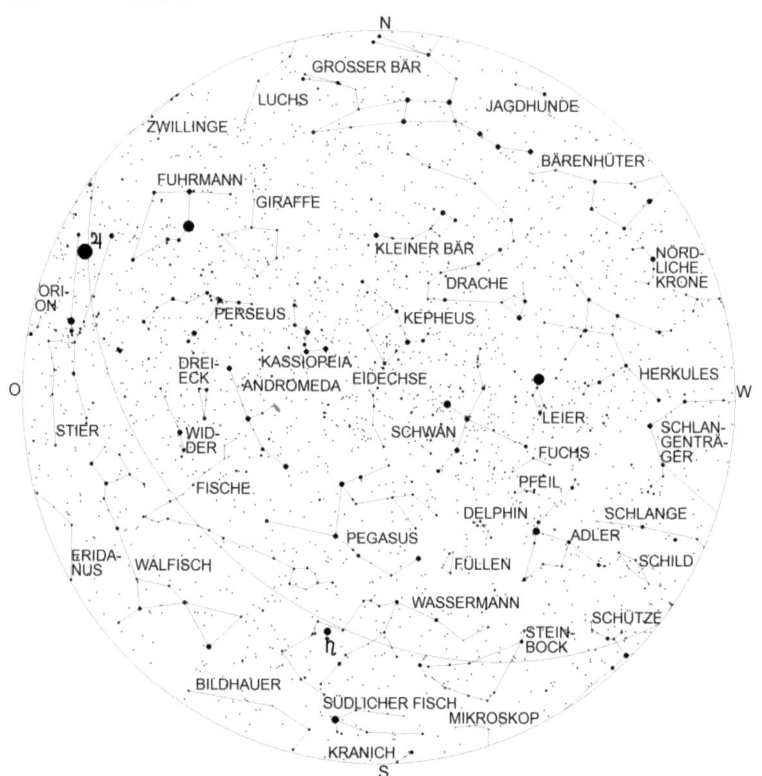

Gültig für

1.7. 4 Uhr	15.7. 3 Uhr
1.8. 2 Uhr	15.8. 1 Uhr
1.9. 0 Uhr	15.9. 23 Uhr
1.10. 22 Uhr	15.10. 21 Uhr
1.11. 20 Uhr	15.11. 19 Uhr
1.12. 18 Uhr	15.12. 17 Uhr

Der südliche Teil des Himmels wird von den fast nur aus lichtschwachen Sternen bestehenden Sternbildern Wassermann, Steinbock, Fische, Walfisch, Südlicher Fisch, Bildhauer und Mikroskop eingenommen. In diesen Konstellationen existieren nur ein Stern erster Größe, Fomalhaut im Südlichen Fisch und zwei Sterne zweiter Größe, Menkar und Deneb Kaitos im Walfisch. Allerdings erkennt man in diesem Jahr auch einen hellen „Stern" im Sternbild Wassermann, welcher der Planet Saturn ist.
Über diesen Sternbildern erblickt man den Pegasus und die Andromeda, von der ein Stern, Sirrah, zusammen mit 3 Sternen des Pegasus das Herbstviereck bilden. Bei klarem Himmel kann man schon mit bloßem Auge den Andromedanebel, der auch als M31 bekannt ist, sehen. Man findet ihn leicht, wenn man den mittleren hellen Stern der Andromeda, Mirach, als Ausgangspunkt nimmt und der dort in nördliche Richtung abzweigenden Sternenkette folgt. Westlich des 2. und letzten Sterns dieser Kette sieht man ein kleines Nebelfleckchen mit einer Helligkeit von 3,5 mag – den Andromedanebel. Er ist mit einer Entfernung von 2,5 Millionen Lichtjahren das weiteste Objekt, welches man mit bloßem Auge sehen kann und eine der nächsten Galaxien.
Mit einem Durchmesser von 140000 Lichtjahren ist der Andromedanebel bedeutend größer als unser Milchstraßensystem. Wenn man den Andromedanebel mit einem Fernrohr, dass über einen sogenannten Sucher verfügt, aufsucht, wird man feststellen, dass er im Sucher auch nicht viel kleiner erscheint als bei starker Vergrößerung. Schuld daran ist der Umstand, dass derartige Nebel nicht wie der Mond und Planeten scharf umgrenzte Objekte mit hoher Leuchtdichte sind, sondern Objekte geringer Leuchtdichte mit unscharfer Umgrenzung. Eine starke Vergrößerung bewirkt bei derartigen Objekten, dass die Helligkeit über einen größeren Bereich des Gesichtsfeldes verteilt wird, was das Erkennen desselben erschweren bis unmöglich machen kann.
In der Andromeda befindet sich auch ein schöner Doppelstern, Alamak. Er besteht aus einem 2,3 mag hellem orangerotem Stern mit einem blauem, 4,8 mag hellem Begleiter in 9,6" Abstand. Schon ein Fernrohr mit 5 cm Öffnung zeigt diesen Doppelstern mit seinem schönen Farbkontrast getrennt. Der Begleiter kann mit einem großen Fernrohr ebenfalls in 2 Sterne aufgelöst werden. Der hellere dieser Sterne ist wiederum ein Doppelstern, was aber nur spektroskopisch nachweisbar ist.
Insgesamt ist Alamak also ein vierfaches Sternsystem.
Östlich der Andromeda findet man den Widder und das Dreieck, zwei kleine aber relativ markante Sternbilder. In letzteren befindet sich eine weitere Nachbargalaxie unserer Milchstraße, welche die Bezeichnung M33 trägt. M33 hat eine Helligkeit von 5,5 mag, was sie eigentlich zu einem leichten Beobachtungsobjekt machen müsste. Trotzdem ist diese Galaxie nicht leicht aufzufinden, weil sie über eine geringe Flächenhelligkeit verfügt. Bei Verwendung hoher Vergrößerung kann man deshalb M33 leicht übersehen, auch wenn ein großes Fernrohr eingesetzt wird.
Im Gebiet zwischen Pegasus, Schwan und Adler, der schon deutlich im Südwesten steht, erblickt man die kleinen Sternbilder Füllen, Delphin, Pfeil und Fuchs, von denen nur Pfeil und Delphin über hellere Sterne verfügen.
Im Delphin befindet sich ein schöner Doppelstern, Gamma (γ) Delphini, der schon in Fernrohren mit 5 cm Objektivöffnung getrennt werden kann. Er besteht aus einem 4,3 mag hellem, orangerotem und einem 5,1 mag hellem, weißgelben Stern in 9" Abstand.

Beide Sterne umkreisen einander in 3249 Jahren. Die Entfernung von Gamma
Delphini zur Erde beträgt 101 Lichtjahre.
Im Südwesten versinken gerade der Schütze, die Schlange und der Schlangenträger
unter dem Horizont. Auch Arktur im Bärenhüter ist schon untergegangen, während
sich die Nördliche Krone noch über dem Horizont hält.
Im Osten kommen schon die ersten Wintersternbilder über den Horizont. So ist der
Stier mit dem hellen Planeten Jupiter und der Fuhrmann schon vollständig zu sehen.
Bald werden auch die Zwillinge und der Orion über dem Horizont erscheinen.

Herbststernbilder

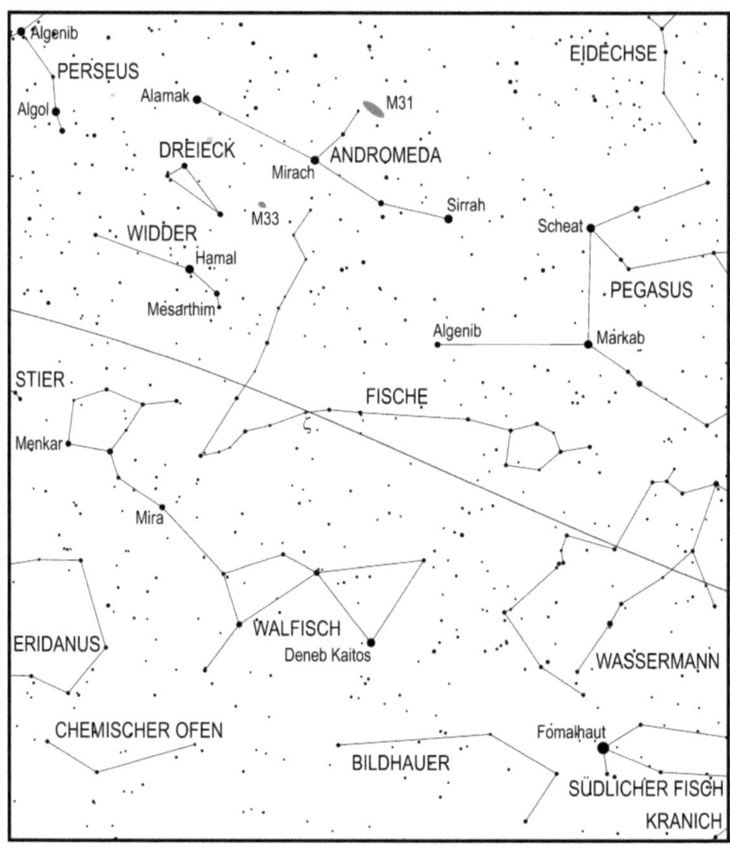

Astronomische Ereignisse

Datum	Uhrzeit	Ereignis	Elongation
1.10.2024	02:05:55	Mond 3,5° südlich Vesta	18,2°
2.10.2024	12:51:32	Mond im absteigenden Knoten	
2.10.2024	14:48:08	Merkur 1,8° südlich Porrima	1,7°
2.10.2024	19:46:13	Ringförmige Sonnenfinsternis, in Mitteleuropa nicht sichtbar	
2.10.2024	19:49:30	Neumond	-1,1°
2.10.2024	20:39:05	Mond im Apogäum	
2.10.2024	23:42:22	Mond 4,2° südlich Porrima	2,2°
3.10.2024	00:50:18	Mond 2,4° südlich Merkur	2°
3.10.2024	23:17:06	Mond 8,2° südlich Juno	10,8°
4.10.2024	00:22:37	Mond 5,6' südlich Spika	13,1°
5.10.2024	22:34:26	Mond 3,7° südlich Venus	32,4°
5.10.2024	22:46:32	Mond 4,6° südlich Zuben-el-dschenubi	32,3°
6.10.2024	00:56:27	Venus 53' südlich Zuben-el-dschenubi	32,2°
7.10.2024	08:27:44	Mond 6° südlich Akrab	49°
7.10.2024	21:39:25	Mond 55' südlich Antares	55,2°
8.10.2024	03:30:21	Mond 36,1° südlich Pallas	58,5°
8.10.2024	03:30:53	Ceres 4° südlich Nunki	87,1°
9.10.2024	08:10:30	Jupiter stationär, dann rückläufig	
9.10.2024	13:13:55	Juno 8° nördlich Spika	7°
9.10.2024	16:16:09	Merkur 2,65° nördlich Spika	6,4°
9.10.2024	17:06:59	Merkur 5,35° südlich Juno	6,4°
9.10.2024	22:44:32	Mond in größter Südbreite	
10.10.2024	09:11:57	Mond 2,3° südlich Nunki	85°
10.10.2024	10:09:12	Mond 1,6° nördlich Ceres	85,4°
10.10.2024	19:55:18	Erstes Viertel	
11.10.2024	15:16:45	Mond 2,6° südlich Pluto	100,3°
11.10.2024	22:05:02	Mond 10,4° südlich Beta Capricorni	102,9°
12.10.2024	02:59:18	Pluto stationär, dann rechtläufig	
13.10.2024	06:42:59	Merkur im absteigenden Knoten	
13.10.2024	09:47:27	Mond 1,7° südlich Delta Capricorni	122,7°
14.10.2024	18:15:51	Mond 59' südlich Saturn	141,2°
15.10.2024	17:22:38	Mond 33' südlich Neptun	154,8°
15.10.2024	18:05:03	Mars 9,3° südlich Kastor	90,7°
16.10.2024	08:04:57	Mond im aufsteigenden Knoten	
16.10.2024	16:17:59	Juno in Konjunktion zur Sonne	5,8°
17.10.2024	01:52:33	Mond im Perigäum	
17.10.2024	12:26:36	Vollmond	
18.10.2024	06:33:37	Mond 8,3° südlich Hamal	163,9°
19.10.2024	16:16:49	Mond 3,45° nördlich Uranus	149,4°
19.10.2024	20:39:45	Mond 39' südlich der Plejaden	146,35°

Datum	Uhrzeit	Ereignis	Elongation
20.10.2024	16:02:28	Mond 9,4° nördlich Aldebaran	136,1°
21.10.2024	03:19:33	Venus 2,3° südlich Akrab	35,4°
21.10.2024	07:03:45	Mars 5,7° südlich Pollux	93,75°
21.10.2024	10:09:25	Mond 5,2° nördlich Jupiter	126,9°
21.10.2024	12:23:00	Mond 1,1° südlich Elnath	125,5°
22.10.2024	06:46:26	Mond 5,7° nördlich Eta Geminorum	115,5°
22.10.2024	10:26:21	Mond 5,4° nördlich Mü Geminorum	113,8°
22.10.2024	11:18:18	Mond in größter Nordbreite	
22.10.2024	15:31:28	Mond 11,1° nördlich Alhena	110,1°
22.10.2024	17:29:48	Mond 2,3° nördlich Epsilon Geminorum	109,5°
23.10.2024	15:08:00	Mond 6° südlich Kastor	99,1°
23.10.2024	15:44:50	Merkur im Aphel (Abstand Sonne-Merkur: 69817793 km)	
23.10.2024	18:41:55	Mond 2,6° südlich Pollux	96,8°
23.10.2024	20:16:32	Mond 3,1° nördlich Mars	95,2°
24.10.2024	02:29:17	Merkur 1,6° südlich Zuben-el-dschenubi	14,3°
24.10.2024	09:03:11	Letztes Viertel	
24.10.2024	19:09:04	Mond 2,2° nördlich M44	84,3°
25.10.2024	20:02:06	Venus 3,1° nördlich Antares	36,8°
26.10.2024	16:12:03	Mond 1,9° nördlich Regulus	63,5°
29.10.2024	16:04:47	Mond 6,1° südlich Vesta	31,8°
29.10.2024	18:43:37	Mond im absteigenden Knoten	
30.10.2024	00:23:52	Mond im Apogäum	
30.10.2024	04:22:01	Mond 3,9° südlich Porrima	25,2°
30.10.2024	15:18:27	Venus im Aphel (Abstand Sonne-Venus: 108937897 km)	
31.10.2024	05:01:07	Mond 8,5' nördlich Spika	14,2°

Planeten

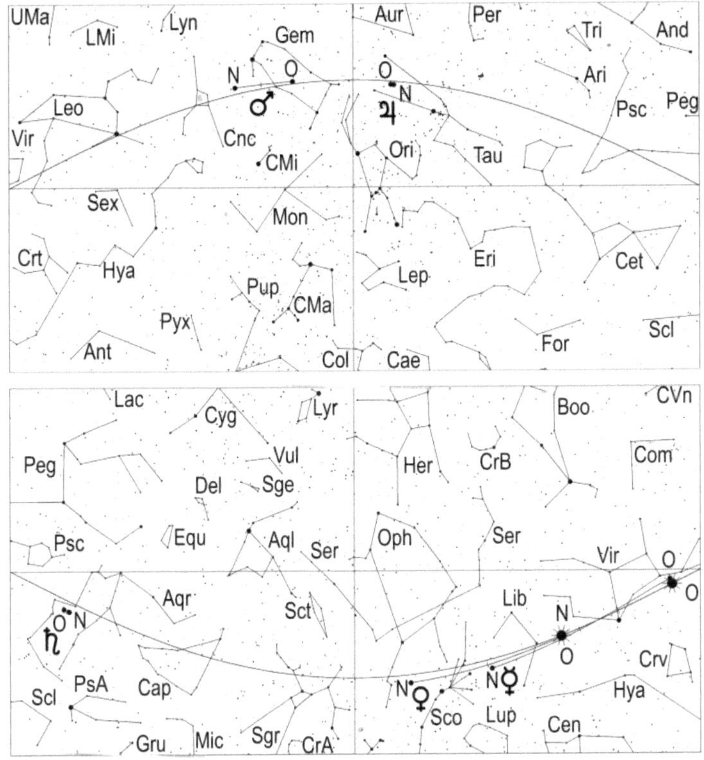

Merkur stand am letzten Tag des Vormonats in oberer Konjunktion zur Sonne und ist in diesem Monat nicht zu sehen.

Venus wandert durch die Waage und den Skorpion in den Schlangenträger und wird endlich zu einem auffälligen Objekt am Abendhimmel. Am 1. versinkt der Abendstern um 19 Uhr MEZ (20 Uhr MESZ) – 58 Minuten nach der Sonne, am 15. um 18.43 Uhr MEZ (19.43 Uhr MESZ) – 71 Minuten nach der Sonne und am 31. um 18.36 Uhr MEZ – 94 Minuten nach der Sonne – unter dem Horizont.
Die Helligkeit der Venus steigt im Oktober leicht von -3,9 mag auf -4,0 mag an. Im Fernrohr erkennt man, dass das Venusscheibchen im Laufe des Monats größer wird und dass dessen beleuchteter Anteil abnimmt: am 1. ist dieses zu 85% beleuchtet, wobei dessen Durchmesser 12,2" beträgt und am Monatsletzten misst das zu 77% beschienene Scheibchen 14,2" im Durchmesser.

145

Am 6. passiert Venus Zuben-el-dschenubi in 53' südlichem Abstand. An Akrab
wandert sie am 21. 2,3° südlich und an Antares am 25. 3,1° nördlich vorbei. Alle diese
drei Sterne sind an den Tagen ihrer Konjunktion mit Venus nicht freiäugig sichtbar.
In der Abenddämmerung des 5. findet man die zunehmende Mondsichel unterhalb des
Abendsterns.

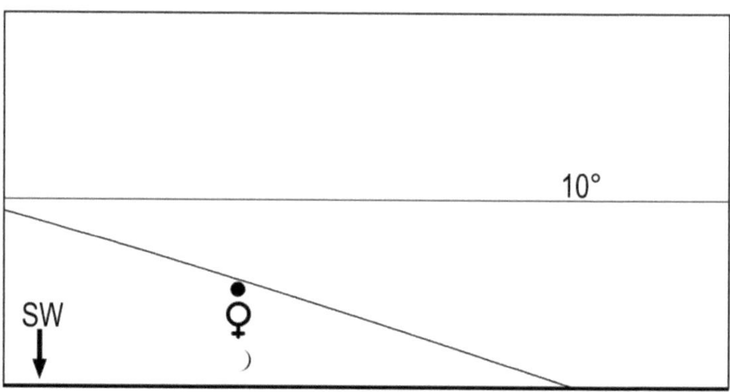

Mond und Venus am 5.10.2024 um 18.10 Uhr MEZ (19.10 Uhr MESZ)

Mars wandert durch die Zwillinge und wechselt zum Monatsende in das Sternbild
Krebs. Hierbei zieht er am 15. 9,3° südlich an Kastor und am 21. 5,7° südlich an
Pollux vorbei. Am Abend des 23. passiert der abnehmende Halbmond Mars in 3,1°
nördlichem Abstand.
Der rote Planet, dessen Helligkeit in diesem Monat von 0,5 mag auf 0,0 mag zunimmt,
erscheint am 1. um 22.39 Uhr MEZ (23.39 Uhr MESZ), am 15. um 22.18 Uhr MEZ
(23.18 Uhr MESZ) und am 31. um 21.49 Uhr MEZ über dem Horizont. Im Laufe des
Monats nimmt sein Scheibchendurchmesser von 7,5" auf 9,2" zu, womit er jetzt für
Fernrohrbeobachtungen interessant wird. Im Fernrohr bemerkt man, dass sein
Scheibchen nicht rund ist, sondern dem Mond etwa 3 Tage vor Vollmond ähnelt, denn
es ist am Monatsbeginn zu 87% und am Monatsende zu 89% beleuchtet.

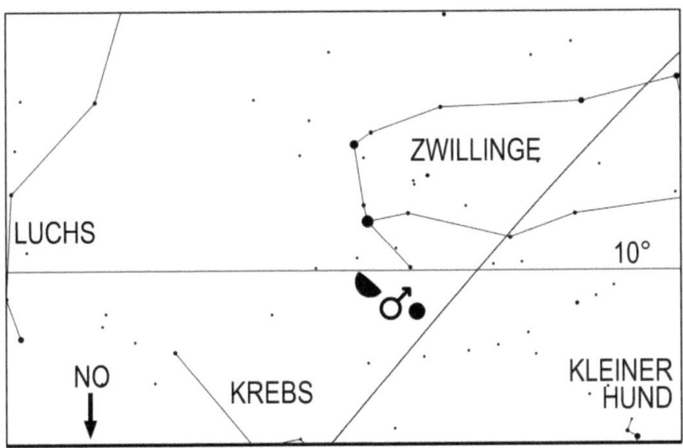

Mond und Mars am 23.10.2024 um 23 Uhr MEZ (24 Uhr MESZ)

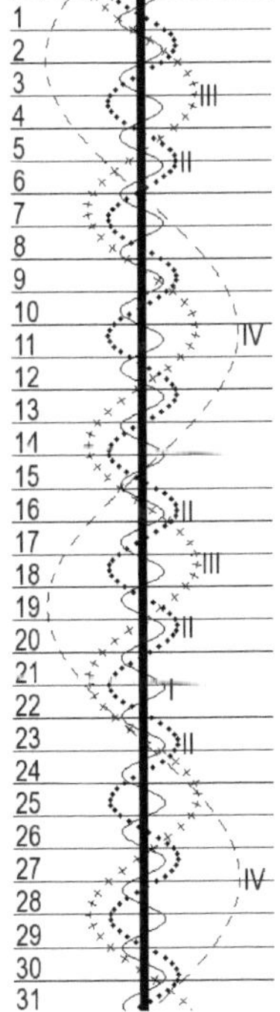

Stellung der 4 hellen
Jupitermonde im
Oktober 2024

Jupiter setzt am 9. zu seiner Oppositionsschleife im Sternbild Stier an und erscheint am 1. um 21 Uhr MEZ (22 Uhr MESZ), am 15. um 20.05 Uhr MEZ (21.05 Uhr MESZ) und am 31. um 18.59 Uhr MEZ über dem Horizont. Er steht somit zum Monatsende während großer Teile der Nacht über dem Horizont.
Seine Helligkeit steigt im Oktober von -2,5 mag auf -2,7 mag an und sein Scheibchendurchmesser nimmt im Laufe des Monats von 42,1" auf 46,1" zu.
In den Morgenstunden des 21. erblickt man den abnehmenden Mond in der Nachbarschaft von Jupiter.

Saturn wandert rückläufig durch den Wassermann und versinkt am 1. um 4.12 Uhr MEZ (5.12 Uhr MESZ), am 15. um 3.13 Uhr MEZ (4.13 Uhr MESZ) und am 31. um 2.06 Uhr MEZ unter dem Horizont.
Seine Helligkeit nimmt im Oktober von 0,6 mag auf 0,8 mag ab und der Durchmesser seines Scheibchens geht im Verlauf des Monats von 19,1" auf 18,4" zurück. Im Fernrohr erscheint sein Ringsystem unter einem flachen Winkel von 5°.
Am Abend des 14. wandert der Mond an Saturn vorbei.

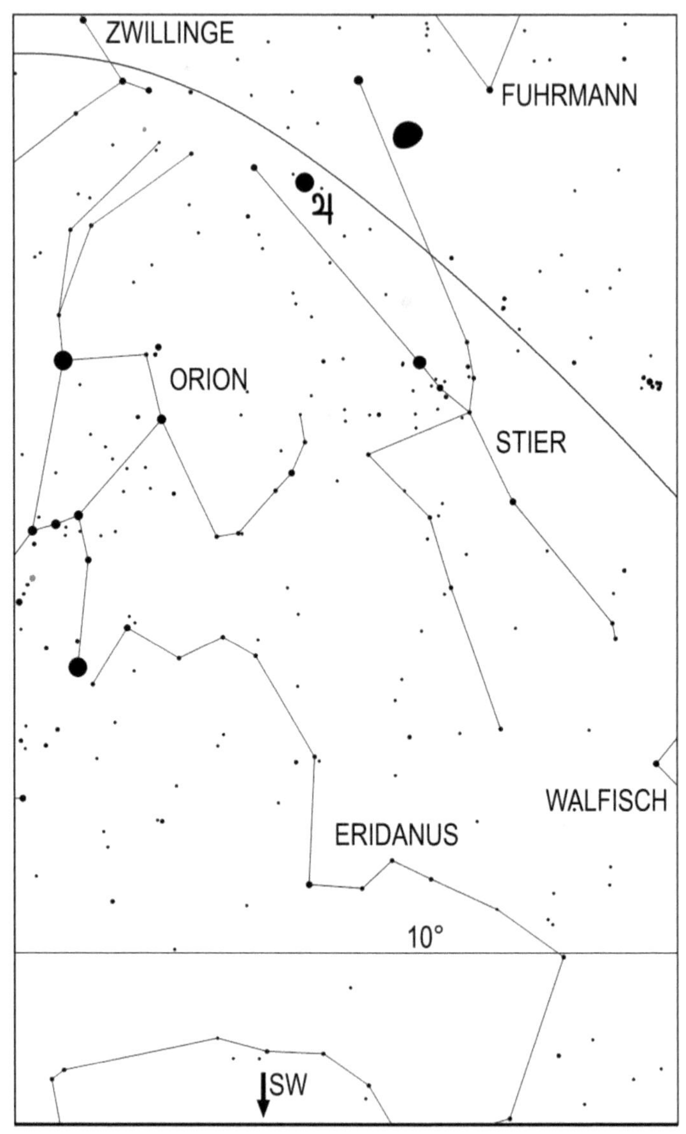

Mond und Jupiter am 21.10.2024 um 5.30 Uhr MEZ (6.30 Uhr MESZ)

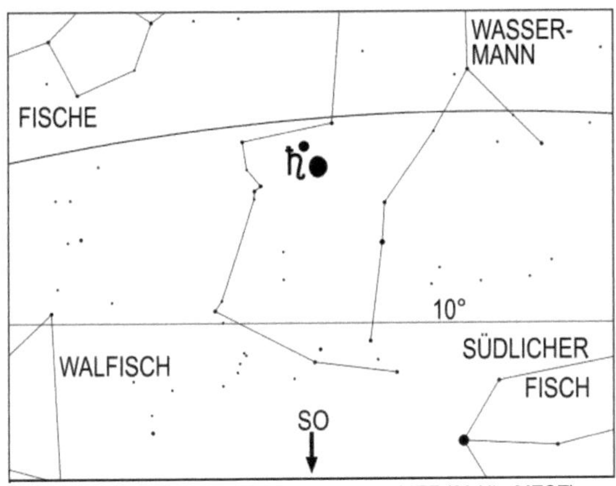

Mond und Saturn am 14.10.2024 um 19 Uhr MEZ (20 Uhr MESZ)

Uranus, rückläufig im Stier, strebt seiner Opposition entgegen. Der grünliche, 5,6 mag helle Planet geht am 1. um 19.37 Uhr MEZ (20.37 Uhr MESZ), am 15. um 18.40 Uhr MEZ (19.40 Uhr MESZ) und am 31. um 17.36 Uhr MEZ auf und kann am besten in den ersten Stunden nach Mitternacht beobachtet werden (Aufsuchkarte, Seite 162). Zur Beobachtung genügt ein einfaches Fernglas, vielleicht ist er sogar bei klarem, dunklem Himmel mit bloßem Auge als schwacher Stern erkennbar.

Neptun, rückläufig im Sternbild Fische, kann mit einem Fernglas oder einem Fernrohr am Abend beobachtet werden (Aufsuchkarte, Seite 134).
Zu Monatsbeginn erreicht der 7,8 mag helle Planet seinen höchsten Stand um 23.35 Uhr MEZ (0.35 Uhr MESZ) und geht um 5.33 Uhr MEZ (6.33 Uhr MESZ) unter. Zur Monatsmitte erfolgt seine Kulmination um 22.39 Uhr MEZ (23.39 Uhr MESZ) und sein Untergang um 4.35 Uhr MEZ (5.35 Uhr MESZ). Am Monatsende kulminiert Neptun um 21.34 Uhr MEZ und versinkt um 3.31 Uhr MEZ unter dem Horizont.

Klein- und Zwergplaneten

Ceres wandert rechtläufig durch das Sternbild Schütze und kann bei guter Horizontsicht gegen Ende der Abenddämmerung mit einem Fernrohr aufgesucht werden (Aufsuchkarte, Seite 104). Der Zwergplanet, dessen Helligkeit im Oktober von 8,9 mag auf 9,2 mag zurückgeht, versinkt am 1. um 21.38 Uhr MEZ (22.38 Uhr MESZ), am 15. um 21 Uhr MEZ (22 Uhr MESZ) und am 31. um 20.21 Uhr MEZ unter dem Horizont.

Pallas läuft vom Herkules in den Schlangenträger und geht am 1. um 23.11 Uhr MEZ (0.11 Uhr MESZ), am 15. um 22.22 Uhr MEZ (23.22 Uhr MESZ) und am 31. um 21.31 Uhr MEZ unter. Der Kleinplanet, dessen Helligkeit im Laufe des Monats von 10,3 mag auf 10,4 mag zurückgeht, kann zum Ende der Abenddämmerung mit einem Fernrohr ab 10 Zentimeter Objektivöffnung aufgesucht werden (Aufsuchkarte, Seite 81).

Juno steht am 16. in Konjunktion zur Sonne und ist in diesem Monat nicht zu sehen.

Vesta wird im Laufe des Monats wieder am Morgenhimmel sichtbar. Der 8,1 mag helle Kleinplanet, der sich im Sternbild Jungfrau aufhält, erscheint am 10. um 4.05 Uhr MEZ (5.05 Uhr MESZ) über dem Horizont. Etwa eine Stunde später steht Vesta so hoch über dem Horizont, dass eine Suche nach ihr in der beginnenden Dämmerung mit einem Fernrohr erfolgversprechend sein kann. In der Folgezeit verfrüht sich ihr Aufgang auf 3.52 Uhr MEZ (4.52 Uhr MESZ) am 20. und auf 3.37 Uhr MEZ am 31., während sich der Sonnenaufgang verspätet, was die Bedingungen zur Beobachtung von Vesta verbessert (Aufsuchkarte, Seite 180).

Pluto, im Westteil des Steinbocks, beendet am 12. seine Oppositionsschleife, weshalb er in diesem Monat erwähnt wird. Er ist mit einer Helligkeit von 14,4 mag nur in Fernrohren mit mindestens 30 cm Durchmesser sichtbar (Aufsuchkarte, Seite 105).

Periodische Sternschnuppenströme

Vom 2. bis zum 16. kann man die Draconiden beobachten, die ihr Maximum am 8. um 14 Uhr MEZ erreichen. Ihre maximale Rate beträgt etwa ein Meteor pro Stunde, doch gab es in der Vergangenheit, wie 1933, Ausbrüche mit bis zu 10000 Meteoren pro Stunde. Am besten sind die Draconiden am 8. um 20 Uhr MEZ zu sehen, weil dann ihr Radiant die größte Höhe während der Nachtstunden über dem Horizont hat, doch ist ihre Beobachtung, weil der Radiant zirkumpolar ist, während der ganzen Nacht möglich. Die zunehmende Mondsichel geht an diesem Tag schon in den frühen Abendstunden unter und stört nicht bei den Beobachtungen.
Die Delta-Aurigiden erreichen am 4. um 3 Uhr MEZ ihr flaches Maximum mit bis zu 3 Meteoren pro Stunde. Sie können am besten kurz vor Beginn der Morgendämmerung desselben Tages beobachtet werden. Da die dünne, zunehmende Mondsichel schon in der Abenddämmerung untergeht, gibt es keine mondbedingten Störungen, sodass bis zu 2 Delta-Aurigiden pro Stunde zu erwarten sind. Die Delta-Aurigiden sind bis zum 18. aktiv.
Zwischen dem 2.10. und dem 7.11. treten die Orioniden auf. Sie gehören zu den sehr schnellen Meteoren und erreichen am 21. um 22 Uhr MEZ ihr Maximum mit bis zu 23 Meteoren pro Stunde. Mitteleuropäische Beobachter können von diesem Schwarm am Morgen des 22. um 5 Uhr MEZ etwa 2 Meteore pro Stunden sichten.
Der zu 74% beleuchtete, abnehmende Mond hält sich in der Nähe des Radianten auf und beeinträchtigt ihre Beobachtung in hohem Maße.
Ein weiterer, allerdings schwacher Meteorstrom sind die Epsilon Geminiden, die zwischen dem 14. und dem 27. auftreten und ihr Maximum am 19. um 7 Uhr MEZ mit bis zu 3 Meteoren pro Stunde erreichen. Für mitteleuropäische Beobachter ist der beste Zeitpunkt für ihre Beobachtung am selben Tag um 5 Uhr MEZ. Es ist etwa ein Meteor pro Stunde zu erwarten. Der Mond ist an diesem Tag zu 95% beleuchtet und

steht zur besten Beobachtungszeit hoch über dem Horizont, sodass er die Beobachtungen beträchtlich stört.

Ferner erreichen die Süd-Tauriden am 11. ihr Maximum, wobei bis zu 3 Meteore pro Stunde auftreten können. Der zunehmende Halbmond versinkt an diesem Tag gegen Ende der ersten Nachthälfte unter dem Horizont und stört nicht, denn die Beobachtung der Süd-Tauriden ist wegen zu geringer Höhe des Radianten erst in der zweiten Nachthälfte sinnvoll.

Ab dem 20. kann man die ersten Nord-Tauriden beobachten.

Sonnenuntergang und Dämmerung

	Astr. Anf.	Naut. Anf.	Bürg. Anf.	Auf-gang	Kulm.	Unter-gang	Bürg. Ende	Naut. Ende	Astr. Ende	Zeitgl.
1.10.2024	4:36	5:15	5:53	6:24	12:14	18:02	18:33	19:11	19:50	-10m20s
2.10.2024	4:38	5:17	5:54	6:26	12:13	17:59	18:31	19:09	19:47	-10m39s
3.10.2024	4:39	5:18	5:56	6:27	12:13	17:57	18:29	19:07	19:45	-10m58s
4.10.2024	4:41	5:20	5:57	6:29	12:13	17:55	18:27	19:05	19:43	-11m17s
5.10.2024	4:43	5:21	5:59	6:30	12:12	17:53	18:25	19:03	19:41	-11m35s
6.10.2024	4:44	5:23	6:00	6:32	12:12	17:51	18:23	19:00	19:38	-11m53s
7.10.2024	4:46	5:24	6:02	6:34	12:12	17:49	18:21	18:58	19:36	-12m10s
8.10.2024	4:48	5:26	6:03	6:35	12:11	17:47	18:19	18:56	19:34	-12m27s
9.10.2024	4:49	5:27	6:05	6:37	12:11	17:45	18:17	18:54	19:32	-12m43s
10.10.2024	4:51	5:29	6:06	6:38	12:11	17:43	18:15	18:52	19:30	-13m00s
11.10.2024	4:53	5:31	6:08	6:40	12:11	17:41	18:12	18:50	19:28	-13m15s
12.10.2024	4:54	5:32	6:09	6:42	12:10	17:38	18:10	18:48	19:26	-13m30s
13.10.2024	4:56	5:34	6:11	6:43	12:10	17:36	18:08	18:46	19:24	-13m45s
14.10.2024	4:57	5:35	6:12	6:45	12:10	17:34	18:07	18:44	19:22	-13m59s
15.10.2024	4:59	5:37	6:14	6:46	12:10	17:32	18:05	18:42	19:20	-14m13s
16.10.2024	5:00	5:38	6:15	6:48	12:09	17:30	18:03	18:40	19:18	-14m26s
17.10.2024	5:02	5:40	6:17	6:50	12:09	17:28	18:01	18:38	19:16	-14m39s
18.10.2024	5:04	5:41	6:18	6:51	12:09	17:26	17:59	18:36	19:14	-14m51s
19.10.2024	5:05	5:43	6:20	6:53	12:09	17:24	17:57	18:34	19:12	-15m02s
20.10.2024	5:07	5:44	6:21	6:55	12:09	17:22	17:55	18:32	19:10	-15m13s
21.10.2024	5:08	5:46	6:23	6:56	12:09	17:20	17:53	18:30	19:08	-15m23s
22.10.2024	5:10	5:47	6:24	6:58	12:08	17:18	17:51	18:29	19:06	-15m32s
23.10.2024	5:11	5:49	6:26	6:59	12:08	17:17	17:50	18:27	19:05	-15m41s
24.10.2024	6:13	5:50	6:28	7:01	12:08	17:15	17:48	18:25	19:03	-15m49s
25.10.2024	5:14	5:52	6:29	7:03	12:08	17:13	17:46	18:23	19:01	-15m56s
26.10.2024	5:16	5:53	6:31	7:04	12:08	17:11	17:44	18:22	18:59	-16m03s
27.10.2024	5:17	5:55	6:32	7:06	12:08	17:09	17:43	18:20	18:58	-16m08s
28.10.2024	5:19	5:56	6:34	7:08	12:08	17:07	17:41	18:18	18:56	-16m13s
29.10.2024	5:20	5:58	6:35	7:09	12:08	17:05	17:39	18:17	18:54	-16m18s
30.10.2024	5:22	5:59	6:37	7:11	12:08	17:04	17:38	18:15	18:53	-16m21s
31.10.2024	5:23	6:01	6:39	7:13	12:08	17:02	17:36	18:14	18:51	-16m24s

Mondlauf

	Rektaszension	Deklination	Elong.	Phase	mag	Auf-gang	Kulm.	Unter-gang
Di 1.10.2024	11h20m55,5s	5°19'33"	19,8°	0,03	-5,8	04:48	11:22	17:40
Mi 2.10.2024	12h02m19,4s	-0°16'40"	8,9°	0,01 ●	-4,7	05:56	12:00	17:51
Do 3.10.2024	12h43m34,5s	-5°52'35"	1,9°	0	-3,9	07:04	12:39	18:02
Fr 4.10.2024	13h25m34,7s	-11°18'05"	12,8°	0,01	-5,1	08:13	13:20	18:14
Sa 5.10.2024	14h09m11,8s	-16°22'37"	23,7°	0,04	-6,1	09:25	14:02	18:29
So 6.10.2024	14h55m13,1s	-20°54'34"	34,6°	0,09	-7	10:37	14:48	18:50
Mo 7.10.2024	15h44m15,4s	-24°40'57"	45,7°	0,15	-7,8	11:51	15:37	19:18
Di 8.10.2024	16h36m35,5s	-27°27'40"	56,9°	0,23	-8,5	13:00	16:30	19:56
Mi 9.10.2024	17h31m59,2s	-29°00'32"	68,3°	0,31	-9,1	14:02	17:25	20:49
Do 10.10.2024	18h29m35,9s	-29°07'26"	80,0°	0,41 D	-9,7	14:50	18:22	21:58
Fr 11.10.2024	19h28m07,4s	-27°40'57"	92,1°	0,52	-10,2	15:27	19:18	23:18
Sa 12.10.2024	20h26m13,0s	-24°40'22"	104,5°	0,62	-10,7	15:54	20:13	
So 13.10.2024	21h22m57,1s	-20°12'09"	117,4°	0,73	-11,1	16:14	21:06	00:43
Mo 14.10.2024	22h18m04,6s	-14°29'10"	130,7°	0,82	-11,5	16:31	21:57	02:11
Di 15.10.2024	23h11m59,4s	-7°49'38"	144,4°	0,91	-11,9	16:46	22:48	03:40
Mi 16.10.2024	0h05m33,5s	-0°36'30"	158,4°	0,97	-12,3	17:01	23:40	05:09
Do 17.10.2024	0h59m53,3s	6°43'04"	172,6°	1 ○	-12,7	17:17		06:39
Fr 18.10.2024	1h56m04,7s	13°38'41"	172,8°	1	-12,7	17:37	00:33	08:11
Sa 19.10.2024	2h54m54,6s	19°39'03"	158,8°	0,97	-12,4	18:03	01:30	09:45
So 20.10.2024	3h56m27,5s	24°15'43"	145,1°	0,91	-12	18:39	02:29	11:14
Mo 21.10.2024	4h59m47,3s	27°08'04"	131,7°	0,83	-11,6	19:29	03:31	12:32
Di 22.10.2024	6h03m02,4s	28°07'47"	118,8°	0,74	-11,1	20:33	04:32	13:33
Mi 23.10.2024	7h04m04,7s	27°20'08"	106,4°	0,64	-10,7	21:46	05:31	14:17
Do 24.10.2024	8h01m19,5s	25°00'38"	94,4°	0,54 ☾	-10,3	23:02	06:25	14:47
Fr 25.10.2024	8h54m10,4s	21°29'13"	82,8°	0,44	-9,8		07:15	15:08
Sa 26.10.2024	9h42m52,7s	17°05'20"	71,5°	0,34	-9,3	00:17	08:00	15:25
So 27.10.2024	10h28m12,5s	12°05'27"	60,5°	0,25	-8,7	01:29	08:42	15:38
Mo 28.10.2024	11h11m08,8s	6°42'54"	49,5°	0,18	-8,1	02:38	09:21	15:49
Di 29.10.2024	11h52m43,1s	1°08'41"	38,7°	0,11	-7,3	03:47	10:00	15:59
Mi 30.10.2024	12h33m55,8s	-4°27'25"	27,9°	0,06	-6,5	04:54	10:39	16:10
Do 31.10.2024	13h15m44,4s	-9°55'49"	17,2°	0,02	-5,5	06:03	11:19	16:22

Finsternisse

Am 2. findet über dem Pazifischen Ozean eine ringförmige Sonnenfinsternis mit einer maximalen Dauer von 7m25s und einer maximalen Größe von 0,9326 statt. Die Zone der ringförmigen Verfinsterung befindet sich fast vollständig auf Meeresgebiet, nur auf den Osterinseln, wo eine bis zu 6m40s lang dauernde, ringförmige Phase beobachtet werden kann und im Süden des südamerikanischen Kontinents, wo die ringförmige Phase eine maximale Dauer von 3m48s erreicht, trifft sie auf Land.
Die maximale Länge der ringförmigen Phase wird bei 21,96° südlicher Breite und 114,47° westlicher Länge erreicht.

In Argentinien, Chile, Paraguay, den südlichen Teilen Brasiliens, Perus, Boliviens und Niederkaliforniens sowie auf einigen Pazifikinseln wie Hawaii ist diese Finsternis als partielle Sonnenfinsternis zu sehen. Während die Bewohner der Falklandinseln ebenfalls eine partielle Sonnenfinsternis mit einer zu über 80% verdeckten Sonne erleben können, bekommt man in Europa von diesem Ereignis nichts mit.

Jupitermond-Ereignisse

Datum	Uhrzeit (MEZ)	Mond	Erscheinung	Phase
1.10.2024	04:26:25	Io	Schattenvorübergang	Anfang
1.10.2024	05:43:17	Io	Durchgang	Anfang
1.10.2024	23:32:43	Ganymed	Verfinsterung	Ende
2.10.2024	01:45:08	Io	Verfinsterung	Anfang
2.10.2024	02:45:10	Ganymed	Bedeckung	Anfang
2.10.2024	04:44:05	Ganymed	Bedeckung	Ende
2.10.2024	05:13:53	Io	Bedeckung	Ende
2.10.2024	22:54:50	Io	Schattenvorübergang	Anfang
3.10.2024	00:10:55	Io	Durchgang	Anfang
3.10.2024	01:05:34	Io	Schattenvorübergang	Ende
3.10.2024	02:21:40	Io	Durchgang	Ende
3.10.2024	04:48:05	Europa	Schattenvorübergang	Anfang
3.10.2024	23:41:33	Io	Bedeckung	Ende
4.10.2024	23:02:42	Europa	Verfinsterung	Anfang
5.10.2024	04:03:13	Europa	Bedeckung	Ende
6.10.2024	23:08:09	Europa	Durchgang	Ende
9.10.2024	01:31:56	Ganymed	Verfinsterung	Anfang
9.10.2024	03:33:14	Ganymed	Verfinsterung	Ende
9.10.2024	03:39:08	Io	Verfinsterung	Anfang
10.10.2024	00:48:22	Io	Schattenvorübergang	Anfang
10.10.2024	02:00:37	Io	Durchgang	Anfang
10.10.2024	02:59:14	Io	Schattenvorübergang	Ende
10.10.2024	04:11:24	Io	Durchgang	Ende
10.10.2024	22:07:40	Io	Verfinsterung	Anfang
11.10.2024	01:31:23	Io	Bedeckung	Ende
11.10.2024	21:27:38	Io	Schattenvorübergang	Ende
11.10.2024	22:38:37	Io	Durchgang	Ende
12.10.2024	01:37:03	Europa	Verfinsterung	Anfang
12.10.2024	22:25:42	Ganymed	Durchgang	Ende
13.10.2024	23:03:18	Europa	Durchgang	Anfang
13.10.2024	23:13:16	Europa	Schattenvorübergang	Ende
14.10.2024	01:34:56	Europa	Durchgang	Ende
16.10.2024	05:31:16	Ganymed	Verfinsterung	Anfang
16.10.2024	05:33:09	Io	Verfinsterung	Anfang
17.10.2024	02:42:00	Io	Schattenvorübergang	Anfang
17.10.2024	03:49:13	Io	Durchgang	Anfang
17.10.2024	04:52:57	Io	Schattenvorübergang	Ende
17.10.2024	06:00:01	Io	Durchgang	Ende

Datum	Uhrzeit (MEZ)	Mond	Erscheinung	Phase
18.10.2024	00:01:42	Io	Verfinsterung	Anfang
18.10.2024	03:20:01	Io	Bedeckung	Ende
18.10.2024	21:10:23	Io	Schattenvorübergang	Anfang
18.10.2024	22:16:10	Io	Durchgang	Anfang
18.10.2024	23:21:22	Io	Schattenvorübergang	Ende
19.10.2024	00:26:58	Io	Durchgang	Ende
19.10.2024	04:11:38	Europa	Verfinsterung	Anfang
19.10.2024	21:41:55	Ganymed	Schattenvorübergang	Ende
19.10.2024	21:46:59	Io	Bedeckung	Ende
20.10.2024	00:05:03	Ganymed	Durchgang	Anfang
20.10.2024	02:02:24	Ganymed	Durchgang	Ende
20.10.2024	23:18:25	Europa	Schattenvorübergang	Anfang
21.10.2024	01:27:45	Europa	Durchgang	Anfang
21.10.2024	01:49:44	Europa	Schattenvorübergang	Ende
21.10.2024	03:59:15	Europa	Durchgang	Ende
22.10.2024	22:04:46	Europa	Bedeckung	Ende
24.10.2024	04:35:42	Io	Schattenvorübergang	Anfang
24.10.2024	05:36:43	Io	Durchgang	Anfang
25.10.2024	01:55:45	Io	Verfinsterung	Anfang
25.10.2024	05:07:31	Io	Bedeckung	Ende
25.10.2024	23:04:07	Io	Schattenvorübergang	Anfang
26.10.2024	00:03:25	Io	Durchgang	Anfang
26.10.2024	01:15:13	Io	Schattenvorübergang	Ende
26.10.2024	02:14:13	Io	Durchgang	Ende
26.10.2024	06:46:22	Europa	Verfinsterung	Anfang
26.10.2024	20:24:14	Io	Verfinsterung	Anfang
26.10.2024	23:34:13	Io	Bedeckung	Ende
26.10.2024	23:39:48	Ganymed	Schattenvorübergang	Anfang
27.10.2024	01:43:06	Ganymed	Schattenvorübergang	Ende
27.10.2024	03:38:05	Ganymed	Durchgang	Anfang
27.10.2024	05:35:06	Ganymed	Durchgang	Ende
27.10.2024	20:40:53	Io	Durchgang	Ende
28.10.2024	01:54:35	Europa	Schattenvorübergang	Anfang
28.10.2024	03:49:50	Europa	Durchgang	Anfang
28.10.2024	04:26:10	Europa	Schattenvorübergang	Ende
28.10.2024	06:21:09	Europa	Durchgang	Ende
29.10.2024	20:03:52	Europa	Verfinsterung	Anfang
30.10.2024	00:25:33	Europa	Bedeckung	Ende
31.10.2024	06:29:31	Io	Schattenvorübergang	Anfang

November

Sternenhimmel

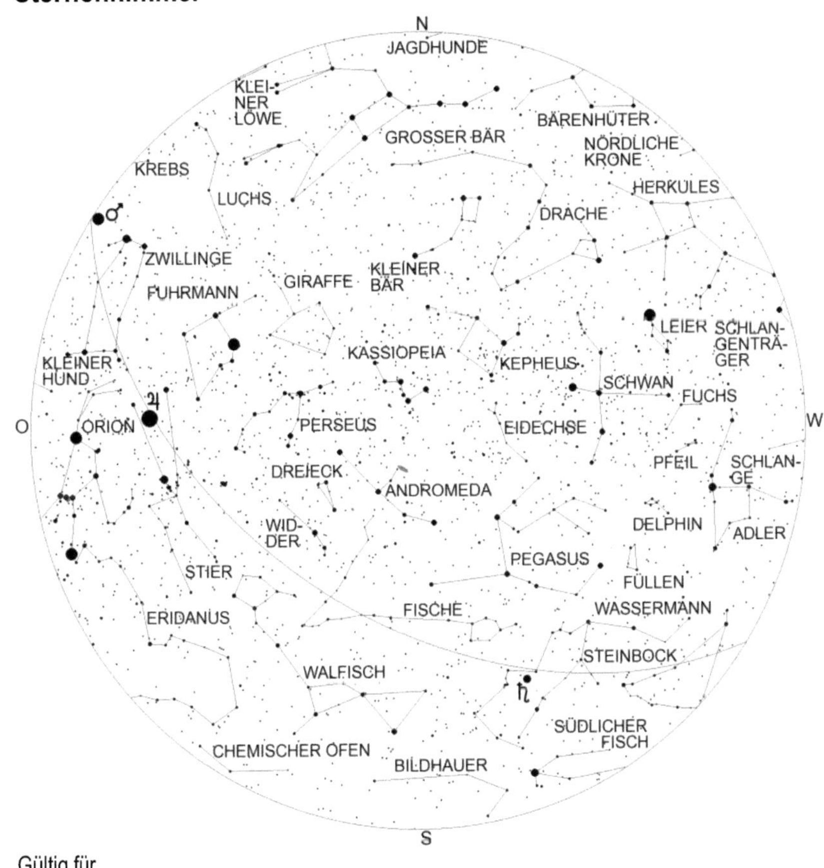

Gültig für

1.8. 4 Uhr	15.8. 3 Uhr
1.9. 2 Uhr	15.9. 1 Uhr
1.10. 0 Uhr	15.10. 23 Uhr
1.11. 22 Uhr	15.11. 21 Uhr
1.12. 20 Uhr	15.12. 19 Uhr
1.1. 18 Uhr	15.1. 17 Uhr

Noch immer wird der südliche Teil des Himmels von den überwiegend aus lichtschwachen Sternen bestehenden Konstellationen Steinbock, Wassermann, Fische, Südlicher Fisch, Bildhauer und Walfisch beherrscht, zu dem sich jetzt auch Teile des Eridanus gesellen. Allerdings bemerkt man in diesem Jahr im Wassermann ein helles Objekt und zwar den Planeten Saturn. Oberhalb der Sternbilder Fische und Wassermann sieht man den Pegasus und die Andromeda. Der Andromedanebel kann jetzt sehr gut beobachtet werden. Er ist bei klarem Himmel schon freiäugig sichtbar, aber auf jedem Fall in einem Fernglas zu sehen. Auch der schon im kleinen Fernrohr trennbare Doppelstern Alamak, der sich am nordöstlichsten Ende der Sternfigur der Andromeda befindet, kann jetzt bestens beobachtet werden. Südöstlich der Andromeda findet man das Dreieck und den Widder. Im Widder gibt es auch einen Doppelstern, der schon mit kleinen Fernrohren aufgelöst werden kann, und zwar Gamma (γ) Arietis. Er besteht aus zwei gleich hellen weißen Sternen.
Südwestlich des Widders befindet sich das ausgedehnte, lichtschwache Tierkreissternbild der Fische. Im Westen sieht man, dass der Adler schon kurz vor dem Untergang steht. Schlange und Schlangenträger sind schon fast vollständig verschwunden und auch der Herkules ist nur noch teilweise zu sehen. Tief im Norden erreicht jetzt der Große Wagen, der von den hellsten Sternen des Großen Bären gebildet wird, seinen niedrigsten Stand.
Im Osten bemerkt man, dass bereits einige Wintersternbilder über dem Horizont erschienen sind. Der Stier, in dem sich zur Zeit der helle Planet Jupiter aufhält und die Zwillinge mit dem roten Planet Mars sind schon vollständig zu sehen. Der Orion ist schon zum größten Teil aufgegangen. Kleiner Hund und Krebs werden bald über dem Horizont erscheinen.

Astronomische Ereignisse

Datum	Uhrzeit	Ereignis	Elongation
1.11.2024	01:05:41	Mond 9,4° südlich Juno	6,1°
1.11.2024	13:47:27	Neumond	-3,7°
2.11.2024	02:56:27	Mond 4,2° südlich Zuben-el-dschenubi	5,3°
3.11.2024	07:15:12	Mond 2,6° südlich Merkur	19,4°
3.11.2024	15:58:55	Mond 6,4° südlich Akrab	21,9°
4.11.2024	02:04:41	Mond 26' südlich Antares	28,3°
5.11.2024	00:39:51	Mond 33,9° südlich Pallas	38,8°
5.11.2024	01:38:20	Mond 3,5° südlich Venus	38,9°
5.11.2024	01:47:06	Venus 30,4° südlich Pallas	38,9°
5.11.2024	21:31:15	Merkur 3,4° südlich Akrab	19,6°
6.11.2024	03:28:26	Mond in größter Südbreite	
6.11.2024	15:45:19	Mond 2,6° südlich Nunki	58°
7.11.2024	06:16:39	Mond 1,7° nördlich Ceres	65,1°
8.11.2024	00:09:45	Mond 2° südlich Pluto	73,4°
8.11.2024	04:18:37	Mond 9,85° südlich Beta Capricorni	75,9°
9.11.2024	06:55:44	Erstes Viertel	

Datum	Uhrzeit	Ereignis	Elongation
9.11.2024	17:25:30	Mond 1,9° südlich Delta Capricorni	95,5°
10.11.2024	05:06:09	Merkur 2° nördlich Antares	21,7°
11.11.2024	03:47:49	Mond 19' südlich Saturn	113,4°
12.11.2024	04:31:04	Mond 11' nördlich Neptun	127,1°
12.11.2024	16:50:26	Mond im aufsteigenden Knoten	
12.11.2024	21:32:49	Merkur in größter Südbreite	
14.11.2024	12:08:27	Mond im Perigäum	
14.11.2024	15:26:49	Mond 9° südlich Hamal	162,2°
15.11.2024	22:28:45	Vollmond	
16.11.2024	02:55:25	Mond 4° nördlich Uranus	175,9°
16.11.2024	06:54:53	Saturn stationär, dann rechtläufig	
16.11.2024	08:47:08	Merkur in größter östlicher Elongation	22,5°
16.11.2024	09:31:24	Mond 37' südlich der Plejaden	172,9°
16.11.2024	12:29:02	Vesta 2,7° nördlich Porrima	44,2°
17.11.2024	00:03:52	Uranus in Erdnähe (Abstand Erde-Uranus: 2778380133 km)	
17.11.2024	03:41:04	Mond 9,9° nördlich Aldebaran	163,2°
17.11.2024	03:42:25	Uranusopposition	
17.11.2024	15:26:44	Mond 4,7° nördlich Jupiter	156,2°
17.11.2024	20:47:07	Mond 1,05° südlich Elnath	152,5°
18.11.2024	15:45:00	Mond 5,1° nördlich Eta Geminorum	142,9°
18.11.2024	18:15:21	Mond 5,1° nördlich Mü Geminorum	141,2°
18.11.2024	19:12:01	Mond in größter Nordbreite	
18.11.2024	23:53:12	Mond 11,4° nördlich Alhena	137,2°
19.11.2024	03:06:48	Mond 2,7° nördlich Epsilon Geminorum	136,9°
19.11.2024	22:12:29	Mond 5,8° südlich Kastor	126,4°
20.11.2024	03:32:17	Mond 2,2° südlich Pollux	124,2°
20.11.2024	21:04:48	Mond 1,8° nördlich Mars	114,45°
21.11.2024	02:47:34	Mond 2,5° nördlich M44	111,7°
21.11.2024	13:43:42	Venus in größter Südbreite	
22.11.2024	14:55:25	Venus 1,1° nördlich Nunki	42,1°
22.11.2024	21:32:38	Mond 2,1° nördlich Regulus	90,9°
23.11.2024	02:28:08	Letztes Viertel	
25.11.2024	22:31:59	Mond im absteigenden Knoten	
26.11.2024	05:13:25	Merkur stationär, dann rückläufig	
26.11.2024	13:57:54	Mond 4,7° südlich Porrima	52,5°
27.11.2024	01:04:20	Mond 7,7° südlich Vesta	46,5°
27.11.2024	14:33:00	Mond 34' südlich Spika	41,5°
29.11.2024	02:45:00	Mond 10,9° südlich Juno	24,2°
29.11.2024	10:21:05	Mond 4,7° südlich Zuben-el-dschenubi	21,25°
30.11.2024	22:13:45	Mond 5,9° südlich Akrab	5,7°

Planeten

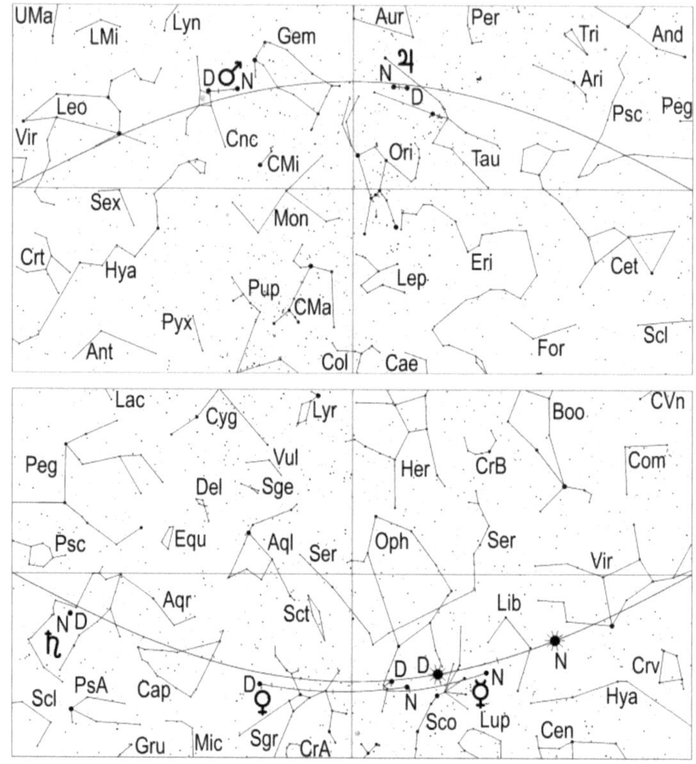

Merkur erreicht am 16. mit 22,5° seine größte östliche Elongation zur Sonne, trotzdem kommt es für Beobachter in Mitteleuropa nicht zu einer Abendsichtbarkeit, denn wenn an diesem Tag der -0,3 mag helle Planet um 17.29 Uhr MEZ untergeht, ist der Himmel für eine freiäugige Sichtung des flinken Planeten noch zu hell.
Erst in Gebieten südlich von 42 Grad nördlicher Breite kann der innerste Planet unseres Sonnensystems in diesem Monat ohne optische Hilfsmittel am Abendhimmel beobachtet werden.

Venus wandert vom Schlangenträger in den Schützen, wobei sie am 22. Nunki in 1,1° nördlichem Abstand passiert. Sie ist ein strahlendes Objekt am Abendhimmel, welches im Laufe des Novembers seine Sichtbarkeit erheblich verbessert. Sie verschiebt ihren Untergang von 18.37 Uhr MEZ am 1., auf 18.49 Uhr MEZ am 15. und auf 19.19 Uhr MEZ am 30.

158

Ihre Helligkeit nimmt im Laufe des Monats leicht von -4,0 mag auf -4,2 mag zu. Im Fernrohr erkennt man, dass in diesem Zeitraum das Venusscheibchen größer wird, während gleichzeitig dessen beleuchteter Anteil abnimmt.

Am 1. präsentiert sich das Venusscheibchen, dessen Durchmesser 14,2" beträgt, als zu 77% beleuchtet. Am 30. ist das Scheibchen unseres inneren Nachbarplaneten zu 68% beschienen und misst 17".

In den Abendstunden des 4. erblickt man die zunehmende Mondsichel unterhalb unseres inneren Nachbarplaneten.

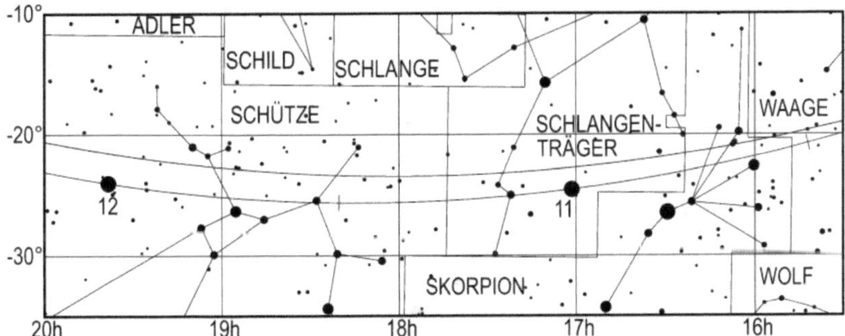

Lauf des Planeten Venus von Oktober bis Dezember 2024. Die Zahl gibt die Position am 1. des entsprechenden Monats an, also 11 die Position am 1.11.

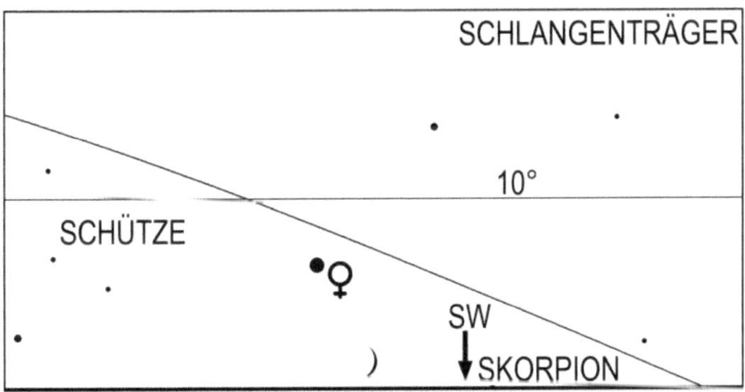

Mond und Venus am 4.11.2024 um 17.30 Uhr MEZ

Mars, rechtläufig im Krebs, erscheint am 1. um 21.47 Uhr MEZ, am 15. um 21.13 Uhr MEZ und am 30. um 20.24 Uhr MEZ über dem Horizont. Mit einer Helligkeit, die von 0,0 mag auf -0,5 mag ansteigt, wird er während seiner nächtlichen Sichtbarkeit nur vom Mond, von Jupiter und von Sirius an Helligkeit übertroffen.

Sein Scheibchen, dessen Durchmesser im November von 9,2" auf 11,6" ansteigt, wird im Laufe des Monats rundlicher, denn dessen beleuchteter Anteil nimmt von 89% am

1. auf 93% am 30. zu. Da Mars in den Morgenstunden eine beachtliche Höhe über
dem Horizont erreicht, ist er jetzt wieder ein lohnendes Objekt für Fernrohrbeobachter.
Der abnehmende Mond zieht am 20. 1,8° nördlich an Mars vorbei.

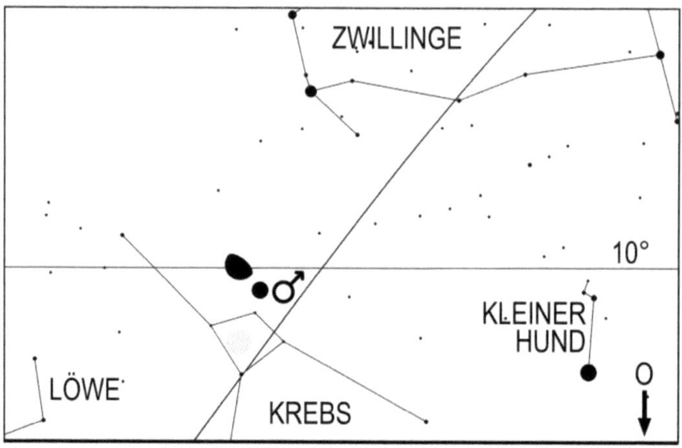

Mond und Mars am 20.11.2024 um 22 Uhr MEZ

Jupiter, rückläufig im Sternbild Stier, strebt seiner Opposition entgegen und wird im
Laufe des Monats zum Planeten der ganzen Nacht. Er erscheint am 1. um 18.55 Uhr
MEZ, am 15. um 17.55 Uhr MEZ und am 30. um 16.48 Uhr MEZ über dem Horizont.
Seine Helligkeit steigt im November leicht von -2,7 mag auf -2,8 mag an und sein
Winkeldurchmesser wächst im Laufe des Monats von 46,1" auf 48,1".
Am Abend des 17. findet man den Mond in der Nachbarschaft von Jupiter.

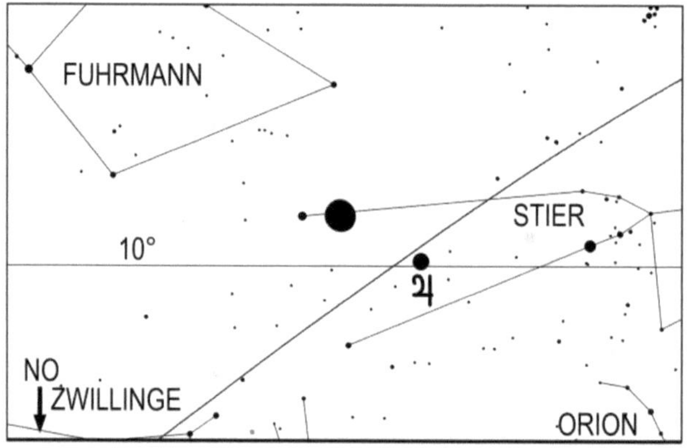

Mond und Jupiter am 17.11.2024 um 19 Uhr MEZ

160

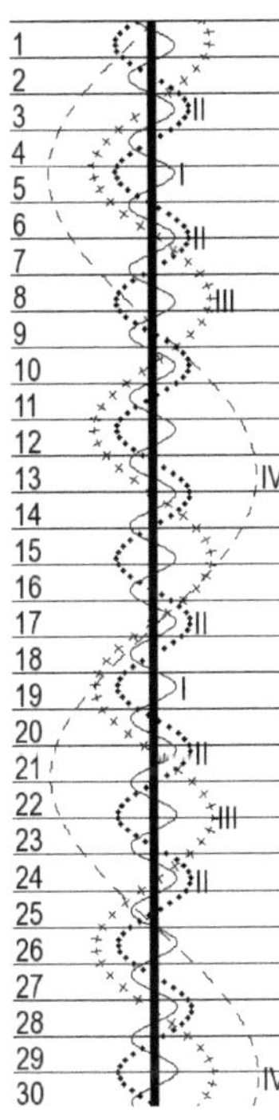

Stellung der 4
hellen Jupiter-
monde im
November 2024

Saturn, beendet am 16. seine Oppositionsschleife im Sternbild Wassermann und ist ein markantes Objekt am Abendhimmel. Der Ringplanet, dessen Helligkeit im November von 0,8 mag auf 0,9 mag zurückgeht und dessen Scheibchendurchmesser im gleichen Zeitraum von 18,4" auf 17,5" abnimmt, versinkt am 1. um 2.02 Uhr MEZ, am 15. um 1.07 Uhr MEZ und am 30. um 0.09 Uhr MEZ unter dem Horizont.
Sein Ringsystem erscheint unter einem Winkel von 5°. Am Abend des 10. findet man kurz vor seinem Untergang den Mond nahe des Ringplaneten.

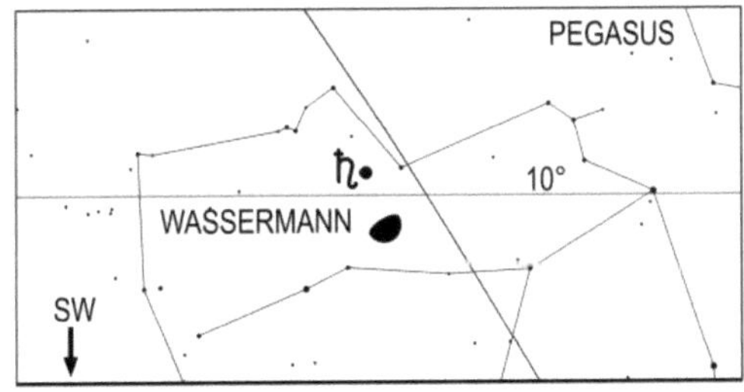

Mond und Saturn am 10. um 24 Uhr MEZ

Uranus steht am 17. in Opposition zur Sonne. Der ferne Planet, der rückläufig durch das Sternbild Stier wandert, erreicht hierbei eine Helligkeit von 5,6 mag, womit er prinzipiell mit dem bloßen Auge als lichtschwacher Stern, auf jeden Fall aber mit einem Fernglas oder Fernrohr, beobachtet werden kann (Aufsuchkarte, Seite 162).

In größeren Teleskopen erscheint Uranus als kleines, grünliches und strukturloses Scheibchen mit 3,8" Durchmesser. Uranus erreicht am Oppositionstag auch seine geringste Entfernung zur Erde, welche 2778380133 km beträgt. Ein Lichtstrahl benötigt für diese Strecke etwas mehr als 2 Stunden und 34 Minuten.
Die beste Zeit, um nach Uranus Ausschau zu halten, ist die Zeit seiner Kulmination, welche am 1. um 1.15 Uhr MEZ, am 15. um 0.18 Uhr MEZ und am 30. um 23.12 Uhr MEZ erfolgt. Am 30. versinkt Uranus um 6.54 Uhr MEZ unter dem Horizont.

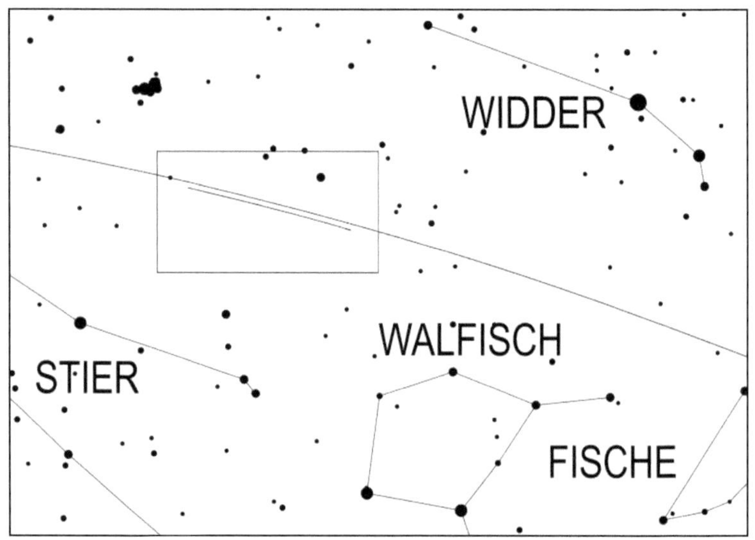

Übersichtskarte zum Aufsuchen des Planeten Uranus. Die nächste Sternkarte zeigt vergrößert den rechteckigen Ausschnitt.

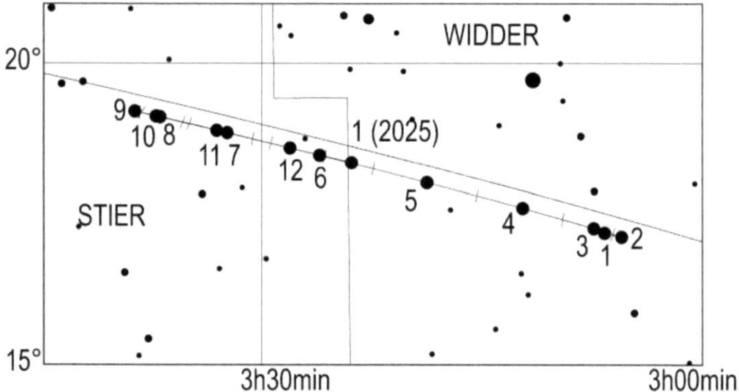

Lauf des Planeten Uranus im Jahr 2024. Die Zahl gibt die Position am 1. des entsprechenden Monats an, also 4 die Position am 1.4.

Neptun kann mit einem Fernglas oder Fernrohr im Sternbild Fische beobachtet werden (Aufsuchkarte, Seite 134). Der ferne Planet, dessen Helligkeit im November von 7,8 mag auf 7,9 mag zurückgeht, kulminiert am 1. um 21.30 Uhr MEZ, am 15. um 20.35 Uhr MEZ und am 30. um 19.35 Uhr MEZ. Am 1. versinkt Neptun um 3.27 Uhr MEZ, am 15. um 2.30 Uhr MEZ und am 30. um 1.31 Uhr MEZ unter dem Horizont.

162

Klein- und Zwergplaneten

Ceres, deren Helligkeit im November leicht von 9,2 mag auf 9,3 mag abnimmt, kann immer noch bei guter Horizontsicht mit einem Fernrohr tief im Südwesten aufgesucht werden (Aufsuchkarten, Seite 104 und Seite 178). Der Zwergplanet, der sich rechtläufig durch das Sternbild Schütze bewegt und zum Monatsende die Grenze zum Steinbock erreicht, geht am 1. um 20.18 Uhr MEZ, am 15. um 19.49 Uhr MEZ und am 30. um 19.19 Uhr MEZ unter.

Pallas wandert durch den Schlangenträger und geht am 1. um 21.28 Uhr MEZ, am 15. um 20.45 Uhr MEZ und am 30. um 20.03 Uhr MEZ unter. Der 10,4 mag helle Kleinplanet kann zu Dämmerungsende mit einem Fernrohr ab 10 Zentimeter Objektivöffnung aufgesucht werden (Aufsuchkarten, Seite 81 und Seite 179).

Juno kann im November nicht beobachtet werden.

Vesta, deren Helligkeit in diesem Monat leicht von 8,1 mag auf 8,0 mag ansteigt, kann zu Beginn der Morgendämmerung mit einem Fernrohr im Sternbild Jungfrau aufgesucht werden (Aufsuchkarte, Seite 180).
Der Kleinplanet erscheint am 1. um 3.36 Uhr MEZ, am 15, um 3.16 Uhr MEZ und am 30. um 2.53 Uhr MEZ über dem Horizont.

Periodische Sternschnuppenströme

Vom 10. bis zum 23. treten die Leoniden auf, die am 17. um 8 Uhr MEZ ihr Maximum mit bis zu 13 Meteoren pro Stunde erreichen. Die Meteore der Leoniden gehören zu den sehr schnellen. In der Vergangenheit sorgten die Leoniden gelegentlich für Meteorschauer mit bis zu 10000 Sternschnuppen pro Stunde.
Die beste Sichtbarkeit für mitteleuropäische Beobachter besteht am selben Tag um 6 Uhr MEZ, wobei 2 Sternschnuppen pro Stunde zu erwarten sind. Der fast volle Mond beeinträchtigt ihre Beobachtung beträchtlich.
Am 12. erreichen die Nord-Tauriden ihr Maximum mit bis zu 3 Sternschnuppen pro Stunde. Die Nord-Tauriden sind noch bis zum 10.12. aktiv. Der fast volle Mond stört bei ihrer Beobachtung bis in die frühen Morgenstunden.
Bis zum 20. kann man noch die letzten Süd-Tauriden sichten.
Zwischen dem 15. und dem 25. treten die Alpha-Monocerotiden auf, welche am 21. um 12 Uhr MEZ ihr Maximum mit bis zu 4 Meteoren pro Stunde erreichen.
Allerdings werden mitteleuropäische Beobachter höchstens 1 Sternschnuppe pro Stunde von diesem Schwarm sichten können. Die beste Zeit für ihre Beobachtung ist am 21. um 5 Uhr MEZ. Der zu 70% beleuchtete, abnehmende Mond hält sich zu dieser Zeit in der Nähe des Radianten auf und behindert ihre Sichtung in hohem Maße.
Ferner erscheinen zwischen dem 1. und dem 23. die mittelschnellen Sternschnuppen der Iota-Aurigiden. Sie erreichen am 15. um 22 Uhr MEZ ihr Maximum mit bis zu 8 Meteoren pro Stunde. Für mitteleuropäische Beobachter besteht die beste Sichtbarkeit

am 16. um 2 Uhr MEZ. Zu dieser Zeit können bis zu 2 Iota-Aurigiden-Meteore pro Stunde auftreten. Leider stört der Vollmond, der sich unweit vom Radianten aufhält, in hohem Maße bei den Beobachtungen.

Mondlauf

	Rektaszension	Deklination	Elong.	Phase	mag	Auf- gang	Kulm.	Unter- gang
Fr 1.11.2024	13h59m02,9s	-15°06'12"	6,7°	0 ●	-4,5	07:14	12:01	16:37
Sa 2.11.2024	14h44m39,8s	-19°46'52"	5,7°	0	-4,4	08:26	12:46	16:56
So 3.11.2024	15h33m11,9s	-23°44'37"	16,3°	0,02	-5,5	09:40	13:34	17:21
Mo 4.11.2024	16h24m55,1s	-26°45'04"	27,4°	0,06	-6,5	10:52	14:26	17:56
Di 5.11.2024	17h19m33,9s	-28°34'02"	38,7°	0,11	-7,4	11:56	15:21	18:45
Mi 6.11.2024	18h16m16,1s	-28°59'52"	50,2°	0,18	-8,2	12:48	16:17	19:48
Do 7.11.2024	19h13m42,5s	-27°55'59"	62,0°	0,26	-8,9	13:28	17:12	21:03
Fr 8.11.2024	20h10m32,4s	-25°22'27"	74,0°	0,36	-9,5	13:57	18:06	22:24
Sa 9.11.2024	21h05m50,3s	-21°25'42"	86,4°	0,47 ◗	-10	14:18	18:57	23:49
So 10.11.2024	21h59m20,3s	-16°17'04"	99,0°	0,58	-10,5	14:35	19:47	
Mo 11.11.2024	22h51m25,5s	-10°11'17"	112,1°	0,69	-11	14:51	20:36	01:13
Di 12.11.2024	23h42m57,4s	-3°25'51"	125,4°	0,79	-11,4	15:05	21:25	02:38
Mi 13.11.2024	0h35m05,0s	3°38'25"	139,1°	0,88	-11,8	15:20	22:16	04:04
Do 14.11.2024	1h29m03,3s	10°36'49"	152,9°	0,95	-12,2	15:38	23:10	05:34
Fr 15.11.2024	2h25m58,7s	17°00'36"	166,6°	0,99 ○	-12,6	16:00		07:06
Sa 16.11.2024	3h26m27,0s	22°18'52"	176,0°	1	-12,8	16:31	00:09	08:38
So 17.11.2024	4h30m05,0s	26°03'15"	164,7°	0,98	-12,5	17:15	01:10	10:04
Mo 18.11.2024	5h35m14,1s	27°54'43"	151,5°	0,94	-12,1	18:13	02:13	11:16
Di 19.11.2024	6h39m24,3s	27°49'24"	138,6°	0,88	-11,7	19:26	03:15	12:09
Mi 20.11.2024	7h40m14,2s	25°58'49"	126,1°	0,8	-11,4	20:43	04:14	12:46
Do 21.11.2024	8h36m24,4s	22°44'05"	114,1°	0,71	-11	22:01	05:07	13:12
Fr 22.11.2024	9h27m46,4s	18°28'20"	102,5°	0,61	-10,6	23:16	05:55	13:30
Sa 23.11.2024	10h15m00,7s	13°31'51"	91,2°	0,51 ◖	-10,1		06:38	13:44
So 24.11.2024	10h59m09,9s	8°10'33"	80,1°	0,41	-9,6	00:26	07:19	13:56
Mo 25.11.2024	11h41m22,9s	2°36'38"	69,2°	0,32	-9,2	01:35	07:58	14:07
Di 26.11.2024	12h22m47,3s	-3°00'04"	58,5°	0,24	-8,6	02:42	08:37	14:18
Mi 27.11.2024	13h04m27,5s	-8°30'36"	47,7°	0,16	-7,9	03:51	09:16	14:29
Do 28.11.2024	13h47m23,8s	-13°45'35"	36,9°	0,1	-7,2	05:01	09:58	14:43
Fr 29.11.2024	14h32m31,2s	-18°34'12"	26,1°	0,05	-6,4	06:13	10:42	15:01
Sa 30.11.2024	15h20m34,1s	-22°43'37"	15,3°	0,02	-5,4	07:27	11:29	15:24

Sonnenuntergang und Dämmerung

	Astr. Anf.	Naut. Anf.	Bürg. Anf.	Auf- gang	Kulm.	Unter- gang	Bürg. Ende	Naut. Ende	Astr. Ende	Zeitgl.
1.11.2024	5:25	6:02	6:40	7:14	12:08	17:00	17:34	18:12	18:50	-16m26s
2.11.2024	5:26	6:03	6:42	7:16	12:08	16:58	17:33	18:11	18:48	-16m27s
3.11.2024	5:28	6:05	6:43	7:18	12:08	16:57	17:31	18:09	18:47	-16m27s
4.11.2024	5:29	6:06	6:45	7:20	12:08	16:55	17:30	18:08	18:45	-16m26s

	Astr. Anf.	Naut. Anf.	Bürg. Anf.	Auf- gang	Kulm.	Unter- gang	Bürg. Ende	Naut. Ende	Astr. Ende	Zeitgl.
5.11.2024	5:31	6:08	6:46	7:21	12:08	16:54	17:28	18:06	18:44	-16m25s
6.11.2024	5:32	6:09	6:48	7:23	12:08	16:52	17:27	18:05	18:43	-16m23s
7.11.2024	5:33	6:11	6:50	7:25	12:08	16:50	17:25	18:04	18:41	-16m20s
8.11.2024	5:35	6:12	6:51	7:26	12:08	16:49	17:24	18:02	18:40	-16m16s
9.11.2024	5:36	6:14	6:53	7:28	12:08	16:47	17:23	18:01	18:39	-16m11s
10.11.2024	5:38	6:15	6:54	7:30	12:08	16:46	17:21	18:00	18:38	-16m06s
11.11.2024	5:39	6:17	6:56	7:31	12:08	16:45	17:20	17:59	18:36	-15m59s
12.11.2024	5:40	6:18	6:57	7:33	12:08	16:43	17:19	17:58	18:35	-15m52s
13.11.2024	5:42	6:19	6:59	7:34	12:08	16:42	17:18	17:57	18:34	-15m44s
14.11.2024	5:43	6:21	7:00	7:36	12:09	16:40	17:16	17:56	18:33	-15m35s
15.11.2024	5:45	6:22	7:02	7:38	12:09	16:39	17:15	17:54	18:32	-15m26s
16.11.2024	5:46	6:24	7:03	7:39	12:09	16:38	17:14	17:53	18:31	-15m15s
17.11.2024	5:47	6:25	7:05	7:41	12:09	16:37	17:13	17:53	18:30	-15m04s
18.11.2024	5:48	6:26	7:06	7:42	12:09	16:36	17:12	17:52	18:29	-14m52s
19.11.2024	5:50	6:28	7:08	7:44	12:10	16:34	17:11	17:51	18:29	-14m39s
20.11.2024	5:51	6:29	7:09	7:46	12:10	16:33	17:10	17:50	18:28	-14m25s
21.11.2024	5:52	6:30	7:11	7:47	12:10	16:32	17:09	17:49	18:27	-14m10s
22.11.2024	5:54	6:32	7:12	7:49	12:10	16:31	17:08	17:48	18:26	-13m55s
23.11.2024	5:55	6:33	7:14	7:50	12:11	16:30	17:07	17:48	18:26	-13m38s
24.11.2024	5:56	6:34	7:15	7:52	12:11	16:30	17:07	17:47	18:25	-13m21s
25.11.2024	5:57	6:36	7:16	7:53	12:11	16:29	17:06	17:46	18:24	-13m03s
26.11.2024	5:58	6:37	7:18	7:54	12:11	16:28	17:05	17:46	18:24	-12m45s
27.11.2024	6:00	6:38	7:19	7:56	12:12	16:27	17:04	17:45	18:23	-12m25s
28.11.2024	6:01	6:39	7:20	7:57	12:12	16:26	17:04	17:45	18:23	-12m05s
29.11.2024	6:02	6:41	7:22	7:59	12:13	16:26	17:03	17:44	18:22	-11m44s
30.11.2024	6:03	6:42	7:23	8:00	12:13	16:25	17:03	17:44	18:22	-11m23s

Jupitermond-Ereignisse

Datum	Uhrzeit (MEZ)	Mond	Erscheinung	Phase
1.11.2024	03:49:51	Io	Verfinsterung	Anfang
1.11.2024	06:53:57	Io	Bedeckung	Ende
2.11.2024	00:57:57	Io	Schattenvorübergang	Anfang
2.11.2024	01.49:37	Io	Durchgang	Anfang
2.11.2024	03:09:10	Io	Schattenvorübergang	Ende
2.11.2024	04:00:27	Io	Durchgang	Ende
2.11.2024	22:18:21	Io	Verfinsterung	Anfang
3.11.2024	01:20:22	Io	Bedeckung	Ende
3.11.2024	03:39:01	Ganymed	Schattenvorübergang	Anfang
3.11.2024	05:43:34	Ganymed	Schattenvorübergang	Ende
3.11.2024	20:16:03	Io	Durchgang	Anfang
3.11.2024	21:37:41	Io	Schattenvorübergang	Ende
3.11.2024	22:26:52	Io	Durchgang	Ende
4.11.2024	04:30:38	Europa	Schattenvorübergang	Anfang
4.11.2024	06:09:38	Europa	Durchgang	Anfang

Datum	Uhrzeit (MEZ)	Mond	Erscheinung	Phase
4.11.2024	19:46:49	Io	Bedeckung	Ende
5.11.2024	22:38:59	Europa	Verfinsterung	Anfang
6.11.2024	02:44:23	Europa	Bedeckung	Ende
6.11.2024	19:34:42	Ganymed	Verfinsterung	Ende
6.11.2024	20:38:08	Ganymed	Bedeckung	Anfang
6.11.2024	22:36:00	Ganymed	Bedeckung	Ende
7.11.2024	19:18:55	Europa	Durchgang	Anfang
7.11.2024	20:20:48	Europa	Schattenvorübergang	Ende
7.11.2024	21:49:57	Europa	Durchgang	Ende
8.11.2024	05:44:00	Io	Verfinsterung	Anfang
9.11.2024	02:51:54	Io	Schattenvorübergang	Anfang
9.11.2024	03:34:54	Io	Durchgang	Anfang
9.11.2024	05:03:14	Io	Schattenvorübergang	Ende
9.11.2024	05:45:45	Io	Durchgang	Ende
10.11.2024	00:12:31	Io	Verfinsterung	Anfang
10.11.2024	03:05:35	Io	Bedeckung	Ende
10.11.2024	21:20:26	Io	Schattenvorübergang	Anfang
10.11.2024	22:01:07	Io	Durchgang	Anfang
10.11.2024	23:31:48	Io	Schattenvorübergang	Ende
11.11.2024	00:11:58	Io	Durchgang	Ende
11.11.2024	07:06:39	Europa	Schattenvorübergang	Anfang
11.11.2024	21:31:49	Io	Bedeckung	Ende
13.11.2024	01:14:20	Europa	Verfinsterung	Anfang
13.11.2024	05:01:26	Europa	Bedeckung	Ende
13.11.2024	21:27:51	Ganymed	Verfinsterung	Anfang
13.11.2024	23:35:23	Ganymed	Verfinsterung	Ende
13.11.2024	23:59:44	Ganymed	Bedeckung	Anfang
14.11.2024	01:57:39	Ganymed	Bedeckung	Ende
14.11.2024	20:24:48	Europa	Schattenvorübergang	Anfang
14.11.2024	21:35:46	Europa	Durchgang	Anfang
14.11.2024	22:57:03	Europa	Schattenvorübergang	Ende
15.11.2024	00:06:39	Europa	Durchgang	Ende
16.11.2024	04:46:00	Io	Schattenvorübergang	Anfang
16.11.2024	05:19:25	Io	Durchgang	Anfang
16.11.2024	06:57:27	Io	Schattenvorübergang	Ende
17.11.2024	02:06:45	Io	Verfinsterung	Anfang
17.11.2024	04:50:01	Io	Bedeckung	Ende
17.11.2024	23:14:34	Io	Schattenvorübergang	Anfang
17.11.2024	23:45:28	Io	Durchgang	Anfang
18.11.2024	01:26:03	Io	Schattenvorübergang	Ende
18.11.2024	01:56:20	Io	Durchgang	Ende
18.11.2024	20:35:22	Io	Verfinsterung	Anfang
18.11.2024	23:16:05	Io	Bedeckung	Ende
19.11.2024	19:54:35	Io	Schattenvorübergang	Ende
19.11.2024	20:22:17	Io	Durchgang	Ende
20.11.2024	03:49:58	Europa	Verfinsterung	Anfang
20.11.2024	07:17:06	Europa	Bedeckung	Ende
21.11.2024	01:28:10	Ganymed	Verfinsterung	Anfang

Datum	Uhrzeit (MEZ)	Mond	Erscheinung	Phase
21.11.2024	05:17:02	Ganymed	Bedeckung	Ende
21.11.2024	23:00:41	Europa	Schattenvorübergang	Anfang
21.11.2024	23:51:05	Europa	Durchgang	Anfang
22.11.2024	01:33:12	Europa	Schattenvorübergang	Ende
22.11.2024	02:21:50	Europa	Durchgang	Ende
23.11.2024	06:40:14	Io	Schattenvorübergang	Anfang
23.11.2024	07:03:19	Io	Durchgang	Anfang
23.11.2024	20:24:19	Europa	Bedeckung	Ende
24.11.2024	04:01:04	Io	Verfinsterung	Anfang
24.11.2024	06:33:51	Io	Bedeckung	Ende
24.11.2024	19:02:33	Ganymed	Durchgang	Ende
25.11.2024	01:08:50	Io	Schattenvorübergang	Anfang
25.11.2024	01:29:15	Io	Durchgang	Anfang
25.11.2024	03:20:26	Io	Schattenvorübergang	Ende
25.11.2024	03:40:10	Io	Durchgang	Ende
26.11.2024	22:29:43	Io	Verfinsterung	Anfang
26.11.2024	00:59:48	Io	Bedeckung	Ende
26.11.2024	19:37:23	Io	Schattenvorübergang	Anfang
26.11.2024	19:55:06	Io	Durchgang	Anfang
26.11.2024	21:49:01	Io	Schattenvorübergang	Ende
26.11.2024	22:06:01	Io	Durchgang	Ende
27.11.2024	06:25:51	Europa	Verfinsterung	Anfang
27.11.2024	19:25:37	Io	Bedeckung	Ende
28.11.2024	05:27:47	Ganymed	Verfinsterung	Anfang
29.11.2024	01:36:33	Europa	Schattenvorübergang	Anfang
29.11.2024	02:05:19	Europa	Durchgang	Anfang
29.11.2024	04:09:21	Europa	Schattenvorübergang	Ende
29.11.2024	04:35:59	Europa	Durchgang	Ende
30.11.2024	19:43:43	Europa	Verfinsterung	Anfang
30.11.2024	22:38:35	Europa	Bedeckung	Ende

Dezember

Sternenhimmel

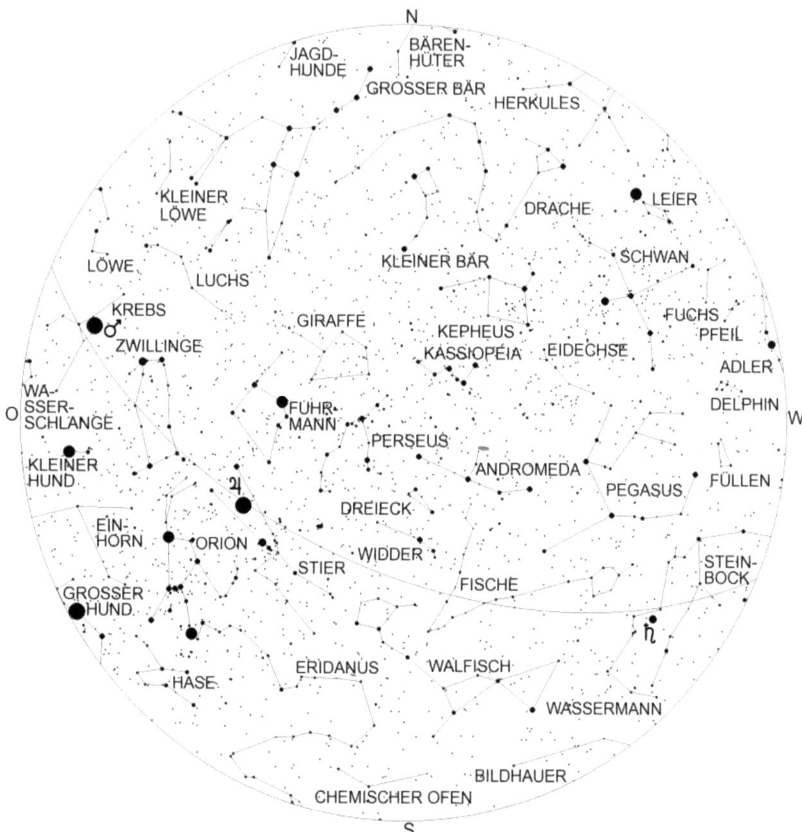

Gültig für

1.9. 4 Uhr	15.9. 3 Uhr
1.10. 2 Uhr	15.10. 1 Uhr
1.11. 0 Uhr	15.11. 23 Uhr
1.12. 22 Uhr	15.12. 21 Uhr
1.1. 20 Uhr	15.1. 19 Uhr

Der südliche und südwestliche Teil des Himmels wird von den lichtschwachen Herbststernbildern dominiert, von denen nur der Walfisch über zwei Sterne zweiter Größe verfügt. Allerdings erblickt man in diesem Jahr westlich des Sternbildes Walfisch im Sternbild Wassermann einen hellen „Stern" – und zwar den Planeten Saturn. Zwei weitere Planeten sind in der östlichen Himmelshälfte zu sehen, und zwar der strahlend helle Jupiter hoch im Südosten im Sternbild Stier und der rötliche Mars tief im Ostnordosten im lichtschwachen Sternbild Krebs. Im östlichen Himmelsareal sind auch einige andere Wintersternbilder, wie der Orion, die Zwillinge, der Hase und der Kleine Hund vollständig zu erblicken.

Sirius im Großen Hund geht gerade im Südosten auf und dürfte wegen seiner großen Helligkeit bald sichtbar werden.

Im Südsüdosten erblickt man das große, unauffällige Sternbild Eridanus, welches von allen Sternbildern die größte Ausdehnung in Nord-Süd-Richtung hat. Die nördlichsten Gebiete dieses Sternbildes, welches den Fluss Eridanus darstellen soll, in dem nach der griechischen Mythologie, Phaeton, der Sohn des Sonnengottes Helios gestürzt sein soll, nachdem er den Sonnenwagen seines Vaters lenken durfte, befinden sich nördlich des Himmelsäquators bei einer Deklination von 1°, während die südlichsten Regionen bei –58° liegen und erst bei 32° nördlicher Breite, das ist die Breite Nordafrikas, über dem Horizont erscheinen.

Der Pegasus steht schon in südwestlicher Richtung. Von den Sommersternbildern sind nur noch der Schwan, die Leier, sowie die Kleinsternbilder Pfeil und Delphin vollständig zu sehen. Der Adler ist fast vollständig untergegangen, sein Hauptstern Atair, die südlichste Spitze des Sommerdreiecks ist im Horizontdunst verschwunden.

Astronomische Ereignisse

Datum	Uhrzeit	Ereignis	Elongation
1.12.2024	07:19:02	Mond 37' südlich Antares	4,6°
1.12.2024	07:21:40	Neumond	-5,1°
1.12.2024	23:15:00	Merkur im aufsteigenden Knoten	
2.12.2024	02:40:52	Mond 5,3° südlich Merkur	9,2°
2.12.2024	22:54:07	Mond 32,3° südlich Pallas	19,5°
3.12.2024	05:43:34	Mond in größter Südbreite	
3.12.2024	22:29:54	Mond 2° südlich Nunki	30,7°
5.12.2024	00:32:28	Mond 2,6° südlich Venus	43,7°
5.12.2024	04:48:12	Mond 2,1° nördlich Ceres	46,2°
5.12.2024	05:01:09	Mond 1,8° südlich Pluto	46,6°
5.12.2024	08:19:58	Mond 10° südlich Beta Capricorni	48,6°
5.12.2024	23:25:42	Pluto 3,85° nördlich Ceres	45,6°
6.12.2024	03:18:32	Merkur in unterer Konjunktion zur Sonne	1,4°
6.12.2024	11:03:12	Jupiter in Erdnähe (Abstand Erde-Jupiter: 611765131 km)	1,4°
6.12.2024	15:22:39	Merkur im Perihel (Abstand Sonne-Merkur: 46001653 km)	
7.12.2024	00:45:10	Mond 1,1° südlich Delta Capricorni	68,2°

Datum	Uhrzeit	Ereignis	Elongation
7.12.2024	19:16:16	Venus 53' nördlich Pluto	44,3°
7.12.2024	21:57:44	Jupiteropposition	
7.12.2024	21:59:45	Mars stationär, dann rückläufig	
8.12.2024	09:05:54	Mond 35' südlich Saturn	86,2°
8.12.2024	12:01:03	Neptun stationär, dann rechtläufig	
8.12.2024	14:01:47	Venus 4,75° nördlich Ceres	43,9°
8.12.2024	16:26:57	Erstes Viertel	
9.12.2024	09:33:46	Mond 6,5' südlich Neptun	99,3°
9.12.2024	16:07:56	Venus 7,15° südlich Beta Capricorni	44,7°
9.12.2024	20:35:59	Mond im aufsteigenden Knoten	
10.12.2024	12:11:04	Merkur 7,1° nördlich Antares	9,9°
11.12.2024	16:35:28	Ceres 11,9° südlich Beta Capricorni	42°
12.12.2024	02:57:19	Mond 8,2° südlich Hamal	134,6°
12.12.2024	05:48:47	Vesta 8,7° nördlich Spika	56,5°
12.12.2024	13:49:28	Mond im Perigäum	
13.12.2024	04:05:26	Juno 7,2° nördlich Zuben-el-dschenubi	36,2°
13.12.2024	10:31:22	Mond 3,4° nördlich Uranus	152,3°
13.12.2024	17:57:34	Mond 37' südlich der Plejaden	157,8°
14.12.2024	13:03:47	Mond 9,25° nördlich Aldebaran	166,05°
14.12.2024	19:46:58	Mond 4,9° nördlich Jupiter	171,5°
15.12.2024	09:09:43	Mond 1,3° südlich Elnath	174,5°
15.12.2024	10:01:51	Vollmond	
15.12.2024	22:27:05	Merkur stationär, dann rechtläufig	
16.12.2024	01:27:27	Mond in größter Nordbreite	
16.12.2024	03:04:21	Mond 5,5° nördlich Eta Geminorum	169,9°
16.12.2024	06:38:17	Mond 5,2° nördlich Mü Geminorum	168,5°
16.12.2024	11:37:05	Mond 10,8° nördlich Alhena	164,05°
16.12.2024	13:32:03	Mond 2° nördlich Epsilon Geminorum	164,4°
16.12.2024	20:41:59	Merkur in größter Nordbreite	
17.12.2024	10:25:39	Mond 6,3° südlich Kastor	153,5°
17.12.2024	13:57:03	Mond 3° südlich Pollux	151,75°
18.12.2024	10:50:57	Mond 1,8' südlich Mars	141,6°
18.12.2024	13:36:16	Mond 1,7° nördlich M44	139,5°
20.12.2024	08:21:57	Mond 1,6° nördlich Regulus	118,7°
21.12.2024	10:20:22	Winteranfang	
22.12.2024	01:04:01	Merkur 7,1° nördlich Antares	21°
22.12.2024	23:18:25	Letztes Viertel	
23.12.2024	00:21:53	Mond im absteigenden Knoten	
23.12.2024	20:10:00	Mond 4,5° südlich Porrima	80,2°
24.12.2024	08:25:37	Mond im Apogäum	
24.12.2024	20:46:59	Mond 18' südlich Spika	69,2°
25.12.2024	03:49:02	Merkur in größter westlicher Elongation	22,1°
25.12.2024	13:56:18	Mond 10,5° südlich Vesta	62,2°

Datum	Uhrzeit	Ereignis	Elongation
26.12.2024	19:01:07	Mond 4,6° südlich Zuben-el-dschenubi	48,8°
27.12.2024	04:03:38	Mond 12,7° südlich Juno	43,8°
28.12.2024	04:29:13	Mond 6,1° südlich Akrab	32,55°
28.12.2024	17:24:32	Mond 45' südlich Antares	27,7°
28.12.2024	19:58:58	Venus 1,05° nördlich Delta Capricorni	46,4°
29.12.2024	04:07:53	Mond 6,9° südlich Merkur	21,5°
30.12.2024	07:39:43	Mond in größter Südbreite	
30.12.2024	22:22:17	Mond 31,4° südlich Pallas	5,4°
30.12.2024	23:26:58	Neumond	-5,4°
31.12.2024	03:49:02	Mond 1,95° südlich Nunki	4,45°

Planeten

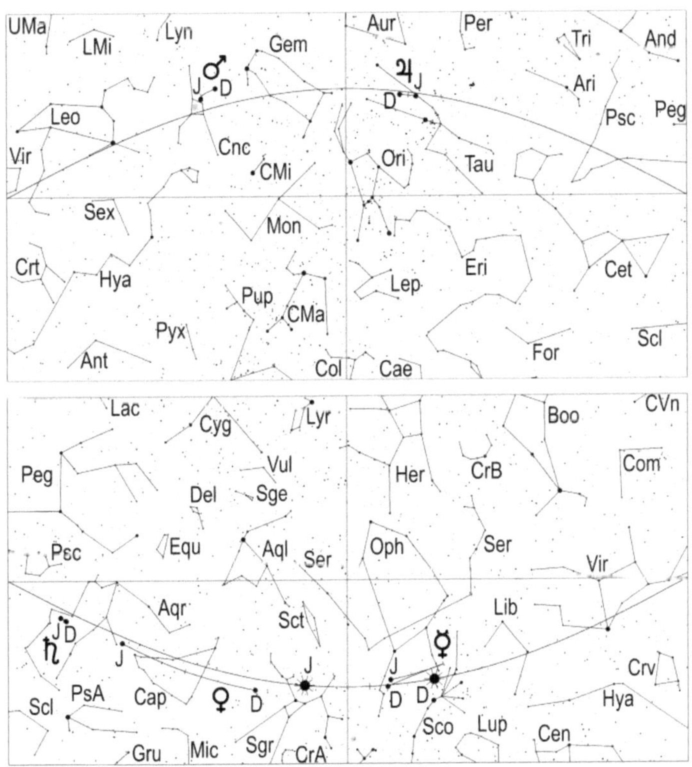

Merkur steht am 6. in unterer Konjunktion zur Sonne und entfernt sich rasch rückläufig von dieser. Gute Sichtbedingungen vorausgesetzt, kann der flinke Planet schon am 14. erstmals am Morgenhimmel gesichtet werden. Der 0,8 mag helle Merkur erscheint an diesem Tag um 6.42 Uhr MEZ über dem Horizont und kann gegen 7 Uhr MEZ tief im Südosten erspäht werden. Am folgenden Tag wird Merkur stationär und bewegt sich wieder rechtläufig durch die Sternbilder Skorpion und Schlangenträger.
Der Aufgang des sonnennächsten Planeten verfrüht sich bis zum 20. auf 6.25 Uhr MEZ und seine Helligkeit steigt bis zu diesem Datum auf -0,1 mag. Am 20. kann Merkur ab 6.40 Uhr MEZ für eine Stunde am Morgenhimmel ohne optische Hilfsmittel beobachtet werden.
Am 22. zieht Merkur 7,1° nördlich an Antares vorbei, der aber mit bloßem Auge in der Morgendämmerung nicht zu erkennen sein dürfte und am 25. erreicht der innerste Planet unseres Sonnensystems seine größte westliche Elongation mit 22,1°. Der -0,3 mag helle Merkur geht an diesem Tag um 6.30 Uhr MEZ auf und kann von 6.45 Uhr MEZ bis 7.45 Uhr MEZ in der zunehmenden Morgendämmerung beobachtet werden. Bis zum Jahresende steigt seine Helligkeit leicht auf -0,4 mag an und sein Untergang verspätet sich auf 6.45 Uhr MEZ. Er ist dann von 7 Uhr MEZ bis 7.45 Uhr MEZ ohne optische Hilfsmittel am Morgenhimmel sichtbar.
Im Fernrohr präsentiert sich Merkur am 14. als zu 24% beleuchtete Sichel mit 8,7" Durchmesser. In den folgenden Tagen nimmt der beleuchtete Anteil seines Scheibchens zu, während dessen Durchmesser abnimmt. Die Halbphase (Dichotomie) wird am 20. erreicht, wobei der Scheibchendurchmesser 7,3" beträgt. Am 25. ist das 6,6" große Merkurscheibchen zu 64% beleuchtet und am 31. hat das zu 76% illuminierte Planetenscheibchen einen Durchmesser von 5,9".

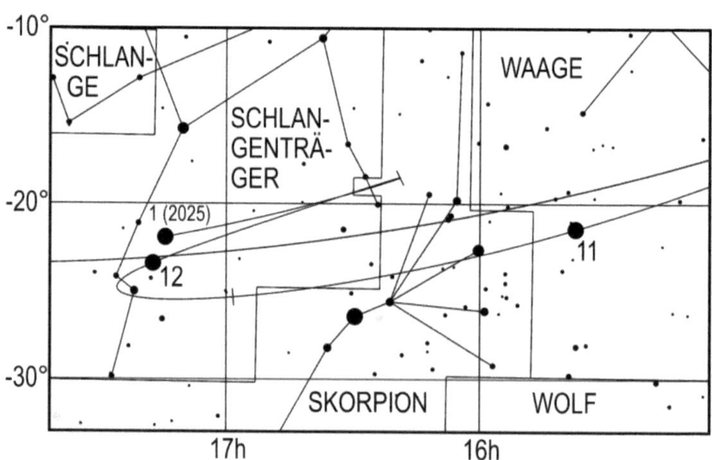

Lauf des Planeten Merkur von Oktober 2024 bis Dezember 2024. Die Zahl gibt die Position am 1. des entsprechenden Monats an, also 12 die Position am 1.12.

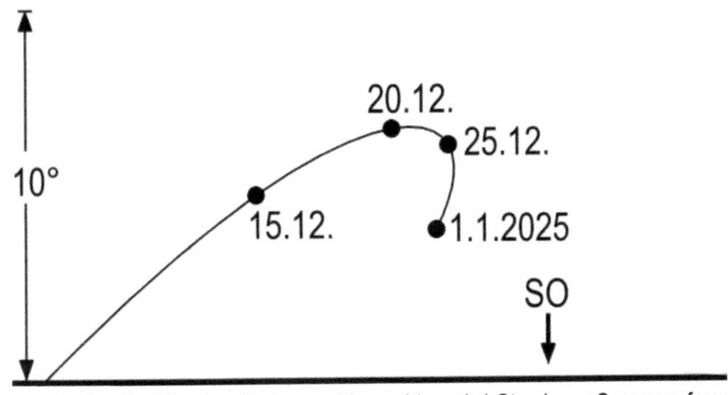

Position des Planeten Merkur am Morgenhimmel, 1 Stunde vor Sonnenaufgang

Venus ist strahlender Abendstern und wandert vom Schützen in den Steinbock, wobei sie zum Jahresende die Grenze zum Wassermann erreicht. Unser innerer Nachbarplanet, dessen Helligkeit im Dezember von -4,2 mag auf -4,4 mag ansteigt, passiert am 9. Beta Capricorni in 7,15° südlichem Abstand. Am 28. sieht man den Liebesplanet 1,05° nördlich von Delta Capricorni.
Venus versinkt am 1. um 19.21 Uhr MEZ, am 15. um 19.57 Uhr MEZ und am 31. um 20.38 Uhr MEZ unter dem Horizont. Sie ist damit zum Jahresende etwa 4 Stunden lang zu sehen.
Im Fernrohr merkt man, dass der Beleuchtungsgrad des Venusscheibchens abnimmt, während dessen Durchmesser zunimmt. Am 1. ist das 17,1" große Planetenscheibchen zu 68% beleuchtet, während es am Jahresende einen Durchmesser von 22,2" hat und zu 56% beschienen ist.
Am Abend des 4. sieht man die zunehmende Mondsichel in der Nachbarschaft von Venus.

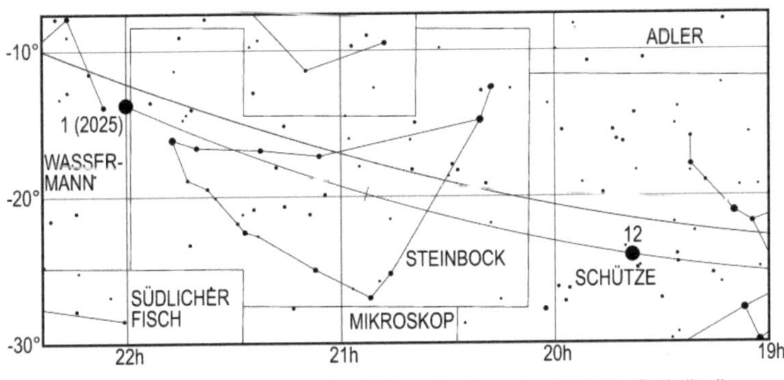

Lauf des Planeten Venus im November 2024 und im Dezember 2024. Die Zahl gibt die Position am 1. des entsprechenden Monats an, also 12 die Position am 1.12.

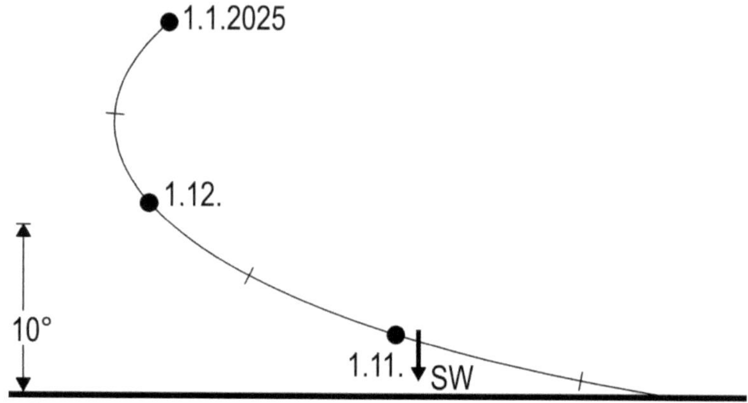

Position des Planeten Venus am Abendhimmel, 1 Stunde nach Sonnenuntergang

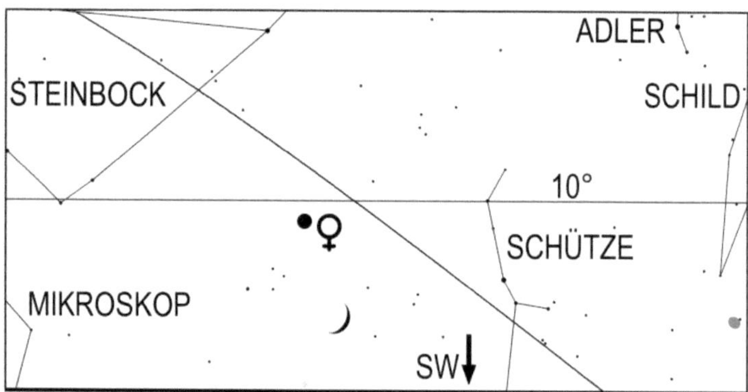

Mond und Venus am 4.12.2024 um 18 Uhr MEZ

Mars setzt am 7. westlich des Sternhaufens M44 im Krebs zu seiner Oppositions-schleife an und wird in diesem Monat zum Planeten der ganzen Nacht. Sein Aufgang verschiebt sich von 20.20 Uhr MEZ am 1., auf 19.21 Uhr MEZ am 15. und auf 17.53 Uhr MEZ am 31.

Die Helligkeit des roten Planeten steigt im Dezember von -0,5 mag auf -1,2 mag an, womit er fast so hell wie Sirius wird. Auch sein Winkeldurchmesser nimmt im Laufe des Monats zu, und zwar von 11,6" auf 14,2". Fernrohrbeobachter können jetzt auf seiner Oberfläche diverse Details wie die Polkappe sehen. Sie bemerken auch, dass er im Dezember immer runder wird, denn der beleuchtete Teil seines Scheibchens nimmt im Laufe des Monats von 93% auf 99% zu.

Der abnehmende Mond hält sich am Morgen des 18. nahe Mars auf.

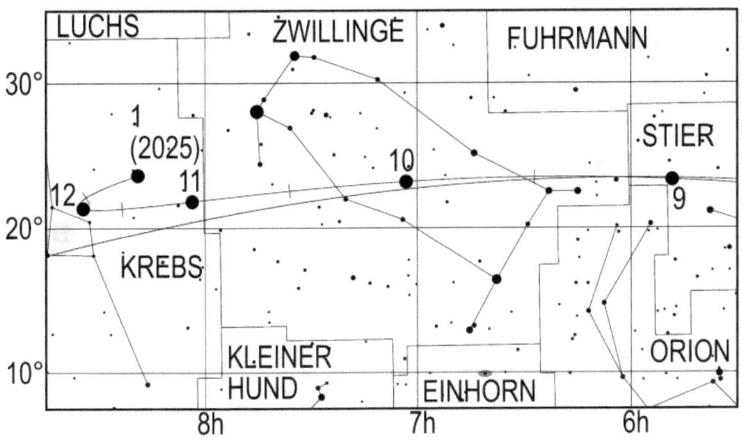

Lauf des Planeten Mars von August 2024 bis Dezember 2024. Die Zahl gibt die Position am 1. des entsprechenden Monats an, also 10 die Position am 1.10.

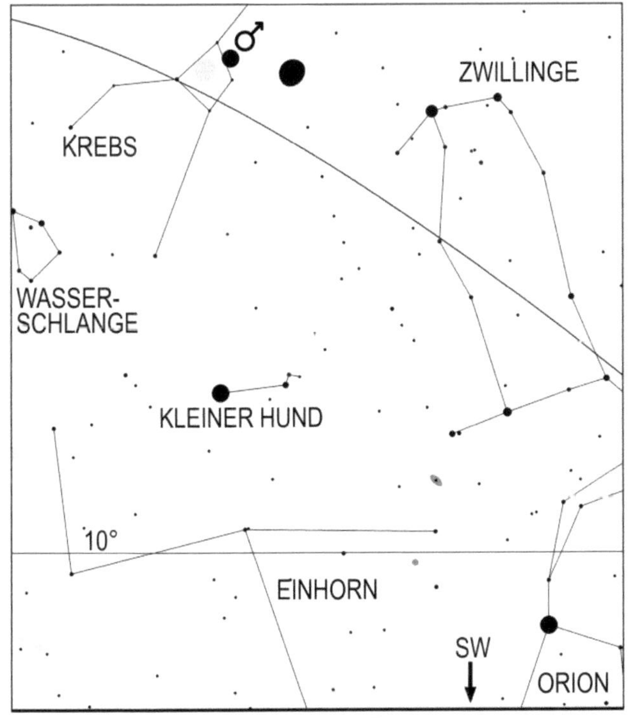

Mond und Mars am 18.12.2024 um 6.30 Uhr MEZ

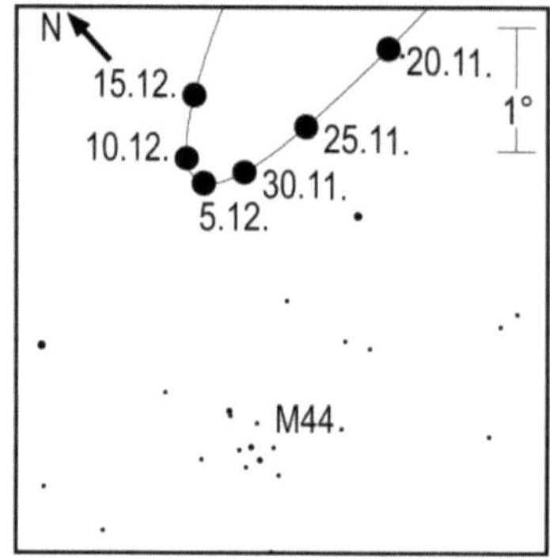

Anblick der Marsbewegung westlich von M44 im November und Dezember 2024.
Der Kreis zeigt die Position von Mars am jeweiligen Tag um 22 Uhr MEZ

Jupiter erreicht am 7. seine Opposition zur Sonne. Er steht während der ganzen
Nacht über dem Horizont und ist wegen seiner großen Höhe über dem Horizont ein
äußerst interessantes Objekt für Fernrohrbeobachter. Seine Helligkeit beträgt am
Oppositionstag -2,8 mag und sein Scheibchendurchmesser 48,2".
Seine geringste Entfernung zur Erde erreicht er mit 611765131 km schon einen Tag
vor seiner Opposition. Ein Lichtstrahl braucht für diese Strecke etwas mehr als 34
Minuten.
Zum Jahresende beginnt Jupiter mit seinem Rückzug aus den frühen Morgenstunden,
denn er versinkt am 31. um 6.29 Uhr MEZ unter dem Horizont.
Am Abend des 14. passiert der fast volle Mond Jupiter 4,9° nördlich.

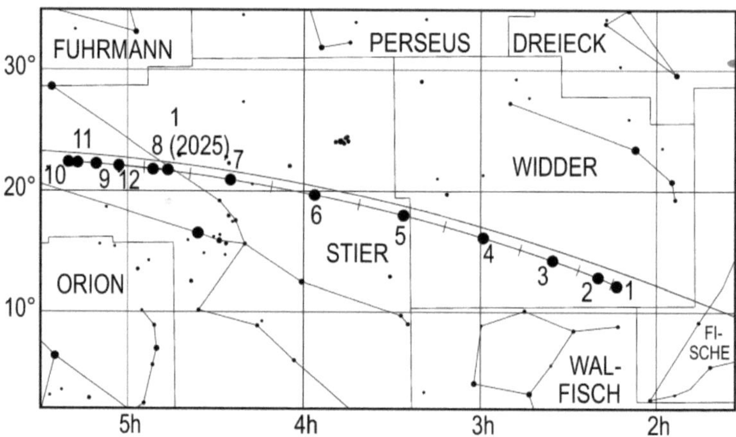

Lauf des Planeten Jupiter im Jahr 2024. Die Zahl gibt die Position am 1. des
entsprechenden Monats an, also 4 die Position am 1.4.

Saturn ist Planet des Abendhimmels. Der Ringplanet, dessen Helligkeit im Dezember von 0,9 mag auf 1,1 mag zurückgeht und dessen Scheibchendurchmesser im gleichen Zeitraum von 17,5" auf 16,6" abnimmt, wandert rechtläufig durch den Wassermann und geht am 1. um 0.05 Uhr MEZ, am 15. um 23.10 Uhr MEZ und am 31. um 22.12 Uhr MEZ unter.

Sein Ringsystem erscheint im Fernrohr unter einem flachen Winkel, der am Monatsanfang 5° und am Monatsende 4° beträgt.

Am Abend des 8. steht der zunehmende Halbmond in der Nähe von Saturn.

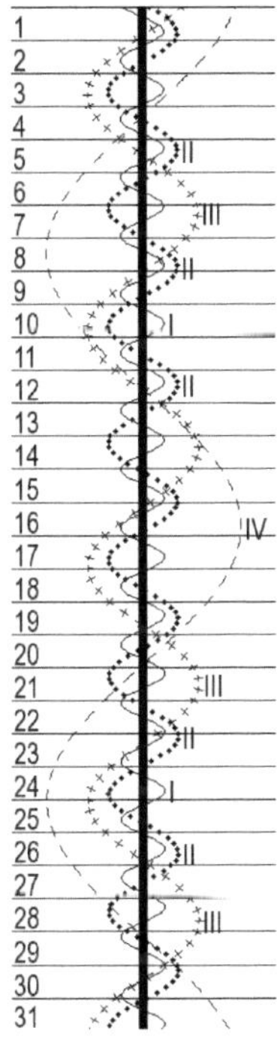

Stellung der 4 hellen Jupitermonde im Dezember 2024

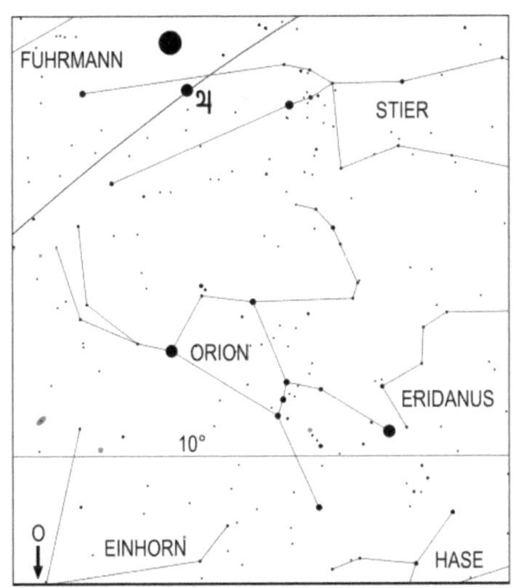

Mond und Jupiter am 14.12.2024 um 20 Uhr MEZ

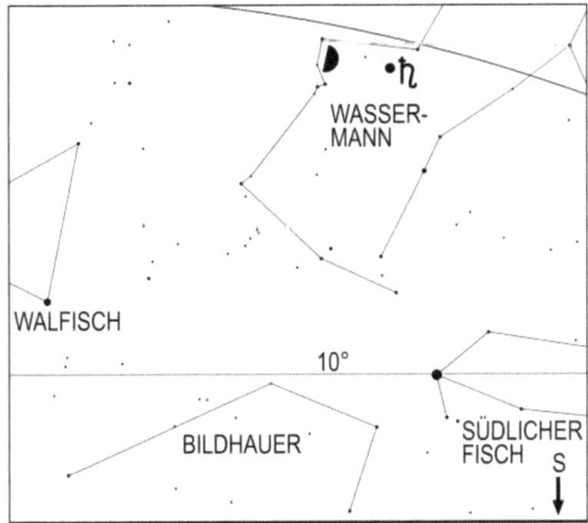

Mond und Saturn am 8.12.2024 um 17.30 Uhr MEZ

Uranus wandert rückläufig durch das Sternbild Stier und erreicht am Jahresende die Grenze zum Sternbild Widder. Der grünliche, 5,6 mag helle Planet kann während großer Teile der Nacht mit einem Fernrohr oder Fernglas aufgesucht werden (Aufsuchkarte, Seite 162). Am 1. kulminiert Uranus um 23.08 Uhr MEZ und versinkt um 6.50 Uhr MEZ unter dem Horizont, am 15. erreicht er seinen höchsten Stand im Süden um 22.11 Uhr MEZ und geht um 5.52 Uhr MEZ unter und am 31. steht der ferne Planet um 21.06 Uhr MEZ am höchsten am Himmel und verschwindet um 4.47 Uhr MEZ unter dem Horizont.

Neptun beendet am 8. seine Oppositionsschleife im Sternbild Fische und bewegt sich von diesem Datum an wieder rechtläufig durch den Tierkreis. Der 7,9 mag helle Planet kann in den Abendstunden mit einem Fernglas oder Fernrohr aufgesucht werden (Aufsuchkarte, Seite 134). Seine Kulmination erfolgt am 1. um 19.31 Uhr MEZ, am 15. um 18.36 Uhr MEZ und am 31. um 17.34 Uhr MEZ. Er verschwindet am 1. um 1.27 Uhr MEZ, am 15. um 0.31 Uhr MEZ und am 31. um 23.26 Uhr MEZ unter dem Horizont.

Klein- und Zwergplaneten

Ceres kann höchstens noch im ersten Monatsdrittel bei guter Horizontsicht mit einem Fernrohr im Sternbild Steinbock aufgesucht werden (Aufsuchkarte, Seite 178). Am 1. versinkt der 9,3 mag helle Zwergplanet um 19.17 Uhr MEZ und am 10. um 19 Uhr MEZ unter dem Horizont. Eine erfolgreiche Suche dürfte bis etwa 1 Stunde vor seinem Untergang möglich sein, allerdings ist vor 18 Uhr MEZ die Abenddämmerung für eine erfolgreiche Suche nach der lichtschwachen Ceres noch zu hell.

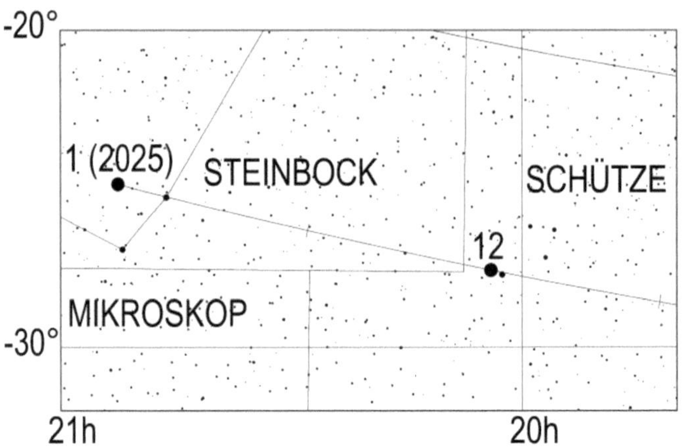

Lauf des Kleinplaneten Ceres im November und Dezember 2024. Die Zahl gibt die Position am 1. des entsprechenden Monats an, also 12 die Position am 1.12.

Pallas kann noch bei guter Horizontsicht in den ersten beiden Monatsdritteln mit einem Fernrohr ab etwa 15 Zentimeter Objektivöffnung aufgesucht werden (Aufsuchkarte, Seite 179). Der 10,4 mag helle Kleinplanet, der im Dezember vom Schlangenträger in die Schlange wandert, versinkt am 1. um 20 Uhr MEZ, am 10. um 19.36 Uhr MEZ und am 20. um 19.10 Uhr MEZ unter dem Horizont. Vor 18 Uhr MEZ ist der Himmel für eine erfolgreiche Suche nach Pallas noch zu hell und in der letzten Stunde vor dem Untergang dürfte der Horizontdunst eine solche vereiteln.

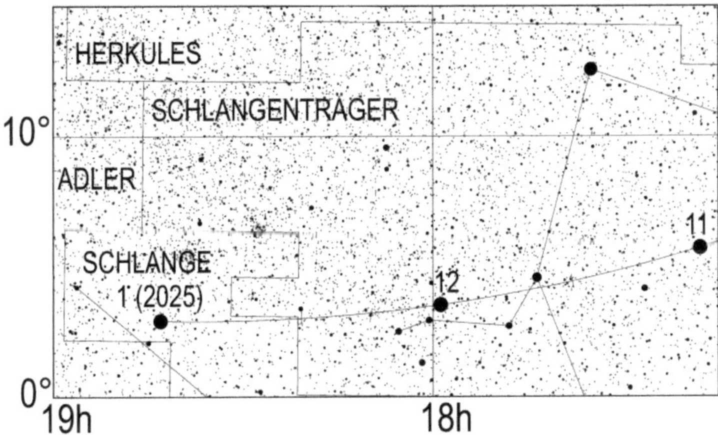

Lauf des Kleinplaneten Pallas von Oktober bis Dezember 2024. Die Zahl gibt die Position am 1. des entsprechenden Monats an, also 11 die Position am 1.11.

Juno wird im Dezember wieder am Morgenhimmel beobachtbar. Allerdings ist für die Sichtung dieses Kleinplaneten, der von der Waage in die Schlange wandert, wegen seiner geringen Helligkeit von 11,4 mag ein Fernrohr von mindestens 15 Zentimeter Objektivöffnung nötig. Am 1. erscheint Juno um 4.54 Uhr MEZ über dem Horizont. Bei klarem Himmel kann zu Dämmerungsbeginn um 6 Uhr MEZ eine erfolgreiche Suche mit einem geeigneten Instrument gelingen (Aufsuchkarte, Seite 180).
Ihr Aufgang verfrüht sich im Laufe des Monats leicht auf 4.21 Uhr MEZ am 15. und auf 3.41 Uhr MEZ am 31., während ihre Helligkeit konstant bleibt, sodass man weiterhin ein größeres Fernrohr benötigt, um Juno zu beobachten.

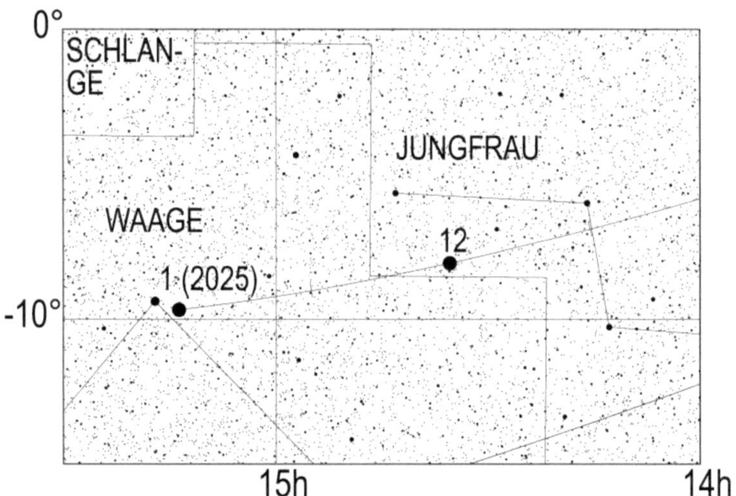

Lauf des Kleinplaneten Juno im November und Dezember 2024. Die Zahl gibt die
Position am 1. des entsprechenden Monats an, also 12 die Position am 1.12.

Vesta, deren Helligkeit im Dezember von 8,0 mag auf 7,8 mag ansteigt, kann zu
Beginn der Morgendämmerung mit einem Fernrohr oder Fernglas im Sternbild
Jungfrau aufgesucht werden (Aufsuchkarte, Seite 180).
Sie geht am 1. um 2.51 Uhr MEZ, am 15. um 2.28 Uhr MEZ und am 31. um 2 Uhr
MEZ auf.

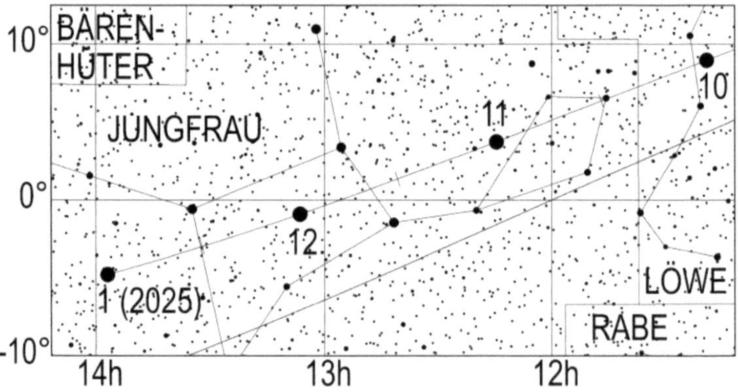

Lauf des Kleinplaneten Vesta von September bis Dezember 2024. Die Zahl gibt
die Position am 1. des entsprechenden Monats an, also 11 die Position am 1.11.

180

Periodische Sternschnuppenströme

Zwischen dem 4. und dem 20. treten die Geminiden auf, welche am 13. um 23.30 Uhr
MEZ ihr Maximum mit bis zu 120 mittelschnellen Meteoren pro Stunde erreichen. In
Mitteleuropa dürfte die größte Zahl von Geminiden am 14. gegen 2.30 Uhr MEZ mit 32
Exemplaren pro Stunde auftreten. Der fast volle Mond steht zu dieser Zeit hoch am
Himmel und beeinträchtigt ihre Beobachtung in hohem Maße.
Vom 17. bis zum 26. sind die Ursae Minoriden aktiv, welche am 22. um 17.45 Uhr
MEZ ihr scharfes Maximum mit bis zu 12 Meteoren pro Stunde erreichen. Die beste
Zeit für ihre Sichtung ist am selben Tag eine Stunde später, wobei bis zu 3 Meteore
pro Stunde zu erwarten sind. Der abnehmende Halbmond erscheint kurz nach
Mitternacht über dem Horizont und stört deshalb nicht bei ihrer Verfolgung in der
ersten Nachthälfte
Ferner können vom 12. bis zum 15.1. noch die Coma-Bereniciden beobachtet werden,
welche am 25. um 17 Uhr MEZ ihr Maximum erreichen. Die beste Zeit für die Beobachtung dieses Schwarms ist am selben Tag um 6 Uhr MEZ, wobei bis zu 2 Meteore
pro Stunde zu erwarten sind.
Die zu 20% beleuchtete, abnehmende Mondsichel ist zu dieser Zeit schon
aufgegangen, sie dürfte aber bei den Beobachtungen kaum stören.

Sonnenuntergang und Dämmerung

	Astr. Anf.	Naut. Anf.	Bürg. Anf.	Auf-gang	Kulm.	Unter-Gang	Bürg. Ende	Naut. Ende	Astr. Ende	Zeitgl.
1.12.2024	6:04	6:43	7:24	8:01	12:13	16:25	17:02	17:43	18:22	-11m00s
2.12.2024	6:05	6:44	7:25	8:03	12:14	16:24	17:02	17:43	18:21	-10m38s
3.12.2024	6:06	6:45	7:26	8:04	12:14	16:24	17:02	17:43	18:21	-10m14s
4.12.2024	6:07	6:46	7:28	8:05	12:14	16:23	17:01	17:42	18:21	-9m50s
5.12.2024	6:08	6:47	7:29	8:06	12:15	16:23	17:01	17:42	18:21	-9m25s
6.12.2024	6:09	6:48	7:30	8:07	12:15	16:23	17:01	17:42	18:21	-9m00s
7.12.2024	6:10	6:49	7:31	8:08	12:16	16:22	17:01	17:42	18:21	-8m35s
8.12.2024	6:11	6:50	7:32	8:10	12:16	16:22	17:00	17:42	18:21	-8m08s
9.12.2024	6:12	6:51	7:33	8:11	12:17	16:22	17:00	17:42	18:21	-7m42s
10.12.2024	6:13	6:52	7:34	8:12	12:17	16:22	17:00	17:42	18:21	-7m15s
11.12.2024	6:14	6:53	7:35	8:13	12:18	16:22	17:00	17:42	18:21	-6m47s
12.12.2024	6:14	6:54	7:36	8:14	12:18	16:22	17:00	17:42	18:21	-6m20s
13.12.2024	6:15	6:55	7:37	8:14	12:18	16:22	17:00	17:42	18:21	-5m52s
14.12.2024	6:16	6:56	7:37	8:15	12:19	16:22	17:01	17:42	18:21	-5m23s
15.12.2024	6:17	6:56	7:38	8:16	12:19	16:22	17:01	17:43	18:22	-4m54s
16.12.2024	6:17	6:57	7:39	8:17	12:20	16:22	17:01	17:43	18:22	-4m26s
17.12.2024	6:18	6:58	7:40	8:18	12:20	16:23	17:01	17:43	18:22	-3m56s
18.12.2024	6:19	6:58	7:40	8:18	12:21	16:23	17:02	17:44	18:23	-3m27s
19.12.2024	6:19	6:59	7:41	8:19	12:21	16:23	17:02	17:44	18:23	-2m58s
20.12.2024	6:20	6:59	7:41	8:19	12:22	16:24	17:03	17:44	18:23	-2m28s
21.12.2024	6:20	7:00	7:42	8:20	12:22	16:24	17:03	17:45	18:24	-1m58s

	Astr. Anf.	Naut. Anf.	Bürg. Anf.	Auf-gang	Kulm.	Unter-Gang	Bürg. Ende	Naut. Ende	Astr. Ende	Zeitgl.
22.12.2024	6:21	7:00	7:42	8:20	12:23	16:25	17:04	17:45	18:24	-1m28s
23.12.2024	6:21	7:01	7:43	8:21	12:23	16:25	17:04	17:46	18:25	-0m59s
24.12.2024	6:22	7:01	7:43	8:21	12:24	16:26	17:05	17:47	18:26	-0m29s
25.12.2024	6:22	7:02	7:44	8:22	12:24	16:27	17:06	17:47	18:26	0m00s
26.12.2024	6:22	7:02	7:44	8:22	12:25	16:27	17:06	17:48	18:27	0m30s
27.12.2024	6:23	7:02	7:44	8:22	12:25	16:28	17:07	17:49	18:28	0m59s
28.12.2024	6:23	7:03	7:44	8:22	12:26	16:29	17:08	17:49	18:28	1m29s
29.12.2024	6:23	7:03	7:44	8:22	12:26	16:30	17:09	17:50	18:29	1m58s
30.12.2024	6:23	7:03	7:45	8:22	12:27	16:31	17:10	17:51	18:30	2m27s
31.12.2024	6:23	7:03	7:45	8:22	12:27	16:32	17:10	17:52	18:31	2m56s

Mondlauf

	Rektaszension	Deklination	Elong.	Phase	mag	Auf-gang	Kulm.	Unter-gang
So 1.12.2024	16h11m56,2s	-25°59'06"	5,6°	0 ●	-4,4	08:40	12:21	15:56
Mo 2.12.2024	17h06m28,5s	-28°05'24"	9,3°	0,01	-4,8	09:48	13:15	16:41
Di 3.12.2024	18h03m20,1s	-28°49'22"	20,3°	0,03	-5,9	10:44	14:12	17:41
Mi 4.12.2024	19h01m06,2s	-28°03'09"	32,0°	0,08	-6,9	11:28	15:08	18:53
Do 5.12.2024	19h58m13,3s	-25°46'34"	43,9°	0,14	-7,8	12:00	16:02	20:13
Fr 6.12.2024	20h53m32,1s	-22°06'54"	56,1°	0,22	-8,6	12:23	16:54	21:36
Sa 7.12.2024	21h46m36,7s	-17°16'44"	68,6°	0,32	-9,3	12:41	17:43	22:59
So 8.12.2024	22h37m43,6s	-11°31'30"	81,2°	0,42 ☽	-9,9	12:57	18:31	
Mo 9.12.2024	23h27m41,4s	-5°07'47"	94,1°	0,54	-10,4	13:11	19:18	00:20
Di 10.12.2024	0h17m37,9s	1°36'36"	107,1°	0,65	-10,8	13:25	20:07	01:44
Mi 11.12.2024	1h08m50,6s	8°21'58"	120,4°	0,75	-11,3	13:41	20:57	03:08
Do 12.12.2024	2h02m36,0s	14°45'32"	133,8°	0,85	-11,7	14:00	21:52	04:35
Fr 13.12.2024	2h59m54,6s	20°21'03"	147,2°	0,92	-12	14:26	22:51	06:05
Sa 14.12.2024	4h01m05,2s	24°40'36"	160,5°	0,97	-12,4	15:03	23:52	07:34
So 15.12.2024	5h05m17,1s	27°19'28"	172,6°	1 ○	-12,7	15:54		08:53
Mo 16.12.2024	6h10m23,7s	28°03'21"	170,9°	0,99	-12,6	17:01	00:56	09:56
Di 17.12.2024	7h13m43,8s	26°53'43"	158,9°	0,97	-12,3	18:18	01:57	10:40
Mi 18.12.2024	8h13m08,4s	24°06'29"	146,6°	0,92	-11,9	19:38	02:54	11:11
Do 19.12.2024	9h07m42,0s	20°05'11"	134,6°	0,85	-11,6	20:56	03:45	11:33
Fr 20.12.2024	9h57m36,9s	15°13'35"	123,0°	0,77	-11,2	22:10	04:32	11:49
Sa 21.12.2024	10h43m45,8s	9°51'38"	111,7°	0,68	-10,8	23:21	05:14	12:02
So 22.12.2024	11h27m17,0s	4°14'34"	100,6°	0,59 ☾	-10,4		05:54	12:13
Mo 23.12.2024	12h09m21,6s	-1°26'04"	89,7°	0,5	-10	00:29	06:33	12:24
Di 24.12.2024	12h51m08,6s	-7°00'56"	78,9°	0,4	-9,6	01:37	07:13	12:35
Mi 25.12.2024	13h33m43,7s	-12°21'15"	68,1°	0,31	-9,1	02:45	07:53	12:48
Do 26.12.2024	14h18m08,3s	-17°17'28"	57,3°	0,23	-8,5	03:57	08:36	13:04
Fr 27.12.2024	15h05m16,0s	-21°38'12"	46,4°	0,16	-7,9	05:10	09:22	13:25
Sa 28.12.2024	15h55m44,2s	-25°09'43"	35,3°	0,09	-7,1	06:23	10:12	13:54

	Rektaszension	Deklination	Elong.	Phase	mag	Auf-gang	Kulm.	Unter-gang
So 29.12.2024	16h49m41,2s	-27°36'32"	24,0°	0,04	-6,2	07:35	11:06	14:34
Mo 30.12.2024	17h46m32,2s	-28°43'38"	12,8°	0,01 ●	-5,2	08:36	12:02	15:29
Di 31.12.2024	18h44m58,7s	-28°20'05"	4,9°	0	-4,4	09:26	13:00	16:39

Jupitermond-Ereignisse

Datum	Uhrzeit (MEZ)	Mond	Erscheinung	Phase
1.12.2024	05:55:28	Io	Verfinsterung	Anfang
1.12.2024	19:36:07	Ganymed	Schattenvorübergang	Anfang
1.12.2024	20:20:32	Ganymed	Durchgang	Anfang
1.12.2024	21:45:42	Ganymed	Schattenvorübergang	Ende
1.12.2024	22:18:23	Ganymed	Durchgang	Ende
2.12.2024	03:03:16	Io	Schattenvorübergang	Anfang
2.12.2024	03:12:43	Io	Durchgang	Anfang
2.12.2024	05:15:00	Io	Schattenvorübergang	Ende
2.12.2024	05:23:42	Io	Durchgang	Ende
2.12.2024	17:27:18	Europa	Schattenvorübergang	Ende
2.12.2024	17:42:44	Europa	Durchgang	Ende
3.12.2024	00:24:08	Io	Verfinsterung	Anfang
3.12.2024	02:43:12	Io	Bedeckung	Ende
3.12.2024	21:31:52	Io	Schattenvorübergang	Anfang
3.12.2024	21:38:31	Io	Durchgang	Anfang
3.12.2024	23:43:37	Io	Schattenvorübergang	Ende
3.12.2024	23:49:31	Io	Durchgang	Ende
4.12.2024	18:52:43	Io	Verfinsterung	Anfang
4.12.2024	21:08:59	Io	Bedeckung	Ende
5.12.2024	18:12:20	Io	Schattenvorübergang	Ende
5.12.2024	18:15:27	Io	Durchgang	Ende
6.12.2024	04:12:22	Europa	Schattenvorübergang	Anfang
6.12.2024	04:18:54	Europa	Durchgang	Anfang
6.12.2024	06:45:26	Europa	Schattenvorübergang	Ende
6.12.2024	06:49:33	Europa	Durchgang	Ende
7.12.2024	22:20:01	Europa	Verfinsterung	Anfang
8.12.2024	00:54:06	Europa	Verfinsterung	Ende
8.12.2024	23:34:51	Ganymed	Durchgang	Anfang
8.12.2024	23:35:58	Ganymed	Schattenvorübergang	Anfang
9.12.2024	01:33:38	Ganymed	Durchgang	Ende
9.12.2024	01:46:49	Ganymed	Schattenvorübergang	Ende
9.12.2024	04:56:07	Io	Durchgang	Anfang
9.12.2024	04:57:52	Io	Schattenvorübergang	Anfang
9.12.2024	07:07:11	Io	Durchgang	Ende
9.12.2024	07:09:43	Io	Schattenvorübergang	Ende

Datum	Uhrzeit (MEZ)	Mond	Erscheinung	Phase
9.12.2024	17:25:32	Europa	Durchgang	Anfang
9.12.2024	17:30:10	Europa	Schattenvorübergang	Anfang
9.12.2024	19:56:13	Europa	Durchgang	Ende
9.12.2024	20:03:23	Europa	Schattenvorübergang	Ende
10.12.2024	02:15:31	Io	Bedeckung	Anfang
10.12.2024	04:30:27	Io	Verfinsterung	Ende
10.12.2024	23:21:57	Io	Durchgang	Anfang
10.12.2024	23:26:29	Io	Schattenvorübergang	Anfang
11.12.2024	01:33:03	Io	Durchgang	Ende
11.12.2024	01:38:22	Io	Schattenvorübergang	Ende
11.12.2024	20:41:20	Io	Bedeckung	Anfang
11.12.2024	22:59:04	Io	Verfinsterung	Ende
12.12.2024	17:47:53	Io	Durchgang	Anfang
12.12.2024	17:55:13	Io	Schattenvorübergang	Anfang
12.12.2024	19:59:01	Io	Durchgang	Ende
12.12.2024	20:07:07	Io	Schattenvorübergang	Ende
13.12.2024	06:32:26	Europa	Durchgang	Anfang
13.12.2024	06:48:10	Europa	Schattenvorübergang	Anfang
13.12.2024	17:27:44	Io	Verfinsterung	Ende
15.12.2024	00:35:08	Europa	Bedeckung	Anfang
15.12.2024	03:31:09	Europa	Verfinsterung	Ende
16.12.2024	02:50:09	Ganymed	Durchgang	Anfang
16.12.2024	03:36:44	Ganymed	Schattenvorübergang	Anfang
16.12.2024	04:50:13	Ganymed	Durchgang	Ende
16.12.2024	05:48:52	Ganymed	Schattenvorübergang	Ende
16.12.2024	06:39:44	Io	Durchgang	Anfang
16.12.2024	19:39:15	Europa	Durchgang	Anfang
16.12.2024	20:05:58	Europa	Schattenvorübergang	Anfang
16.12.2024	22:10:01	Europa	Durchgang	Ende
16.12.2024	22:39:28	Europa	Schattenvorübergang	Ende
17.12.2024	03:59:03	Io	Bedeckung	Anfang
17.12.2024	06:25:05	Io	Verfinsterung	Ende
18.12.2024	01:05:39	Io	Durchgang	Anfang
18.12.2024	01:21:16	Io	Schattenvorübergang	Anfang
18.12.2024	03:16:51	Io	Durchgang	Ende
18.12.2024	03:33:17	Io	Schattenvorübergang	Ende
18.12.2024	16:50:00	Europa	Verfinsterung	Ende
18.12.2024	22:24:58	Io	Bedeckung	Anfang
19.12.2024	00:53:43	Io	Verfinsterung	Ende
19.12.2024	19:31:42	Io	Durchgang	Anfang
19.12.2024	19:40:20	Ganymed	Verfinsterung	Ende
19.12.2024	19:50:03	Io	Schattenvorübergang	Anfang
19.12.2024	21:42:56	Io	Durchgang	Ende
19.12.2024	22:02:06	Io	Schattenvorübergang	Ende
20.12.2024	16:50:57	Io	Bedeckung	Anfang

184

Datum	Uhrzeit (MEZ)	Mond	Erscheinung	Phase
20.12.2024	19:22:24	Io	Verfinsterung	Ende
22.12.2024	02:50:00	Europa	Bedeckung	Anfang
22.12.2024	06:08:27	Europa	Verfinsterung	Ende
23.12.2024	06:05:55	Ganymed	Durchgang	Anfang
23.12.2024	21:53:37	Europa	Durchgang	Anfang
23.12.2024	22:41:44	Europa	Schattenvorübergang	Anfang
24.12.2024	00:24:31	Europa	Durchgang	Ende
24.12.2024	01:15:30	Europa	Schattenvorübergang	Ende
24.12.2024	05:43:03	Io	Bedeckung	Anfang
25.12.2024	02:49:52	Io	Durchgang	Anfang
25.12.2024	03:16:14	Io	Schattenvorübergang	Anfang
25.12.2024	05:01:12	Io	Durchgang	Ende
25.12.2024	05:28:21	Io	Schattenvorübergang	Ende
25.12.2024	19:27:31	Europa	Verfinsterung	Ende
26.12.2024	00:09:06	Io	Bedeckung	Anfang
26.12.2024	02:48:29	Io	Verfinsterung	Ende
26.12.2024	19:34:04	Ganymed	Bedeckung	Anfang
26.12.2024	21:16:05	Io	Durchgang	Anfang
26.12.2024	21:45:03	Io	Schattenvorübergang	Anfang
26.12.2024	23:27:27	Io	Durchgang	Ende
26.12.2024	23:41:43	Ganymed	Verfinsterung	Ende
26.12.2024	23:57:12	Io	Schattenvorübergang	Ende
27.12.2024	18:35:15	Io	Bedeckung	Anfang
27.12.2024	21:17:11	Io	Verfinsterung	Ende
28.12.2024	17:53:39	Io	Durchgang	Ende
28.12.2024	18:25:58	Io	Schattenvorübergang	Ende
29.12.2024	05:06:04	Europa	Bedeckung	Anfang
31.12.2024	00:09:12	Europa	Durchgang	Anfang
31.12.2024	01:17:30	Europa	Schattenvorübergang	Anfang
31.12.2024	02:40:17	Europa	Durchgang	Ende
31.12.2024	03:51:31	Europa	Schattenvorübergang	Ende

Anhang

Liste der Sternbedeckungen durch den Mond

Datum	Stern	Vorgang	Berlin	Bern	Dresden	Frankfurt	Hamburg	Hannover	Köln	Leipzig	München	Nürnberg	Stuttgart	Wien
2.1	SAO 118806 6,6 mag	Eintritt	1:20 118°	1:15 140°	1:19 123°	1:15 129°	1:18 117°	1:17 121°	1:14 127°	1:18 123°	1:17 134°	1:17 130°	1:15 133°	1:21 131°
2.1	SAO 118806 6,6 mag	Austritt	2:34 308°	2:26 285°	2:35 304°	2:29 296°	2:31 308°	2:30 304°	2:27 297°	2:33 304°	2:32 293°	2:32 297°	2:29 293°	2:39 298°
2.1	SAO 118823 7,0 mag	Eintritt	2:43 56°	2:19 93°	2:38 65°	2:26 78°	2:40 57°	2:34 65°	2:25 76°	2:36 66°	2:27 83°	2:29 78°	2:24 83°	2:37 75°
2.1	SAO 118823 7,0 mag	Austritt	3:11 15°	3:25 338°	3:17 6°	3:19 352°	3:08 13°	3:13 5°	3:17 353°	3:17 5°	3:25 349°	3:22 354°	3:23 348°	3:27 359°
2.1	SAO 119150 7,0 mag	Austritt	-	-	-	-	-	-	-	-	-	-	-	23:31 315°
3.1	SAO 119234 7,1 mag	Eintritt	-	4:21 71°	-	-	-	-	-	-	-	-	4:35 51°	-
3.1	SAO 119234 7,1 mag	Austritt	-	5:03 9°	-	-	-	-	-	-	-	-	4:52 27°	-
4.1	SAO 138955 7,3 mag	Eintritt	1:45 189°	-	1:53 205°	-	1:43 186°	1:48 197°	-	1:53 205°	-	-	-	-
4.1	SAO 138955 7,3 mag	Austritt	2:14 238°	-	2:04 223°	-	2:13 240°	2:06 229°	-	2:03 222°	-	-	-	-
8.1	SAO 184209 7,7 mag	Eintritt	8:27 168°	-	-	8:31 186°	8:26 173°	8:27 176°	8:32 190°	-	-	-	-	-
8.1	SAO 184209 7,7 mag	Austritt	9:07 232°	-	-	8:51 216°	09:00 228°	8:58 225°	8:46 212°	-	-	-	-	-
9.1	SAO 185097 7,5 mag	Eintritt	-	6:54 48°	-	-	-	-	-	-	7:09 27°	-	-	-
9.1	SAO 185097 7,5 mag	Austritt	-	7:28 345°	-	-	-	-	-	-	7:22 6°	-	-	-
12.1	SAO 189617 7,9 mag	Eintritt	-	17:16 341°	-	-	-	-	-	-	-	-	-	-
12.1	SAO 189617 7,9 mag	Austritt	-	17:24 327°	-	-	-	-	-	-	-	-	-	-
13.1	Kap Cap 4,8 mag	Eintritt	16:05 31°	15:59 33°	16:04 35°	16:01 29°	16:04 24°	16:03 26°	16:01 24°	16:04 32°	16:02 37°	16:02 34°	16:01 32°	16:06 44°
13.1	Kap Cap 4,8 mag	Austritt	17:02 267°	17:00 263°	17:04 263°	16:59 269°	16:57 275°	16:58 273°	16:56 274°	17:02 266°	17:04 259°	17:02 263°	17:01 265°	17:09 253°
13.1	SAO 164657 7,5 mag	Eintritt	-	18:37 50°	-	-	-	-	18:36 37°	-	-	-	18:37 46°	-

Datum	Stern	Vorgang	Berlin	Bern	Dresden	Frankfurt	Hamburg	Hannover	Köln	Leipzig	München	Nürnberg	Stuttgart	Wien
13.1	SAO 164657 7,5 mag	Austritt	-	-	-	-	-	-	19:29 263°	-	-	-	19:32 254°	-
14.1	SAO 165218 7,8 mag	Eintritt	16:46 346°	16:36 352°	16:42 354°	16:44 340°	-	-	-	16:44 349°	16:37 359°	16:40 353°	16:39 350°	16:37 10°
14.1	SAO 165218 7,8 mag	Austritt	17:09 305°	17:08 296°	17:14 296°	17:03 309°	-	-	-	17:10 302°	17:16 289°	17:12 296°	17:09 299°	17:25 279°
14.1	SAO 165243 7,9 mag	Eintritt	17:41 77°	17:38 83°	17:43 82°	17:38 77°	17:37 70°	17:38 73°	17:35 72°	17:41 79°	17:43 87°	17:41 82°	17:39 81°	17:49 94°
14.1	SAO 165243 7,9 mag	Austritt	18:40 215°	18:36 206°	18:40 210°	18:38 214°	18:39 222°	18:39 219°	18:37 219°	18:39 213°	18:38 204°	18:38 209°	18:38 209°	18:38 197°
14.1	SAO 165233 6,8 mag	Eintritt	-	-	-	-	-	-	-	-	-	-	-	17:57 350°
14.1	SAO 165233 6,8 mag	Austritt	-	-	-	-	-	-	-	-	-	-	-	18:23 302°
17.1	88 Psc 6,2 mag	Eintritt	15:47 95°	-	15:47 95°	-	15:43 88°	15:42 90°	-	15:45 96°	-	-	-	15:51 111°
17.1	88 Psc 6,2 mag	Austritt	16:39 192°	-	16:36 188°	-	16:40 200°	16:38 198°	-	16:36 191°	-	-	-	16:28 174°
18.1	SAO 92795 7,9 mag	Eintritt	16:24 62°	16:10 62°	16:22 65°	16:16 59°	16:23 56°	16:21 57°	16:16 56°	16:21 62°	16:16 66°	16:17 63°	16:14 62°	16:21 73°
18.1	SAO 92795 7,9 mag	Austritt	17:35 230°	17:20 228°	17:33 227°	17:26 232°	17:33 237°	17:31 235°	17:26 236°	17:32 229°	17:26 224°	17:28 227°	17:25 229°	17:31 217°
19.1	SAO 93309 7,7 mag	Eintritt	22:57 73°	22:57 93°	22:58 78°	22:54 82°	22:53 70°	22:53 74°	22:52 79°	22:57 77°	23:00 89°	22:58 84°	22:56 86°	23:04 87°
19.1	SAO 93309 7,7 mag	Austritt	24:03 252°	24:02 230°	24:05 247°	24:02 242°	24:00 254°	24:01 250°	24:00 244°	24:04 248°	24:05 237°	24:04 241°	24:03 238°	24:08 240°
20.1	SAO 76283 7,8 mag	Eintritt	15:55 129°	-	-	-	15:51 119°	-	-	-	-	-	-	-
20.1	SAO 76283 7,8 mag	Austritt	16:24 183°	-	-	-	16:29 193°	-	-	-	-	-	-	-
20.1	33 Tau 6,0 mag	Eintritt	18:40 133°	-	18:48 148°	18:31 134°	18:31 121°	18:31 125°	18:26 124°	18:40 138°	-	-	18:39 149°	-
20.1	33 Tau 6,0 mag	Austritt	19:10 180°	-	18:59 165°	19:00 178°	19:14 193°	19:10 188°	19:04 187°	19:04 175°	-	-	18:48 163°	-
20.1	SAO 76366 7,8 mag	Eintritt	19:44 67°	19:29 76°	19:43 72°	19:35 69°	19:41 61°	19:39 64°	19:33 65°	19:41 70°	19:37 78°	19:37 74°	19:34 73°	19:45 83°

Datum	Stern	Vorgang	Berlin	Bern	Dresden	Frankfurt	Hamburg	Hannover	Köln	Leipzig	München	Nürnberg	Stuttgart	Wien
20.1	SAO 76366 7,8 mag	Austritt	21:01 252°	20:48 238°	21:01 247°	20:53 248°	20:57 258°	20:56 254°	20:51 251°	20:59 249°	20:56 239°	20:56 244°	20:53 243°	21:03 237°
20.1	36 Tau 5,7 mag	Eintritt	22:58 47°	22:49 68°	22:58 53°	22:51 57°	22:54 44°	22:53 49°	22:49 54°	22:56 52°	22:55 64°	22:54 59°	22:51 62°	23:01 62°
20.1	36 Tau 5,7 mag	Austritt	23:59 289°	24:03 266°	24:02 284°	24:00 278°	23:54 291°	23:56 286°	23:57 280°	24:00 284°	24:05 273°	24:03 277°	24:02 273°	24:09 276°
21.1	SAO 76480 7,2 mag	Eintritt	1:31 106°	1:45 132°	1:34 110°	1:36 118°	1:29 106°	1:31 110°	1:34 117°	1:33 111°	1:41 122°	1:38 118°	1:39 122°	1:40 116°
21.1	SAO 76480 7,2 mag	Austritt	2:26 238°	2:25 214°	2:27 235°	2:26 227°	2:24 238°	2:25 234°	2:24 227°	2:26 234°	2:27 224°	2:27 227°	2:26 223°	2:29 230°
21.1	SAO 76483 7,2 mag	Eintritt	1:55 138°	-	2:00 145°	-	1:53 138°	1:58 145°	2:10 167°	02:00 146°	-	2:13 168°	-	2:10 157°
21.1	SAO 76483 7,2 mag	Austritt	2:28 207°	-	2:27 201°	-	2:26 206°	2:25 200°	2:16 179°	2:27 199°	-	2:18 178°	-	2:26 189°
21.1	SAO 76895 7,8 mag	Eintritt	22:54 103°	22:57 127°	22:57 109°	22:52 113°	22:49 100°	22:50 105°	22:48 110°	22:55 108°	23:00 121°	22:57 115°	22:55 119°	23:06 119°
21.1	SAO 76895 7,8 mag	Austritt	24:05 246°	23:55 221°	24:06 241°	24:00 235°	24:01 247°	24:01 243°	23:57 237°	24:05 241°	24:03 229°	24:03 234°	24:00 230°	24:10 233°
21.1	SAO 76903 6,9 mag	Eintritt	23:09 75°	23:04 96°	23:10 80°	23:03 85°	23:04 73°	23:04 77°	23:00 82°	23:08 80°	23:09 91°	23:07 86°	23:05 89°	23:16 89°
22.1	SAO 76903 6,9 mag	Austritt	0:22 275°	0:21 254°	0:24 271°	0:20 265°	0:17 276°	0:18 272°	0:17 266°	0:22 271°	0:25 260°	0:23 264°	0:22 261°	0:30 264°
22.1	SAO 76945 7,7 mag	Eintritt	0:47 76°	0:48 97°	0:48 80°	0:45 87°	0:42 75°	0:43 79°	0:42 85°	0:47 80°	0:50 90°	0:48 87°	0:47 90°	0:54 86°
22.1	SAO 76945 7,7 mag	Austritt	1:52 280°	1:57 260°	1:54 277°	1:54 270°	1:49 280°	1:51 277°	1:51 270°	1:53 276°	1:58 267°	1:56 270°	1:56 267°	02:00 273°
22.1	SAO 76955 6,6 mag	Eintritt	1:39 161°	-	-	-	1:36 161°	-	-	-	-	-	-	-
22.1	SAO 76955 6,6 mag	Austritt	1:59 197°	-	-	-	1:55 196°	-	-	-	-	-	-	-
22.1	SAO 77028 6,8 mag	Eintritt	4:22 156°	-	4:26 162°	-	4:23 160°	4:28 168°	-	4:28 164°	-	-	-	4:33 170°
22.1	SAO 77028 6,8 mag	Austritt	4:44 204°	-	4:43 199°	-	4:42 200°	4:40 192°	-	4:42 196°	-	-	-	4:42 190°
22.1	SAO 77604 7,3 mag	Eintritt	17:43 85°	17:32 89°	17:41 88°	17:37 84°	17:43 79°	17:41 81°	17:38 80°	17:41 86°	17:35 92°	17:37 88°	17:35 87°	17:39 98°

Datum	Stern	Vorgang	Berlin	Bern	Dresden	Frankfurt	Hamburg	Hannover	Köln	Leipzig	München	Nürnberg	Stuttgart	Wien
22.1	SAO 77604 7,3 mag	Austritt	18:51 255°	18:37 247°	18:49 251°	18:43 254°	18:50 261°	18:48 258°	18:43 258°	18:48 253°	18:42 245°	18:44 249°	18:41 250°	18:45 240°
22.1	SAO 77619 7,1 mag	Eintritt	18:14 105°	18:03 112°	18:13 109°	18:07 105°	18:12 99°	18:11 101°	18:07 101°	18:12 107°	18:08 114°	18:09 110°	18:06 109°	18:15 122°
22.1	SAO 77619 7,1 mag	Austritt	19:18 235°	19:01 225°	19:15 230°	19:09 233°	19:18 242°	19:15 239°	19:10 238°	19:15 233°	19:06 224°	19:09 228°	19:06 229°	19:09 217°
22.1	SAO 77621 7,8 mag	Eintritt	18:20 65°	18:07 71°	18:18 69°	18:13 66°	18:21 59°	18:18 62°	18:14 62°	18:18 67°	18:11 74°	18:13 70°	18:11 69°	18:15 79°
22.1	SAO 77621 7,8 mag	Austritt	19:29 275°	19:16 266°	19:28 271°	19:21 273°	19:26 281°	19:25 278°	19:20 277°	19:27 273°	19:22 265°	19:23 269°	19:20 269°	19:28 260°
22.1	136 Tau 4,5 mag	Eintritt	19:37 104°	19:26 115°	19:37 103°	19:29 106°	19:34 97°	19:32 101°	19:28 102°	19:35 106°	19:33 116°	19:32 111°	19:29 111°	19:41 121°
22.1	136 Tau 4,5 mag	Austritt	20:49 242°	20:29 226°	20:47 236°	20:38 237°	20:46 247°	20:44 244°	20:38 241°	20:45 238°	20:37 227°	20:40 232°	20:36 232°	20:44 223°
22.1	SAO 77724 7,5 mag	Eintritt	20:54 95°	20:44 110°	20:55 100°	20:46 100°	20:50 90°	20:49 94°	20:44 96°	20:52 98°	20:51 109°	20:50 104°	20:47 105°	21:00 112°
22.1	SAO 77724 7,5 mag	Austritt	22:14 257°	21:58 238°	22:13 252°	22:04 249°	22:09 261°	22:08 257°	22:02 253°	22:11 253°	22:07 242°	22:08 247°	22:04 244°	22:16 242°
22.1	SAO 77804 7,6 mag	Eintritt	23:10 147°	-	23:18 156°	23:23 176°	23:02 143°	23:07 150°	23:12 163°	23:15 155°	-	-	-	-
22.1	SAO 77804 7,6 mag	Austritt	23:55 217°	-	23:52 208°	23:31 186°	23:51 219°	23:48 212°	23:35 198°	23:50 208°	-	-	-	-
23.1	SAO 77837 6,1 mag	Eintritt	0:10 138°	-	0:15 144°	0:16 156°	0:04 137°	0:07 142°	0:11 153°	0:13 145°	0:29 167°	0:20 157°	0:24 166°	0:28 156°
23.1	SAO 77837 6,1 mag	Austritt	1:03 230°	-	1:03 225°	0:52 212°	0:58 231°	0:57 225°	0:50 214°	1:01 224°	0:53 203°	0:56 212°	0:49 203°	1:05 215°
23.1	SAO 77909 7,8 mag	Eintritt	1:39 124°	1:53 152°	1:42 128°	1:43 137°	1:34 124°	1:37 128°	1:40 136°	1:41 128°	1:50 140°	1:46 136°	1:47 141°	1:50 133°
23.1	SAO 77909 7,8 mag	Austritt	2:38 249°	2:34 223°	2:39 246°	2:35 236°	2:34 248°	2:35 244°	2:33 236°	2:38 245°	2:39 234°	2:38 238°	2:36 233°	2:44 242°
23.1	SAO 78710 6,8 mag	Eintritt	17:28 21°	17:15 31°	17:23 28°	17:24 21°	-	17:33 11°	17:30 10°	17:25 24°	17:15 35°	17:20 29°	17:19 28°	17:13 42°
23.1	SAO 78710 6,8 mag	Austritt	17:55 331°	17:50 320°	17:56 324°	17:50 331°	-	17:48 342°	17:45 342°	17:54 328°	17:54 316°	17:53 322°	17:51 324°	17:59 309°
23.1	SAO 78876 7,0 mag	Eintritt	22:42 129°	22:48 159°	22:45 135°	22:39 140°	22:35 126°	22:37 130°	22:35 136°	22:43 134°	22:50 150°	22:45 143°	22:44 147°	22:57 147°

Datum	Stern	Vorgang	Berlin	Bern	Dresden	Frankfurt	Hamburg	Hannover	Köln	Leipzig	München	Nürnberg	Stuttgart	Wien
23.1	SAO 78876 7,0 mag	Austritt	23:51 247°	23:28 215°	23:51 242°	23:40 234°	23:46 249°	23:45 244°	23:38 237°	23:49 242°	23:42 227°	23:44 233°	23:38 228°	23:53 232°
24.1	SAO 78968 7,2 mag	Eintritt	1:31 113°	1:38 135°	1:34 116°	1:31 124°	1:26 113°	1:28 117°	1:28 124°	1:32 117°	1:38 127°	1:35 123°	1:35 128°	1:42 120°
24.1	SAO 78968 7,2 mag	Austritt	2:40 275°	2:42 254°	2:43 272°	2:40 264°	2:36 273°	2:38 270°	2:37 263°	2:41 271°	2:45 263°	2:43 265°	2:42 261°	2:49 269°
24.1	SAO 79122 7,9 mag	Eintritt	5:54 156°	6:19 192°	5:57 158°	6:04 169°	5:54 159°	5:57 162°	6:04 170°	5:57 159°	6:06 168°	6:03 166°	6:07 172°	6:00 160°
24.1	SAO 79122 7,9 mag	Austritt	6:26 229°	6:21 195°	6:27 227°	6:26 217°	6:24 227°	6:25 224°	6:25 216°	6:26 226°	6:28 218°	6:27 220°	6:26 214°	6:28 226°
24.1	47 Gem 5,6 mag	Eintritt	6:27 47°	6:31 64°	6:28 49°	6:28 57°	6:25 50°	6:26 52°	6:28 58°	6:27 50°	6:30 57°	6:29 55°	6:30 59°	6:30 51°
24.1	47 Gem 5,6 mag	Austritt	6:56 337°	7:11 323°	6:58 335°	7:05 329°	6:57 335°	07:00 333°	7:05 328°	6:59 334°	7:05 329°	7:04 330°	7:06 327°	7:01 334°
24.1	SAO 79142 6,8 mag	Eintritt	6:43 167°	-	6:46 170°	-	6:44 171°	6:48 175°	-	6:47 172°	-	6:54 183°	-	-
24.1	SAO 79142 6,8 mag	Austritt	7:04 216°	-	7:04 214°	-	7:03 213°	7:03 210°	-	7:04 212°	-	7:03 202°	-	-
24.1	SAO 79164 7,8 mag	Eintritt	6:48 108°	6:58 119°	6:49 109°	6:53 114°	6:48 110°	6:50 111°	6:53 115°	6:50 110°	-	6:53 113°	6:55 115°	-
24.1	SAO 79164 7,8 mag	Austritt	7:37 275°	-	7:39 274°	7:43 270°	7:38 274°	7:40 273°	7:43 270°	7:39 273°	-	7:42 271°	7:44 269°	-
24.1	76 Gem 5,4 mag	Eintritt	18:36 118°	18:29 128°	18:35 123°	18:31 120°	18:35 112°	18:34 115°	18:31 116°	18:34 120°	18:32 129°	18:32 124°	18:31 124°	18:36 135°
24.1	76 Gem 5,4 mag	Austritt	19:37 251°	19:22 239°	19:34 246°	19:30 248°	19:37 257°	19:35 254°	19:31 252°	19:34 248°	19:26 238°	19:29 243°	19:27 243°	19:28 233°
25.1	Ome2 Cnc 6,2 mag	Eintritt	-	4:43 61°	4:55 26°	4:43 50°	4:46 32°	4:44 39°	4:40 52°	4:50 33°	4:48 49°	4:47 46°	4:44 53°	4:57 31°
25.1	Ome2 Cnc 6,2 mag	Austritt	-	5:23 342°	5:00 15°	5:13 352°	4:58 9°	5:04 2°	5:12 350°	5:03 8°	5:16 353°	5:13 356°	5:17 350°	5:08 9°
25.1	SAO 79910 7,8 mag	Eintritt	5:52 135°	6:06 149°	5:55 136°	5:59 143°	5:51 137°	5:54 139°	5:58 144°	5:55 137°	6:02 142°	5:59 141°	6:01 144°	5:59 137°
25.1	SAO 79910 7,8 mag	Austritt	6:42 263°	6:49 250°	6:44 261°	6:46 256°	6:41 261°	6:43 259°	6:45 255°	6:44 261°	6:48 256°	6:46 257°	6:47 255°	6:47 261°
26.1	SAO 80552 7,5 mag	Eintritt	7:24 82°	7:32 92°	7:26 83°	7:28 88°	7:22 84°	7:24 85°	7:27 88°	7:25 84°	7:30 88°	7:28 87°	7:30 89°	7:29 84°

Datum	Stern	Vorgang	Berlin	Bern	Dresden	Frankfurt	Hamburg	Hannover	Köln	Leipzig	München	Nürnberg	Stuttgart	Wien
26.1	SAO 80552 7,5 mag	Austritt	8:10 322°	8:22 314°	8:12 321°	8:17 317°	8:10 321°	8:12 320°	8:16 317°	8:12 320°	8:18 317°	8:16 318°	8:18 317°	8:15 319°
26.1	SAO 98567 7,5 mag	Eintritt	18:51 133°	18:49 146°	18:51 138°	18:49 137°	18:51 127°	18:50 131°	18:49 132°	18:50 136°	18:50 146°	18:50 141°	18:49 141°	18:52 152°
26.1	SAO 98567 7,5 mag	Austritt	19:45 258°	19:33 243°	19:42 253°	19:40 253°	19:47 264°	19:45 260°	19:42 258°	19:43 255°	19:35 243°	19:39 249°	19:37 248°	19:35 239°
26.1	SAO 98640 7,8 mag	Eintritt	22:42 80°	22:28 102°	22:40 86°	22:33 91°	22:40 77°	22:38 82°	22:32 88°	22:39 85°	22:34 97°	22:35 93°	22:32 95°	22:41 96°
26.1	SAO 98640 7,8 mag	Austritt	23:47 329°	23:46 305°	23:50 324°	23:45 317°	23:42 331°	23:44 326°	23:42 319°	23:48 324°	23:51 312°	23:49 317°	23:47 313°	23:57 317°
28.1	SAO 99157 7,7 mag	Eintritt	6:06 153°	6:19 167°	6:10 154°	6:11 161°	6:03 156°	6:06 157°	6:09 163°	6:09 155°	6:16 160°	6:13 159°	6:15 162°	6:16 154°
28.1	SAO 99157 7,7 mag	Austritt	7:01 270°	7:07 259°	7:04 269°	7:03 264°	6:58 268°	07:00 267°	7:00 263°	7:03 268°	7:08 265°	7:05 265°	7:05 263°	7:10 269°
28.1	SAO 118628 7,1 mag	Eintritt	-	21:48 48°	-	-	-	-	-	-	22:00 33°	-	-	-
28.1	SAO 118628 7,1 mag	Austritt	-	22:13 5°	-	-	-	-	-	-	22:06 22°	-	-	-
30.1	SAO 119068 7,7 mag	Eintritt	2:12 191°	-	2:18 199°	-	2:11 195°	2:18 206°	-	2:19 202°	-	-	-	2:31 209°
30.1	SAO 119068 7,7 mag	Austritt	2:48 245°	-	2:46 239°	-	2:40 240°	2:34 229°	-	2:41 234°	-	-	-	2:46 230°
30.1	SAO 119138 7,7 mag	Eintritt	-	-	-	8:15 147°	8:08 144°	8:10 145°	8:12 147°	-	-	-	-	-
30.1	SAO 119138 7,7 mag	Austritt	-	-	-	9:13 275°	9:07 278°	9:09 277°	9:11 275°	-	-	-	-	-
30.1	SAO 138796 7,9 mag	Eintritt	22:33 110°	22:29 130°	22:32 114°	22:31 119°	22:34 107°	22:33 111°	-	22:32 114°	22:30 125°	22:31 121°	22:30 123°	22:31 123°
30.1	SAO 138796 7,9 mag	Austritt	23:36 313°	23:31 291°	23:36 309°	23:34 303°	23:35 315°	23:35 311°	23:33 305°	23:36 309°	23:34 297°	23:34 302°	23:33 298°	23:36 301°
30.1	SAO 138813 7,6 mag	Eintritt	23:26 70°	23:11 97°	23:22 77°	23:17 84°	23:27 67°	23:23 73°	23:18 82°	23:22 77°	23:15 91°	23:17 86°	23:15 90°	23:18 88°
31.1	SAO 138813 7,6 mag	Austritt	0:06 356°	0:11 327°	0:09 349°	0:09 340°	0:04 358°	0:06 351°	0:08 342°	0:08 349°	0:12 335°	0:10 340°	0:10 335°	0:13 340°
31.1	SAO 138885 6,9 mag	Eintritt	6:56 110°	6:59 120°	6:59 111°	6:55 116°	6:51 113°	6:52 114°	6:52 117°	6:57 112°	7:02 115°	6:59 114°	6:58 117°	7:07 111°

Datum	Stern	Vorgang	Berlin	Bern	Dresden	Frankfurt	Hamburg	Hannover	Köln	Leipzig	München	Nürnberg	Stuttgart	Wien
31.1	SAO 138885 6,9 mag	Austritt	8:06 316°	8:14 309°	8:09 315°	8:08 312°	8:02 315°	8:04 314°	8:05 311°	8:08 315°	8:14 312°	8:11 313°	8:11 311°	8:17 314°
1.2	SAO 139293 7,0 mag	Eintritt	6:47 131°	6:49 142°	6:49 132°	6:45 138°	6:41 134°	6:43 135°	6:42 139°	6:47 133°	6:52 137°	6:49 136°	6:48 139°	6:57 132°
1.2	SAO 139293 7,0 mag	Austritt	8:01 293°	8:04 286°	8:04 292°	8:00 289°	7:56 292°	7:58 291°	7:57 288°	8:02 292°	8:07 289°	8:04 290°	8:03 288°	8:12 292°
2.2	SAO 158269 6,8 mag	Eintritt	1:21 136°	1:22 161°	1:21 140°	1:20 148°	1:21 136°	1:20 140°	1:20 147°	1:21 140°	1:21 152°	1:21 148°	1:21 152°	1:22 146°
2.2	SAO 158269 6,8 mag	Austritt	2:27 291°	2:15 266°	2:27 288°	2:21 278°	2:26 290°	2:24 286°	2:20 279°	2:26 287°	2:21 276°	2:22 280°	2:19 275°	2:27 284°
2.2	SAO 158325 6,4 mag	Eintritt	5:24 109°	5:18 126°	5:25 111°	5:18 119°	5:19 113°	5:19 114°	5:15 120°	5:23 112°	5:23 118°	5:22 117°	5:19 120°	5:31 111°
2.2	SAO 158325 6,4 mag	Austritt	6:41 317°	6:40 305°	6:43 316°	6:38 310°	6:36 314°	6:37 313°	6:35 308°	6:41 315°	6:44 311°	6:42 312°	6:40 309°	6:51 316°
2.2	SAO 158333 7,3 mag	Eintritt	-	5:47 72°	-	5:54 61°	6:04 45°	6:00 51°	5:49 64°	6:11 42°	6:01 58°	6:01 56°	5:54 63°	-
2.2	SAO 158333 7,3 mag	Austritt	-	6:38 357°	-	6:31 7°	6:20 21°	6:25 15°	6:29 4°	6:23 24°	6:35 10°	6:32 12°	6:34 5°	-
3.2	SAO 158880 7,9 mag	Eintritt	6:20 89°	6:10 103°	6:21 90°	6:12 97°	6:14 92°	6:14 93°	6:09 99°	6:18 91°	6:17 96°	6:16 95°	6:13 98°	6:26 90°
3.2	SAO 158880 7,9 mag	Austritt	7:29 327°	7:28 317°	7:31 326°	7:26 321°	7:24 325°	7:25 324°	7:23 320°	7:29 325°	7:32 322°	7:30 322°	7:29 320°	7:38 326°
3.2	SAO 158890 7,5 mag	Eintritt	7:32 45°	7:15 66°	7:32 47°	7:19 58°	7:23 50°	7:22 53°	7:14 60°	7:29 49°	7:26 56°	7:25 55°	7:20 60°	-
3.2	SAO 158890 7,5 mag	Austritt	7:58 6°	8:06 350°	8:01 4°	8:00 356°	7:55 2°	7:57 0°	7:58 354°	08:00 3°	8:07 356°	8:03 358°	8:03 354°	-
4.2	42 Lib 5,1 mag	Eintritt	3:25 143°	3:28 172°	3:25 147°	3:25 157°	-	3:25 149°	-	3:25 148°	3:26 159°	3:25 155°	3:26 161°	3:25 150°
4.2	42 Lib 5,1 mag	Austritt	4:26 269°	4:07 243°	4:24 266°	4:16 256°	4:23 266°	4:21 263°	4:15 255°	4:23 265°	4:17 256°	4:18 258°	4:14 253°	4:25 264°
4.2	SAO 183745 7,7 mag	Eintritt	6:14 184°	-	6:17 188°	-	6:16 194°	-	-	6:18 193°	-	-	-	6:21 189°
4.2	SAO 183745 7,7 mag	Austritt	6:40 223°	-	6:38 220°	-	6:29 214°	-	-	6:33 215°	-	-	-	6:42 220°
5.2	SAO 184591 6,4 mag	Eintritt	7:25 99°	7:15 110°	7:25 100°	7:17 105°	7:20 101°	7:19 102°	7:15 106°	7:23 101°	7:21 105°	7:21 104°	7:18 106°	7:29 101°

Datum	Stern	Vorgang	Berlin	Bern	Drescen	Frankfurt	Hamburg	Hannover	Köln	Leipzig	München	Nürnberg	Stuttgart	Wien
5.2	SAO 184591 6,4 mag	Austritt	8:42 288°	8:35 282°	8:43 287°	8:36 285°	8:37 287°	8:37 287°	8:33 285°	8:41 287°	8:41 284°	8:40 285°	8:37 284°	8:49 285°
5.2	SAO 184599 7,9 mag	Eintritt	7:43 93°	7:32 102°	7:43 93°	7:35 98°	7:38 94°	7:37 95°	7:32 99°	7:41 94°	7:39 97°	7:39 97°	7:35 99°	-
5.2	SAO 184599 7,9 mag	Austritt	8:59 293°	8:53 288°	9:00 292°	8:53 290°	8:53 293°	8:54 292°	8:50 290°	8:58 292°	8:59 290°	8:57 291°	8:55 290°	-
6.2	SAO 185604 7,0 mag	Austritt	-	-	-	-	-	-	-	-	-	-	-	5:59 277°
8.2	SAO 188677 7,8 mag	Austritt	-	-	-	-	-	-	-	-	-	-	-	7:43 266°
8.2	SAO 188688 7,5 mag	Eintritt	-	-	-	-	-	-	-	-	-	-	-	7:17 22°
8.2	SAO 188688 7,5 mag	Austritt	-	-	-	-	-	-	-	-	-	-	-	7:51 322°
10.2	SAO 164948 7,0 mag	Eintritt	-	-	-	-	-	-	-	-	-	-	-	16:45 343°
10.2	SAO 164948 7,0 mag	Austritt	-	-	-	-	-	-	-	-	-	-	-	16:59 314°
11.2	Chi Aqr 5,1 mag	Eintritt	-	19:16 52°	-	-	-	-	-	-	-	-	-	-
13.2	SAO 109642 6,9 mag	Eintritt	-	20:26 4°	-	-	-	-	-	-	20:31 358°	20:37 343°	20:33 351°	20:32 358°
13.2	SAO 109642 6,9 mag	Austritt	-	20:59 298°	-	-	-	-	-	-	20:56 306°	20:49 321°	20:52 312°	20:57 308°
14.2	SAO 92682 7,8 mag	Eintritt	18:37 30°	18:25 43°	18:36 36°	18:30 34°	18:35 23°	18:34 27°	18:29 30°	18:35 33°	18:31 44°	18:32 39°	18:29 39°	18:36 47°
14.2	SAO 92682 7,8 mag	Austritt	19:35 272°	19:35 254°	19:38 266°	19:33 265°	19:30 277°	19:32 273°	19:30 269°	19:36 268°	19:39 256°	19:37 261°	19:35 260°	19:43 255°
14.2	SAO 92700 7,8 mag	Eintritt	19:36 113°	-	19:41 121°	19:38 123°	19:30 105°	19:32 111°	19:32 115°	19:39 119°	-	19:45 132°	19:46 136°	-
14.2	SAO 92700 7,8 mag	Austritt	20:19 193°	-	20:16 184°	20:10 180°	20:18 199°	20:16 193°	20:12 187°	20:16 187°	-	20:08 173°	20:04 167°	-
14.2	SAO 92763 6,3 mag	Eintritt	23:02 79°	23:10 101°	23:03 83°	23:05 89°	23:01 78°	23:02 82°	23:04 88°	23:03 83°	23:08 94°	23:06 90°	23:07 94°	-
14.2	SAO 92763 6,3 mag	Austritt	-	23:56 218°	-	23:56 230°	23:54 241°	23:55 237°	23:56 231°	-	-	-	23:56 226°	-

Datum	Stern	Vorgang	Berlin	Bern	Dresden	Frankfurt	Hamburg	Hannover	Köln	Leipzig	München	Nürnberg	Stuttgart	Wien
15.2	36 Ari 6,5 mag	Eintritt	16:37 80°	-	16:37 84°	16:28 79°	16:33 73°	16:32 75°	16:27 75°	16:35 81°	16:32 88°	16:32 84°	16:28 83°	16:41 96°
15.2	36 Ari 6,5 mag	Austritt	17:47 221°	-	17:45 216°	17:38 219°	17:45 228°	17:43 225°	17:38 224°	17:44 219°	17:38 210°	17:40 214°	17:36 215°	17:42 203°
15.2	SAO 93106 7,8 mag	Eintritt	19:11 10°	18:53 29°	19:07 18°	19:01 17°	19:13 360°	19:08 7°	19:02 12°	19:07 15°	19:00 29°	19:02 23°	18:58 24°	19:05 32°
15.2	SAO 93106 7,8 mag	Austritt	19:52 301°	19:56 278°	19:56 293°	19:52 291°	19:43 310°	19:47 302°	19:47 296°	19:54 295°	20:00 281°	19:57 287°	19:55 285°	20:06 280°
15.2	40 Ari 6,0 mag	Eintritt	19:13 84°	19:09 100°	19:15 89°	19:08 89°	19:08 78°	19:08 82°	19:05 85°	19:12 87°	19:15 99°	19:12 93°	19:10 94°	19:22 101°
15.2	40 Ari 6,0 mag	Austritt	20:21 229°	20:10 209°	20:21 224°	20:15 221°	20:18 233°	20:17 229°	20:14 225°	20:20 225°	20:16 213°	20:17 218°	20:15 216°	20:22 212°
16.2	SAO 76043 6,6 mag	Eintritt	16:48 10°	-	16:43 16°	-	16:53 356°	-	-	16:43 13°	16:33 22°	16:37 17°	-	16:36 30°
16.2	SAO 76043 6,6 mag	Austritt	17:30 300°	-	17:33 293°	-	17:20 314°	-	-	17:29 297°	17:30 285°	17:28 291°	-	17:40 279°
16.2	SAO 76088 7,3 mag	Eintritt	18:26 67°	18:13 78°	18:25 71°	18:17 70°	18:22 61°	18:21 64°	18:15 66°	18:24 69°	18:21 78°	18:20 74°	18:17 74°	18:29 83°
16.2	SAO 76088 7,3 mag	Austritt	19:42 252°	19:31 236°	19:43 247°	19:35 246°	19:37 257°	19:37 253°	19:33 250°	19:41 249°	19:39 238°	19:39 243°	19:35 241°	19:46 236°
16.2	SAO 76215 5,5 mag	Eintritt	22:14 16°	22:02 47°	22:12 24°	22:05 33°	22:12 13°	22:09 20°	22:04 30°	22:11 24°	22:07 39°	22:07 34°	22:05 38°	22:12 36°
16.2	SAO 76215 5,5 mag	Austritt	22:45 320°	23:00 289°	22:51 312°	22:53 303°	22:41 322°	22:46 315°	22:50 305°	22:50 312°	22:59 297°	22:55 302°	22:57 298°	22:59 303°
17.2	SAO 76676 7,3 mag	Eintritt	17:29 107°	17:18 118°	17:30 112°	17:21 109°	17:24 100°	17:23 103°	17:18 104°	17:27 110°	17:27 120°	17:25 114°	17:21 114°	17:38 129°
17.2	SAO 76676 7,3 mag	Austritt	18:33 219°	18:11 204°	18:30 213°	18:22 215°	18:31 225°	18:29 222°	18:22 220°	18:29 215°	18:18 203°	18:22 209°	18:19 209°	18:22 196°
17.2	SAO 76740 7,5 mag	Eintritt	22:37 139°	-	22:43 147°	22:54 170°	22:32 138°	22:37 145°	22:45 161°	22:42 148°	-	-	-	23:01 167°
17.2	SAO 76740 7,5 mag	Austritt	23:17 211°	-	23:16 204°	22:59 180°	23:14 212°	23:12 205°	23:02 188°	23:14 203°	-	-	-	23:12 186°
18.2	SAO 77266 7,9 mag	Eintritt	-	-	-	-	17:26 157°	-	-	-	-	-	-	-
18.2	SAO 77266 7,9 mag	Austritt	-	-	-	-	17:41 181°	-	-	-	-	-	-	-

Datum	Stern	Vorgang	Berlin	Bern	Dresden	Frankfurt	Hamburg	Hannover	Köln	Leipzig	München	Nürnberg	Stuttgart	Wien
18.2	SAO 77295 6,5 mag	Eintritt	17:57 84°	17:43 94°	17:56 88°	17:48 86°	17:54 78°	17:52 81°	17:47 82°	17:54 86°	17:50 95°	17:51 90°	17:47 90°	17:58 99°
18.2	SAO 77295 6,5 mag	Austritt	19:15 258°	19:00 244°	19:15 254°	19:06 253°	19:11 263°	19:10 260°	19:04 257°	19:13 255°	19:08 245°	19:09 250°	19:05 249°	19:15 243°
18.2	SAO 77478 7,8 mag	Eintritt	22:43 99°	22:47 122°	22:45 103°	22:42 110°	22:38 98°	22:39 102°	22:39 108°	22:44 103°	22:49 114°	22:46 110°	22:45 114°	22:53 109°
18.2	SAO 77478 7,8 mag	Austritt	23:54 267°	23:53 245°	23:56 264°	23:52 256°	23:50 267°	23:51 263°	23:50 257°	23:54 263°	23:57 254°	23:55 257°	23:54 253°	24:01 259°
19.2	SAO 77604 7,3 mag	Eintritt	1:22 123°	1:37 147°	1:25 126°	1:28 135°	1:20 125°	1:22 128°	1:26 135°	1:24 127°	1:32 136°	1:29 133°	1:31 138°	1:30 129°
19.2	SAO 77604 7,3 mag	Austritt	2:14 247°	2:16 226°	2:15 245°	2:15 236°	2:12 245°	2:13 242°	2:13 236°	2:15 244°	2:17 235°	2:16 238°	2:16 233°	2:19 242°
19.2	SAO 77621 7,8 mag	Eintritt	1:47 87°	1:56 104°	1:50 89°	1:50 96°	1:45 88°	1:47 91°	1:49 97°	1:49 90°	1:54 97°	1:52 95°	1:53 98°	1:54 91°
19.2	SAO 77621 7,8 mag	Austritt	2:44 283°	2:53 268°	2:46 282°	2:49 275°	2:43 282°	2:45 280°	2:48 274°	2:46 281°	2:51 275°	2:49 276°	2:50 273°	2:49 280°
19.2	SAO 77619 7,1 mag	Eintritt	1:51 130°	2:09 156°	1:54 133°	1:59 143°	1:49 132°	1:52 135°	1:57 143°	1:54 134°	2:02 144°	1:59 141°	2:02 146°	1:59 136°
19.2	SAO 77619 7,1 mag	Austritt	2:37 240°	2:38 216°	2:39 237°	2:38 228°	2:36 238°	2:37 235°	2:37 228°	2:38 236°	2:40 228°	2:39 230°	2:39 226°	2:41 235°
19.2	SAO 77625 5,6 mag	Eintritt	-	2:19 20°	-	-	-	-	-	-	-	-	-	-
19.2	SAO 77625 5,6 mag	Austritt	-	2:32 353°	-	-	-	-	-	-	-	-	-	-
19.2	136 Tau 4,5 mag	Eintritt	2:50 93°	03:00 108°	2:52 94°	2:55 101°	2:49 94°	2:51 96°	2:54 102°	2:52 95°	2:57 101°	2:55 100°	2:57 103°	2:55 96°
19.2	136 Tau 4,5 mag	Austritt	3:43 277°	3:52 263°	3:45 275°	3:48 269°	3:43 275°	3:45 273°	3:43 269°	3:45 274°	3:49 269°	3:48 271°	3:50 268°	3:47 274°
19.2	SAO 77724 7,5 mag	Eintritt	3:49 58°	3:55 73°	3:50 59°	3:52 66°	3:48 60°	3:49 62°	3:51 67°	3:50 61°	3:53 66°	3:52 65°	3:53 68°	-
19.2	SAO 77724 7,5 mag	Austritt	4:30 311°	4:42 297°	4:31 309°	4:37 303°	4:31 309°	4:33 307°	4:37 302°	4:32 308°	4:37 303°	4:36 304°	4:38 302°	-
19.2	SAO 78480 7,5 mag	Eintritt	17:48 100°	17:36 110°	17:47 104°	17:40 102°	17:45 94°	17:44 97°	17:39 98°	17:45 102°	17:42 111°	17:42 107°	17:40 107°	17:49 116°
19.2	SAO 78480 7,5 mag	Austritt	19:02 256°	18:45 241°	19:01 251°	18:53 251°	19:00 261°	18:58 257°	18:52 255°	18:59 252°	18:52 242°	18:54 247°	18:51 246°	18:59 239°

Datum	Stern	Vorgang	Berlin	Bern	Dresden	Frankfurt	Hamburg	Hannover	Köln	Leipzig	München	Nürnberg	Stuttgart	Wien
19.2	SAO 78483 7,6 mag	Eintritt	18:04 36°	17:44 50°	17:59 43°	17:54 40°	18:08 26°	18:02 32°	17:56 34°	17:59 40°	17:49 51°	17:53 46°	17:50 46°	17:53 56°
19.2	SAO 78483 7,6 mag	Austritt	18:51 320°	18:46 301°	18:54 313°	18:46 313°	18:43 329°	18:45 323°	18:42 319°	18:51 315°	18:52 302°	18:51 308°	18:48 307°	19:01 299°
19.2	SAO 78496 7,8 mag	Eintritt	18:12 66°	17:56 78°	18:09 71°	18:03 70°	18:11 60°	18:08 64°	18:03 65°	18:08 69°	18:02 78°	18:03 74°	18:00 74°	18:07 82°
19.2	SAO 78496 7,8 mag	Austritt	19:24 291°	19:12 275°	19:24 286°	19:16 285°	19:18 296°	19:18 292°	19:14 289°	19:22 287°	19:20 277°	19:20 281°	19:16 280°	19:28 275°
19.2	49Aur 5,0 mag	Eintritt	19:05 59°	18:46 74°	19:02 64°	18:54 64°	19:03 53°	19:00 57°	18:54 60°	19:01 62°	18:54 73°	18:55 68°	18:52 69°	19:01 76°
19.2	49Aur 5,0 mag	Austritt	20:13 303°	20:06 284°	20:15 297°	20:07 295°	20:06 308°	20:07 303°	20:03 298°	20:12 299°	20:13 287°	20:11 292°	20:08 290°	20:22 287°
19.2	SAO 78580 7,4 mag	Eintritt	21:09 103°	21:05 124°	21:11 108°	21:04 112°	21:03 100°	21:04 104°	21:00 109°	21:08 107°	21:11 119°	21:08 114°	21:06 117°	21:19 116°
19.2	SAO 78580 7,4 mag	Austritt	22:29 272°	22:21 249°	22:31 267°	22:23 261°	22:23 272°	22:24 269°	22:20 262°	22:28 267°	22:29 256°	22:27 260°	22:24 256°	22:37 261°
20.2	SAO 78710 6,8 mag	Eintritt	0:52 76°	0:54 96°	0:54 79°	0:51 87°	0:47 77°	0:49 81°	0:48 87°	0:52 80°	0:56 88°	0:54 86°	0:53 90°	0:59 82°
20.2	SAO 78710 6,8 mag	Austritt	1:50 309°	2:01 291°	1:53 306°	1:55 298°	1:47 307°	1:50 304°	1:53 298°	1:52 305°	1:59 298°	1:56 300°	1:57 296°	1:59 304°
20.2	SAO 78770 6,6 mag	Eintritt	2:48 152°	-	2:52 155°	2:59 168°	2:48 155°	2:51 159°	2:58 170°	2:52 157°	3:02 168°	2:58 165°	3:03 172°	2:57 157°
20.2	SAO 78770 6,6 mag	Austritt	3:24 231°	-	3:26 229°	3:23 216°	3:22 228°	3:23 225°	3:21 215°	3:25 227°	3:25 217°	3:25 220°	3:23 213°	3:28 227°
20.2	SAO 78876 7,0 mag	Eintritt	-	-	-	-	5:21 57°	-	5:25 63°	-	-	-	-	-
20.2	SAO 78876 7,0 mag	Austritt	-	-	-	-	5:58 322°	-	6:04 317°	-	-	-	-	-
21.2	76 Gem 5,4 mag	Eintritt	2:35 101°	2:44 116°	2:38 102°	2:38 110°	2:32 103°	2:34 105°	2:36 110°	2:37 104°	2:42 109°	2:40 108°	2:41 111°	2:43 103°
21.2	76 Gem 5,4 mag	Austritt	3:35 296°	3:45 283°	3:37 295°	3:40 289°	3:33 294°	3:36 293°	3:38 288°	3:37 294°	3:43 289°	3:41 290°	3:42 288°	3:42 294°
21.2	SAO 80089 7,0 mag	Eintritt	16:24 105°	-	16:22 109°	-	-	-	-	16:22 107°	-	-	-	16:20 119°
21.2	SAO 80089 7,0 mag	Austritt	17:26 272°	-	17:24 267°	-	-	-	-	17:24 269°	-	-	-	17:20 257°

Datum	Stern	Vorgang	Berlin	Bern	Dresden	Frankfurt	Hamburg	Hannover	Köln	Leipzig	München	Nürnberg	Stuttgart	Wien
21.2	Lam Cnc 5,9 mag	Eintritt	17:10 31°	-	17:10 136°	17:07 134°	17:09 125°	17:08 128°	17:06 129°	17:09 134°	17:09 145°	17:08 139°	17:07 139°	17:13 151°
21.2	Lam Cnc 5,9 mag	Austritt	18:07 248°	-	18:03 242°	17:59 243°	18:08 254°	18:05 250°	18:01 248°	18:04 244°	17:54 232°	17:58 238°	17:56 238°	17:55 227°
21.2	SAO 80165 7,3 mag	Eintritt	19:25 106°	19:15 122°	19:24 111°	19:18 112°	19:22 101°	19:21 105°	19:17 108°	19:23 109°	19:20 120°	19:20 115°	19:18 116°	19:26 121°
21.2	SAO 80165 7,3 mag	Austritt	20:43 284°	20:29 264°	20:42 279°	20:34 275°	20:38 287°	20:37 283°	20:33 278°	20:41 280°	20:37 269°	20:37 273°	20:34 271°	20:45 270°
23.2	SAO 98567 7,5 mag	Eintritt	3:14 75°	3:15 93°	3:16 77°	3:12 86°	3:09 78°	3:10 81°	3:09 87°	3:14 78°	3:18 84°	3:15 83°	3:14 87°	3:23 77°
23.2	SAO 98567 7,5 mag	Austritt	4:00 343°	4:15 328°	4:04 342°	4:07 334°	3:59 340°	4:01 338°	4:05 332°	4:03 340°	4:11 335°	4:08 336°	4:10 333°	4:10 341°
23.2	SAO 98862 7,4 mag	Eintritt	-	-	17:09 40°	-	-	-	-	17:12 35°	-	-	-	16:58 59°
23.2	SAO 98862 7,4 mag	Austritt	-	-	17:31 355°	-	-	-	-	17:29 2°	-	-	-	17:37 337°
23.2	SAO 98892 7,6 mag	Eintritt	18:41 128°	18:38 145°	18:40 133°	18:38 134°	18:40 123°	18:39 127°	18:38 130°	18:40 132°	18:39 143°	18:39 138°	18:38 139°	18:42 145°
23.2	SAO 98892 7,6 mag	Austritt	19:45 275°	19:31 256°	19:43 270°	19:38 268°	19:45 279°	19:43 275°	19:39 271°	19:43 271°	19:36 259°	19:39 265°	19:36 262°	19:40 259°
23.2	SAO 98897 7,8 mag	Eintritt	19:24 158°	-	19:26 166°	19:24 169°	19:21 152°	19:21 157°	19:21 163°	19:25 164°	19:34 187°	19:28 175°	19:28 179°	19:39 189°
23.2	SAO 98897 7,8 mag	Austritt	20:14 248°	-	20:09 241°	20:02 235°	20:14 253°	20:10 248°	20:04 241°	20:09 242°	19:52 218°	20:00 230°	19:56 225°	19:57 218°
23.2	SAO 98960 7,2 mag	Eintritt	23:18 101°	23:11 124°	23:19 105°	23:11 113°	23:13 101°	23:12 105°	23:08 112°	23:17 105°	23:16 116°	23:15 112°	23:12 116°	23:24 109°
24.2	SAO 98960 7,2 mag	Austritt	0:32 326°	0:34 304°	0:35 323°	0:31 313°	0:27 324°	0:29 320°	0:23 313°	0:33 321°	0:38 313°	0:35 315°	0:34 311°	0:43 320°
24.2	37 Leo 5,7 mag	Eintritt	5:35 106°	5:44 114°	5:37 107°	5:38 111°	5:32 108°	5:34 108°	5:36 111°	5:37 107°	5:42 110°	5:40 110°	5:41 111°	5:42 107°
24.2	37 Leo 5,7 mag	Austritt	6:31 311°	6:43 304°	6:34 310°	6:37 307°	6:30 310°	6:32 309°	6:36 307°	6:34 310°	6:40 307°	6:37 308°	6:39 307°	6:38 309°
24.2	53 Leo 5,3 mag	Eintritt	21:11 79°	20:56 103°	21:08 35°	21:02 91°	21:10 76°	21:07 81°	21:02 88°	21:07 85°	21:01 97°	21:03 93°	21:00 96°	21:06 95°
24.2	53 Leo 5,3 mag	Austritt	22:07 342°	22:07 317°	22:09 336°	22:06 329°	22:03 344°	22:04 338°	22:04 331°	22:08 336°	22:11 324°	22:09 328°	22:08 324°	22:15 329°

Datum	Stern	Vorgang	Berlin	Bern	Dresden	Frankfurt	Hamburg	Hannover	Köln	Leipzig	München	Nürnberg	Stuttgart	Wien
24.2	SAO 99302 7,9 mag	Eintritt	21:39 173°	-	21:43 182°	21:49 199°	21:35 171°	21:38 177°	21:43 192°	21:42 181°	-	21:54 203°	-	22:00 204°
24.2	SAO 99302 7,9 mag	Austritt	22:26 250°	-	22:22 242°	22:04 223°	22:23 251°	22:19 244°	22:07 229°	22:20 242°	-	22:05 220°	-	22:12 222°
27.2	SAO 139071 7,7 mag	Eintritt	23:12 148°	23:17 177°	23:13 152°	23:12 161°	23:11 148°	23:11 152°	23:11 160°	23:12 153°	23:15 165°	23:13 161°	23:14 166°	23:16 159°
28.2	SAO 139071 7,7 mag	Austritt	0:19 285°	0:02 256°	0:18 281°	0:10 270°	0:16 283°	0:14 279°	0:09 271°	0:16 280°	0:11 268°	0:12 272°	0:09 266°	0:19 277°
28.2	SAO 158105 7,4 mag	Eintritt	-	23:07 82°	23:31 41°	23:16 65°	-	23:30 42°	23:17 63°	23:29 45°	23:13 71°	23:17 64°	23:13 71°	23:20 61°
28.2	SAO 158105 7,4 mag	Austritt	-	23:56 345°	23:40 27°	23:50 2°	-	23:40 24°	23:49 3°	23:42 23°	23:53 358°	23:51 3°	23:53 356°	23:51 9°
29.2	SAO 158197 7,0 mag	Eintritt	5:41 91°	5:39 101°	5:44 92°	5:37 97°	5:35 93°	5:36 94°	5:33 98°	5:41 92°	5:44 96°	5:42 95°	5:39 97°	5:51 92°
29.2	SAO 158197 7,0 mag	Austritt	6:47 328°	6:53 321°	6:50 327°	6:48 324°	6:43 327°	6:44 326°	6:45 324°	6:49 327°	6:54 324°	6:51 325°	6:51 324°	6:59 325°
11.3	SAO 109315 6,6 mag	Eintritt	18:26 43°	18:26 61°	18:27 48°	18:25 50°	18:25 38°	18:25 42°	18:24 47°	18:26 47°	18:27 58°	18:26 53°	18:26 55°	18:28 58°
11.3	SAO 109315 6,6 mag	Austritt	19:18 260°	19:23 240°	19:20 255°	19:21 251°	19:17 264°	19:18 259°	19:19 254°	19:20 256°	19:22 245°	19:21 249°	19:22 247°	19:23 246°
11.3	SAO 109348 7,4 mag	Eintritt	19:05 87°	19:15 111°	19:08 92°	19:08 96°	19:03 83°	19:05 87°	19:07 92°	19:07 91°	19:13 105°	19:10 99°	19:11 102°	-
11.3	SAO 109348 7,4 mag	Austritt	-	19:51 193°	-	19:53 208°	19:54 221°	19:54 217°	19:53 211°	-	19:52 200°	19:53 206°	19:52 202°	-
13.3	SAO 92957 7,3 mag	Eintritt	19:23 28°	19:16 50°	19:22 34°	19:18 38°	19:21 24°	19:20 29°	19:17 35°	19:21 33°	19:20 46°	19:20 41°	19:18 43°	19:23 44°
13.3	SAO 92957 7,3 mag	Austritt	20:09 289°	20:17 266°	20:13 284°	20:13 278°	20:06 292°	20:09 287°	20:11 280°	20:12 284°	20:17 272°	20:15 276°	20:15 273°	20:18 274°
14.3	Tau1 Ari 5,2 mag	Eintritt	17:45 126°	-	17:52 136°	-	17:37 117°	17:39 123°	-	17:48 133°	-	-	-	-
14.3	Tau1 Ari 5,2 mag	Austritt	18:25 193°	-	18:20 182°	-	18:24 200°	18:21 194°	-	18:20 185°	-	-	-	-
15.3	Chi Tau 5,4 mag	Eintritt	19:55 13°	19:36 45°	19:51 23°	19:42 31°	19:54 6°	19:48 17°	19:41 27°	19:50 22°	19:43 39°	19:44 33°	19:40 37°	19:50 36°
15.3	Chi Tau 5,4 mag	Austritt	20:21 329°	20:37 295°	20:28 319°	20:29 310°	20:14 334°	20:21 323°	20:25 313°	20:26 320°	20:37 303°	20:32 309°	20:33 304°	20:39 308°

Datum	Stern	Vorgang	Berlin	Bern	Dresden	Frankfurt	Hamburg	Hannover	Köln	Leipzig	München	Nürnberg	Stuttgart	Wien
15.3	SAO 76599 7,7 mag	Eintritt	-	21:01 39°	-	21:07 21°	-	-	21:06 18°	21:20 358°	21:08 28°	21:09 21°	21:05 28°	21:15 20°
15.3	SAO 76599 7,7 mag	Austritt	-	21:49 308°	-	21:38 325°	-	-	21:35 328°	21:26 348°	21:45 319°	21:40 326°	21:43 319°	21:43 329°
16.3	SAO 77177 7,9 mag	Eintritt	22:13 79°	22:17 100°	22:-5 83°	22:13 90°	22:09 80°	22:11 83°	22:11 90°	22:14 83°	22:18 92°	22:16 90°	22:15 93°	22:20 87°
16.3	SAO 77177 7,9 mag	Austritt	23:14 285°	23:22 266°	23:17 282°	23:18 274°	23:12 284°	23:14 281°	23:16 275°	23:16 281°	23:21 273°	23:19 276°	23:20 272°	23:22 279°
17.3	SAO 77224 7,4 mag	Eintritt	0:28 12°	0:21 49°	0:25 21°	0:21 37°	0:24 19°	0:22 26°	0:20 38°	0:25 24°	0:23 38°	0:23 35°	0:22 41°	0:27 27°
17.3	SAO 77224 7,4 mag	Austritt	0:38 353°	1:01 318°	0:44 344°	0:53 329°	0:40 345°	0:45 339°	0:52 328°	0:45 342°	0:55 328°	0:52 332°	0:55 326°	0:49 339°
17.3	SAO 77266 7,9 mag	Eintritt	1:22 130°	1:39 152°	1:25 132°	1:31 141°	1:23 132°	1:25 135°	1:30 142°	1:25 133°	1:32 141°	1:30 139°	1:33 144°	1:28 134°
17.3	SAO 77266 7,9 mag	Austritt	2:03 234°	2:05 214°	2:04 232°	2:05 224°	2:03 232°	2:04 230°	2:04 223°	2:04 231°	2:06 224°	2:05 226°	2:05 222°	2:05 230°
17.3	SAO 77295 6,5 mag	Eintritt	1:58 46°	2:03 63°	-	2:00 56°	1:58 48°	1:59 51°	2:00 57°	1:59 49°	-	2:01 54°	2:01 58°	-
17.3	SAO 77295 6,5 mag	Austritt	2:33 318°	2:46 302°	-	2:41 309°	2:35 315°	2:37 313°	2:41 308°	2:36 315°	-	2:40 310°	2:42 307°	-
17.3	SAO 78191 7,4 mag	Eintritt	18:16 125°	18:18 152°	13:19 131°	18:12 134°	18:09 120°	18:10 125°	18:07 125°	18:16 130°	18:22 146°	18:17 138°	18:16 141°	18:31 146°
17.3	SAO 78191 7,4 mag	Austritt	19:23 238°	18:58 208°	19:22 232°	19:11 226°	19:19 241°	19:17 237°	19:10 230°	19:20 233°	19:11 216°	19:14 224°	19:08 220°	19:21 219°
17.3	SAO 78233 7,2 mag	Eintritt	-	19:22 42°	-	19:40 16°	-	-	-	-	19:35 32°	19:41 21°	19:32 29°	19:47 26°
17.3	SAO 78233 7,2 mag	Austritt	-	20:14 326°	-	19:57 352°	-	-	-	-	20:13 338°	20:04 348°	20:07 339°	20:15 346°
17.3	SAO 78291 7,5 mag	Eintritt	20:55 114°	21:02 138°	20:59 118°	20:55 125°	20:50 113°	20:52 117°	20:51 124°	20:57 118°	21:03 130°	20:59 125°	20:59 130°	21:07 124°
17.3	SAO 78291 7,5 mag	Austritt	22:06 263°	22:02 239°	22:08 259°	22:03 251°	22:01 262°	22:02 258°	22:00 251°	22:06 258°	22:08 248°	22:06 252°	22:04 247°	22:14 255°
17.3	SAO 78334 7,7 mag	Eintritt	22:02 88°	22:05 110°	22:04 92°	22:01 100°	21:57 89°	21:59 92°	2:58 99°	22:03 93°	22:07 102°	22:04 99°	22:04 103°	22:11 96°
17.3	SAO 78334 7,7 mag	Austritt	23:09 291°	23:15 271°	23:12 288°	23:11 280°	23:05 289°	23:08 286°	23:09 230°	23:11 287°	23:16 279°	23:14 281°	23:14 278°	23:18 285°

Datum	Stern	Vorgang	Berlin	Bern	Dresden	Frankfurt	Hamburg	Hannover	Köln	Leipzig	München	Nürnberg	Stuttgart	Wien
18.3	SAO 78410 7,7 mag	Eintritt	0:03 155°	-	0:08 160°	0:19 181°	0:02 159°	0:07 164°	0:19 184°	0:08 162°	0:24 183°	0:17 174°	-	0:14 164°
18.3	SAO 78410 7,7 mag	Austritt	0:37 224°	-	0:38 221°	0:29 200°	0:34 221°	0:34 216°	0:26 196°	0:37 219°	0:32 198°	0:34 207°	-	0:41 217°
18.3	SAO 78480 7,5 mag	Eintritt	1:43 66°	1:49 81°	1:44 68°	1:45 75°	1:41 68°	1:43 70°	1:44 75°	1:44 69°	1:47 74°	1:46 73°	1:47 76°	1:47 69°
18.3	SAO 78480 7,5 mag	Austritt	2:27 313°	2:40 299°	2:29 311°	2:34 305°	2:27 311°	2:30 309°	2:34 304°	2:29 310°	2:35 305°	2:33 306°	2:36 303°	2:31 310°
18.3	SAO 79170 6,4 mag	Eintritt	16:54 111°	-	16:54 116°	-	-	-	-	-	-	-	-	16:58 128°
18.3	SAO 79170 6,4 mag	Austritt	18:10 259°	-	18:08 254°	-	-	-	-	-	-	-	-	18:07 242°
18.3	SAO 79256 7,5 mag	Eintritt	19:55 97°	19:49 118°	19:56 101°	19:48 107°	19:49 95°	19:49 99°	19:45 105°	19:54 101°	19:55 112°	19:53 108°	19:50 111°	20:03 109°
18.3	SAO 79256 7,5 mag	Austritt	21:14 290°	21:11 268°	21:17 286°	21:11 279°	21:09 290°	21:10 286°	21:07 280°	21:15 286°	21:17 276°	21:15 279°	21:13 275°	21:24 281°
18.3	SAO 79286 6,9 mag	Eintritt	21:14 156°	-	21:20 163°	21:27 183°	21:08 156°	21:13 163°	21:21 179°	21:18 164°	-	21:30 181°	-	21:34 174°
18.3	SAO 79286 6,9 mag	Austritt	22:02 235°	-	22:02 229°	21:44 208°	21:56 233°	21:54 227°	21:42 211°	21:59 227°	-	21:50 211°	-	22:04 220°
19.3	SAO 79405 7,3 mag	Eintritt	1:44 170°	-	1:48 173°	-	1:45 175°	1:50 181°	-	1:49 176°	-	-	-	1:53 176°
19.3	SAO 79405 7,3 mag	Austritt	2:09 222°	-	2:10 218°	-	2:05 217°	2:05 212°	-	2:08 216°	-	-	-	2:12 216°
19.3	SAO 79495 7,8 mag	Eintritt	3:33 113°	3:45 123°	3:35 114°	3:39 119°	3:34 115°	3:35 116°	3:39 119°	3:35 115°	-	3:39 118°	3:41 120°	-
19.3	SAO 79495 7,8 mag	Austritt	4:23 274°	-	-	4:28 270°	4:24 273°	4:25 272°	4:28 270°	4:25 273°	-	-	-	-
20.3	SAO 80089 7,0 mag	Eintritt	0:17 98°	0:23 116°	0:20 100°	0:18 108°	0:13 101°	0:15 103°	0:15 109°	0:19 102°	0:24 108°	0:21 106°	0:21 110°	0:26 102°
20.3	SAO 80089 7,0 mag	Austritt	1:20 308°	1:30 294°	1:23 307°	1:24 300°	1:18 306°	1:20 304°	1:22 299°	1:22 305°	1:29 300°	1:26 301°	1:27 298°	1:29 306°
20.3	Lam Cnc 5,9 mag	Eintritt	1:03 102°	1:11 117°	1:05 104°	1:05 111°	0:59 105°	1:01 107°	1:03 112°	1:04 105°	1:10 110°	1:07 109°	1:08 112°	1:11 104°
20.3	Lam Cnc 5,9 mag	Austritt	2:03 303°	2:14 291°	2:06 302°	2:08 296°	2:01 301°	2:04 299°	2:06 295°	2:06 301°	2:12 296°	2:09 297°	2:10 295°	2:11 301°

Datum	Stern	Vorgang	Berlin	Bern	Dresden	Frankfurt	Hamburg	Hannover	Köln	Leipzig	München	Nürnberg	Stuttgart	Wien
21.3	SAO 98792 7,8 mag	Eintritt	20:05 177°	-	20:12 187°	-	19:59 174°	20:03 182°	-	20:10 187°	-	-	-	-
21.3	SAO 98792 7,8 mag	Austritt	20:47 241°	-	20:42 231°	-	20:43 241°	20:38 233°	-	20:40 231°	-	-	-	-
22.3	SAO 98897 7,8 mag	Eintritt	3:32 48°	3:33 67°	3:33 50°	3:30 60°	3:27 53°	3:28 55°	3:27 62°	3:32 52°	3:34 59°	3:33 57°	3:32 62°	3:38 51°
22.3	SAO 98897 7,8 mag	Austritt	3:51 9°	4:09 353°	3:55 7°	4:01 359°	3:51 5°	3:54 3°	04:00 357°	3:55 6°	4:04 359°	4:01 1°	4:04 357°	04:00 6°
22.3	SAO 99185 7,7 mag	Eintritt	18:51 88°	18:39 109°	18:49 94°	18:44 98°	18:50 85°	18:48 90°	18:44 95°	18:48 93°	18:43 105°	18:44 100°	18:42 103°	18:48 104°
22.3	SAO 99185 7,7 mag	Austritt	19:55 329°	19:52 306°	19 56 324°	19:52 318°	19:51 331°	19:52 326°	19:50 320°	19:55 324°	19:56 312°	19:55 317°	19:53 313°	20:01 316°
23.3	SAO 99251 7,6 mag	Eintritt	1:19 173°	1:42 204°	1:23 174°	1:27 188°	1:16 177°	1:20 180°	1:26 191°	1:22 177°	1:32 185°	1:28 183°	1:32 190°	1:30 174°
23.3	SAO 99251 7,6 mag	Austritt	2:07 257°	1:58 229°	2:09 256°	2:02 244°	2:01 253°	2:01 251°	1:57 241°	2:07 254°	2:09 247°	2:07 248°	2:04 242°	2:17 256°
23.3	SAO 99272 7,7 mag	Eintritt	2:58 150°	3:10 162°	3:01 151°	3:03 157°	2:55 153°	2:58 154°	3:00 159°	3:00 152°	3:07 156°	3:04 155°	3:06 158°	3:08 151°
23.3	SAO 99272 7,7 mag	Austritt	3:54 273°	4:01 264°	3:57 273°	3:56 268°	3:51 272°	3:53 271°	3:54 267°	3:56 272°	4:01 269°	3:58 269°	3:59 267°	4:02 272°
23.3	Sig Leo 4,1 mag	Eintritt	22:13 159°	22:27 194°	22:16 163°	22:15 175°	22:09 161°	22:11 165°	22:13 175°	22:14 165°	22:21 178°	22:18 173°	22:19 180°	22:23 168°
23.3	Sig Leo 4,1 mag	Austritt	23:20 276°	23:01 244°	23:21 273°	23:10 261°	23:14 273°	23:13 270°	23:06 260°	23:18 271°	23:15 260°	23:15 264°	23:10 257°	23:27 271°
25.3	SAO 138613 7,6 mag	Eintritt	3:02 146°	3:10 157°	3:05 147°	3:04 153°	2:58 149°	3:00 150°	3:01 154°	3:04 148°	3:10 151°	3:07 151°	3:07 153°	3:13 146°
25.3	SAO 138613 7,6 mag	Austritt	4:08 282°	4:13 274°	4:10 282°	4:08 278°	4:03 281°	4:05 280°	4:05 277°	4:09 281°	4:14 278°	4:11 279°	4:11 277°	4:17 281°
25.3	SAO 138955 7,3 mag	Eintritt	-	21:28 72°	-	21:50 37°	-	-	-	-	21:42 54°	-	21:39 56°	-
25.3	SAO 138955 7,3 mag	Austritt	-	22:10 1°	-	21:51 36°	-	-	-	-	22:03 20°	-	22:03 17°	-
27.3	SAO 158011 7,9 mag	Eintritt	2:06 68°	1:52 90°	2:07 70°	1:55 82°	1:58 73°	1:57 76°	1:51 84°	2:04 72°	2:02 80°	2:00 78°	1:56 83°	2:14 69°
27.3	SAO 158011 7,9 mag	Austritt	2:49 2°	2:57 344°	2:52 1°	2:52 350°	2:46 357°	2:48 355°	2:50 349°	2:51 358°	2:57 353°	2:54 354°	2:55 349°	2:59 1°

Datum	Stern	Vorgang	Berlin	Bern	Dresden	Frankfurt	Hamburg	Hannover	Köln	Leipzig	München	Nürnberg	Stuttgart	Wien
30.3	SAO 184068 5,1 mag	Eintritt	4:29 141°	4:27 151°	4:31 142°	4:25 147°	4:24 143°	4:25 144°	4:22 147°	4:29 143°	4:31 146°	4:29 145°	4:27 147°	4:38 143°
30.3	SAO 184068 5,1 mag	Austritt	5:34 252°	5:28 246°	5:36 251°	5:29 249°	5:29 252°	5:29 251°	5:25 249°	5:34 251°	5:35 248°	5:33 249°	5:30 248°	5:42 248°
31.3	SAO 184783 7,7 mag	Eintritt	-	1:41 47°	-	-	-	-	-	-	-	-	1:53 31°	-
31.3	SAO 184783 7,7 mag	Austritt	-	2:15 350°	-	-	-	-	-	-	-	-	2:10 5°	-
31.3	SAO 184914 7,6 mag	Eintritt	5:34 144°	5:30 150°	5:36 145°	5:29 146°	5:28 143°	5:28 144°	5:26 146°	5:33 144°	5:35 148°	5:33 146°	5:31 148°	5:43 148°
31.3	SAO 184914 7,6 mag	Austritt	6:28 231°	6:22 227°	6:29 230°	6:23 230°	6:23 233°	6:23 232°	6:20 232°	6:27 230°	6:27 227°	6:26 229°	6:24 229°	6:33 225°
1.4	SAO 186041 7,1 mag	Eintritt	4:46 73°	4:33 81°	4:46 74°	4:37 77°	4:41 74°	4:40 74°	4:35 77°	4:44 74°	4:41 77°	4:41 76°	4:37 78°	4:49 75°
1.4	SAO 186041 7,1 mag	Austritt	6:00 291°	5:52 288°	6:02 290°	5:54 290°	5:55 292°	5:55 292°	5:51 291°	5:59 291°	5:59 289°	5:58 290°	5:55 289°	6:08 288°
1.4	SAO 186100 7,7 mag	Eintritt	5:50 81°	5:40 85°	5:50 82°	5:42 82°	5:44 80°	5:44 81°	5:39 82°	5:48 81°	5:47 84°	5:46 83°	5:43 83°	-
1.4	SAO 186100 7,7 mag	Austritt	7:07 277°	7:01 275°	7:08 276°	7:01 278°	7:01 279°	7:01 279°	6:58 279°	7:06 277°	7:07 274°	7:06 276°	7:03 276°	-
1.4	SAO 186109 7,5 mag	Eintritt	-	5:52 117°	-	5:53 114°	5:54 112°	5:54 112°	5:50 113°	-	5:58 116°	5:57 114°	5:54 115°	-
1.4	SAO 186109 7,5 mag	Austritt	-	7:05 243°	-	7:06 245°	7:06 247°	7:06 246°	7:03 247°	-	7:10 242°	7:09 243°	7:07 244°	-
4.4	SAO 189940 7,6 mag	Eintritt	4:52 103°	4:41 111°	4:50 104°	4:45 107°	4:51 103°	4:49 104°	4:45 107°	4:50 104°	4:45 107°	4:46 106°	4:44 108°	4:49 106°
4.4	SAO 189940 7,6 mag	Austritt	5:51 220°	5:35 216°	5:49 219°	5:42 219°	5:49 221°	5:46 220°	5:41 219°	5:48 220°	5:42 217°	5:43 218°	5:40 218°	5:48 217°
5.4	SAO 164803 7,8 mag	Eintritt	-	5:32 41°	-	5:39 38°	5:47 36°	5:44 36°	5:40 37°	5:45 37°	5:38 39°	5:40 38°	5:37 39°	-
5.4	SAO 164803 7,8 mag	Austritt	-	6:33 271°	-	6:38 273°	6:44 274°	6:42 274°	6:37 274°	6:44 272°	6:39 270°	6:40 271°	6:37 272°	-
7.4	SAO 146909 7,3 mag	Austritt	-	-	-	-	-	-	-	-	-	-	-	5:32 227°
7.4	SAO 146922 7,7 mag	Eintritt	5:15 97°	-	5:13 98°	-	-	-	-	-	-	-	-	5:09 101°

Datum	Stern	Vorgang	Berlin	Bern	Dresden	Frankfurt	Hamburg	Hannover	Köln	Leipzig	München	Nürnberg	Stuttgart	Wien
7.4	SAO 146922 7,7 mag	Austritt	6:00 205°	-	5:57 204°	-	-	-	-	5:58 205°	5:51 202°	5:54 203°	-	5:52 201°
9.4	SAO 92763 6,3 mag	Eintritt	19:11 119°	-	19:15 126°	19:22 140°	19:09 117°	19:13 123°	19:19 135°	19:15 126°	-	19:23 142°	-	-
9.4	SAO 92763 6,3 mag	Austritt	19:45 199°	-	19:44 192°	19:40 178°	19:45 200°	19:44 195°	19:41 183°	19:44 192°	-	19:39 177°	-	-
11.4	SAO 76358 7,8 mag	Eintritt	19:24 57°	19:24 78°	19:25 61°	19:22 68°	19:21 56°	19:21 60°	19:20 66°	19:24 61°	19:26 72°	19:24 68°	19:23 71°	19:28 67°
11.4	SAO 76358 7,8 mag	Austritt	20:18 284°	20:26 263°	20:21 280°	20:22 273°	20:16 284°	20:18 280°	20:20 274°	20:21 280°	20:25 270°	20:23 273°	20:24 270°	20:26 275°
11.4	36 Tau 5,7 mag	Eintritt	21:46 98°	21:58 119°	21:48 101°	21:52 109°	21:46 99°	21:48 102°	21:5 109°	21:48 102°	21:54 111°	21:52 108°	21:54 112°	21:51 105°
11.4	36 Tau 5,7 mag	Austritt	22:36 246°	22:40 227°	22:37 243°	22:38 236°	22:36 245°	22:37 242°	22:35 236°	22:37 242°	22:39 235°	22:38 237°	22:39 233°	22:38 240°
12.4	SAO 76903 6,9 mag	Eintritt	20:52 144°	-	20:57 151°	-	20:50 146°	20:54 152°	-	20:57 152°	-	21:09 171°	-	21:06 160°
12.4	SAO 76903 6,9 mag	Austritt	21:25 213°	-	21:25 208°	-	21:22 211°	21:21 205°	-	21:24 206°	-	21:17 187°	-	21:25 199°
12.4	SAO 76945 7,7 mag	Eintritt	22:03 132°	22:27 170°	22:06 136°	22:12 148°	22:02 134°	22:05 138°	22:11 148°	22:06 137°	22:15 150°	22:12 146°	22:16 153°	22:11 140°
12.4	SAO 76945 7,7 mag	Austritt	22:42 226°	22:36 189°	22:43 223°	22:41 211°	22:41 224°	22:41 220°	22:40 211°	22:43 221°	22:42 210°	22:42 214°	22:41 207°	22:44 219°
13.4	SAO 77818 7,0 mag	Eintritt	19:42 78°	19:41 99°	19:43 82°	19:39 89°	19:37 78°	19:38 81°	19:36 88°	19:42 82°	19:44 92°	19:42 89°	19:41 92°	19:49 87°
13.4	SAO 77818 7,0 mag	Austritt	20:46 294°	20:52 273°	20:49 291°	20:48 283°	20:42 293°	20:45 290°	20:46 283°	20:48 290°	20:53 281°	20:51 284°	20:51 280°	20:55 287°
15.4	47 Gem 5,6 mag	Eintritt	1:19 112°	1:30 123°	1:20 13°	1:25 118°	1:19 114°	1:21 115°	1:24 119°	1:21 114°	1:26 118°	1:24 117°	1:26 119°	-
15.4	47 Gem 5,6 mag	Austritt	2:08 271°	2:17 262°	2:09 270°	2:13 266°	2:09 270°	2:10 269°	2:13 265°	2:10 270°	-	2:12 267°	2:14 265°	-
15.4	Ome1 Cnc 5,9 mag	Eintritt	-	23:04 56°	-	23:06 42°	-	-	23:02 44°	-	23:11 40°	23:12 35°	23:07 46°	-
15.4	Ome1 Cnc 5,9 mag	Austritt	-	23:40 348°	-	23:28 2°	-	-	23:27 359°	-	23:31 3°	23:26 8°	23:32 358°	-
15.4	Ome2 Cnc 6,2 mag	Eintritt	23:18 98°	23:26 113°	23:20 99°	23:20 107°	23:15 100°	23:17 102°	23:18 107°	23:19 101°	23:25 106°	23:22 105°	23:23 108°	23:26 100°

Datum	Stern	Vorgang	Berlin	Bern	Dresden	Frankfurt	Hamburg	Hannover	Köln	Leipzig	München	Nürnberg	Stuttgart	Wien
16.4	Ome2 Cnc 6,2 mag	Austritt	0:16 303°	0:27 290°	0:19 302°	0:21 296°	0:15 301°	0:17 299°	0:20 295°	0:18 301°	0:24 296°	0:22 297°	0:23 295°	0:23 301°
17.4	SAO 80552 7,5 mag	Eintritt	2:08 114°	2:19 122°	2:10 115°	2:14 118°	2:07 115°	2:09 116°	2:13 119°	2:10 115°	2:16 118°	2:14 117°	2:16 119°	2:14 115°
17.4	SAO 80552 7,5 mag	Austritt	3:01 290°	3:12 284°	3:03 290°	3:07 287°	3:01 290°	3:03 289°	3:07 287°	3:03 289°	3:08 287°	3:07 287°	3:09 286°	-
17.4	SAO 98640 7,8 mag	Eintritt	-	-	17:33 107°	-	-	-	-	-	-	-	-	17:36 116°
17.4	SAO 98640 7,8 mag	Austritt	-	-	18:53 306°	-	-	-	-	-	-	-	-	19:00 300°
19.4	SAO 99157 7,7 mag	Eintritt	1:09 146°	1:21 158°	1:12 147°	1:14 153°	1:06 149°	1:09 150°	1:12 154°	1:12 148°	1:19 152°	1:16 151°	1:17 154°	1:19 147°
19.4	SAO 99157 7,7 mag	Austritt	2:06 276°	2:14 267°	2:09 275°	2:09 271°	2:03 274°	2:05 273°	2:07 270°	2:08 274°	2:13 271°	2:11 272°	2:11 270°	2:14 275°
20.4	SAO 119068 7,7 mag	Eintritt	21:02 143°	21:06 168°	21:04 146°	21:01 156°	20:58 145°	20:59 149°	20:59 157°	21:02 148°	21:06 157°	21:04 155°	21:03 160°	21:10 149°
20.4	SAO 119068 7,7 mag	Austritt	22:18 294°	22:10 272°	22:20 292°	22:12 282°	22:12 291°	22:13 289°	22:09 281°	22:18 291°	22:18 283°	22:17 285°	22:13 280°	22:27 291°
21.4	SAO 119114 7,1 mag	Eintritt	1:42 154°	1:52 165°	1:45 155°	1:45 161°	1:38 157°	1:40 158°	1:43 162°	1:44 156°	1:51 159°	1:48 159°	1:48 161°	1:52 155°
21.4	SAO 119114 7,1 mag	Austritt	2:39 272°	2:45 264°	2:42 271°	2:41 267°	2:35 270°	2:37 270°	2:38 267°	2:41 271°	2:46 268°	2:43 268°	2:43 267°	2:48 270°
21.4	SAO 119138 7,7 mag	Eintritt	3:14 109°	3:23 115°	3:17 110°	3:17 112°	3:11 110°	3:13 111°	3:15 112°	3:16 110°	3:22 113°	3:19 112°	3:20 113°	3:23 111°
21.4	SAO 119138 7,7 mag	Austritt	4:14 310°	4:25 305°	-	4:19 308°	4:12 310°	4:14 310°	4:17 309°	4:16 309°	-	4:20 308°	4:21 307°	-
22.4	SAO 138885 6,9 mag	Eintritt	-	2:16 63°	2:28 39°	2:16 55°	2:16 46°	2:16 49°	2:11 58°	2:23 44°	2:23 53°	2:21 52°	2:18 57°	2:33 42°
22.4	SAO 138885 6,9 mag	Austritt	-	2:52 4°	2:36 26°	2:43 12°	2:32 21°	2:35 18°	2:41 10°	2:37 22°	2:48 12°	2:44 14°	2:46 10°	2:46 21°
23.4	SAO 139293 7,0 mag	Eintritt	1:44 74°	1:39 88°	1:46 75°	1:38 83°	1:37 78°	1:38 79°	1:34 84°	1:44 77°	1:46 81°	1:43 80°	1:41 84°	1:54 75°
23.4	SAO 139293 7,0 mag	Austritt	2:34 350°	2:42 340°	2:37 349°	2:36 344°	2:30 348°	2:32 346°	2:34 343°	2:36 348°	2:43 344°	2:39 345°	2:40 343°	2:46 348°
23.4	SAO 158269 6,8 mag	Eintritt	20:08 76°	19:54 103°	20:05 81°	19:59 91°	20:07 77°	20:04 82°	19:59 90°	20:04 82°	19:58 95°	20:00 91°	19:57 95°	20:02 88°

Datum	Stern	Vorgang	Berlin	Bern	Dresden	Frankfurt	Hamburg	Hannover	Köln	Leipzig	München	Nürnberg	Stuttgart	Wien
23.4	SAO 158269 6,8 mag	Austritt	20:53 351°	20:56 324°	20:55 346°	20:55 336°	20:53 349°	20:54 345°	20:55 336°	20:55 345°	20:57 334°	20:56 337°	20:56 332°	20:58 341°
24.4	SAO 158325 6,4 mag	Eintritt	-	0:21 51°	-	-	-	-	-	-	-	-	-	-
24.4	SAO 158325 6,4 mag	Austritt	-	0:44 20°	-	-	-	-	-	-	-	-	-	-
24.4	SAO 158822 7,4 mag	Eintritt	22:42 133°	22:40 154°	22:42 135°	22:39 144°	22:40 135°	22:40 138°	22:38 145°	22:41 136°	22:41 144°	22:41 142°	22:40 147°	22:45 137°
24.4	SAO 158822 7,4 mag	Austritt	23:56 290°	23:44 272°	23:56 288°	23:48 279°	23:51 287°	23:51 285°	23:46 278°	23:54 287°	23:52 281°	23:52 282°	23:48 278°	24:00 288°
25.4	42 Lib 5,1 mag	Eintritt	22:33 75°	22:18 99°	22:30 79°	22:23 89°	22:30 78°	22:28 82°	22:23 89°	22:29 80°	22:23 90°	22:25 87°	22:22 92°	22:29 81°
25.4	42 Lib 5,1 mag	Austritt	23:26 337°	23:24 316°	23:27 335°	23:25 325°	23:25 334°	23:25 331°	23:24 324°	23:26 333°	23:26 325°	23:26 327°	23:25 323°	23:29 333°
25.4	SAO 183713 7,4 mag	Eintritt	23:45 139°	23:43 159°	23:45 140°	23:43 150°	23:43 141°	23:43 144°	23:42 151°	23:44 142°	23:44 149°	23:44 147°	23:43 152°	23:48 141°
26.4	SAO 183713 7,4 mag	Austritt	0:55 272°	0:40 255°	0:55 271°	0:46 263°	0:50 269°	0:49 267°	0:43 261°	0:53 269°	0:50 264°	0:50 265°	0:46 261°	0:59 270°
26.4	SAO 183745 7,7 mag	Eintritt	1:01 106°	0:52 120°	1:01 107°	0:54 114°	0:56 109°	0:55 110°	0:51 115°	0:59 108°	0:57 113°	0:57 112°	0:54 115°	1:05 107°
26.4	SAO 183745 7,7 mag	Austritt	2:19 299°	2:13 290°	2:20 298°	2:13 294°	2:14 297°	2:14 297°	2:10 293°	2:18 298°	2:19 295°	2:17 295°	2:15 293°	2:27 298°
26.4	SAO 183767 7,5 mag	Eintritt	2:15 144°	2:14 155°	2:17 145°	2:12 150°	2:11 146°	2:11 147°	2:09 151°	2:15 146°	2:17 150°	2:15 149°	2:14 151°	2:23 145°
26.4	SAO 183767 7,5 mag	Austritt	3:20 255°	3:13 248°	3:22 254°	3:14 251°	3:15 254°	3:15 254°	3:11 251°	3:20 254°	3:21 251°	3:19 252°	3:16 251°	3:29 252°
27.4	SAO 184547 6,5 mag	Eintritt	2:47 154°	2:46 167°	2:48 155°	2:43 160°	2:42 155°	2:43 157°	2:41 161°	2:46 155°	2:49 160°	2:47 159°	2:45 162°	2:55 156°
27.4	SAO 184547 6,5 mag	Austritt	3:36 231°	3:24 222°	3:37 230°	3:28 227°	3:31 231°	3:30 230°	3:25 227°	3:35 230°	3:33 226°	3:33 228°	3:29 226°	3:42 227°
27.4	SAO 184591 6,4 mag	Eintritt	-	4:13 28°	4:27 17°	4:21 16°	-	-	-	4:28 12°	4:21 25°	4:22 21°	4:19 22°	4:26 29°
27.4	SAO 184591 6,4 mag	Austritt	-	4:39 351°	4:39 359°	4:30 3°	-	-	-	4:33 5°	4:44 352°	4:38 357°	4:37 356°	4:54 346°
27.4	SAO 184599 7,9 mag	Eintritt	-	-	-	-	-	-	-	-	-	-	-	4:52 16°

Datum	Stern	Vorgang	Berlin	Bern	Dresden	Frankfurt	Hamburg	Hannover	Köln	Leipzig	München	Nürnberg	Stuttgart	Wien
27.4	SAO 184599 7,9 mag	Austritt	-	-	-	-	-	-	-	-	-	-	-	5:05 357°
29.4	SAO 187053 7,7 mag	Eintritt	-	-	-	-	-	-	-	-	-	-	-	1:10 150°
29.4	SAO 187053 7,7 mag	Austritt	-	-	-	-	-	-	-	-	-	-	-	1:51 216°
30.4	SAO 188429 7,7 mag	Eintritt	2:28 92°	2:16 101°	2:27 93°	2:21 96°	2:26 93°	2:24 94°	2:20 97°	2:26 93°	2:21 97°	2:22 96°	2:19 97°	2:27 94°
30.4	SAO 188429 7,7 mag	Austritt	3:41 251°	3:26 246°	3:40 250°	3:32 249°	3:37 251°	3:36 251°	3:30 249°	3:38 250°	3:34 248°	3:34 249°	3:31 248°	3:41 248°
30.4	SAO 188501 7,8 mag	Eintritt	4:23 110°	4:12 113°	4:23 111°	4:15 110°	4:19 108°	4:18 109°	4:13 110°	4:21 110°	4:19 112°	4:18 111°	4:15 111°	4:27 114°
30.4	SAO 188501 7,8 mag	Austritt	5:27 222°	5:16 221°	5:27 221°	5:20 224°	5:23 225°	5:23 225°	5:18 225°	5:25 222°	5:23 220°	5:23 222°	5:20 222°	5:29 216°
30.4	SAO 188544 7,7 mag	Eintritt	-	5:24 51°	-	-	-	-	-	-	-	-	-	-
30.4	SAO 188544 7,7 mag	Austritt	-	6:38 275°	-	-	-	-	-	-	-	-	-	-
1.5	SAO 189555 7,1 mag	Eintritt	-	3:01 10°	3:26 348°	3:13 359°	-	-	-	3:25 348°	3:11 2°	3:15 358°	3:09 2°	3:19 359°
1.5	SAO 189555 7,1 mag	Austritt	-	3:30 321°	3:32 340°	3:30 331°	-	-	-	3:30 340°	3:33 327°	3:32 330°	3:31 327°	3:39 328°
2.5	Eps Cap 4,7 mag	Eintritt	-	-	-	-	-	-	-	-	3:19 348°	-	-	3:26 343°
2.5	Eps Cap 4,7 mag	Austritt	-	-	-	-	-	-	-	-	3:29 330°	-	-	3:33 332°
2.5	SAO 164544 7,8 mag	Eintritt	3:41 73°	3:27 78°	3:39 73°	3:33 75°	3:39 72°	3:37 73°	3:33 74°	3:38 73°	3:32 76°	3:34 75°	3:31 76°	3:37 76°
2.5	SAO 164544 7,8 mag	Austritt	4:49 240°	4:35 239°	4:48 240°	4:41 241°	4:47 242°	4:45 242°	4:40 242°	4:47 240°	4:41 238°	4:43 240°	4:39 240°	4:47 236°
4.5	SAO 146686 7,9 mag	Austritt	-	-	-	-	-	-	-	-	-	-	-	3:43 223°
7.5	SAO 92795 7,9 mag	Eintritt	-	4:54 94°	-	4:58 91°	-	-	4:59 90°	-	4:55 94°	-	4:56 92°	-
7.5	SAO 92795 7,9 mag	Austritt	-	5:38 211°	-	5:43 214°	-	-	5:45 215°	-	5:39 210°	-	5:41 212°	-

Datum	Stern	Vorgang	Berlin	Bern	Dresden	Frankfurt	Hamburg	Hannover	Köln	Leipzig	München	Nürnberg	Stuttgart	Wien
9.5	SAO 76676 7,3 mag	Eintritt	21:02 90°	21:11 107°	21:03 92°	21:06 99°	21:01 91°	21:03 94°	21:06 99°	21:03 93°	21:08 100°	21:06 98°	21:08 101°	-
9.5	SAO 76676 7,3 mag	Austritt	21:51 261°	21:58 246°	21:52 260°	21:55 253°	21:51 260°	21:53 258°	21:55 253°	21:52 259°	-	21:54 254°	21:56 251°	-
10.5	SAO 77266 7,9 mag	Eintritt	19:41 168°	-	-	-	-	-	-	-	-	-	-	-
10.5	SAO 77266 7,9 mag	Austritt	19:56 198°	-	-	-	-	-	-	-	-	-	-	-
10.5	SAO 77295 6,5 mag	Eintritt	19:58 73°	20:03 92°	20:00 75°	19:59 83°	19:55 74°	19:57 77°	19:57 83°	19:59 76°	20:03 84°	20:01 82°	20:01 85°	20:03 78°
10.5	SAO 77295 6,5 mag	Austritt	20:50 294°	21:00 277°	20:53 292°	20:55 284°	20:49 292°	20:51 290°	20:54 284°	20:53 291°	20:58 284°	20:56 286°	20:57 282°	20:56 289°
11.5	SAO 78480 7,5 mag	Eintritt	-	-	-	-	-	-	-	-	-	-	-	18:22 115°
11.5	SAO 78480 7,5 mag	Austritt	-	-	-	-	-	-	-	-	-	-	-	19:27 268°
11.5	SAO 78483 7,6 mag	Eintritt	-	-	-	-	-	-	-	-	-	-	-	18:27 54°
11.5	SAO 78483 7,6 mag	Austritt	-	-	-	-	-	-	-	-	-	-	-	19:13 329°
11.5	SAO 78496 7,8 mag	Eintritt	-	-	18:34 70°	-	-	-	-	-	18:34 81°	-	-	18:40 74°
11.5	SAO 78496 7,8 mag	Austritt	-	-	19:31 312°	-	-	-	-	-	19:37 302°	-	-	19:38 309°
11.5	49Aur 5,0 mag	Eintritt	19:31 28°	19:20 63°	19:30 35°	19:21 51°	-	19:23 39°	19:18 51°	19:27 38°	19:25 52°	19:24 49°	19:22 54°	19:32 42°
11.5	49Aur 5,0 mag	Austritt	19:49 354°	20:11 321°	19:56 347°	20:02 332°	-	19:54 343°	20:00 332°	19:56 345°	20:07 331°	20:03 335°	20:06 329°	20:04 342°
11.5	SAO 78580 7,4 mag	Eintritt	20:57 54°	20:59 75°	20:59 57°	20:57 67°	20:54 57°	20:55 60°	20:55 67°	20:58 59°	21:00 67°	20:59 65°	20:58 69°	21:02 59°
11.5	SAO 78580 7,4 mag	Austritt	21:36 327°	21:51 309°	21:39 325°	21:44 316°	21:36 325°	21:39 322°	21:43 316°	21:39 324°	21:47 316°	21:44 318°	21:46 314°	21:43 323°
12.5	SAO 79495 7,8 mag	Eintritt	19:29 174°	-	19:36 181°	-	-	-	-	19:36 185°	-	-	-	19:49 192°
12.5	SAO 79495 7,8 mag	Austritt	19:57 223°	-	19:56 216°	-	-	-	-	19:53 212°	-	-	-	19:57 206°

Datum	Stern	Vorgang	Berlin	Bern	Dresden	Frankfurt	Hamburg	Hannover	Köln	Leipzig	München	Nürnberg	Stuttgart	Wien
12.5	76 Gem 5,4 mag	Eintritt	23:57 64°	24:05 76°	23:59 66°	24:01 71°	23:57 66°	23:58 68°	24:01 72°	23:59 66°	24:02 71°	24:01 70°	24:02 72°	-
13.5	76 Gem 5,4 mag	Austritt	0:36 326°	0:48 316°	0:37 325°	0:43 320°	0:37 324°	0:39 323°	0:43 320°	0:38 324°	0:43 320°	0:42 321°	0:44 319°	-
15.5	SAO 98960 7,2 mag	Eintritt	-	19:45 81°	-	19:49 66°	20:04 37°	19:56 52°	19:45 68°	20:05 45°	19:56 66°	19:56 62°	19:50 70°	20:17 43°
15.5	SAO 98960 7,2 mag	Austritt	-	20:41 351°	-	20:30 4°	20:09 31°	20:19 17°	20:28 2°	20:19 25°	20:36 5°	20:31 8°	20:35 1°	20:27 28°
16.5	37 Leo 5,7 mag	Eintritt	-	1:40 87°	-	1:35 83°	1:30 81°	1:32 81°	1:34 84°	-	-	-	-	-
16.5	37 Leo 5,7 mag	Austritt	-	-	-	2:21 330°	2:14 333°	2:16 332°	2:20 330°	-	-	-	-	-
18.5	SAO 138670 7,8 mag	Eintritt	18:43 161°	-	18:46 165°	-	-	-	-	18:45 166°	18:51 180°	-	-	18:52 170°
18.5	SAO 138670 7,8 mag	Austritt	19:48 276°	-	19:48 272°	-	-	-	-	19:46 271°	19:41 259°			19:53 270°
19.5	SAO 139071 7,7 mag	Eintritt	19:06 107°	18:58 129°	19:05 110°	19:00 119°	19:03 108°	19:02 112°	18:58 119°	19:04 111°	19:02 121°	19:02 118°	19:00 122°	19:08 114°
19.5	SAO 139071 7,7 mag	Austritt	20:17 329°	20:14 308°	20:18 327°	20:14 317°	20:13 326°	20:14 323°	20:12 316°	20:17 325°	20:18 317°	20:17 319°	20:15 315°	20:23 325°
21.5	SAO 158197 7,0 mag	Eintritt	1:31 56°	1:30 66°	1:34 57°	1:28 62°	1:26 57°	1:27 58°	1:24 62°	1:32 58°	1:34 62°	1:32 61°	1:30 63°	1:40 60°
21.5	SAO 158197 7,0 mag	Austritt	2:06 357°	2:16 349°	2:10 356°	2:09 354°	2:01 358°	2:04 356°	2:05 354°	2:08 356°	2:16 352°	2:12 353°	2:12 352°	2:19 352°
25.5	SAO 185410 7,6 mag	Eintritt	-	4:26 72°	-	-	-	-	-	-	-	-	-	-
26.5	SAO 186672 7,4 mag	Eintritt	-	0:25 34°	0:53 8°	0:36 24°	0:50 9°	0:45 15°	0:33 25°	0:50 11°	0:38 24°	0:40 21°	0:34 26°	0:51 15°
26.5	SAO 186672 7,4 mag	Austritt	-	1:04 333°	1:03 355°	1:03 342°	0:58 356°	1:01 350°	1:01 341°	1:02 352°	1:07 341°	1:05 344°	1:04 339°	1:10 347°
27.5	SAO 188079 5,9 mag	Eintritt	2:23 7°	2:04 18°	2:21 10°	2:12 11°	2:21 4°	2:19 6°	2:11 9°	2:20 9°	2:13 15°	2:15 12°	2:11 14°	2:20 17°
27.5	SAO 188079 5,9 mag	Austritt	2:47 332°	2:39 325°	2:49 329°	2:39 331°	2:39 337°	2:39 335°	2:35 333°	2:45 330°	2:47 325°	2:44 328°	2:41 328°	2:57 320°
29.5	SAO 190252 7,1 mag	Eintritt	1:54 18°	1:36 26°	1:51 20°	1:44 21°	1:52 18°	1:50 19°	1:44 21°	1:50 19°	1:43 23°	1:45 22°	1:42 23°	1:48 23°

Datum	Stern	Vorgang	Berlin	Bern	Dresden	Frankfurt	Hamburg	Hannover	Köln	Leipzig	München	Nürnberg	Stuttgart	Wien
29.5	SAO 190252 7,1 mag	Austritt	2:39 298°	2:26 294°	2:38 297°	2:30 298°	2:35 300°	2:34 300°	2:29 299°	2:36 298°	2:32 295°	2:33 296°	2:30 296°	2:39 293°
29.5	33 Cap 5,5 mag	Eintritt	3:11 90°	2:57 91°	3:10 91°	3:02 89°	3:08 88°	3:06 88°	3:01 88°	3:09 90°	3:04 92°	3:05 91°	3:02 90°	3:12 95°
29.5	33 Cap 5,5 mag	Austritt	4:17 219°	4:05 220°	4:16 218°	4:10 221°	4:15 223°	4:13 222°	4:09 223°	4:15 219°	4:11 217°	4:12 219°	4:09 220°	4:16 212°
30.5	SAO 164949 6,6 mag	Eintritt	-	-	-	-	-	-	-	-	-	-	-	0:59 89°
30.5	SAO 164949 6,6 mag	Austritt	2:04 226°	-	2:02 225°	-	-	-	-	2:01 225°	1:55 223°	1:57 224°	-	1:59 222°
31.5	SAO 146509 7,3 mag	Austritt	-	-	-	-	-	-	-	-	-	-	-	1:49 232°
1.6	SAO 147015 7,3 mag	Eintritt	2:26 138°	-	2:26 143°	2:22 142°	2:25 134°	2:24 136°	-	2:24 140°	-	-	-	-
1.6	SAO 147015 7,3 mag	Austritt	2:38 162°	-	2:33 157°	2:31 160°	2:42 167°	2:38 165°	-	2:35 160°	-	-	-	-
6.6	SAO 76676 7,3 mag	Eintritt	-	4:35 41°	-	-	-	-	-	-	-	-	-	-
6.6	SAO 76676 7,3 mag	Austritt	-	5:16 287°	-	-	-	-	-	-	-	-	-	-
8.6	47 Gem 5,6 mag	Eintritt	19:23 90°	19:30 106°	19:25 92°	19:25 99°	-	-	-	19:24 93°	19:29 99°	19:27 97°	19:28 100°	19:30 93°
8.6	47 Gem 5,6 mag	Austritt	20:18 300°	20:28 286°	20:20 298°	20:23 292°	-	-	-	20:20 297°	20:25 292°	20:23 293°	20:25 290°	20:24 297°
8.6	SAO 79164 7,8 mag	Eintritt	20:02 140°	20:19 160°	20:05 142°	20:10 151°	20:02 143°	20:04 145°	20:09 152°	20:05 144°	20:13 151°	20:10 149°	20:13 153°	20:10 144°
8.6	SAO 79164 7,8 mag	Austritt	20:46 248°	20:50 230°	20:48 246°	20:48 238°	20:45 245°	20:46 243°	20:47 238°	20:48 245°	20:51 239°	20:50 241°	20:50 237°	20:51 245°
8.6	SAO 79241 6,5 mag	Eintritt	21:46 51°	21:51 66°	21:47 53°	21:48 60°	21:45 54°	21:46 56°	21:47 61°	21:47 54°	21:49 60°	21:48 58°	21:49 61°	-
8.6	SAO 79241 6,5 mag	Austritt	22:17 334°	22:30 321°	22:19 332°	22:24 327°	22:18 332°	22:20 330°	22:25 326°	22:19 332°	22:25 327°	22:23 328°	22:26 325°	-
8.6	SAO 79243 7,4 mag	Eintritt	21:49 127°	22:02 138°	21:51 128°	21:56 133°	21:50 128°	21:52 130°	21:56 134°	21:52 129°	-	21:55 132°	21:58 134°	-
8.6	SAO 79243 7,4 mag	Austritt	22:34 258°	22:42 248°	22:36 257°	22:39 253°	22:35 257°	22:36 256°	22:39 252°	22:36 256°	-	22:38 254°	22:40 252°	-

Datum	Stern	Vorgang	Berlin	Bern	Dresden	Frankfurt	Hamburg	Hannover	Köln	Leipzig	München	Nürnberg	Stuttgart	Wien
8.6	SAO 79253 7,9 mag	Eintritt	22:04 126°	-	-	22:10 132°	22:04 128°	22:06 129°	22:10 133°	22:06 128°	-	-	-	-
8.6	SAO 79253 7,9 mag	Austritt	22:48 258°	-	-	22:53 253°	22:49 257°	22:50 256°	22:53 253°	22:50 256°	-	-	-	-
10.6	SAO 80634 7,7 mag	Eintritt	-	22:38 45°	-	22:40 29°	-	-	22:38 33°	-	22:44 27°	-	22:40 35°	-
10.6	SAO 80634 7,7 mag	Austritt	-	22:58 3°	-	22:46 18°	-	-	22:46 15°	-	22:47 20°	-	22:50 13°	-
12.6	SAO 99257 7,6 mag	Eintritt	23:39 114°	23:50 120°	-	23:44 117°	23:37 115°	23:40 116°	23:43 117°	23:41 115°	-	23:45 117°	23:46 118°	-
13.6	SAO 99257 7,6 mag	Austritt	-	-	-	-	0:34 301°	-	0:39 299°	-	-	-	-	-
14.6	SAO 138591 7,8 mag	Eintritt	23:42 98°	23:50 104°	23:44 99°	23:44 101°	23:38 99°	23:40 99°	23:42 101°	23:43 99°	23:49 102°	23:47 101°	23:47 102°	23:50 100°
15.6	SAO 138591 7,8 mag	Austritt	0:40 320°	0:51 316°	-	0:44 319°	0:37 321°	0:40 320°	0:42 319°	0:42 320°	-	0:46 318°	0:47 318°	-
15.6	SAO 138967 6,3 mag	Eintritt	22:57 156°	23:06 164°	23:00 156°	22:59 161°	22:53 157°	22:55 158°	22:57 161°	22:59 157°	23:05 160°	23:02 159°	23:03 161°	23:08 157°
15.6	SAO 138967 6,3 mag	Austritt	23:53 265°	23:58 259°	23:56 264°	23:54 262°	23:49 265°	23:51 264°	23:51 262°	23:55 264°	23:59 262°	23:57 263°	23:57 261°	24:02 262°
17.6	SAO 158401 5,1 mag	Eintritt	-	-	-	-	-	-	-	-	-	-	-	19:13 185°
17.6	SAO 158401 5,1 mag	Austritt	-	-	-	-	-	-	-	-	-	-	-	19:54 246°
19.6	SAO 183883 7,9 mag	Eintritt	19:17 148°	-	19:17 150°	-	-	-	-	-	19:18 162°	-	-	19:18 153°
19.6	SAO 183883 7,9 mag	Austritt	20:17 261°	-	20:15 259°	-	-	-	-	-	20:07 249°	-	-	20:17 258°
19.6	3 Sco 5,9 mag	Eintritt	20:31 151°	20:34 176°	20:32 153°	20:30 164°	20:29 155°	20:30 158°	20:30 166°	20:31 155°	20:32 163°	20:31 161°	20:32 167°	20:34 154°
19.6	3 Sco 5,9 mag	Austritt	21:30 255°	21:11 234°	21:30 253°	21:19 244°	21:25 251°	21:23 249°	21:16 242°	21:28 252°	21:23 245°	21:23 247°	21:18 242°	21:34 253°
20.6	SAO 184068 5,1 mag	Eintritt	-	1:39 151°	-	-	-	-	-	-	-	-	-	-
20.6	SAO 184068 5,1 mag	Austritt	-	2:25 230°	-	-	-	-	-	-	-	-	-	-

Datum	Stern	Vorgang	Berlin	Bern	Dresden	Frankfurt	Hamburg	Hannover	Köln	Leipzig	München	Nürnberg	Stuttgart	Wien
20.6	SAO 184783 7,7 mag	Eintritt	-	21:58 43°	-	22:11 28°	-	-	22:07 31°	-	22:16 26°	22:20 18°	22:08 32°	-
20.6	SAO 184783 7,7 mag	Austritt	-	22:34 348°	-	22:28 1°	-	-	22:28 359°	-	22:31 3°	22:26 10°	22:31 358°	-
21.6	SAO 186041 7,1 mag	Eintritt	24:02 114°	23:53 119°	24:03 115°	23:55 116°	23:57 114°	23:56 114°	23:52 116°	24:00 115°	24:00 117°	23:59 116°	23:56 117°	24:08 117°
22.6	SAO 186041 7,1 mag	Austritt	1:12 246°	1:04 244°	1:13 245°	1:06 246°	1:07 248°	1:07 247°	1:03 247°	1:11 246°	1:11 243°	1:10 245°	1:07 245°	1:17 241°
22.6	SAO 186100 7,7 mag	Eintritt	1:09 127°	1:03 130°	1:11 128°	1:03 127°	1:03 125°	1:03 126°	0:59 126°	1:08 128°	1:10 130°	1:08 129°	1:05 129°	1:19 133°
22.6	SAO 186100 7,7 mag	Austritt	2:06 227°	2:01 226°	2:07 225°	2:02 228°	2:02 231°	2:03 230°	2:00 231°	2:06 227°	2:06 223°	2:05 226°	2:03 226°	2:10 218°
22.6	SAO 186156 7,9 mag	Eintritt	1:53 111°	1:49 112°	1:55 112°	1:48 110°	1:47 108°	1:48 109°	1:44 108°	1:53 111°	1:55 114°	1:52 112°	1:50 112°	2:02 118°
22.6	SAO 186156 7,9 mag	Austritt	2:58 239°	2:56 238°	2:59 237°	2:56 241°	2:54 244°	2:55 243°	2:53 244°	2:58 239°	2:59 236°	2:58 238°	2:57 239°	3:02 230°
22.6	SAO 186256 7,0 mag	Eintritt	-	3:17 104°	-	-	-	-	-	-	-	-	-	-
22.6	SAO 187535 7,8 mag	Eintritt	22:47 54°	22:30 65°	22:45 55°	22:37 60°	22:43 56°	22:41 57°	22:36 61°	22:44 56°	22:38 60°	22:39 59°	22:35 61°	22:45 57°
22.6	SAO 187535 7,8 mag	Austritt	23:49 298°	23:38 291°	23:49 297°	23:42 295°	23:45 298°	23:44 297°	23:40 295°	23:47 297°	23:45 294°	23:45 295°	23:42 294°	23:52 295°
23.6	SAO 187701 6,2 mag	Eintritt	-	3:04 128°	3:11 130°	3:02 124°	3:01 121°	3:02 122°	2:58 120°	3:08 127°	3:12 133°	3:08 129°	3:05 127°	3:24 145°
23.6	SAO 187701 6,2 mag	Austritt	-	3:49 203°	3:51 200°	3:50 207°	3:50 212°	3:51 210°	3:50 212°	3:51 203°	3:50 197°	3:51 202°	3:50 204°	3:47 184°
23.6	SAO 188817 7,4 mag	Eintritt	23:01 23°	22:41 37°	22:59 25°	22:50 31°	-	-	-	22:57 26°	22:50 31°	22:52 30°	22:48 32°	22:57 28°
23.6	SAO 188817 7,4 mag	Austritt	23:41 314°	23:32 305°	23:41 313°	23:35 310°	-	-	-	23:39 313°	23:37 308°	23:37 310°	23:35 308°	23:43 310°
26.6	29 Aqr 7,2 mag	Eintritt	1:53 105°	1:39 106°	1:52 107°	1:44 104°	1:49 102°	1:47 103°	1:42 102°	1:50 105°	1:46 108°	1:47 106°	1:43 105°	1:55 113°
26.6	29 Aqr 7,2 mag	Austritt	2:43 196°	2:30 197°	2:42 194°	2:37 199°	2:42 201°	2:41 200°	2:36 202°	2:41 196°	2:36 193°	2:37 196°	2:35 197°	2:39 186°
26.6	SAO 164829 7,4 mag	Eintritt	1:53 105°	1:39 106°	1:52 107°	1:43 104°	1:49 102°	1:47 103°	1:42 102°	1:50 105°	1:46 108°	1:46 106°	1:43 105°	1:55 113°

Datum	Stern	Vorgang	Berlin	Bern	Dresden	Frankfurt	Hamburg	Hannover	Köln	Leipzig	München	Nürnberg	Stuttgart	Wien
26.6	SAO 164829 7,4 mag	Austritt	2:43 196°	2:30 197°	2:41 194°	2:36 199°	2:42 201°	2:40 200°	2:36 202°	2:41 196°	2:35 193°	2:37 196°	2:35 197°	2:38 186°
29.6	SAO 109315 6,6 mag	Eintritt	2:37 18°	2:24 17°	2:34 19°	2:31 15°	2:39 14°	2:36 14°	2:33 13°	2:34 18°	2:27 20°	2:30 18°	2:28 17°	2:29 25°
29.6	SAO 109315 6,6 mag	Austritt	3:28 273°	3:13 275°	3:26 271°	3:19 277°	3:25 279°	3:23 278°	3:18 280°	3:25 273°	3:20 271°	3:21 273°	3:18 275°	3:26 264°
29.6	SAO 109348 7,4 mag	Eintritt	3:14 72°	03:00 71°	3:12 74°	3:06 69°	3:13 68°	3:10 69°	3:06 67°	3:11 72°	3:05 74°	3:07 72°	3:04 71°	3:10 79°
29.6	SAO 109348 7,4 mag	Austritt	4:17 217°	4:03 218°	4:14 215°	4:09 220°	4:16 222°	4:14 221°	4:10 223°	4:14 217°	4:08 214°	4:10 216°	4:07 218°	4:11 207°
29.6	SAO 109355 7,3 mag	Eintritt	-	4:13 338°	-	-	-	-	-	-	4:13 349°	4:17 344°	4:17 339°	4:12 1°
29.6	SAO 109355 7,3 mag	Austritt	-	4:31 307°	-	-	-	-	-	-	4:44 295°	4:42 301°	4:36 307°	4:56 283°
2.7	Tau1 Ari 5,2 mag	Eintritt	-	4:41 81°	-	-	-	-	-	-	-	-	-	-
2.7	Tau1 Ari 5,2 mag	Austritt	-	5:40 225°	-	-	-	-	-	-	-	-	-	-
6.7	SAO 79241 6,5 mag	Eintritt	-	-	4:14 65°	-	-	4:18 59°	-	4:15 63°	4:11 67°	4:13 65°	-	4:08 72°
6.7	SAO 79241 6,5 mag	Austritt	-	-	4:59 298°	-	-	5:01 305°	-	4:59 300°	4:57 295°	4:58 298°	-	4:56 290°
6.7	SAO 79243 7,4 mag	Eintritt	-	-	-	-	-	-	-	-	-	4:26 145°	-	-
6.7	SAO 79243 7,4 mag	Austritt	-	-	-	-	-	-	-	-	-	4:56 218°	-	-
10.7	SAO 118636 7,6 mag	Eintritt	19:26 105°	19:31 116°	19:29 105°	19:26 112°	-	19:23 108°	19:23 113°	19:27 106°	19:32 110°	19:30 109°	19:29 112°	19:36 105°
10.7	SAO 118636 7,6 mag	Austritt	20:29 322°	20:39 314°	20:32 321°	20:33 317°	-	20:28 319°	20:31 316°	20:31 321°	20:38 318°	20:35 318°	20:36 316°	20:38 321°
10.7	Chi Leo 4,7 mag	Eintritt	20:20 111°	20:28 119°	20:23 111°	20:22 116°	20:16 113°	20:18 114°	20:20 117°	20:22 112°	20:28 115°	20:25 114°	20:25 116°	20:29 111°
10.7	Chi Leo 4,7 mag	Austritt	21:22 312°	21:32 306°	21:25 312°	21:26 309°	21:19 311°	21:22 311°	21:24 308°	21:24 311°	21:30 309°	21:28 309°	21:29 308°	21:30 311°
12.7	SAO 138824 7,1 mag	Eintritt	21:19 90°	21:24 98°	21:22 91°	21:20 94°	21:15 92°	21:17 92°	21:17 95°	21:21 91°	21:26 94°	21:23 93°	21:22 95°	21:29 92°

Datum	Stern	Vorgang	Berlin	Bern	Dresden	Frankfurt	Hamburg	Hannover	Köln	Leipzig	München	Nürnberg	Stuttgart	Wien
12.7	SAO 138824 7,1 mag	Austritt	22:17 331°	22:27 325°	22:20 330°	22:21 328°	22:14 330°	22:16 330°	22:18 328°	22:19 330°	22:26 327°	22:23 328°	22:24 327°	22:27 327°
16.7	SAO 183548 7,1 mag	Eintritt	19:32 129°	19:27 143°	19:33 130°	19:27 137°	19:28 131°	19:28 133°	19:25 138°	19:31 131°	19:31 136°	19:30 135°	19:28 138°	19:37 130°
16.7	SAO 183548 7,1 mag	Austritt	20:48 278°	20:40 268°	20:50 277°	20:41 273°	20:43 276°	20:43 275°	20:38 272°	20:47 277°	20:47 273°	20:46 274°	20:43 272°	20:56 277°
18.7	SAO 185410 7,6 mag	Eintritt	20:12 47°	19:53 64°	20:11 49°	20:00 57°	20:08 50°	20:05 52°	19:58 58°	20:09 50°	20:02 57°	20:03 55°	19:59 59°	20:12 50°
18.7	SAO 185410 7,6 mag	Austritt	20:59 331°	20:54 319°	20:59 330°	20:55 324°	20:56 329°	20:55 328°	20:53 323°	20:58 329°	20:58 324°	20:57 326°	20:55 323°	21:04 329°
18.7	SAO 185429 7,5 mag	Eintritt	20:42 107°	20:32 117°	20:42 108°	20:35 112°	20:38 108°	20:37 110°	20:33 113°	20:40 108°	20:38 112°	20:37 111°	20:35 113°	20:45 109°
18.7	SAO 185429 7,5 mag	Austritt	21:58 268°	21:47 262°	21:58 267°	21:50 265°	21:53 268°	21:52 267°	21:47 265°	21:56 267°	21:55 265°	21:54 265°	21:51 264°	22:03 265°
19.7	SAO 186867 6,8 mag	Eintritt	20:00 98°	19:50 111°	19:59 100°	19:54 105°	-	-	-	19:58 100°	19:54 105°	19:55 104°	19:53 107°	19:59 101°
19.7	SAO 186867 6,8 mag	Austritt	21:12 265°	20:58 256°	21:11 264°	21:03 260°	-	-	21:02 260°	21:10 264°	21:06 260°	21:06 261°	21:03 259°	21:13 263°
19.7	SAO 186932 6,9 mag	Eintritt	21:31 80°	21:18 87°	21:31 81°	21:23 84°	21:27 81°	21:26 81°	21:21 84°	21:29 81°	21:25 84°	21:26 83°	21:22 84°	21:33 82°
19.7	SAO 186932 6,9 mag	Austritt	22:46 275°	22:36 271°	22:47 274°	22:39 274°	22:41 276°	22:41 275°	22:36 274°	22:44 275°	22:43 272°	22:42 273°	22:39 273°	22:51 271°
21.7	SAO 189469 7,6 mag	Eintritt	-	-	20:57 91°	-	-	-	-	-	20:51 95°	-	-	20:55 92°
21.7	SAO 189469 7,6 mag	Austritt	22:03 240°	21:48 234°	22:02 239°	-	-	-	-	22:01 239°	21:55 237°	21:56 238°	21:53 237°	22:01 237°
21.7	SAO 189509 6,7 mag	Eintritt	22:05 88°	21:52 94°	22:03 89°	21:57 91°	22:03 88°	22:01 89°	21:56 90°	22:02 89°	21:58 92°	21:59 91°	21:56 92°	22:03 91°
21.7	SAO 189509 6,7 mag	Austritt	23:13 236°	22:58 233°	23:11 235°	23:04 236°	23:09 237°	23:08 237°	23:03 237°	23:10 236°	23:05 234°	23:06 235°	23:03 235°	23:12 232°
21.7	SAO 189555 7,1 mag	Eintritt	23:17 102°	23:04 104°	23:17 103°	23:09 102°	23:13 100°	23:12 100°	23:07 101°	23:15 102°	23:11 104°	23:12 103°	23:08 103°	23:19 107°
22.7	SAO 189555 7,1 mag	Austritt	0:18 216°	0:06 216°	0:17 215°	0:11 218°	0:15 220°	0:14 219°	0:09 220°	0:16 216°	0:12 214°	0:13 216°	0:10 217°	0:18 209°
21.7	SAO 189549 6,3 mag	Eintritt	23:34 23°	23:20 25°	23:33 24°	23:26 22°	23:32 20°	23:30 21°	23:25 21°	23:32 23°	23:27 26°	23:28 24°	23:25 24°	23:32 29°

Datum	Stern	Vorgang	Berlin	Bern	Dresden	Frankfurt	Hamburg	Hannover	Köln	Leipzig	München	Nürnberg	Stuttgart	Wien
22.7	SAO 189549 6,3 mag	Austritt	0:25 294°	0:13 294°	0:26 292°	0:16 296°	0:19 298°	0:18 298°	0:13 299°	0:23 294°	0:22 291°	0:21 293°	0:17 294°	0:31 285°
22.7	SAO 189617 7,9 mag	Eintritt	1:23 30°	1:14 30°	1:23 33°	1:18 27°	1:21 25°	1:20 26°	1:17 24°	1:22 30°	1:19 34°	1:20 31°	1:17 30°	1:24 40°
22.7	SAO 189617 7,9 mag	Austritt	2:21 279°	2:15 279°	2:23 276°	2:15 282°	2:15 286°	2:15 284°	2:11 286°	2:20 279°	2:22 274°	2:20 277°	2:17 279°	2:29 267°
22.7	SAO 189703 7,9 mag	Eintritt	3:38 152°	-	-	3:28 139°	3:21 127°	3:23 130°	3:20 127°	-	-	-	-	-
22.7	SAO 189703 7,9 mag	Austritt	3:39 155°	-	-	3:44 167°	3:50 180°	3:48 176°	3:48 179°	-	-	-	-	-
22.7	SAO 189708 7,9 mag	Eintritt	-	4:04 7°	-	4:09 356°	-	-	4:15 341°	4:08 1°	4:04 12°	4:06 6°	4:06 4°	4:04 21°
22.7	SAO 189708 7,9 mag	Austritt	-	4:41 298°	-	4:34 310°	-	-	4:24 325°	4:37 305°	4:44 293°	4:40 300°	4:39 302°	4:49 285°
22.7	Eps Cap 4,7 mag	Eintritt	22:14 117°	22:04 125°	22:13 118°	22:08 120°	22:13 116°	22:11 117°	22:08 119°	22:12 118°	22:08 122°	22:09 120°	22:07 122°	22:13 122°
22.7	Eps Cap 4,7 mag	Austritt	22:57 197°	22:41 192°	22:55 196°	22:48 196°	22:56 199°	22:54 198°	22:48 197°	22:54 196°	22:47 193°	22:49 195°	22:46 194°	22:52 191°
22.7	SAO 164528 7,3 mag	Eintritt	22:28 76°	22:15 80°	22:27 77°	22:21 77°	22:27 75°	22:25 76°	22:20 77°	22:26 76°	22:20 79°	22:22 78°	22:19 78°	22:25 79°
22.7	SAO 164528 7,3 mag	Austritt	23:35 236°	23:21 234°	23:34 235°	23:27 236°	23:33 238°	23:31 237°	23:26 237°	23:33 236°	23:27 234°	23:29 235°	23:26 235°	23:33 231°
22.7	SAO 164567 7,4 mag	Eintritt	24:05 73°	23:51 74°	24:04 74°	23:56 72°	24:02 71°	24:00 71°	23:55 70°	24:02 73°	23:58 75°	23:59 74°	23:56 73°	24:05 79°
23.7	SAO 164567 7,4 mag	Austritt	1:14 230°	1:02 231°	1:14 229°	1:07 233°	1:11 234°	1:10 234°	1:05 235°	1:12 230°	1:09 228°	1:09 230°	1:06 231°	1:14 222°
23.7	Kap Cap 4,8 mag	Eintritt	1:28 137°	1:15 133°	-	1:16 128°	1:18 124°	1:17 126°	1:11 122°	1:27 137°	-	1:25 139°	1:18 133°	-
23.7	Kap Cap 4,8 mag	Austritt	1:44 163°	1:36 167°	-	1:43 172°	1:49 177°	1:47 175°	1:45 179°	1:43 163°	-	1:39 160°	1:39 167°	-
23.7	SAO 164637 7,5 mag	Eintritt	3:41 43°	3:35 45°	3:41 47°	3:37 41°	3:39 37°	3:38 39°	3:36 37°	3:40 44°	3:39 49°	3:39 46°	3:37 45°	3:43 56°
23.7	SAO 164637 7,5 mag	Austritt	4:43 253°	4:42 248°	4:45 249°	4:41 254°	4:39 260°	4:40 258°	4:39 258°	4:43 252°	4:45 245°	4:44 249°	4:42 250°	4:48 238°
23.7	SAO 165179 7,8 mag	Eintritt	23:53 70°	23:39 71°	23:51 71°	23:45 69°	23:51 68°	23:49 68°	23:44 68°	23:50 70°	23:45 72°	23:46 70°	23:43 70°	23:50 75°

Datum	Stern	Vorgang	Berlin	Bern	Dresden	Frankfurt	Hamburg	Hannover	Köln	Leipzig	München	Nürnberg	Stuttgart	Wien
24.7	SAO 165179 7,8 mag	Austritt	01:00 228°	0:46 229°	0:58 226°	0:52 230°	0:57 231°	0:56 231°	0:51 232°	0:57 228°	0:52 226°	0:53 228°	0:50 229°	0:57 221°
24.7	SAO 165233 6,8 mag	Eintritt	-	-	-	3:21 132°	3:17 121°	3:19 125°	3:12 120°	-	-	-	-	-
24.7	SAO 165233 6,8 mag	Austritt	-	-	-	3:35 156°	3:45 168°	3:42 164°	3:41 168°	-	-	-	-	-
24.7	SAO 146707 7,3 mag	Eintritt	22:40 92°	22:30 97°	22:38 93°	22:35 93°	22:41 91°	22:38 92°	22:35 93°	22:38 93°	22:33 95°	22:34 94°	22:33 95°	22:35 96°
24.7	SAO 146707 7,3 mag	Austritt	23:32 208°	23:18 206°	23:29 207°	23:25 208°	23:32 210°	23:30 209°	23:26 209°	23:29 207°	23:22 205°	23:25 207°	23:22 207°	23:25 203°
25.7	SAO 109113 7,9 mag	Eintritt	22:29 77°	-	22:27 78°	22:25 78°	22:31 76°	22:29 77°	-	22:27 78°	22:22 80°	22:24 79°	22:23 79°	22:22 80°
25.7	SAO 109113 7,9 mag	Austritt	23:23 223°	23:12 221°	23:21 222°	23:18 223°	23:25 225°	23:22 224°	23:19 224°	23:21 223°	23:15 221°	23:17 222°	23:15 222°	23:16 219°
25.7	SAO 109126 7,4 mag	Eintritt	22:58 37°	22:47 40°	22:55 38°	22:53 38°	23:00 36°	22:57 36°	22:55 37°	22:56 38°	22:50 40°	22:52 39°	22:51 39°	22:50 41°
25.7	SAO 109126 7,4 mag	Austritt	23:52 260°	23:40 259°	23:50 259°	23:46 261°	23:53 263°	23:50 262°	23:47 263°	23:50 260°	23:44 258°	23:46 260°	23:44 260°	23:47 256°
25.7	SAO 109135 7,9 mag	Eintritt	23:22 89°	23:12 92°	23:20 90°	23:17 89°	23:23 87°	23:21 88°	23:18 88°	23:20 90°	23:15 92°	23:16 90°	23:15 90°	23:17 94°
26.7	SAO 109135 7,9 mag	Austritt	0:13 207°	0:01 207°	0:11 206°	0:07 209°	0:14 210°	0:12 209°	0:08 210°	0:11 207°	0:04 205°	0:07 206°	0:05 207°	0:06 201°
26.7	SAO 109182 7,8 mag	Eintritt	2:24 54°	2:09 53°	2:22 56°	2:16 51°	2:22 49°	2:20 50°	2:15 48°	2:21 54°	2:15 57°	2:17 55°	2:14 53°	2:21 63°
26.7	SAO 109182 7,8 mag	Austritt	3:32 231°	3:18 232°	3:31 229°	3:24 234°	3:30 237°	3:28 236°	3:23 238°	3:30 231°	3:25 227°	3:26 230°	3:23 232°	3:30 220°
26.7	44 Psc 6,0 mag	Eintritt	3:24 24°	3:11 24°	3:22 27°	3:17 21°	3:24 17°	3:22 19°	3:18 16°	3:22 25°	3:16 28°	3:18 26°	3:15 24°	3:20 36°
26.7	44 Psc 6,0 mag	Austritt	4:26 260°	4:14 259°	4:26 257°	4:17 263°	4:20 268°	4:20 266°	4:15 268°	4:24 260°	4:21 254°	4:21 258°	4:18 259°	4:29 246°
27.7	SAO 92763 6,3 mag	Eintritt	23:40 127°	23:34 131°	23:39 129°	23:37 126°	23:41 123°	23:39 124°	23:37 124°	23:39 128°	23:36 133°	23:36 129°	23:36 129°	23:39 141°
27.7	SAO 92763 6,3 mag	Austritt	24:03 177°	23:53 174°	23:59 174°	24:00 179°	24:07 182°	24:05 181°	24:03 182°	24:01 177°	23:53 172°	23:57 175°	23:57 176°	23:48 161°
28.7	SAO 92797 7,9 mag	Eintritt	2:05 6°	1:53 4°	2:01 9°	2:00 1°	2:09 358°	2:06 359°	2:04 356°	2:02 6°	1:54 9°	1:58 7°	1:57 4°	1:54 17°

Datum	Stern	Vorgang	Berlin	Bern	Dresden	Frankfurt	Hamburg	Hannover	Köln	Leipzig	München	Nürnberg	Stuttgart	Wien
28.7	SAO 92797 7,9 mag	Austritt	2:43 290°	2:29 291°	2:42 287°	2:34 295°	2:39 299°	2:37 298°	2:32 301°	2:40 290°	2:36 286°	2:37 289°	2:33 292°	2:43 277°
28.7	19 Ari 6,0 mag	Eintritt	-	5:04 69°	-	-	-	-	-	-	-	-	-	-
28.7	19 Ari 6,0 mag	Austritt	-	6:16 223°	-	-	-	-	-	-	-	-	-	-
30.7	SAO 76358 7,8 mag	Eintritt	2:13 35°	2:04 35°	2:10 37°	2:10 32°	2:17 29°	2:14 30°	2:13 29°	2:11 35°	2:05 38°	2:08 36°	2:07 35°	2:04 44°
30.7	SAO 76358 7,8 mag	Austritt	3:02 282°	2:51 281°	3:00 279°	2:56 284°	3:01 288°	03:00 286°	2:56 288°	03:00 281°	2:55 277°	2:56 280°	2:55 281°	2:58 271°
31.7	SAO 76903 6,9 mag	Eintritt	4:12 138°	4:04 145°	4:14 146°	4:05 135°	4:08 128°	4:07 130°	4:04 129°	4:11 140°	4:16 160°	4:10 145°	4:06 142°	-
31.7	SAO 76903 6,9 mag	Austritt	4:40 191°	4:24 182°	4:34 182°	4:35 193°	4:46 202°	4:42 199°	4:39 200°	4:37 188°	4:20 168°	4:30 183°	4:30 186°	-
1.8	136 Tau 4,5 mag	Eintritt	0:55 86°	-	0:54 87°	-	0:58 83°	0:57 83°	-	0:55 86°	-	-	-	0:49 92°
1.8	136 Tau 4,5 mag	Austritt	1:45 261°	-	1:43 259°	-	1:48 264°	1:46 263°	-	1:44 260°	-	1:42 259°	-	1:38 253°
1.8	SAO 77724 7,5 mag	Eintritt	1:46 77°	1:43 78°	1:44 79°	1:45 76°	1:49 73°	1:48 74°	1:48 73°	1:45 77°	1:41 80°	1:43 78°	1:44 78°	1:39 85°
1.8	SAO 77724 7,5 mag	Austritt	2:38 268°	2:32 266°	2:35 266°	2:36 270°	2:40 273°	2:38 271°	2:37 272°	2:36 268°	2:32 264°	2:34 266°	2:34 267°	2:31 259°
1.8	SAO 77804 7,6 mag	Eintritt	3:14 145°	3:10 151°	3:15 151°	3:11 142°	3:13 136°	3:12 138°	3:10 137°	3:13 147°	3:15 160°	3:13 150°	3:11 148°	-
1.8	SAO 77804 7,6 mag	Austritt	3:40 199°	3:29 193°	3:35 192°	3:37 201°	3:46 209°	3:43 206°	3:41 207°	3:37 197°	3:26 184°	3:33 193°	3:33 195°	-
1.8	SAO 77818 7,0 mag	Eintritt	-	-	-	-	-	-	-	-	-	-	-	3:44 11°
1.8	SAO 77818 7,0 mag	Austritt	-	-	-	-	-	-	-	-	-	-	-	4:04 331°
1.8	SAO 77837 6,1 mag	Eintritt	-	-	-	-	4:11 164°	-	-	-	-	-	-	-
1.8	SAO 77837 6,1 mag	Austritt	-	-	-	-	4:19 180°	-	-	-	-	-	-	-
2.8	SAO 78876 7,0 mag	Eintritt	2:21 68°	-	2:19 70°	2:21 67°	2:25 63°	2:24 64°	2:24 64°	2:20 68°	2:17 72°	2:19 70°	2:19 69°	2:14 77°

Datum	Stern	Vorgang	Berlin	Bern	Dresden	Frankfurt	Hamburg	Hannover	Köln	Leipzig	München	Nürnberg	Stuttgart	Wien
2.8	SAO 78876 7,0 mag	Austritt	3:09 291°	-	3:08 288°	3:08 292°	3:11 296°	3:10 295°	3:09 295°	3:08 290°	3:05 285°	3:07 288°	3:07 289°	3:04 280°
2.8	SAO 78968 7,2 mag	Eintritt	4:16 101°	4:10 106°	4:14 104°	4:13 101°	4:18 96°	4:16 98°	4:14 97°	4:15 102°	4:11 108°	4:12 105°	4:12 104°	4:12 114°
2.8	SAO 78968 7,2 mag	Austritt	5:14 258°	5:04 251°	5:12 254°	5:10 257°	5:15 263°	5:13 261°	5:11 261°	5:12 256°	5:06 249°	5:08 253°	5:07 254°	5:06 244°
5.8	SAO 98914 7,9 mag	Eintritt	-	-	-	-	-	-	-	-	-	-	-	18:24 129°
5.8	SAO 98914 7,9 mag	Austritt	-	-	-	-	-	-	-	-	-	-	-	19:20 288°
7.8	SAO 118917 7,9 mag	Eintritt	20:03 115°	20:13 120°	20:06 116°	20:07 118°	20:00 115°	20:03 116°	20:05 118°	20:05 116°	20:11 118°	20:08 117°	20:09 118°	-
7.8	SAO 118917 7,9 mag	Austritt	-	21:13 299°	-	21:07 302°	21:00 304°	21:03 303°	21:05 302°	-	-	-	-	-
13.8	SAO 184047 7,9 mag	Eintritt	-	-	-	-	-	-	-	-	-	-	-	18:09 153°
13.8	SAO 184047 7,9 mag	Austritt	-	-	-	-	-	-	-	-	-	-	-	19:09 246°
13.8	SAO 184068 5,1 mag	Eintritt	-	-	18:16 71°	-	-	-	-	-	18:10 78°	-	-	18:20 72°
13.8	SAO 184068 5,1 mag	Austritt	-	-	19:20 327°	-	-	-	-	-	19:19 323°	-	-	19:26 326°
13.8	SAO 184144 5,6 mag	Eintritt	21:10 103°	21:08 106°	21:12 104°	21:06 104°	21:04 102°	21:05 103°	21:03 103°	21:10 104°	21:13 106°	21:10 105°	21:08 105°	21:19 107°
13.8	SAO 184144 5,6 mag	Austritt	-	22:26 276°	-	22:23 278°	-	22:20 280°	22:19 280°	-	22:28 275°	22:26 276°	22:25 277°	-
14.8	SAO 184901 7,9 mag	Eintritt	18:51 128°	18:45 140°	18:52 129°	18:46 134°	18:48 130°	18:47 131°	18:44 135°	18:50 130°	18:49 134°	18:49 133°	18:46 135°	18:56 130°
14.8	SAO 184901 7,9 mag	Austritt	20:02 254°	19:50 247°	20:02 253°	19:54 250°	19:56 253°	19:56 252°	19:51 250°	20:00 253°	19:59 250°	19:58 251°	19:54 249°	20:07 251°
14.8	SAO 184914 7,6 mag	Eintritt	19:04 104°	18:54 113°	19:04 104°	18:56 109°	18:59 105°	18:58 106°	18:54 109°	19:02 105°	19:00 108°	19:00 107°	18:57 110°	19:08 105°
14.8	SAO 184914 7,6 mag	Austritt	20:23 276°	20:15 271°	20:24 276°	20:16 274°	20:17 276°	20:17 276°	20:13 274°	20:22 276°	20:22 273°	20:20 274°	20:17 273°	20:30 274°
14.8	SAO 184990 6,7 mag	Eintritt	20:59 83°	20:52 87°	21:00 84°	20:53 85°	20:54 83°	20:54 83°	20:50 84°	20:58 84°	20:59 86°	20:57 85°	20:55 85°	21:06 87°

Datum	Stern	Vorgang	Berlin	Bern	Dresden	Frankfurt	Hamburg	Hannover	Köln	Leipzig	München	Nürnberg	Stuttgart	Wien
14.8	SAO 184990 6,7 mag	Austritt	22:14 285°	22:13 284°	22:16 284°	22:11 286°	22:08 288°	22:09 287°	22:07 288°	22:14 285°	22:17 283°	22:15 284°	22:13 285°	22:23 279°
14.8	SAO 185017 7,4 mag	Eintritt	-	22:06 153°	-	22:02 148°	-	-	21:57 146°	-	22:12 155°	22:08 152°	22:05 151°	-
14.8	SAO 185017 7,4 mag	Austritt	-	22:44 213°	-	22:45 217°	-	-	22:43 220°	-	22:46 209°	22:46 213°	22:45 214°	-
15.8	SAO 186041 7,1 mag	Eintritt	18:07 80°	-	18:05 81°	-	-	-	-	-	-	-	-	18:06 82°
15.8	SAO 186041 7,1 mag	Austritt	19:18 291°	-	19:18 290°	-	-	-	-	-	-	-	-	19:21 289°
15.8	SAO 186100 7,7 mag	Eintritt	19:07 82°	18:54 91°	19:07 83°	18:59 87°	19:04 83°	19:02 84°	18:57 88°	19:05 83°	19:01 87°	19:02 86°	18:58 88°	19:09 84°
15.8	SAO 186100 7,7 mag	Austritt	20:23 283°	20:13 278°	20:24 282°	20:16 281°	20:18 283°	20:18 283°	20:13 281°	20:22 283°	20:20 280°	20:19 281°	20:16 280°	20:28 280°
15.8	SAO 186109 7,5 mag	Eintritt	19:17 113°	19:07 122°	19:17 114°	19:10 118°	19:14 114°	19:13 115°	19:09 118°	19:15 114°	19:13 118°	19:13 117°	19:10 119°	19:20 115°
15.8	SAO 186109 7,5 mag	Austritt	20:30 252°	20:18 247°	20:30 251°	20:21 250°	20:25 252°	20:24 251°	20:19 250°	20:28 251°	20:26 249°	20:25 250°	20:22 249°	20:34 249°
15.8	SAO 186156 7,9 mag	Eintritt	20:03 59°	19:49 66°	20:03 60°	19:54 62°	19:58 59°	19:57 60°	19:51 62°	20:01 60°	19:57 63°	19:57 62°	19:54 63°	20:06 62°
15.8	SAO 186156 7,9 mag	Austritt	21:09 301°	21:02 298°	21:11 300°	21:03 301°	21:04 303°	21:04 302°	21:00 301°	21:08 301°	21:09 298°	21:07 300°	21:04 299°	21:17 297°
15.8	Gam1 Sgr 4,3 mag	Eintritt	21:11 107°	21:03 110°	21:12 108°	21:04 107°	21:05 106°	21:05 106°	21:01 107°	21:10 107°	21:10 109°	21:08 108°	21:05 108°	21:18 111°
15.8	Gam1 Sgr 4,3 mag	Austritt	22:22 247°	22:17 245°	22:23 245°	22:18 248°	22:18 250°	22:18 249°	22:15 249°	22:22 246°	22:22 244°	22:21 246°	22:19 246°	22:28 240°
15.8	SAO 186256 7,0 mag	Eintritt	21:46 34°	21:38 37°	21:47 36°	21:41 34°	21:43 31°	21:43 32°	21:39 32°	21:45 35°	21:44 38°	21:44 36°	21:41 36°	21:50 42°
15.8	SAO 186256 7,0 mag	Austritt	22:33 317°	22:30 315°	22:36 315°	22:28 319°	22:26 322°	22:27 321°	22:23 322°	22:33 317°	22:37 313°	22:34 315°	22:31 316°	22:46 307°
16.8	SAO 187701 6,2 mag	Eintritt	21:15 82°	21:03 85°	21:15 83°	21:07 82°	21:10 81°	21:09 81°	21:04 82°	21:13 82°	21:11 84°	21:10 83°	21:07 83°	21:19 86°
16.8	SAO 187701 6,2 mag	Austritt	22:30 256°	22:22 256°	22:30 255°	22:24 258°	22:25 259°	22:25 259°	22:21 259°	22:29 256°	22:28 254°	22:27 255°	22:24 256°	22:35 250°
16.8	SAO 187731 7,8 mag	Eintritt	22:04 119°	21:55 120°	22:05 121°	21:57 118°	21:58 116°	21:58 117°	21:53 116°	22:03 119°	22:03 122°	22:01 120°	21:58 119°	22:13 127°

Datum	Stern	Vorgang	Berlin	Bern	Dresden	Frankfurt	Hamburg	Hannover	Köln	Leipzig	München	Nürnberg	Stuttgart	Wien
16.8	SAO 187731 7,8 mag	Austritt	22:59 216°	22:53 215°	22:59 213°	22:55 218°	22:56 220°	22:56 219°	22:53 221°	22:58 215°	22:57 212°	22:57 214°	22:55 216°	23:00 205°
17.8	SAO 188920 7,6 mag	Eintritt	20:00 154°	-	20:01 158°	-	-	-	-	-	20:00 159°	-	-	-	-
17.8	SAO 188920 7,6 mag	Austritt	20:15 180°	-	20:11 176°	-	-	-	-	-	20:10 176°	-	-	-	-
17.8	SAO 188955 7,2 mag	Eintritt	20:54 119°	20:43 124°	20:54 120°	20:46 120°	20:50 118°	20:49 119°	20:45 120°	20:52 120°	20:49 123°	20:49 121°	20:46 122°	20:57 124°
17.8	SAO 188955 7,2 mag	Austritt	21:45 208°	21:32 206°	21:44 207°	21:37 209°	21:42 211°	21:41 210°	21:36 210°	21:43 208°	21:39 205°	21:40 207°	21:36 207°	21:44 201°
18.8	SAO 189151 7,0 mag	Eintritt	-	2:23 106°	-	-	-	-	-	-	-	-	-	-
19.8	SAO 190163 7,9 mag	Eintritt	-	-	-	-	-	-	-	-	0:35 338°	-	-	0:29 359°
19.8	SAO 190163 7,9 mag	Austritt	-	-	-	-	-	-	-	-	0:45 322°	-	-	1:03 301°
19.8	SAO 190214 6,7 mag	Eintritt	-	2:25 342°	2:28 341°	-	-	-	-	-	2:22 353°	2:27 341°	-	2:19 6°
19.8	SAO 190214 6,7 mag	Austritt	-	2:40 315°	2:40 319°	-	-	-	-	-	2:47 306°	2:40 318°	-	2:56 293°
20.8	SAO 164948 7,0 mag	Eintritt	0:50 69°	0:40 69°	0:50 72°	0:43 66°	0:46 64°	0:45 65°	0:41 63°	0:48 70°	0:47 73°	0:46 71°	0:43 69°	0:54 81°
20.8	SAO 164948 7,0 mag	Austritt	1:56 223°	1:49 221°	1:55 219°	1:51 225°	1:53 229°	1:53 227°	1:50 229°	1:54 222°	1:53 217°	1:53 220°	1:51 222°	1:56 209°
20.8	SAO 164979 7,1 mag	Eintritt	2:15 58°	2:10 60°	2:16 61°	2:11 56°	2:13 51°	2:12 53°	2:10 52°	2:15 59°	2:14 64°	2:14 61°	2:12 59°	2:20 71°
20.8	SAO 164979 7,1 mag	Austritt	3:19 235°	3:16 229°	3:20 230°	3:17 235°	3:17 241°	3:17 239°	3:15 239°	3:19 233°	3:19 226°	3:19 230°	3:18 231°	3:22 219°
20.8	SAO 164962 7,9 mag	Eintritt	-	-	-	-	-	-	-	-	2:31 342°	-	-	2:26 358°
20.8	SAO 164962 7,9 mag	Austritt	-	-	-	-	-	-	-	-	2:50 308°	-	-	3:02 292°
20.8	SAO 146446 7,8 mag	Eintritt	20:08 42°	-	20:06 43°	-	-	-	-	20:06 43°	20:00 46°	20:02 45°	-	20:01 45°
20.8	SAO 146446 7,8 mag	Austritt	21:04 262°	20:52 259°	21:02 261°	20:57 261°	21:04 263°	21:02 263°	20:58 262°	21:01 262°	20:56 260°	20:58 261°	20:56 260°	20:59 258°

Datum	Stern	Vorgang	Berlin	Bern	Dresden	Frankfurt	Hamburg	Hannover	Köln	Leipzig	München	Nürnberg	Stuttgart	Wien
21.8	SAO 146541 7,7 mag	Eintritt	-	2:07 326°	2:09 337°	-	-	-	-	-	2:01 344°	2:08 333°	-	1:59 359°
21.8	SAO 146541 7,7 mag	Austritt	-	2:11 318°	2:25 309°	-	-	-	-	-	2:27 300°	2:20 312°	-	2:40 286°
21.8	SAO 146589 7,7 mag	Eintritt	4:01 131°	-	-	3:59 134°	3:49 113°	3:51 119°	3:49 119°	-	-	-	-	-
21.8	SAO 146589 7,7 mag	Austritt	4:15 158°	-	-	4:10 154°	4:21 176°	4:19 170°	4:16 168°	-	-	-	-	-
21.8	Saturn 0,7 mag	Eintritt	4:35 35°	4:30 44°	4:35 39°	4:32 36°	4:34 28°	4:33 31°	4:31 32°	4:34 37°	4:33 46°	4:33 41°	4:32 41°	4:36 51°
21.8	Saturn 0,7 mag	Austritt	5:30 257°	5:31 245°	5:32 252°	5:30 254°	5:27 264°	5:28 260°	5:28 258°	5:31 254°	5:33 245°	5:32 249°	5:31 249°	5:35 241°
21.8	SAO 146614 6,7 mag	Eintritt	5:04 83°	5:06 96°	5:06 88°	5:03 86°	5:00 76°	5:01 79°	5:00 81°	5:04 86°	5:08 97°	5:06 91°	5:05 91°	-
21.8	SAO 146614 6,7 mag	Austritt	5:56 211°	5:52 195°	5:56 205°	5:55 206°	5:56 217°	5:56 213°	5:55 211°	5:56 207°	5:53 195°	5:55 201°	5:54 200°	-
21.8	SAO 147016 7,2 mag	Eintritt	22:37 66°	22:23 66°	22:34 67°	22:29 64°	22:36 63°	22:34 64°	22:30 63°	22:34 66°	22:28 68°	22:30 66°	22:28 65°	22:32 71°
21.8	SAO 147016 7,2 mag	Austritt	23:39 225°	23:25 227°	23:37 224°	23:31 228°	23:38 229°	23:36 229°	23:32 230°	23:36 225°	23:30 223°	23:32 225°	23:30 227°	23:34 218°
22.8	SAO 128569 6,3 mag	Eintritt	2:33 3°	2:21 6°	2:30 8°	2:28 360°	2:36 352°	2:33 355°	2:30 353°	2:31 4°	2:24 11°	2:27 7°	2:25 5°	2:27 20°
22.8	SAO 128569 6,3 mag	Austritt	3:17 282°	3:10 276°	3:19 276°	3:10 284°	3:09 293°	3:10 289°	3:05 291°	3:16 280°	3:17 271°	3:16 276°	3:12 278°	3:26 263°
23.8	SAO 109581 6,3 mag	Eintritt	3:01 91°	2:49 95°	3:01 96°	2:52 89°	2:55 84°	2:54 86°	2:49 84°	2:59 93°	2:58 100°	2:56 95°	2:53 93°	3:10 112°
23.8	SAO 109581 6,3 mag	Austritt	3:55 196°	3:41 189°	3:52 190°	3:48 196°	3:55 204°	3:53 201°	3:49 201°	3:52 194°	3:45 184°	3:48 190°	3:46 191°	3:45 173°
23.8	SAO 109563 6,9 mag	Eintritt	-	-	-	-	-	-	-	-	-	-	-	3:11 333°
23.8	SAO 109563 6,9 mag	Austritt	-	-	-	-	-	-	-	-	-	-	-	3:24 312°
24.8	SAO 92693 7,6 mag	Eintritt	4:21 12°	4:05 21°	4:18 18°	4:13 13°	4:23 2°	4:19 7°	4:15 7°	4:18 15°	4:10 24°	4:13 19°	4:10 18°	4:15 31°
24.8	SAO 92693 7,6 mag	Austritt	5:11 283°	5:05 270°	5:13 277°	5:05 280°	5:03 293°	5:04 288°	5:01 286°	5:11 280°	5:12 269°	5:10 274°	5:07 274°	5:20 264°

Datum	Stern	Vorgang	Berlin	Bern	Dresden	Frankfurt	Hamburg	Hannover	Köln	Leipzig	München	Nürnberg	Stuttgart	Wien
25.8	SAO 93140 6,6 mag	Eintritt	4:07 90°	3:55 97°	4:07 95°	3:59 90°	4:03 83°	4:02 86°	3:56 85°	4:05 92°	4:03 101°	4:02 96°	3:59 95°	4:14 109°
25.8	SAO 93140 6,6 mag	Austritt	5:11 213°	4:54 202°	5:08 208°	5:02 211°	5:09 220°	5:07 217°	5:02 216°	5:08 210°	05:00 200°	5:03 205°	05:00 206°	5:03 193°
25.8	SAO 76043 6,6 mag	Eintritt	23:29 96°	23:22 97°	23:27 98°	23:26 94°	23:31 92°	23:29 93°	23:27 92°	23:27 96°	23:23 99°	23:25 97°	23:24 96°	23:24 104°
26.8	SAO 76043 6,6 mag	Austritt	0:18 218°	0:08 218°	0:14 216°	0:14 221°	0:20 223°	0:18 222°	0:16 223°	0:15 218°	0:09 215°	0:12 217°	0:11 219°	0:08 209°
26.8	23 Tau 4,3 mag	Eintritt	-	-	-	-	-	-	-	-	-	-	-	3:52 349°
26.8	23 Tau 4,3 mag	Austritt	-	-	-	-	-	-	-	-	-	-	-	4:09 322°
26.8	SAO 76197 6,9 mag	Eintritt	4:06 19°	3:48 26°	4:02 24°	3:58 19°	4:09 8°	4:05 12°	4:00 12°	4:02 21°	3:53 30°	3:56 25°	3:54 24°	3:56 37°
26.8	SAO 76197 6,9 mag	Austritt	4:55 295°	4:45 284°	4:57 289°	4:47 293°	4:47 305°	4:48 300°	4:43 300°	4:54 292°	4:53 281°	4:52 287°	4:48 287°	5:02 275°
26.8	26 Tau 6,6 mag	Eintritt	4:35 65°	4:20 73°	4:34 70°	4:26 66°	4:33 59°	4:31 62°	4:25 62°	4:32 67°	4:27 75°	4:28 71°	4:25 70°	4:34 81°
26.8	26 Tau 6,6 mag	Austritt	5:49 251°	5:35 239°	5:49 246°	5:41 248°	5:45 257°	5:44 253°	5:39 252°	5:47 248°	5:43 239°	5:43 243°	5:40 243°	5:50 235°
26.8	27 Tau 3,8 mag	Eintritt	05:00 28°	4:41 38°	4:56 33°	4:50 30°	5:01 19°	4:57 23°	4:51 24°	4:56 31°	4:48 40°	4:50 35°	4:47 35°	4:53 46°
26.8	27 Tau 3,8 mag	Austritt	5:56 289°	5:49 275°	5:58 283°	5:50 285°	5:49 297°	5:50 293°	5:46 290°	5:56 286°	5:56 275°	5:55 280°	5:52 279°	6:05 271°
26.8	SAO 76244 6,1 mag	Eintritt	5:01 113°	4:54 128°	5:03 120°	4:53 116°	4:54 105°	4:54 109°	4:49 110°	05:00 117°	5:03 132°	4:59 123°	4:55 123°	-
26.8	SAO 76244 6,1 mag	Austritt	5:54 204°	5:30 184°	5:50 197°	5:43 199°	5:53 212°	5:50 207°	5:44 205°	5:50 200°	5:36 183°	5:42 192°	5:39 192°	-
26.8	SAO 76251 6,7 mag	Eintritt	5:06 87°	4:54 96°	5:06 91°	4:57 89°	5:02 80°	5:00 83°	4:55 84°	5:04 89°	5:02 98°	5:01 93°	4:58 93°	5:11 104°
26.8	SAO 76251 6,7 mag	Austritt	6:18 232°	6:01 217°	6:16 227°	6:08 227°	6:14 237°	6:13 234°	6:07 231°	6:15 228°	6:09 218°	6:10 223°	6:07 222°	6:15 214°
26.8	28 Tau 5,2 mag	Eintritt	5:19 1°	4:55 18°	5:12 10°	5:07 5°	-	5:20 350°	5:12 355°	5:13 6°	5:01 20°	5:05 14°	5:02 13°	5:05 27°
26.8	28 Tau 5,2 mag	Austritt	5:47 317°	5:46 295°	5:52 307°	5:43 309°	-	5:36 326°	5:35 320°	5:48 311°	5:53 295°	5:50 302°	5:47 301°	6:03 290°

Datum	Stern	Vorgang	Berlin	Bern	Dresden	Frankfurt	Hamburg	Hannover	Köln	Leipzig	München	Nürnberg	Stuttgart	Wien
26.8	SAO 76264 6,8 mag	Eintritt	-	5:26 92°	-	5:29 83°	-	5:32 77°	5:27 79°	-	5:33 93°	5:33 88°	5:29 88°	-
26.8	SAO 76264 6,8 mag	Austritt	-	6:38 225°	-	6:43 235°	-	6:47 242°	6:42 239°	-	6:45 226°	6:46 231°	6:43 230°	-
27.8	SAO 76764 7,8 mag	Eintritt	4:47 37°	4:29 47°	4:43 42°	4:37 39°	4:48 29°	4:44 33°	4:39 34°	4:43 40°	4:35 49°	4:37 44°	4:34 44°	4:39 54°
27.8	SAO 76764 7,8 mag	Austritt	5:46 293°	5:36 279°	5:47 287°	5:38 289°	5:39 300°	5:40 296°	5:35 294°	5:45 289°	5:44 279°	5:43 284°	5:39 283°	5:52 275°
27.8	SAO 76770 7,6 mag	Eintritt	5:11 38°	4:52 49°	5:07 43°	5:01 40°	5:11 30°	5:08 34°	5:02 35°	5:07 41°	4:59 50°	5:01 45°	4:58 45°	5:04 55°
27.8	SAO 76770 7,6 mag	Austritt	6:10 294°	6:02 279°	6:12 288°	6:04 289°	6:03 301°	6:04 296°	06:00 293°	6:10 290°	6:09 279°	6:08 284°	6:05 283°	6:18 276°
27.8	SAO 77266 7,9 mag	Eintritt	22:55 144°	-	-	-	22:56 138°	-	-	-	-	-	-	-
27.8	SAO 77266 7,9 mag	Austritt	23:18 199°	-	-	-	23:23 205°	-	-	-	-	-	-	-
27.8	SAO 77295 6,5 mag	Eintritt	23:19 72°	-	23:17 73°	23:20 71°	23:23 68°	23:22 69°	23:22 69°	23:19 72°	23:15 75°	23:17 73°	23:18 72°	23:13 79°
28.8	SAO 77295 6,5 mag	Austritt	0:09 270°	0:05 269°	0:08 268°	0:08 271°	0:12 274°	0:10 273°	0:10 274°	0:08 270°	0:05 266°	0:06 269°	0:06 269°	0:03 262°
28.8	SAO 77478 7,8 mag	Eintritt	2:46 137°	2:39 144°	2:47 143°	2:40 135°	2:43 127°	2:42 130°	2:39 129°	2:45 139°	2:46 152°	2:44 143°	2:41 141°	-
28.8	SAO 77478 7,8 mag	Austritt	3:21 203°	3:05 193°	3:15 196°	3:15 203°	3:25 213°	3:22 209°	3:19 210°	3:17 200°	3:04 186°	3:11 195°	3:10 197°	-
28.8	SAO 77625 5,6 mag	Eintritt	-	-	-	-	-	-	5:51 135°	-	-	-	-	-
28.8	SAO 77625 5,6 mag	Austritt	-	-	-	-	-	-	6:39 212°	-	-	-	-	-
29.8	SAO 78580 7,4 mag	Eintritt	0:54 56°	0:49 58°	0:51 59°	0:53 54°	0:58 50°	0:56 52°	0:56 51°	0:52 57°	0:48 61°	0:50 58°	0:51 57°	0:45 66°
29.8	SAO 78580 7,4 mag	Austritt	1:39 298°	1:34 295°	1:38 295°	1:37 300°	1:40 304°	1:39 303°	1:38 303°	1:38 297°	1:35 292°	1:36 295°	1:36 296°	1:35 287°
29.8	SAO 78710 6,8 mag	Eintritt	3:34 104°	3:25 111°	3:33 108°	3:29 105°	3:34 98°	3:32 101°	3:29 101°	3:32 106°	3:28 113°	3:29 109°	3:28 108°	3:32 119°
29.8	SAO 78710 6,8 mag	Austritt	4:37 252°	4:23 243°	4:34 247°	4:30 250°	4:37 258°	4:35 255°	4:31 254°	4:34 250°	4:27 241°	4:30 246°	4:28 246°	4:29 236°

Datum	Stern	Vorgang	Berlin	Bern	Dresden	Frankfurt	Hamburg	Hannover	Köln	Leipzig	München	Nürnberg	Stuttgart	Wien
30.8	76 Gem 5,4 mag	Eintritt	4:26 124°	4:20 135°	4:26 129°	4:22 126°	4:25 118°	4:24 121°	4:21 122°	4:25 126°	4:23 136°	4:23 131°	4:21 131°	4:28 142°
30.8	76 Gem 5,4 mag	Austritt	5:25 248°	5:09 234°	5:22 243°	5:18 244°	5:26 254°	5:23 251°	5:19 249°	5:22 245°	5:13 234°	5:17 240°	5:15 239°	5:15 229°
2.9	37 Leo 5,7 mag	Eintritt	-	5:37 82°	-	5:43 71°	-	-	5:45 67°	-	5:38 81°	5:41 76°	5:40 77°	-
2.9	37 Leo 5,7 mag	Austritt	-	6:30 320°	-	6:30 332°	-	-	6:28 337°	-	6:32 323°	6:31 328°	6:31 327°	-
8.9	SAO 183040 6,0 mag	Eintritt	-	19:34 104°	-	19:31 102°	-	-	19:28 101°	-	19:37 104°	-	19:33 103°	-
8.9	SAO 183040 6,0 mag	Austritt	-	-	-	20:43 294°	-	-	20:40 296°	-	20:48 290°	-	20:46 292°	-
9.9	SAO 183802 7,3 mag	Eintritt	-	19:47 95°	-	19:44 92°	-	-	19:41 91°	-	19:50 95°	19:48 93°	19:46 93°	-
9.9	SAO 183802 7,3 mag	Austritt	-	21:02 290°	-	20:57 292°	-	-	20:54 294°	-	21:03 288°	21:01 290°	21:00 291°	-
10.9	SAO 184547 6,5 mag	Eintritt	-	19:39 53°	19:45 51°	19:40 50°	-	19:40 48°	19:37 48°	19:44 50°	19:45 53°	19:43 51°	19:41 51°	19:50 56°
10.9	SAO 184547 6,5 mag	Austritt	-	20:38 320°	20:39 321°	20:33 324°	-	20:31 326°	20:29 326°	20:37 322°	20:42 318°	20:39 321°	20:37 322°	20:49 314°
11.9	SAO 185591 6,8 mag	Eintritt	19:46 110°	19:41 112°	19:48 111°	19:40 110°	19:40 108°	19:41 109°	19:37 109°	19:46 110°	19:47 113°	19:45 111°	19:42 111°	19:55 115°
11.9	SAO 185591 6,8 mag	Austritt	20:57 247°	20:55 246°	20:59 246°	20:54 249°	20:53 251°	20:54 250°	20:52 251°	20:57 247°	20:59 244°	20:58 246°	20:56 247°	21:03 240°
12.9	SAO 187053 7,7 mag	Eintritt	18:37 105°	18:26 110°	18:37 106°	18:29 107°	18:33 105°	18:32 105°	18:27 107°	18:35 106°	18:33 108°	18:33 107°	18:30 108°	18:41 108°
12.9	SAO 187053 7,7 mag	Austritt	19:51 244°	19:41 242°	19:51 243°	19:44 245°	19:46 246°	19:45 246°	19:41 246°	19:49 244°	19:48 242°	19:47 243°	19:44 243°	19:55 239°
13.9	SAO 188429 7,7 mag	Eintritt	20:03 119°	19:53 121°	20:04 120°	19:55 118°	19:57 116°	19:57 117°	19:52 117°	20:02 119°	20:01 122°	19:59 120°	19:56 120°	20:11 126°
13.9	SAO 188429 7,7 mag	Austritt	20:56 209°	20:48 209°	20:56 207°	20:51 211°	20:54 213°	20:53 213°	20:50 214°	20:55 209°	20:53 206°	20:53 208°	20:51 209°	20:56 199°
13.9	SAO 188544 7,7 mag	Eintritt	-	22:55 111°	-	22:52 106°	-	22:51 104°	22:49 102°	-	23:00 116°	22:57 112°	22:55 110°	-
13.9	SAO 188544 7,7 mag	Austritt	-	23:46 206°	-	23:47 212°	-	23:47 215°	23:46 216°	-	23:46 201°	23:47 206°	23:47 208°	-

Datum	Stern	Vorgang	Berlin	Bern	Dresden	Frankfurt	Hamburg	Hannover	Köln	Leipzig	München	Nürnberg	Stuttgart	Wien
14.9	SAO 189469 7,6 mag	Eintritt	-	-	-	-	-	-	-	-	-	-	-	17:12 70°
14.9	SAO 189469 7,6 mag	Austritt	18:24 262°	-	18:22 261°	-	-	-	-	18:21 261°	-	-	-	18:22 259°
14.9	SAO 189509 6,7 mag	Eintritt	18:24 67°	18:09 72°	18:22 67°	18:15 69°	18:22 67°	18:20 67°	18:15 69°	18:21 67°	18:16 70°	18:17 69°	18:14 70°	18:21 69°
14.9	SAO 189509 6,7 mag	Austritt	19:35 257°	19:21 255°	19:34 256°	19:26 257°	19:31 258°	19:30 258°	19:25 258°	19:32 257°	19:28 255°	19:29 256°	19:25 256°	19:35 253°
14.9	SAO 189555 7,1 mag	Eintritt	19:34 79°	19:20 81°	19:33 80°	19:25 79°	19:31 78°	19:29 78°	19:24 78°	19:31 79°	19:27 81°	19:28 80°	19:25 80°	19:35 83°
14.9	SAO 189555 7,1 mag	Austritt	20:46 238°	20:34 238°	20:45 237°	20:38 240°	20:42 241°	20:41 241°	20:36 241°	20:44 238°	20:41 236°	20:41 238°	20:38 238°	20:47 232°
14.9	SAO 189549 6,3 mag	Eintritt	-	-	-	-	-	-	-	-	-	-	-	20:19 346°
14.9	SAO 189549 6,3 mag	Austritt	-	-	-	-	-	-	-	-	-	-	-	20:31 327°
14.9	SAO 189617 7,9 mag	Eintritt	22:02 359°	21:55 358°	22:00 4°	22:01 352°	22:08 342°	22:05 347°	-	22:01 360°	21:56 6°	21:58 1°	21:58 358°	21:58 15°
14.9	SAO 189617 7,9 mag	Austritt	22:32 309°	22:26 309°	22:36 304°	22:23 316°	22:18 327°	22:21 322°	-	22:32 308°	22:35 301°	22:32 306°	22:28 310°	22:46 290°
14.9	SAO 189669 7,2 mag	Eintritt	22:58 130°	22:54 131°	23:04 137°	22:51 124°	22:49 118°	22:50 120°	22:45 118°	22:58 131°	23:09 148°	22:59 134°	22:55 130°	-
14.9	SAO 189669 7,2 mag	Austritt	23:25 177°	23:20 174°	23:22 168°	23:25 182°	23:28 189°	23:27 186°	23:26 189°	23:24 175°	23:13 156°	23:21 171°	23:22 175°	-
14.9	SAO 189703 7,9 mag	Eintritt	23:41 107°	23:39 109°	23:44 111°	23:37 104°	23:34 99°	23:35 101°	23:33 99°	23:41 108°	23:45 115°	23:42 110°	23:39 108°	23:56 129°
15.9	SAO 189703 7,9 mag	Austritt	0:27 199°	0:25 194°	0:27 194°	0:27 201°	0:28 207°	0:27 205°	0:27 206°	0:27 197°	0:25 189°	0:26 194°	0:26 196°	0:21 175°
15.9	Eps Cap 4,7 mag	Eintritt	18:38 107°	18:27 114°	18:37 109°	18:32 110°	18:37 107°	18:35 108°	18:31 110°	18:36 108°	18:31 111°	18:33 110°	18:30 111°	18:36 111°
15.9	Eps Cap 4,7 mag	Austritt	19:29 205°	19:13 202°	19:27 204°	19:20 205°	19:27 207°	19:25 206°	19:20 206°	19:26 205°	19:20 202°	19:21 204°	19:18 204°	19:24 200°
15.9	SAO 164528 7,3 mag	Eintritt	18:56 69°	18:42 73°	18:54 70°	18:48 71°	18:54 69°	18:52 69°	18:48 70°	18:53 70°	18:48 72°	18:49 71°	18:46 72°	18:53 73°
15.9	SAO 164528 7,3 mag	Austritt	20:04 241°	19:49 240°	20:02 240°	19:55 242°	20:01 243°	19:59 243°	19:54 243°	20:01 241°	19:56 239°	19:57 240°	19:54 241°	20:02 237°

Datum	Stern	Vorgang	Berlin	Bern	Dresden	Frankfurt	Hamburg	Hannover	Köln	Leipzig	München	Nürnberg	Stuttgart	Wien
15.9	SAO 164567 7,4 mag	Eintritt	20:32 68°	20:18 68°	20:31 69°	20:24 67°	20:29 66°	20:28 66°	20:23 65°	20:30 68°	20:25 70°	20:26 69°	20:23 68°	20:32 74°
15.9	SAO 164567 7,4 mag	Austritt	21:42 234°	21:30 235°	21:42 233°	21:35 237°	21:39 238°	21:38 238°	2·:33 239°	21:40 234°	21:37 232°	21:37 234°	21:34 235°	21:43 226°
15.9	Kap Cap 4,8 mag	Eintritt	21:49 124°	21:36 122°	21:51 129°	21:38 119°	21:41 116°	21:40 117°	2·:34 1·4°	21:47 124°	21:47 130°	21:44 125°	21:39 122°	-
15.9	Kap Cap 4,8 mag	Austritt	22:18 174°	22:09 177°	22:15 169°	22:15 181°	22:20 184°	22:18 183°	22:16 186°	22:17 174°	22:10 167°	22:13 173°	22:13 177°	-
16.9	SAO 164637 7,5 mag	Eintritt	0:07 41°	0:01 43°	0:07 44°	0:03 39°	0:05 34°	0:04 36°	0:02 35°	0:06 42°	0:05 47°	0:05 44°	0:03 42°	0:09 54°
16.9	SAO 164637 7,5 mag	Austritt	1:08 255°	1:07 250°	1:10 251°	1:06 256°	1:04 262°	1:05 259°	1:04 260°	1:08 253°	1:10 247°	1:09 251°	1:07 252°	1:13 240°
16.9	SAO 165179 7,8 mag	Eintritt	19:52 76°	19:38 78°	19:50 77°	19:44 76°	19:51 74°	19:49 75°	19:44 75°	19:49 76°	19:44 78°	19:45 77°	19:43 77°	19:49 80°
16.9	SAO 165179 7,8 mag	Austritt	20:55 223°	20:41 223°	20:53 222°	20:47 225°	20:54 226°	20:52 226°	20:47 227°	20:53 223°	20:47 221°	20:49 223°	20:46 224°	20:52 217°
16.9	SAO 165233 6,8 mag	Eintritt	-	-	-	-	23:13 129°	23:14 133°	23:06 126°	-	-	-	-	-
16.9	SAO 165233 6,8 mag	Austritt	-	-	-	-	23:32 161°	23:28 156°	23:28 163°	-	-	-	-	-
17.9	SAO 165285 6,7 mag	Eintritt	02:00 78°	1:58 86°	2:02 83°	1:57 79°	1:56 71°	1:57 74°	1:55 74°	02:00 80°	2:02 89°	2:00 84°	1:59 83°	2:08 96°
17.9	SAO 165285 6,7 mag	Austritt	2:56 214°	2:52 203°	2:56 209°	2:54 211°	2:55 220°	2:55 217°	2:54 216°	2:55 211°	2:54 201°	2:54 206°	2:54 207°	2:54 195°
17.9	70 Aqr 6,1 mag	Eintritt	3:26 36°	3:24 48°	3:26 41°	3:25 39°	3:25 29°	3:25 33°	3:24 35°	3:25 39°	3:26 48°	3:25 44°	3:25 44°	3:27 53°
17.9	70 Aqr 6,1 mag	Austritt	4:17 260°	4:21 246°	4:19 255°	4:19 256°	4:15 267°	4:17 263°	4:17 260°	4:19 257°	4:21 247°	4:20 252°	4:20 251°	-
18.9	SAO 146877 7,2 mag	Eintritt	4:17 42°	4:16 56°	4:18 47°	4:16 46°	4:16 36°	4:16 39°	4:15 42°	4:17 45°	4:18 55°	4:17 50°	4:16 51°	4:20 58°
18.9	SAO 146877 7,2 mag	Austritt	5:12 255°	5:14 238°	5:13 250°	5:13 249°	5:09 260°	5:11 256°	5:11 252°	5:12 251°	5:15 241°	5:14 245°	5:14 244°	5:15 239°
18.9	SAO 109182 7,8 mag	Eintritt	19:57 59°	19:45 60°	19:54 59°	19:51 58°	19:57 57°	19:55 57°	19:52 57°	19:54 59°	19:48 60°	19:51 59°	19:49 59°	19:50 63°
18.9	SAO 109182 7,8 mag	Austritt	20:55 237°	20:42 237°	20:52 235°	20:48 238°	20:55 239°	20:53 239°	20:49 240°	20:52 237°	20:46 235°	20:48 236°	20:46 237°	20:49 231°

Datum	Stern	Vorgang	Berlin	Bern	Dresden	Frankfurt	Hamburg	Hannover	Köln	Leipzig	München	Nürnberg	Stuttgart	Wien
18.9	44 Psc 6,0 mag	Eintritt	20:48 20°	20:36 20°	20:45 21°	20:42 18°	20:49 16°	20:47 17°	20:44 16°	20:46 20°	20:39 22°	20:42 20°	20:40 19°	20:40 26°
18.9	44 Psc 6,0 mag	Austritt	21:37 272°	21:23 273°	21:35 270°	21:29 275°	21:35 277°	21:33 276°	21:28 278°	21:34 272°	21:29 270°	21:30 272°	21:28 273°	21:35 264°
19.9	SAO 109278 7,6 mag	Eintritt	1:33 51°	1:22 55°	1:32 55°	1:26 50°	1:30 44°	1:29 47°	1:25 46°	1:31 52°	1:28 59°	1:28 55°	1:26 54°	1:34 66°
19.9	SAO 109278 7,6 mag	Austritt	2:39 236°	2:31 228°	2:39 232°	2:34 235°	2:36 243°	2:36 240°	2:32 239°	2:38 234°	2:36 226°	2:36 230°	2:34 231°	2:40 220°
20.9	SAO 92485 7,6 mag	Eintritt	3:17 66°	3:09 76°	3:18 71°	3:11 68°	3:13 59°	3:13 62°	3:09 63°	3:16 68°	3:15 77°	3:14 73°	3:12 72°	3:22 83°
20.9	SAO 92485 7,6 mag	Austritt	4:23 231°	4:15 217°	4:23 226°	4:18 226°	4:20 236°	4:20 233°	4:17 230°	4:22 227°	4:20 217°	4:20 222°	4:18 221°	4:24 214°
20.9	19 Ari 6,0 mag	Eintritt	19:44 39°	19:37 41°	19:41 40°	19:42 38°	19:47 37°	19:45 37°	19:44 37°	19:42 39°	19:37 41°	19:40 40°	19:39 40°	19:36 43°
20.9	19 Ari 6,0 mag	Austritt	20:31 267°	20:23 266°	20:28 266°	20:27 268°	20:32 270°	20:30 269°	20:28 270°	20:29 267°	20:24 265°	20:26 266°	20:25 267°	20:24 262°
20.9	SAO 92901 7,7 mag	Eintritt	23:37 96°	23:23 96°	23:36 99°	23:29 93°	23:35 90°	23:33 91°	23:28 89°	23:34 97°	23:30 101°	23:31 98°	23:28 96°	23:37 111°
21.9	SAO 92901 7,7 mag	Austritt	0:27 200°	0:13 199°	0:24 196°	0:20 203°	0:28 207°	0:26 205°	0:22 207°	0:24 199°	0:16 194°	0:19 197°	0:17 200°	0:16 183°
21.9	SAO 92905 6,8 mag	Eintritt	-	-	-	-	-	-	-	-	-	-	-	0:55 336°
21.9	SAO 92905 6,8 mag	Austritt	-	-	-	-	-	-	-	-	-	-	-	1:07 317°
21.9	27 Ari 6,4 mag	Eintritt	4:56 46°	4:47 61°	4:56 51°	4:50 51°	4:53 40°	4:52 44°	4:48 47°	4:54 49°	4:53 60°	4:52 55°	4:50 56°	4:58 62°
21.9	27 Ari 6,4 mag	Austritt	5:59 266°	5:57 247°	6:01 261°	5:57 258°	5:54 270°	5:56 266°	5:54 261°	5:59 262°	6:01 251°	06:00 255°	5:58 253°	6:06 251°
21.9	SAO 75755 6,7 mag	Eintritt	19:32 14°	-	19:29 15°	-	-	-	-	-	-	-	-	19:23 20°
21.9	SAO 75755 6,7 mag	Austritt	20:00 303°	-	19:58 301°	-	-	-	-	-	-	-	-	19:55 295°
21.9	Zet Ari 5,0 mag	Eintritt	21:21 73°	21:14 73°	21:19 74°	21:18 71°	21:23 70°	21:22 70°	21:20 69°	21:20 73°	21:15 75°	21:17 74°	21:16 73°	21:15 79°
21.9	Zet Ari 5,0 mag	Austritt	22:15 238°	22:06 238°	22:12 236°	22:11 240°	22:17 242°	22:15 241°	22:12 242°	22:13 238°	22:07 235°	22:10 237°	22:09 238°	22:07 230°

Datum	Stern	Vorgang	Berlin	Bern	Dresden	Frankfurt	Hamburg	Hannover	Köln	Leipzig	München	Nürnberg	Stuttgart	Wien
22.9	SAO 75917 6,9 mag	Eintritt	1:56 94°	1:43 99°	1:56 98°	1:48 93°	1:53 87°	1:51 89°	1:46 89°	1:54 96°	1:51 103°	1:51 99°	1:47 97°	2:01 112°
22.9	SAO 75917 6,9 mag	Austritt	2:58 215°	2:40 206°	2:55 210°	2:49 214°	2:57 222°	2:54 219°	2:49 2·8°	2:54 212°	2:46 203°	2:49 208°	2:46 209°	2:49 195°
22.9	66 Ari 6,1 mag	Eintritt	4:30 20°	4:12 37°	4:27 27°	4:20 26°	4:31 11°	4:27 17°	4:20 21°	4:26 25°	4:19 37°	4:21 31°	4:17 32°	4:25 40°
22.9	66 Ari 6,1 mag	Austritt	5:17 299°	5:17 278°	5:21 292°	5:15 290°	5:09 306°	5:12 300°	5:10 295°	5:18 294°	5:23 280°	5:20 286°	5:18 284°	5:30 279°
23.9	SAO 76559 7,7 mag	Eintritt	-	-	-	-	-	-	-	-	-	-	-	0:12 3°
23.9	SAO 76559 7,7 mag	Austritt	-	-	-	-	-	-	-	-	-	-	-	0:38 314°
23.9	Chi Tau 5,4 mag	Eintritt	0:43 80°	0:30 83°	0:41 83°	0:36 79°	0:42 75°	0:40 76°	0:37 75°	0:40 81°	0:35 86°	0:36 83°	0:34 82°	0:39 93°
23.9	Chi Tau 5,4 mag	Austritt	1:47 239°	1:32 235°	1:44 236°	1:39 240°	1:46 246°	1:44 244°	1:40 244°	1:44 238°	1:37 232°	1:39 235°	1:37 237°	1:40 225°
23.9	SAO 76599 7,7 mag	Eintritt	1:58 101°	1:46 107°	1:58 105°	1:50 100°	1:55 94°	1:54 96°	1:49 96°	1:56 102°	1:53 110°	1:53 106°	1:50 104°	2:02 119°
23.9	SAO 76599 7,7 mag	Austritt	03:00 221°	2:41 212°	2:56 216°	2:50 220°	2:59 228°	2:56 225°	2:51 224°	2:56 219°	2:47 209°	2:50 214°	2:47 215°	2:50 202°
24.9	SAO 77177 7,9 mag	Eintritt	-	-	-	-	2:22 145°	2:24 153°	2:21 154°	-	-	-	-	-
24.9	SAO 77177 7,9 mag	Austritt	-	-	-	-	2:49 192°	2:42 183°	2:36 181°	-	-	-	-	-
24.9	SAO 77224 7,4 mag	Eintritt	-	-	-	-	4:40 155°	-	-	-	-	-	-	-
24.9	SAO 77224 7,4 mag	Austritt	-	-	-	-	5:03 190°	-	-	-	-	-	-	-
24.9	SAO 78191 7,4 mag	Eintritt	22:17 65°	22:14 67°	22:15 67°	22:17 64°	22:21 61°	22:19 62°	22:20 61°	22:16 65°	22:13 69°	22:15 67°	22:15 66°	22:10 73°
24.9	SAO 78191 7,4 mag	Austritt	23:06 285°	23:01 283°	23:04 283°	23:04 287°	23:07 290°	23:06 289°	23:05 290°	23:04 285°	23:01 281°	23:03 283°	23:02 284°	23:00 276°
24.9	SAO 78291 7,5 mag	Eintritt	24:03 91°	23:56 94°	24:01 93°	24:00 90°	24:05 85°	24:03 87°	24:01 86°	24:01 91°	23:57 96°	23:59 93°	23:58 92°	23:57 102°
25.9	SAO 78291 7,5 mag	Austritt	1:01 259°	0:51 254°	0:58 256°	0:56 259°	1:02 264°	1:00 262°	0:58 263°	0:59 258°	0:53 252°	0:55 255°	0:54 256°	0:53 246°

Datum	Stern	Vorgang	Berlin	Bern	Dresden	Frankfurt	Hamburg	Hannover	Köln	Leipzig	München	Nürnberg	Stuttgart	Wien
25.9	SAO 78334 7,7 mag	Eintritt	0:57 91°	0:48 95°	0:55 94°	0:53 90°	0:58 85°	0:56 87°	0:54 87°	0:55 92°	0:50 98°	0:52 94°	0:51 93°	0:52 103°
25.9	SAO 78334 7,7 mag	Austritt	1:59 259°	1:47 253°	1:56 255°	1:53 259°	1:59 265°	1:57 263°	1:54 262°	1:56 257°	1:50 251°	1:53 254°	1:51 255°	1:52 245°
25.9	SAO 78440 6,9 mag	Eintritt	3:28 72°	3:13 82°	3:26 76°	3:20 74°	3:27 66°	3:25 69°	3:20 70°	3:25 74°	3:19 83°	3:21 79°	3:18 79°	3:24 87°
25.9	SAO 78440 6,9 mag	Austritt	4:39 286°	4:27 271°	4:39 280°	4:31 280°	4:35 291°	4:34 287°	4:29 284°	4:37 282°	4:34 272°	4:34 277°	4:31 276°	4:41 270°
25.9	SAO 78483 7,6 mag	Eintritt	4:52 104°	4:43 120°	4:53 109°	4:45 109°	4:48 99°	4:47 102°	4:42 105°	4:51 107°	4:50 118°	4:48 113°	4:45 114°	4:58 120°
25.9	SAO 78483 7,6 mag	Austritt	6:09 261°	5:53 241°	6:09 256°	06:00 253°	6:05 265°	6:04 261°	5:58 256°	6:07 257°	6:02 245°	6:03 250°	5:59 248°	6:11 246°
25.9	SAO 78496 7,8 mag	Eintritt	5:19 127°	5:20 153°	5:22 134°	5:14 136°	5:13 122°	5:13 127°	5:10 131°	5:19 132°	5:24 148°	5:20 140°	5:18 143°	5:33 149°
25.9	SAO 78496 7,8 mag	Austritt	6:25 240°	5:59 210°	6:23 234°	6:12 229°	6:21 243°	6:19 239°	6:12 232°	6:21 235°	6:11 218°	6:15 225°	6:09 222°	6:21 220°
25.9	49Aur 5,0 mag	Eintritt	6:04 113°	6:02 135°	6:06 118°	5:59 122°	5:59 109°	5:59 113°	5:55 118°	6:04 117°	6:07 130°	6:04 124°	6:02 127°	-
25.9	49Aur 5,0 mag	Austritt	7:20 259°	7:05 234°	7:20 254°	7:11 248°	7:15 261°	7:14 257°	7:09 250°	7:18 254°	7:15 242°	7:15 247°	7:11 243°	-
25.9	SAO 79241 6,5 mag	Eintritt	22:37 114°	-	22:36 117°	-	22:39 110°	22:39 111°	-	22:37 115°	-	-	-	22:33 124°
25.9	SAO 79241 6,5 mag	Austritt	23:24 250°	-	23:22 247°	-	23:27 255°	23:26 253°	-	23:23 249°	-	-	-	23:16 239°
25.9	SAO 79286 6,9 mag	Eintritt	23:30 79°	23:26 83°	23:28 82°	23:29 79°	23:33 75°	23:32 76°	23:31 76°	23:29 80°	23:25 85°	23:27 82°	23:27 81°	23:23 90°
26.9	SAO 79286 6,9 mag	Austritt	0:22 284°	0:17 280°	0:21 281°	0:20 285°	0:24 290°	0:23 288°	0:22 288°	0:21 283°	0:18 278°	0:19 281°	0:19 282°	0:17 273°
27.9	SAO 80089 7,0 mag	Eintritt	1:34 59°	1:26 68°	1:31 64°	1:31 60°	1:38 52°	1:36 55°	1:34 56°	1:32 61°	1:26 69°	1:29 65°	1:28 65°	1:24 75°
27.9	SAO 80089 7,0 mag	Austritt	2:20 319°	2:15 308°	2:20 313°	2:17 316°	2:18 326°	2:18 322°	2:16 321°	2:19 316°	2:17 307°	2:18 311°	2:17 312°	2:20 302°
27.9	Lam Cnc 5,9 mag	Eintritt	2:07 86°	1:59 94°	2:05 90°	2:04 87°	2:09 80°	2:07 82°	2:05 83°	2:05 88°	2:01 95°	2:02 91°	2:02 91°	2:01 99°
27.9	Lam Cnc 5,9 mag	Austritt	3:08 294°	2:59 283°	3:07 289°	3:03 291°	3:07 299°	3:06 296°	3:03 295°	3:06 291°	3:02 282°	3:04 287°	3:02 286°	3:05 279°

Datum	Stern	Vorgang	Berlin	Bern	Dresden	Frankfurt	Hamburg	Hannover	Köln	Leipzig	München	Nürnberg	Stuttgart	Wien
27.9	SAO 80165 7,3 mag	Eintritt	4:23 58°	4:06 75°	4:20 64°	4:14 65°	4:25 51°	4:21 56°	4:16 60°	4:19 62°	4:11 74°	4:14 69°	4:11 70°	4:15 77°
27.9	SAO 80165 7,3 mag	Austritt	5:15 329°	5:11 309°	5:17 323°	5:11 320°	5:09 336°	5:10 330°	5:08 325°	5:15 324°	5:16 312°	5:15 317°	5:13 315°	5:23 311°
5.10	SAO 158731 7,5 mag	Eintritt	-	17:28 93°	-	17:25 91°	17:21 89°	17:22 89°	17:22 90°	-	17:31 93°	17:28 91°	17:27 92°	-
5.10	SAO 158731 7,5 mag	Austritt	-	18:39 307°	-	18:33 310°	18:27 312°	18:30 311°	13:30 311°	-	18:40 306°	18:37 308°	18:37 308°	-
7.10	SAO 184365 7,3 mag	Eintritt	-	18:39 75°	-	-	-	-	-	-	-	-	-	-
9.10	SAO 186531 6,8 mag	Eintritt	17:22 151°	17:17 159°	17:24 153°	17:16 153°	17:16 149°	17:16 150°	17:12 152°	17:21 152°	17:23 157°	17:21 154°	17:18 155°	17:34 161°
9.10	SAO 186531 6,8 mag	Austritt	17:57 203°	17:45 197°	17:57 200°	17:51 203°	17:54 206°	17:53 205°	17:49 205°	17:56 202°	17:52 197°	17:53 200°	17:50 200°	17:56 190°
10.10	SAO 187905 7,2 mag	Eintritt	18:55 158°	18:49 161°	-	18:44 151°	18:43 146°	18:43 148°	18:38 146°	18:55 159°	-	-	18:49 157°	-
10.10	SAO 187905 7,2 mag	Austritt	19:06 174°	18:57 172°	-	19:05 182°	19:10 187°	19:08 185°	19:07 188°	19:04 173°	-	-	19:02 175°	-
11.10	SAO 189151 7,0 mag	Eintritt	20:57 58°	20:53 58°	20:58 61°	20:54 55°	20:54 53°	20:54 54°	20:52 52°	20:57 58°	20:57 62°	20:56 60°	20:54 58°	21:02 69°
11.10	SAO 189151 7,0 mag	Austritt	22:05 253°	22:05 251°	22:07 250°	22:03 255°	22:01 260°	22:02 258°	22:01 259°	22:05 252°	22:07 247°	22:06 250°	22:05 252°	22:11 240°
13.10	SAO 164948 7,0 mag	Eintritt	22:09 82°	22:02 83°	22:10 85°	22:03 79°	22:04 75°	22:04 76°	22:00 75°	22:08 82°	22:08 88°	22:07 84°	22:04 82°	22:17 97°
13.10	SAO 164948 7,0 mag	Austritt	23:09 210°	23:03 206°	23:08 206°	23:06 211°	23:07 217°	23:07 215°	23:05 216°	23:08 208°	23:06 202°	23:06 206°	23:05 207°	23:07 193°
13.10	SAO 164979 7,1 mag	Eintritt	23:33 70°	23:30 75°	23:34 74°	23:30 69°	23:29 63°	23:30 65°	23:28 65°	23:33 71°	23:34 78°	23:33 74°	23:31 73°	23:40 85°
14.10	SAO 164979 7,1 mag	Austritt	0:34 224°	0:32 215°	0:34 219°	0:32 223°	0:32 230°	0:32 228°	0:31 227°	0:33 222°	0:33 213°	0:33 218°	0:32 218°	0:34 207°
13.10	SAO 164962 7,9 mag	Eintritt	23:42 352°	23:34 3°	23:39 0°	23:40 352°	-	23:46 340°	23:45 339°	23:40 356°	23:35 8°	23:38 1°	23:37 360°	23:35 16°
14.10	SAO 164962 7,9 mag	Austritt	0:10 301°	0:15 287°	0:14 292°	0:09 300°	-	0:02 312°	0:01 312°	0:12 297°	0:18 284°	0:15 290°	0:13 291°	0:24 276°
14.10	SAO 146446 7,8 mag	Eintritt	17:48 46°	17:34 48°	17:45 47°	17:41 46°	17:47 44°	17:45 45°	17:41 45°	17:45 46°	17:39 48°	17:41 47°	17:38 47°	17:42 50°

Datum	Stern	Vorgang	Berlin	Bern	Dresden	Frankfurt	Hamburg	Hannover	Köln	Leipzig	München	Nürnberg	Stuttgart	Wien
14.10	SAO 146446 7,8 mag	Austritt	18:50 252°	18:36 252°	18:48 251°	18:42 254°	18:48 255°	18:46 255°	18:42 255°	18:47 252°	18:42 251°	18:43 252°	18:40 253°	18:47 247°
14.10	SAO 146541 7,7 mag	Eintritt	23:41 18°	23:33 23°	23:40 22°	23:37 17°	23:42 9°	23:40 12°	23:38 11°	23:40 19°	23:37 27°	23:38 23°	23:36 21°	23:40 34°
15.10	SAO 146541 7,7 mag	Austritt	0:33 271°	0:32 261°	0:35 265°	0:30 270°	0:27 279°	0:29 276°	0:27 275°	0:33 268°	0:36 259°	0:34 264°	0:32 265°	0:40 253°
15.10	SAO 146614 6,7 mag	Eintritt	-	3:05 131°	-	2:54 110°	2:48 95°	2:50 100°	2:51 104°	-	-	-	2:59 118°	-
15.10	SAO 146614 6,7 mag	Austritt	-	3:21 165°		3:29 187°	3:32 203°	3:32 198°	3:31 193°	-	-	-	3:27 179°	-
15.10	SAO 147016 7,2 mag	Eintritt	20:28 89°	20:14 87°	20:27 91°	20:19 85°	20:25 84°	20:23 84°	20:18 82°	20:25 89°	20:21 91°	20:21 89°	20:18 87°	20:29 99°
15.10	SAO 147016 7,2 mag	Austritt	21:22 198°	21:09 199°	21:19 195°	21:15 202°	21:22 204°	21:20 203°	21:16 205°	21:19 198°	21:13 194°	21:15 197°	21:13 199°	21:15 185°
16.10	SAO 128569 6,3 mag	Eintritt	0:09 37°	0:00 43°	0:09 41°	0:04 37°	0:08 30°	0:07 32°	0:03 32°	0:08 39°	0:05 46°	0:06 42°	0:03 41°	0:10 52°
16.10	SAO 128569 6,3 mag	Austritt	1:11 251°	1:07 241°	1:12 246°	1:08 249°	1:07 258°	1:08 254°	1:06 254°	1:11 248°	1:11 240°	1:10 244°	1:09 244°	1:15 235°
16.10	SAO 109563 6,9 mag	Eintritt	24:03 351°	23:48 360°	23:59 359°	23:57 350°	-	24:06 340°	24:03 338°	24:00 354°	23:51 5°	23:55 359°	23:53 357°	23:53 14°
17.10	SAO 109563 6,9 mag	Austritt	0:34 297°	0:30 285°	0:38 289°	0:28 296°	-	0:24 308°	0:20 309°	0:34 293°	0:38 281°	0:35 287°	0:32 289°	0:46 273°
17.10	SAO 109581 6,3 mag	Eintritt	0:17 122°	-	0:26 139°	0:09 121°	0:07 108°	0:08 112°	0:03 111°	0:18 127°	-	-	0:18 136°	-
17.10	SAO 109581 6,3 mag	Austritt	0:43 167°	-	0:32 149°	0:36 166°	0:46 181°	0:43 176°	0:39 176°	0:38 161°	-	-	0:26 150°	-
17.10	SAO 92693 7,6 mag	Eintritt	24:00 14°	23:44 20°	23:57 19°	23:52 13°	24:01 5°	23:58 8°	23:54 7°	23:57 16°	23:49 24°	23:52 19°	23:49 18°	23:53 31°
18.10	SAO 92693 7,6 mag	Austritt	0:50 279°	0:41 270°	0:51 274°	0:43 279°	0:43 289°	0:43 285°	0:39 285°	0:49 277°	0:49 268°	0:47 273°	0:44 273°	0:57 261°
18.10	SAO 93106 7,8 mag	Eintritt	20:36 114°	20:26 114°	20:35 117°	20:30 110°	20:35 108°	20:34 109°	20:30 107°	20:34 114°	20:30 118°	20:31 115°	20:29 113°	20:37 130°
18.10	SAO 93106 7,8 mag	Austritt	21:12 189°	21:00 190°	21:08 186°	21:07 193°	21:15 197°	21:12 195°	21:10 197°	21:09 189°	21:01 184°	21:05 188°	21:04 190°	20:58 172°
18.10	SAO 93140 6,6 mag	Eintritt	22:07 64°	21:54 64°	22:05 67°	22:00 62°	22:07 59°	22:05 60°	22:01 58°	22:05 65°	21:59 68°	22:01 66°	21:58 64°	22:03 75°

Datum	Stern	Vorgang	Berlin	Bern	Dresden	Frankfurt	Hamburg	Hannover	Köln	Leipzig	München	Nürnberg	Stuttgart	Wien
18.10	SAO 93140 6,6 mag	Austritt	23:11 237°	22:57 235°	23:09 234°	23:03 239°	23:10 243°	23:08 242°	23:03 243°	23:08 236°	23:02 231°	23:04 234°	23:01 236°	23:06 224°
19.10	SAO 93221 7,6 mag	Eintritt	2:39 113°	2:47 146°	2:43 121°	2:35 120°	2:32 106°	2:33 110°	2:30 114°	2:40 118°	2:51 141°	2:43 128°	2:41 130°	-
19.10	SAO 93221 7,6 mag	Austritt	3:26 200°	2:58 163°	3:23 192°	3:16 190°	3:25 206°	3:23 201°	3:17 196°	3:23 194°	3:08 170°	3:16 184°	3:11 181°	-
19.10	SAO 75708 7,8 mag	Eintritt	4:43 122°	-	4:48 130°	4:48 138°	4:37 117°	4:40 123°	4:43 132°	4:46 128°	-	4:54 144°	-	-
19.10	SAO 75708 7,8 mag	Austritt	5:24 202°	-	5:22 194°	5:14 184°	5:22 205°	5:20 199°	5:15 190°	5:21 195°	-	5:14 179°	-	-
19.10	SAO 75727 7,9 mag	Eintritt	5:56 37°	5:52 60°	5:56 43°	5:52 49°	5:54 35°	5:53 40°	5:51 46°	5:55 42°	5:55 54°	5:54 50°	5:53 53°	5:58 51°
19.10	SAO 75727 7,9 mag	Austritt	6:43 291°	6:52 268°	6:46 286°	6:47 279°	6:40 292°	6:43 288°	6:45 281°	6:45 286°	6:51 275°	6:49 279°	6:49 275°	6:51 279°
19.10	SAO 76088 7,3 mag	Eintritt	18:21 116°	-	18:19 117°	18:20 115°	18:23 113°	18:22 114°	18:21 114°	18:20 116°	18:17 119°	18:19 117°	-	18:16 123°
19.10	SAO 76088 7,3 mag	Austritt	18:55 205°	-	18:52 203°	18:54 206°	18:58 208°	18:57 208°	18:56 208°	18:53 205°	18:48 201°	18:51 203°	-	18:45 197°
19.10	SAO 76215 5,5 mag	Eintritt	20:35 91°	20:27 91°	20:33 93°	20:31 89°	20:37 87°	20:35 88°	20:33 87°	20:34 91°	20:29 94°	20:31 92°	20:30 91°	20:30 100°
19.10	SAO 76215 5,5 mag	Austritt	21:26 224°	21:16 224°	21:23 222°	21:22 226°	21:28 229°	21:26 228°	21:24 229°	21:24 224°	21:18 220°	21:20 223°	21:19 224°	21:17 214°
19.10	SAO 76244 6,1 mag	Eintritt	21:14 60°	21:04 60°	21:11 62°	21:09 57°	21:15 55°	21:13 56°	21:11 55°	21:12 60°	21:06 63°	21:08 61°	21:07 60°	21:07 68°
19.10	SAO 76244 6,1 mag	Austritt	22:11 254°	22:00 253°	22:09 252°	22:05 257°	22:11 260°	22:09 259°	22:06 260°	22:09 254°	22:03 250°	22:05 253°	22:03 254°	22:05 244°
19.10	26 Tau 6,6 mag	Eintritt	21:17 7°	21:07 8°	21:13 11°	21:14 2°	21:23 355°	21:20 358°	21:19 354°	21:14 8°	21:07 13°	21:10 9°	21:10 7°	21:04 21°
19.10	26 Tau 6,6 mag	Austritt	21:45 307°	21:35 306°	21:45 303°	21:38 312°	21:41 320°	21:40 316°	21:35 321°	21:43 306°	21:40 300°	21:41 304°	21:38 307°	21:45 291°
19.10	SAO 76251 6,7 mag	Eintritt	21:28 37°	21:18 37°	21:25 39°	21:24 34°	21:31 31°	21:28 32°	21:26 30°	21:26 37°	21:19 41°	21:22 38°	21:21 37°	21:19 47°
19.10	SAO 76251 6,7 mag	Austritt	22:19 277°	22:07 276°	22:17 274°	22:12 280°	22:17 284°	22:16 282°	22:12 284°	22:17 277°	22:12 272°	22:13 275°	22:11 277°	22:16 265°
19.10	SAO 76264 6,8 mag	Eintritt	21:54 31°	21:43 32°	21:51 34°	21:50 28°	21:57 24°	21:55 26°	21:52 24°	21:52 31°	21:45 36°	21:48 33°	21:47 31°	21:45 42°

Datum	Stern	Vorgang	Berlin	Bern	Dresden	Frankfurt	Hamburg	Hannover	Köln	Leipzig	München	Nürnberg	Stuttgart	Wien
19.10	SAO 76264 6,8 mag	Austritt	22:43 283°	22:31 281°	22:42 279°	22:36 285°	22:41 290°	22:39 288°	22:35 290°	22:41 282°	22:37 276°	22:38 280°	22:35 282°	22:41 269°
20.10	SAO 76350 6,4 mag	Eintritt	0:52 60°	0:37 67°	0:50 64°	0:43 60°	0:50 53°	0:48 56°	0:43 56°	0:49 62°	0:43 69°	0:45 65°	0:42 64°	0:50 75°
20.10	SAO 76350 6,4 mag	Austritt	2:02 258°	1:49 247°	2:01 254°	1:53 255°	1:57 264°	1:56 261°	1:52 259°	02:00 256°	1:56 247°	1:56 251°	1:53 251°	2:03 242°
20.10	SAO 76804 7,3 mag	Eintritt	21:23 70°	21:15 71°	21:21 72°	21:20 68°	21:25 65°	21:23 67°	21:22 65°	21:21 71°	21:16 74°	21:18 72°	21:18 71°	21:16 79°
20.10	SAO 76804 7,3 mag	Austritt	22:20 258°	22:10 256°	22:17 256°	22:15 260°	22:20 264°	22:18 262°	22:16 263°	22:17 258°	22:12 253°	22:14 256°	22:13 257°	22:13 248°
20.10	SAO 76841 7,5 mag	Eintritt	22:59 354°	22:43 4°	22:51 5°	-	-	-	-	22:54 358°	22:42 12°	22:48 4°	22:48 1°	22:39 22°
20.10	SAO 76841 7,5 mag	Austritt	23:10 333°	23:04 322°	23:14 322°	-	-	-	-	23:10 329°	23:11 315°	23:09 322°	23:06 326°	23:19 304°
21.10	SAO 76880 6,6 mag	Eintritt	0:29 48°	0:14 54°	0:26 52°	0:21 48°	0:30 40°	0:27 43°	0:22 43°	0:25 50°	0:18 57°	0:21 53°	0:18 52°	0:22 63°
21.10	SAO 76880 6,6 mag	Austritt	1:30 283°	1:18 273°	1:30 279°	1:22 281°	1:25 290°	1:25 287°	1:20 286°	1:28 281°	1:25 272°	1:25 276°	1:22 277°	1:32 267°
21.10	SAO 76941 6,5 mag	Eintritt	3:17 2°	2:47 34°	3:08 17°	2:59 18°	-	3:16 355°	3:02 10°	3:08 14°	2:55 32°	2:59 25°	2:54 27°	3:01 35°
21.10	SAO 76941 6,5 mag	Austritt	3:32 340°	3:41 304°	3:41 325°	3:36 321°	-	3:23 345°	3:28 329°	3:38 328°	3:47 308°	3:42 315°	3:41 313°	3:55 307°
21.10	SAO 76998 6,9 mag	Eintritt	5:26 85°	5:25 106°	5:28 90°	5:22 95°	5:21 83°	5:22 87°	5:19 93°	5:26 89°	5:28 100°	5:26 96°	5:24 99°	5:34 98°
21.10	SAO 76998 6,9 mag	Austritt	6:36 271°	6:34 249°	6:38 267°	6:34 260°	6:31 271°	6:32 267°	6:31 261°	6:36 266°	6:38 256°	6:37 260°	6:35 256°	6:43 260°
21.10	SAO 77621 7,8 mag	Eintritt	19:36 107°	-	19:35 109°	-	19:39 103°	19:38 104°	-	19:36 107°	-	19:35 108°	-	19:31 115°
21.10	SAO 77621 7,8 mag	Austritt	20:21 239°	-	20:18 237°	-	20:24 243°	20:23 242°	-	20:20 239°	-	20:18 238°	-	20:12 231°
21.10	SAO 77625 5,6 mag	Eintritt	19:46 44°	-	19:44 46°	19:47 42°	19:50 39°	19:49 40°	19:49 40°	19:45 44°	19:41 48°	19:44 45°	-	19:38 52°
21.10	SAO 77625 5,6 mag	Austritt	20:24 302°	-	20:23 300°	20:23 304°	20:25 307°	20:24 306°	20:24 307°	20:23 302°	20:21 298°	20:22 300°	-	20:20 293°
21.10	136 Tau 4,5 mag	Eintritt	20:41 154°	20:40 160°	20:42 162°	20:38 150°	20:40 144°	20:39 146°	20:38 145°	20:40 156°	-	20:41 160°	20:39 157°	-

Datum	Stern	Vorgang	Berlin	Bern	Dresden	Frankfurt	Hamburg	Hannover	Köln	Leipzig	München	Nürnberg	Stuttgart	Wien
21.10	136 Tau 4,5 mag	Austritt	20:57 191°	20:50 184°	20:51 182°	20:57 194°	21:04 201°	21:01 199°	21:01 201°	20:55 189°	-	20:51 184°	20:53 188°	-
21.10	SAO 77724 7,5 mag	Eintritt	21:26 138°	21:22 142°	21:26 143°	21:23 136°	21:26 131°	21:25 133°	21:23 132°	21:25 140°	21:24 148°	21:24 142°	21:23 140°	-
21.10	SAO 77724 7,5 mag	Austritt	21:56 206°	21:47 201°	21:51 201°	21:54 208°	22:01 214°	21:58 212°	21:57 213°	21:54 204°	21:45 196°	21:50 201°	21:50 203°	-
21.10	SAO 77818 7,0 mag	Eintritt	23:01 73°	22:51 76°	22:59 76°	22:57 72°	23:03 67°	23:01 69°	22:58 68°	22:59 74°	22:53 79°	22:56 76°	22:54 75°	22:55 85°
21.10	SAO 77818 7,0 mag	Austritt	24:02 271°	23:50 266°	24:00 268°	23:56 271°	24:01 277°	23:59 275°	23:56 275°	23:59 270°	23:54 263°	23:56 267°	23:54 268°	23:57 258°
22.10	SAO 78876 7,0 mag	Eintritt	21:03 103°	-	21:01 106°	21:03 102°	21:05 99°	21:04 100°	21:04 99°	21:02 104°	21:00 108°	21:01 105°	21:01 105°	20:58 113°
22.10	SAO 78876 7,0 mag	Austritt	21:53 256°	21:48 253°	21:51 253°	21:52 257°	21:56 261°	21:54 259°	21:54 260°	21:52 255°	21:48 250°	21:50 253°	21:50 254°	21:45 245°
22.10	SAO 78968 7,2 mag	Eintritt	23:07 141°	23:03 150°	23:07 147°	23:03 141°	23:05 133°	23:05 136°	23:03 136°	23:06 144°	23:06 155°	23:05 148°	23:04 147°	-
22.10	SAO 78968 7,2 mag	Austritt	23:43 218°	23:30 207°	23:38 211°	23:39 217°	23:47 226°	23:44 223°	23:42 223°	23:40 215°	23:30 203°	23:35 210°	23:34 211°	-
23.10	SAO 79170 6,4 mag	Eintritt	4:41 93°	4:32 113°	4:41 98°	4:33 102°	4:36 90°	4:35 94°	4:31 99°	4:39 97°	4:39 108°	4:37 104°	4:34 107°	4:47 107°
23.10	SAO 79170 6,4 mag	Austritt	5:59 290°	5:53 268°	6:01 286°	5:54 279°	5:53 291°	5:54 287°	5:50 281°	5:58 286°	5:59 275°	5:58 279°	5:55 275°	6:07 279°
24.10	Ome2 Cnc 6,2 mag	Eintritt	0:24 81°	0:16 90°	0:22 85°	0:20 83°	0:26 75°	0:24 78°	0:22 79°	0:22 83°	0:17 91°	0:19 87°	0:18 87°	0:18 95°
24.10	Ome2 Cnc 6,2 mag	Austritt	1:25 294°	1:16 283°	1:24 289°	1:20 291°	1:24 300°	1:23 297°	1:20 295°	1:24 291°	1:20 283°	1:21 287°	1:19 287°	1:23 279°
25.10	SAO 80552 7,5 mag	Eintritt	2:36 115°	2:29 131°	2:35 120°	2:31 121°	2:35 110°	2:33 114°	2:30 117°	2:34 118°	2:32 129°	2:32 124°	2:31 125°	2:37 131°
25.10	SAO 80552 7,5 mag	Austritt	3:47 280°	3:33 261°	3:46 275°	3:39 273°	3:45 284°	3:43 280°	3:39 276°	3:45 276°	3:39 265°	3:41 270°	3:38 268°	3:45 265°
25.10	SAO 80634 7,7 mag	Eintritt	-	-	-	-	-	-	7:19 108°	-	-	-	-	-
25.10	SAO 80634 7,7 mag	Austritt	-	-	-	-	-	-	3:37 311°	-	-	-	-	-
29.10	SAO 119147 6,5 mag	Eintritt	-	-	-	-	-	-	-	-	-	-	-	3:11 97°

Datum	Stern	Vorgang	Berlin	Bern	Dresden	Frankfurt	Hamburg	Hannover	Köln	Leipzig	München	Nürnberg	Stuttgart	Wien
29.10	SAO 119147 6,5 mag	Austritt	-	-	4:06 332°	-	-	-	-	-	-	-	-	4:07 321°
4.11	SAO 184901 7,9 mag	Eintritt	15:41 112°	-	15:43 113°	15:35 113°	15:35 111°	15:35 112°	15:32 112°	15:40 112°	15:42 115°	15:40 114°	15:37 114°	15:50 116°
4.11	SAO 184901 7,9 mag	Austritt	16:55 257°	-	16:57 255°	16:52 258°	16:50 260°	16:51 259°	16:49 259°	16:55 257°	16:57 254°	16:55 256°	16:54 256°	17:02 250°
4.11	SAO 184914 7,6 mag	Eintritt	15:58 90°	15:53 93°	16:00 91°	15:53 91°	15:52 89°	15:53 90°	15:49 90°	15:57 91°	15:59 93°	15:57 92°	15:54 92°	16:06 95°
4.11	SAO 184914 7,6 mag	Austritt	17:14 277°	17:14 275°	17:16 275°	17:12 278°	17:09 280°	17:10 279°	17:09 280°	17:15 276°	17:18 274°	17:16 275°	17:14 276°	17:23 270°
5.11	SAO 186041 7,1 mag	Eintritt	16:36 69°	16:29 71°	16:37 71°	16:30 69°	16:31 67°	16:31 67°	16:27 67°	16:35 70°	16:35 72°	16:34 70°	16:31 70°	16:42 75°
5.11	SAO 186041 7,1 mag	Austritt	17:49 281°	17:48 280°	17:51 279°	17:46 283°	17:43 285°	17:44 284°	17:42 285°	17:49 281°	17:52 278°	17:50 280°	17:48 281°	17:58 273°
5.11	SAO 186100 7,7 mag	Eintritt	-	17:36 90°	-	17:34 88°	-	-	17:31 85°	-	17:40 92°	17:38 90°	17:36 89°	-
5.11	SAO 186100 7,7 mag	Austritt	-	18:51 255°	-	18:48 259°	-	-	18:46 262°	-	18:53 253°	18:51 255°	18:50 256°	-
5.11	SAO 186109 7,5 mag	Eintritt	-	17:51 127°	-	-	-	-	-	-	-	-	17:51 126°	-
5.11	SAO 186109 7,5 mag	Austritt	-	18:45 218°	-	-	-	-	-	-	-	-	18:45 219°	-
6.11	SAO 187535 7,8 mag	Eintritt	17:40 40°	17:34 40°	17:40 42°	17:36 37°	17:37 35°	17:37 36°	17:34 34°	17:39 40°	17:38 43°	17:38 41°	17:36 40°	17:43 49°
6.11	SAO 187535 7,8 mag	Austritt	18:39 293°	18:38 291°	18:42 290°	18:35 295°	18:32 299°	18:33 298°	18:31 299°	18:39 292°	18:43 288°	18:40 291°	18:38 292°	18:50 281°
7.11	SAO 188677 7,8 mag	Eintritt	15:21 110°	-	15:21 111°	-	-	-	-	15:19 111°	-	-	-	15:24 114°
7.11	SAO 188677 7,8 mag	Austritt	16:25 220°	-	16:24 218°	-	-	-	-	16:23 219°	-	-	-	16:26 214°
7.11	SAO 188688 7,5 mag	Eintritt	15:49 64°	15:34 67°	15:48 65°	15:40 65°	15:45 63°	15:43 64°	15:38 64°	15:46 65°	15:42 67°	15:43 66°	15:39 66°	15:50 68°
7.11	SAO 188688 7,5 mag	Austritt	17:06 262°	16:55 262°	17:06 261°	16:58 264°	17:00 266°	17:00 265°	16:55 266°	17:04 262°	17:03 260°	17:02 262°	16:58 263°	17:11 256°
7.11	SAO 188724 7,6 mag	Eintritt	16:51 56°	16:39 57°	16:51 58°	16:43 55°	16:47 53°	16:46 54°	16:41 53°	16:49 56°	16:46 58°	16:46 57°	16:43 56°	16:54 62°

Datum	Stern	Vorgang	Berlin	Bern	Dresden	Frankfurt	Hamburg	Hannover	Köln	Leipzig	München	Nürnberg	Stuttgart	Wien
7.11	SAO 188724 7,6 mag	Austritt	18:05 265°	17:58 265°	18:06 263°	17:59 268°	17:59 270°	18:00 269°	17:56 270°	18:04 265°	18:04 262°	18:03 264°	18:00 266°	18:12 257°
7.11	60 Sgr 5,0 mag	Eintritt	18:50 32°	18:45 32°	18:50 35°	18:47 29°	18:48 25°	18:48 27°	13:46 25°	18:49 32°	18:48 36°	18:48 33°	18:47 32°	18:52 43°
7.11	60 Sgr 5,0 mag	Austritt	19:47 284°	19:46 282°	19:50 280°	19:44 287°	19:40 292°	19:42 290°	13:40 291°	19:47 283°	19:51 277°	19:48 281°	19:47 283°	19:57 270°
7.11	SAO 188817 7,4 mag	Eintritt	-	19:36 78°	19:39 79°	19:35 74°	-	19:34 72°	19:32 70°	19:38 77°	19:40 81°	19:38 78°	19:36 77°	19:45 88°
7.11	SAO 188817 7,4 mag	Austritt	-	20:45 235°	20:45 235°	20:43 240°	-	20:42 243°	20:42 244°	20:44 238°	20:46 232°	20:45 235°	20:44 237°	20:47 225°
9.11	SAO 164637 7,5 mag	Eintritt	16:57 23°	16:42 23°	16:55 24°	16:49 20°	16:55 19°	16:53 19°	16:49 18°	16:54 23°	16:48 25°	16:50 23°	16:47 22°	16:53 29°
9.11	SAO 164637 7,5 mag	Austritt	17:54 279°	17:41 280°	17:54 277°	17:45 282°	17:49 284°	17:48 283°	17:42 285°	17:52 279°	17:49 276°	17:49 279°	17:45 280°	17:59 270°
9.11	SAO 164657 7,5 mag	Eintritt	17:25 122°	17:11 121°	17:26 125°	17:15 118°	17:19 116°	17:18 117°	17:12 115°	17:23 122°	17:21 126°	17:20 123°	17:15 121°	-
9.11	SAO 164657 7,5 mag	Austritt	18:00 178°	17:48 180°	17:57 174°	17:55 183°	18:00 186°	17:59 185°	17:55 187°	17:58 178°	17:51 173°	17:54 177°	17:52 180°	-
10.11	SAO 165285 6,7 mag	Eintritt	21:04 86°	20:57 89°	21:05 90°	20:58 84°	20:59 79°	20:59 81°	20:55 79°	21:03 87°	21:04 94°	21:02 90°	21:00 88°	21:14 105°
10.11	SAO 165285 6,7 mag	Austritt	22:01 202°	21:54 196°	22:00 197°	21:57 203°	22:00 210°	21:59 207°	21:57 208°	22:00 200°	21:56 192°	21:58 197°	21:56 198°	21:56 182°
10.11	70 Aqr 6,1 mag	Eintritt	22:38 48°	22:34 55°	22:38 52°	22:35 48°	22:36 41°	22:36 44°	22:34 44°	22:37 50°	22:38 57°	22:37 53°	22:36 53°	22:41 63°
10.11	70 Aqr 6,1 mag	Austritt	23:39 245°	23:39 234°	23:40 240°	23:38 242°	23:36 251°	23:37 248°	23:37 246°	23:39 242°	23:41 233°	23:40 237°	23:39 237°	23:42 229°
12.11	SAO 146877 7,2 mag	Eintritt	1:01 65°	1:04 81°	1:03 71°	1:01 71°	0:59 60°	01:00 64°	01:00 67°	1:02 69°	1:05 79°	1:03 74°	1:03 76°	1:07 82°
12.11	SAO 146877 7,2 mag	Austritt	1:58 233°	1:58 215°	1:58 227°	1:58 226°	1:57 237°	1:57 233°	1:58 229°	1:58 229°	1:58 218°	1:58 223°	1:58 221°	1:58 217°
12.11	SAO 109182 7,8 mag	Eintritt	17:29 87°	17:16 86°	17:27 88°	17:21 85°	17:28 83°	17:26 84°	17:22 33°	17:26 87°	17:21 89°	17:22 87°	17:20 86°	17:25 94°
12.11	SAO 109182 7,8 mag	Austritt	18:23 204°	18:09 206°	18:20 202°	18:16 207°	18:23 209°	18:21 208°	18:17 210°	18:20 204°	18:13 202°	18:16 204°	18:14 206°	18:15 196°
12.11	44 Psc 6,0 mag	Eintritt	18:15 52°	18:01 51°	18:13 54°	18:08 49°	18:14 48°	18:12 49°	18:08 47°	18:12 52°	18:06 54°	18:08 52°	18:06 51°	18:10 59°

Datum	Stern	Vorgang	Berlin	Bern	Dresden	Frankfurt	Hamburg	Hannover	Köln	Leipzig	München	Nürnberg	Stuttgart	Wien
12.11	44 Psc 6,0 mag	Austritt	19:20 236°	19:06 237°	19:18 234°	19:12 239°	19:18 241°	19:16 240°	19:12 242°	19:18 236°	19:12 233°	19:14 235°	19:11 237°	19:17 227°
12.11	SAO 109278 7,6 mag	Eintritt	23:26 88°	23:24 100°	23:29 93°	23:22 90°	23:21 80°	23:22 84°	23:19 85°	23:26 91°	23:30 102°	23:27 96°	23:25 95°	23:38 110°
13.11	SAO 109278 7,6 mag	Austritt	0:21 204°	0:11 188°	0:20 198°	0:17 200°	0:20 211°	0:19 207°	0:17 205°	0:20 200°	0:15 188°	0:17 194°	0:15 194°	0:16 181°
13.11	SAO 92434 7,2 mag	Eintritt	22:52 14°	22:37 22°	22:49 19°	22:44 14°	22:53 4°	22:50 8°	22:45 8°	22:49 16°	22:42 25°	22:44 20°	22:42 19°	22:47 32°
13.11	SAO 92434 7,2 mag	Austritt	23:42 279°	23:37 267°	23:44 273°	23:37 276°	23:35 288°	23:36 284°	23:33 282°	23:42 276°	23:43 265°	23:41 270°	23:39 271°	23:50 260°
14.11	SAO 92485 7,6 mag	Eintritt	1:38 87°	1:42 107°	1:41 92°	1:37 94°	1:34 82°	1:35 86°	1:34 90°	1:39 91°	1:44 104°	1:41 98°	1:40 100°	1:48 106°
14.11	SAO 92485 7,6 mag	Austritt	2:34 218°	2:27 196°	2:34 213°	2:31 209°	2:33 222°	2:32 218°	2:30 213°	2:33 214°	2:31 200°	2:32 206°	2:30 204°	2:33 200°
14.11	19 Ari 6,0 mag	Eintritt	17:32 49°	17:23 49°	17:30 50°	17:28 47°	17:34 46°	17:32 46°	17:30 45°	17:30 49°	17:25 51°	17:27 49°	17:26 49°	17:25 55°
14.11	19 Ari 6,0 mag	Austritt	18:27 252°	18:16 253°	18:24 251°	18:21 255°	18:27 256°	18:25 256°	18:22 257°	18:24 252°	18:19 250°	18:21 252°	18:19 253°	18:21 245°
14.11	SAO 92901 7,7 mag	Eintritt	-	-	-	21:59 143°	21:54 123°	21:55 128°	21:49 126°	-	-	-	-	-
14.11	SAO 92901 7,7 mag	Austritt	-	-	-	22:05 152°	22:23 174°	22:18 169°	22:14 170°	-	-	-	-	-
14.11	SAO 92905 6,8 mag	Eintritt	22:54 3°	22:36 13°	22:50 10°	22:46 3°	22:59 348°	22:54 355°	22:49 355°	22:50 6°	22:41 17°	22:45 11°	22:42 10°	22:45 24°
14.11	SAO 92905 6,8 mag	Austritt	23:32 297°	23:27 283°	23:35 289°	23:26 294°	23:21 311°	23:24 304°	23:20 302°	23:32 293°	23:34 281°	23:32 287°	23:29 287°	23:43 274°
15.11	27 Ari 6,4 mag	Eintritt	2:58 42°	2:54 62°	2:59 48°	2:55 51°	2:56 39°	2:56 43°	2:53 48°	2:58 47°	2:57 58°	2:57 54°	2:55 56°	3:01 57°
15.11	27 Ari 6,4 mag	Austritt	3:52 276°	3:57 255°	3:55 271°	3:54 266°	3:49 279°	3:51 275°	3:52 269°	3:54 272°	3:58 261°	3:56 265°	3:56 262°	04:00 263°
15.11	SAO 93009 7,9 mag	Eintritt	4:50 42°	4:50 64°	4:50 47°	4:49 53°	4:48 41°	4:48 45°	4:48 52°	4:50 47°	4:51 58°	4:50 54°	4:50 57°	4:52 54°
15.11	SAO 93009 7,9 mag	Austritt	5:36 283°	5:45 261°	5:39 278°	5:41 271°	5:35 283°	5:37 279°	5:40 273°	5:38 278°	5:43 268°	5:41 271°	5:43 268°	5:42 272°
15.11	SAO 75755 6,7 mag	Eintritt	16:52 359°	16:45 2°	16:48 2°	16:51 357°	16:58 351°	16:55 353°	16:55 351°	16:50 360°	16:44 4°	16:47 1°	16:48 0°	16:41 10°

Datum	Stern	Vorgang	Berlin	Bern	Dresden	Frankfurt	Hamburg	Hannover	Köln	Leipzig	München	Nürnberg	Stuttgart	Wien
15.11	SAO 75755 6,7 mag	Austritt	17:10 315°	17:05 313°	17:09 312°	17:07 318°	17:09 324°	17:09 321°	17:06 324°	17:09 314°	17:07 310°	17:07 313°	17:06 314°	17:08 303°
15.11	Zet Ari 5,0 mag	Eintritt	18:38 70°	18:29 70°	18:35 71°	18:34 68°	18:39 66°	18:37 66°	18:35 65°	18:36 70°	18:30 72°	18:33 70°	18:31 69°	18:31 77°
15.11	Zet Ari 5,0 mag	Austritt	19:34 239°	19:23 239°	19:31 237°	19:28 242°	19:35 244°	19:33 243°	19:29 245°	19:31 239°	19:25 236°	19:28 238°	19:26 240°	19:27 230°
15.11	SAO 75917 6,9 mag	Eintritt	23:15 90°	23:04 99°	23:16 95°	23:07 91°	23:11 83°	23:10 86°	23:05 87°	23:14 92°	23:12 101°	23:11 96°	23:08 96°	23:21 109°
16.11	SAO 75917 6,9 mag	Austritt	0:20 222°	0:03 209°	0:18 217°	0:11 219°	0:18 229°	0:16 225°	0:10 223°	0:17 219°	0:10 208°	0:12 214°	0:09 214°	0:15 203°
16.11	66 Ari 6,1 mag	Eintritt	1:59 354°	1:33 27°	1:51 9°	1:43 12°	-	1:55 352°	:45 4°	1:51 6°	1:41 25°	1:43 17°	1:40 20°	1:46 26°
16.11	66 Ari 6,1 mag	Austritt	2:14 329°	2:27 293°	2:23 315°	2:20 310°	-	2:09 330°	2:14 316°	2:20 317°	2:29 298°	2:25 305°	2:25 302°	2:35 298°
16.11	9 Tau 6,7 mag	Eintritt	5:27 36°	5:25 60°	5:27 41°	5:25 49°	5:25 36°	5:25 40°	5:23 48°	5:27 41°	5:27 53°	5:26 49°	5:25 53°	5:29 48°
16.11	9 Tau 6,7 mag	Austritt	6:08 302°	6:19 279°	6:11 298°	6:14 289°	6:06 302°	6:09 298°	6:12 290°	6:11 297°	6:17 286°	6:15 290°	6:16 286°	6:16 292°
16.11	Chi Tau 5,4 mag	Eintritt	20:51 50°	20:40 52°	20:49 53°	20:46 48°	20:53 44°	20:51 46°	20:48 44°	20:49 51°	20:42 55°	20:45 53°	20:43 51°	20:44 62°
16.11	Chi Tau 5,4 mag	Austritt	21:50 271°	21:37 267°	21:48 267°	21:42 272°	21:48 277°	21:46 275°	21:42 276°	21:47 269°	21:42 264°	21:44 267°	21:41 268°	21:47 257°
16.11	SAO 76599 7,7 mag	Eintritt	21:56 68°	21:43 72°	21:54 72°	21:49 67°	21:56 62°	21:54 64°	21:49 63°	21:53 69°	21:48 75°	21:49 72°	21:47 71°	21:52 81°
16.11	SAO 76599 7,7 mag	Austritt	23:03 254°	22:48 247°	23:01 250°	22:54 253°	23:00 260°	22:58 258°	22:54 257°	23:00 252°	22:54 245°	22:56 249°	22:53 249°	23:00 239°
17.11	SAO 77177 7,9 mag	Eintritt	20:41 75°	20:32 77°	20:38 78°	20:36 73°	20:42 69°	20:40 71°	20:38 70°	20:39 76°	20:34 80°	20:35 77°	20:34 76°	20:35 86°
17.11	SAO 77177 7,9 mag	Austritt	21:40 262°	21:29 257°	21:38 258°	21:34 262°	21:40 267°	21:38 265°	21:34 266°	21:37 260°	21:32 255°	21:34 258°	21:32 259°	21:34 249°
17.11	SAO 77224 7,4 mag	Eintritt	22:30 84°	22:18 90°	22:28 87°	22:23 84°	22:29 78°	22:27 80°	22:23 80°	22:27 85°	22:23 92°	22:24 88°	22:21 88°	22:27 98°
17.11	SAO 77224 7,4 mag	Austritt	23:37 256°	23:22 246°	23:35 251°	23:29 253°	23:35 261°	23:33 259°	23:28 257°	23:34 253°	23:28 245°	23:30 249°	23:27 249°	23:33 240°
18.11	SAO 77295 6,5 mag	Eintritt	-	-	-	-	0:54 152°	1:03 170°	-	-	-	-	-	-

Datum	Stern	Vorgang	Berlin	Bern	Dresden	Frankfurt	Hamburg	Hannover	Köln	Leipzig	München	Nürnberg	Stuttgart	Wien
18.11	SAO 77295 6,5 mag	Austritt	-	-	-	-	1:20 194°	1:08 177°	-	-	-	-	-	-
18.11	SAO 77478 7,8 mag	Eintritt	5:05 152°	-	5:11 159°	-	5:00 151°	5:05 159°	-	5:10 161°	-	-	-	5:29 181°
18.11	SAO 77478 7,8 mag	Austritt	5:40 216°	-	5:39 209°	-	5:36 216°	5:34 209°	-	5:37 208°	-	-	-	5:34 190°
18.11	SAO 77621 7,8 mag	Eintritt	7:38 129°	-	-	7:45 142°	7:37 131°	7:39 134°	7:44 142°	7:41 133°	-	-	7:48 145°	-
18.11	SAO 77621 7,8 mag	Austritt	8:24 242°	-	-	8:25 231°	8:22 240°	8:23 238°	8:23 230°	8:25 239°	-	-	8:25 228°	-
18.11	SAO 77625 5,6 mag	Eintritt	7:38 66°	7:42 85°	7:40 68°	7:39 76°	7:36 67°	7:37 70°	7:37 77°	7:39 69°	-	7:41 75°	7:41 79°	-
18.11	SAO 77625 5,6 mag	Austritt	8:26 306°	8:37 289°	8:28 304°	8:32 296°	8:25 304°	8:27 302°	8:31 296°	8:28 303°	-	8:32 298°	8:34 294°	-
18.11	SAO 78299 7,9 mag	Eintritt	17:57 65°	-	17:56 67°	-	18:01 61°	-	-	-	-	-	-	-
18.11	SAO 78299 7,9 mag	Austritt	18:42 289°	-	18:40 287°	-	18:44 294°	-	-	-	-	-	-	-
18.11	SAO 78410 7,7 mag	Eintritt	19:47 102°	19:43 105°	19:45 105°	19:46 101°	19:49 97°	19:48 99°	19:47 98°	19:46 103°	19:43 107°	19:44 105°	19:44 104°	19:42 113°
18.11	SAO 78410 7,7 mag	Austritt	20:38 250°	20:31 246°	20:36 247°	20:36 251°	20:41 255°	20:39 254°	20:38 254°	20:37 249°	20:32 244°	20:34 247°	20:33 248°	20:30 238°
18.11	SAO 78480 7,5 mag	Eintritt	21:30 76°	21:21 81°	21:27 80°	21:26 76°	21:32 71°	21:30 73°	21:27 72°	21:28 78°	21:23 83°	21:25 80°	21:24 79°	21:24 89°
18.11	SAO 78480 7,5 mag	Austritt	22:29 277°	22:19 270°	22:28 273°	22:24 276°	22:29 283°	22:27 280°	22:24 280°	22:27 275°	22:22 268°	22:24 272°	22:22 272°	22:25 263°
18.11	SAO 78483 7,6 mag	Eintritt	-	-	-	-	-	-	-	-	21:51 4°	-	-	21:43 22°
18.11	SAO 78483 7,6 mag	Austritt	-	-	-	-	-	-	-	-	22:00 347°	-	-	22:11 329°
18.11	SAO 78496 7,8 mag	Eintritt	21:55 41°	21:43 48°	21:52 46°	21:51 41°	22:00 32°	21:56 35°	21:54 35°	21:53 43°	21:45 51°	21:48 46°	21:47 45°	21:45 57°
18.11	SAO 78496 7,8 mag	Austritt	22:38 313°	22:31 303°	22:38 307°	22:33 311°	22:34 322°	22:34 318°	22:31 317°	22:37 310°	22:35 301°	22:35 306°	22:33 306°	22:40 295°
18.11	49Aur 5,0 mag	Eintritt	22:37 34°	22:22 44°	22:32 40°	22:31 35°	22:42 22°	22:38 28°	22:34 29°	22:33 37°	22:24 46°	22:28 41°	22:27 41°	22:25 53°

Datum	Stern	Vorgang	Berlin	Bern	Dresden	Frankfurt	Hamburg	Hannover	Köln	Leipzig	München	Nürnberg	Stuttgart	Wien
18.11	49Aur 5,0 mag	Austritt	23:15 321°	23:09 308°	23:17 314°	23:10 318°	23:09 332°	23:10 326°	23:07 325°	23:15 317°	23:14 306°	23:13 312°	23:11 312°	23:20 300°
18.11	SAO 78580 7,4 mag	Eintritt	24:03 95°	23:52 106°	24:02 100°	23:56 98°	24:01 89°	24:00 93°	23:55 94°	24:01 98°	23:58 107°	23:58 102°	23:55 103°	24:04 111°
19.11	SAO 78580 7,4 mag	Austritt	1:15 266°	1:00 251°	1:14 261°	1:07 260°	1:12 271°	1:10 267°	1:05 264°	1:13 262°	1:07 252°	1:09 257°	1:05 256°	1:14 250°
19.11	SAO 78710 6,8 mag	Eintritt	3:30 105°	3:28 127°	3:32 110°	3:25 115°	3:24 103°	3:25 107°	3:22 113°	3:29 109°	3:32 121°	3:29 116°	3:27 120°	3:39 118°
19.11	SAO 78710 6,8 mag	Austritt	4:44 274°	4:37 251°	4:46 270°	4:39 263°	4:39 275°	4:39 271°	4:36 264°	4:43 270°	4:44 259°	4:43 263°	4:40 259°	4:52 264°
19.11	SAO 79405 7,3 mag	Eintritt	19:17 84°	-	19:15 86°	-	19:20 79°	19:19 81°	-	19:16 85°	-	-	-	19:11 93°
19.11	SAO 79405 7,3 mag	Austritt	20:06 283°	-	20:05 280°	-	20:09 288°	20:07 286°	-	20:06 282°	-	-	-	20:01 272°
19.11	SAO 79495 7,8 mag	Eintritt	21:12 94°	21:07 99°	21:10 98°	21:10 94°	21:14 89°	21:13 91°	21:12 91°	21:11 96°	21:07 101°	21:09 98°	21:08 98°	21:07 107°
19.11	SAO 79495 7,8 mag	Austritt	22:09 273°	22:01 266°	22:07 269°	22:06 272°	22:10 279°	22:09 276°	22:07 276°	22:08 271°	22:03 264°	22:05 268°	22:04 269°	22:03 259°
20.11	76 Gem 5,4 mag	Eintritt	2:21 108°	2:14 128°	2:22 113°	2:15 116°	2:17 105°	2:16 109°	2:12 113°	2:20 112°	2:20 124°	2:18 119°	2:16 121°	2:27 123°
20.11	76 Gem 5,4 mag	Austritt	3:38 280°	3:26 258°	3:39 275°	3:31 270°	3:33 282°	3:33 278°	3:28 272°	3:37 275°	3:35 264°	3:34 268°	3:31 265°	3:44 268°
20.11	SAO 80195 7,9 mag	Eintritt	20:22 93°	-	-	-	20:25 88°	-	-	-	-	-	-	-
20.11	SAO 80195 7,9 mag	Austritt	21:13 286°	-	21:12 283°	-	21:15 292°	-	-	21:13 285°	-	-	-	21:08 274°
21.11	SAO 98523 7,7 mag	Austritt	22:23 257°	-	-	-	-	-	-	-	-	-	-	-
22.11	SAO 98684 7,7 mag	Eintritt	6:51 92°	6:47 114°	6:53 95°	6:45 105°	6:45 95°	6:45 98°	6:42 105°	6:50 96°	6:52 105°	6:50 103°	6:48 107°	07:00 97°
22.11	SAO 98684 7,7 mag	Austritt	7:55 333°	8:04 314°	7:59 331°	7:58 321°	7:51 330°	7:54 327°	7:55 320°	7:57 329°	8:04 322°	8:01 324°	8:01 320°	8:07 330°
24.11	SAO 118636 7,6 mag	Eintritt	2:54 113°	2:48 134°	2:53 118°	2:49 123°	2:53 111°	2:52 115°	2:49 120°	2:52 118°	2:50 129°	2:51 124°	2:49 127°	2:54 127°
24.11	SAO 118636 7,6 mag	Austritt	4:05 310°	3:57 287°	4:05 305°	4:00 299°	4:02 311°	4:02 307°	3:59 300°	4:04 305°	4:02 294°	4:02 298°	4:00 295°	4:08 298°

Datum	Stern	Vorgang	Berlin	Bern	Dresden	Frankfurt	Hamburg	Hannover	Köln	Leipzig	München	Nürnberg	Stuttgart	Wien
24.11	Chi Leo 4,7 mag	Eintritt	3:52 123°	3:48 146°	3:52 127°	3:48 134°	3:49 122°	3:49 126°	3:46 132°	3:51 127°	3:51 139°	3:50 135°	3:48 138°	3:55 135°
24.11	Chi Leo 4,7 mag	Austritt	5:07 305°	4:58 281°	5:08 301°	5:02 293°	5:04 305°	5:03 301°	05:00 294°	5:06 300°	5:05 290°	5:05 293°	5:02 289°	5:12 296°
25.11	SAO 119003 7,0 mag	Austritt	-	-	-	-	-	-	-	-	-	-	-	1:42 266°
26.11	SAO 138824 7,1 mag	Eintritt	4:54 86°	4:42 111°	4:52 91°	4:46 99°	4:53 85°	4:50 90°	4:46 98°	4:51 91°	4:46 103°	4:47 99°	4:45 104°	4:51 98°
26.11	SAO 138824 7,1 mag	Austritt	5:49 347°	5:51 321°	5:51 342°	5:50 332°	5:47 346°	5:48 341°	5:48 333°	5:50 341°	5:53 330°	5:52 333°	5:51 329°	5:56 337°
27.11	56 Vir 7,2 mag	Eintritt	7:01 198°	-	7:10 212°	-	7:04 207°	-	-	-	-	-	-	-
27.11	56 Vir 7,2 mag	Austritt	7:26 236°	-	7:18 224°	-	7:16 227°	-	-	-	-	-	-	-
27.11	SAO 157837 7,2 mag	Eintritt	-	-	-	8:09 132°	8:10 123°	8:10 126°	8:07 132°	-	-	-	-	-
27.11	SAO 157837 7,2 mag	Austritt	-	-	-	9:29 304°	9:28 311°	9:29 309°	9:26 303°	-	-	-	-	-
3.12	SAO 187128 7,9 mag	Eintritt	-	15:55 47°	16:00 49°	15:56 45°	-	15:56 43°	15:54 42°	15:59 47°	15:59 50°	15:58 48°	15:57 47°	16:04 56°
3.12	SAO 187128 7,9 mag	Austritt	-	17:01 288°	17:03 286°	16:58 292°	-	16:56 294°	16:54 295°	17:01 289°	17:05 284°	17:03 287°	17:01 289°	17:11 278°
5.12	SAO 189549 6,3 mag	Eintritt	18:07 149°	-	-	17:56 136°	17:50 127°	17:52 130°	17:48 127°	-	-	-	-	-
5.12	SAO 189549 6,3 mag	Austritt	18:12 157°	-	-	18:16 169°	18:22 180°	18:20 177°	18:20 179°	-	-	-	-	-
5.12	SAO 189586 7,6 mag	Eintritt	-	19:00 37°	-	19:00 31°	-	19:01 27°	19:00 26°	19:01 34°	19:01 40°	19:01 36°	19:00 35°	19:03 47°
5.12	SAO 189586 7,6 mag	Austritt	-	20:00 267°	-	19:56 274°	-	19:53 280°	19:53 280°	19:57 273°	20:01 265°	19:59 269°	19:59 270°	20:04 258°
6.12	SAO 164433 6,5 mag	Eintritt	-	-	-	-	-	-	-	-	-	-	-	15:49 346°
6.12	SAO 164433 6,5 mag	Austritt	-	-	-	-	-	-	-	-	-	-	-	16:10 313°
6.12	SAO 164449 7,3 mag	Eintritt	15:56 51°	15:43 50°	15:56 53°	15:48 49°	15:53 47°	15:52 48°	15:47 46°	15:54 51°	15:50 53°	15:51 51°	15:48 50°	15:57 58°

Datum	Stern	Vorgang	Berlin	Bern	Dresden	Frankfurt	Hamburg	Hannover	Kölr	Leipzig	München	Nürnberg	Stuttgart	Wien
6.12	SAO 164449 7,3 mag	Austritt	17:10 249°	17:00 250°	17:10 247°	17:03 252°	17:05 254°	17:05 253°	17:00 255°	17:08 249°	17:07 246°	17:06 248°	17:03 250°	17:13 239°
6.12	SAO 164516 7,5 mag	Eintritt	19:19 114°	19:20 122°	19:23 122°	19:15 112°	19:11 104°	19:12 107°	19:10 105°	19:20 117°	19:29 132°	19:22 122°	19:19 119°	-
6.12	SAO 164516 7,5 mag	Austritt	19:55 183°	19:49 171°	19:53 175°	19:54 183°	19:57 193°	19:57 190°	19:56 190°	19:54 180°	19:46 163°	19:51 174°	19:51 176°	-
6.12	SAO 164508 7,6 mag	Eintritt	19:18 22°	19:14 26°	19:18 26°	19:16 20°	19:19 13°	19:18 16°	19:16 15°	19:18 23°	19:16 30°	19:16 26°	19:15 25°	19:18 38°
6.12	SAO 164508 7,6 mag	Austritt	20:10 276°	20:12 268°	20:13 271°	20:09 275°	20:05 284°	20:07 281°	20:06 28·°	20:11 274°	20:15 265°	20:13 270°	20:12 271°	20:19 258°
6.12	SAO 164524 7,0 mag	Eintritt	19:33 60°	19:31 64°	19:34 64°	19:31 59°	19:31 53°	19:31 55°	19:29 55°	19:33 61°	19:35 68°	19:33 64°	19:32 63°	19:39 74°
6.12	SAO 164524 7,0 mag	Austritt	20:37 238°	20:37 230°	20:38 234°	20:37 237°	20:35 245°	20:36 242°	20 35 242°	20:38 236°	20:39 228°	20:38 233°	20:38 233°	20:40 223°
7.12	50 Aqr 5,9 mag	Eintritt	16:28 46°	16:14 45°	16:26 48°	16:20 43°	16:25 42°	16:24 42°	16:19 41°	16:25 46°	16:21 48°	16:22 46°	16:19 45°	16:27 54°
7.12	50 Aqr 5,9 mag	Austritt	17:39 246°	17:28 246°	17:39 243°	17:32 249°	17:35 251°	17:34 250°	17:30 252°	17:38 245°	17:35 242°	17:35 245°	17:32 246°	17:42 235°
7.12	SAO 165123 6,2 mag	Eintritt	19:59 114°	20:02 127°	20:04 123°	19:55 113°	19:51 103°	19:52 106°	19:49 105°	20:00 117°	-	20:03 124°	20:00 121°	-
7.12	SAO 165123 6,2 mag	Austritt	20:33 177°	20:21 160°	20:29 167°	20:30 176°	20:35 188°	20:34 184°	20:32 134°	20:31 173°	-	20:26 165°	20:26 167°	-
8.12	SAO 146614 6,7 mag	Eintritt	17:31 96°	17:17 95°	17:31 100°	17:21 92°	17:25 90°	17:24 91°	17:19 88°	17:29 96°	17:26 101°	17:25 97°	17:21 95°	17:38 112°
8.12	SAO 146614 6,7 mag	Austritt	18:23 189°	18:11 190°	18:20 186°	18:17 193°	18:23 197°	18:21 196°	18:17 198°	18:20 189°	18:14 183°	18:17 187°	18:15 190°	18:14 171°
8.12	SAO 146658 7,7 mag	Eintritt	20:28 65°	20:22 71°	20:29 69°	20:23 64°	20:24 58°	20:24 60°	20:21 60°	20:27 66°	20:27 74°	20:26 69°	20:24 68°	20:34 81°
8.12	SAO 146658 7,7 mag	Austritt	21:33 224°	21:28 214°	21:33 219°	21:30 222°	21:31 231°	21:31 228°	21:29 227°	21:32 222°	21:31 213°	21:31 217°	21:30 218°	21:33 207°
8.12	SAO 146652 6,3 mag	Eintritt	21:01 334°	20:45 355°	20:53 349°	20:55 338°	-	-	-	20:56 343°	20:46 359°	20:50 351°	20:49 350°	20:46 8°
8.12	SAO 146652 6,3 mag	Austritt	21:12 315°	21:21 290°	21:21 300°	21:12 308°	-	-	-	21:17 306°	21:26 288°	21:21 296°	21:19 296°	21:32 280°
9.12	SAO 128569 6,3 mag	Eintritt	16:24 39°	16:10 38°	16:21 41°	16:16 37°	16:23 35°	16:21 36°	16:17 34°	16:21 39°	16:15 41°	16:17 40°	16:14 38°	16:19 47°

Datum	Stern	Vorgang	Berlin	Bern	Dresden	Frankfurt	Hamburg	Hannover	Köln	Leipzig	München	Nürnberg	Stuttgart	Wien
9.12	SAO 128569 6,3 mag	Austritt	17:30 248°	17:15 249°	17:28 246°	17:21 251°	17:27 253°	17:25 253°	17:20 255°	17:27 248°	17:22 245°	17:23 247°	17:20 249°	17:28 239°
9.12	SAO 109078 6,9 mag	Eintritt	-	22:35 359°	22:51 335°	22:51 330°	-	-	-	-	22:39 358°	22:43 348°	22:41 350°	22:39 4°
9.12	SAO 109078 6,9 mag	Austritt	-	23:11 293°	23:00 320°	22:55 323°	-	-	-	-	23:12 295°	23:06 305°	23:07 303°	23:17 291°
9.12	SAO 109084 7,4 mag	Eintritt	22:40 33°	22:35 47°	22:40 39°	22:37 38°	22:39 27°	22:39 31°	22:36 33°	22:39 37°	22:38 47°	22:38 42°	22:37 43°	22:41 50°
9.12	SAO 109084 7,4 mag	Austritt	23:37 262°	23:39 246°	23:39 257°	23:37 256°	23:33 268°	23:35 264°	23:35 260°	23:38 258°	23:40 248°	23:39 252°	23:39 251°	23:42 246°
10.12	SAO 109101 7,3 mag	Eintritt	-	0:16 357°	-	-	-	-	-	-	0:20 349°	-	0:25 337°	0:20 351°
10.12	SAO 109101 7,3 mag	Austritt	-	0:43 303°	-	-	-	-	-	-	0:39 311°	-	0:33 322°	0:40 311°
10.12	SAO 109119 6,4 mag	Eintritt	0:17 51°	0:18 69°	0:17 56°	0:16 58°	0:15 47°	0:16 51°	0:15 55°	0:17 55°	0:19 66°	0:18 61°	0:17 63°	0:20 66°
10.12	SAO 109119 6,4 mag	Austritt	1:12 251°	1:15 232°	1:13 246°	1:14 243°	1:11 255°	1:12 251°	1:13 246°	1:13 247°	1:15 236°	1:14 241°	1:15 238°	-
10.12	SAO 109563 6,9 mag	Eintritt	18:05 17°	17:51 16°	18:02 20°	17:58 13°	18:06 9°	18:04 11°	18:00 8°	18:02 17°	17:55 21°	17:58 18°	17:56 16°	17:58 28°
10.12	SAO 109563 6,9 mag	Austritt	19:00 270°	18:46 269°	19:00 266°	18:51 273°	18:55 278°	18:54 276°	18:48 278°	18:58 269°	18:54 264°	18:54 268°	18:51 270°	19:02 256°
10.12	Eps Psc 4,5 mag	Eintritt	-	-	-	-	-	-	-	-	-	-	-	21:38 343°
10.12	Eps Psc 4,5 mag	Austritt	-	-	-	-	-	-	-	-	-	-	-	21:59 308°
10.12	SAO 109677 6,9 mag	Eintritt	23:35 351°	23:20 18°	23:31 2°	23:26 3°	-	23:35 347°	23:28 356°	23:31 359°	23:24 16°	23:26 9°	23:24 11°	23:27 19°
10.12	SAO 109677 6,9 mag	Austritt	23:57 310°	24:09 280°	24:04 299°	24:02 296°	-	23:54 313°	23:57 303°	24:02 301°	24:10 284°	24:06 291°	24:07 288°	24:13 283°
11.12	SAO 92693 7,6 mag	Eintritt	19:45 44°	19:31 46°	19:43 47°	19:37 42°	19:44 37°	19:42 39°	19:37 38°	19:42 45°	19:36 50°	19:38 47°	19:35 45°	19:42 57°
11.12	SAO 92693 7,6 mag	Austritt	20:53 250°	20:41 244°	20:53 246°	20:45 250°	20:49 257°	20:48 254°	20:43 254°	20:51 248°	20:47 241°	20:48 245°	20:45 246°	20:54 235°
12.12	SAO 92756 6,8 mag	Eintritt	-	0:34 343°	-	-	-	-	-	-	-	-	-	-

Datum	Stern	Vorgang	Berlin	Bern	Dresden	Frankfurt	Hamburg	Hannover	Köln	Leipzig	München	Nürnberg	Stuttgart	Wien
12.12	SAO 92756 6,8 mag	Austritt	-	0:43 326°	-	-	-	-	-	-	-	-	-	-
12.12	SAO 93140 6,6 mag	Eintritt	19:07 89°	18:53 91°	19:06 93°	18:59 87°	19:05 83°	19:03 84°	18:58 83°	19:04 90°	19:00 95°	19:01 92°	18:58 90°	19:07 104°
12.12	SAO 93140 6,6 mag	Austritt	20:06 212°	19:50 209°	20:03 208°	19:58 214°	20:06 219°	20:03 217°	19:58 218°	20:02 211°	19:55 204°	19:58 209°	19:55 210°	19:57 196°
12.12	SAO 93221 7,6 mag	Eintritt	24:04 145°	-	-	-	23:52 131°	23:58 142°	-	-	-	-	-	-
13.12	SAO 93221 7,6 mag	Austritt	0:20 173°	-	-	-	0:23 185°	0:17 174°	-	-	-	-	-	-
13.12	SAO 75708 7,8 mag	Eintritt	1:56 134°	-	2:04 145°	-	1:51 129°	1:56 137°	-	2:02 144°	-	-	-	-
13.12	SAO 75708 7,8 mag	Austritt	2:27 193°	-	2:24 183°	-	2:26 197°	2:23 189°	-	2:23 183°	-	-	-	-
13.12	SAO 75727 7,9 mag	Eintritt	3:02 39°	3:00 63°	3:02 44°	03:00 51°	03:00 38°	03:00 43°	2:58 50°	3:01 44°	3:02 56°	3:01 52°	3:00 55°	3:04 52°
13.12	SAO 75727 7,9 mag	Austritt	3:48 292°	3:57 269°	3:50 287°	3:53 280°	3:46 292°	3:48 288°	3:51 281°	3:50 287°	3:56 276°	3:54 280°	3:55 276°	3:55 281°
13.12	SAO 75755 6,7 mag	Eintritt	4:29 121°	-	4:32 125°	4:38 137°	4:28 121°	4:31 126°	4:36 136°	4:32 126°	4:42 143°	4:38 137°	4:42 144°	4:37 133°
13.12	SAO 75755 6,7 mag	Austritt	5:06 213°	-	5:06 209°	5:04 197°	5:05 213°	5:05 208°	5:04 138°	5:06 208°	5:03 192°	5:04 198°	5:02 191°	5:06 202°
13.12	SAO 76088 7,3 mag	Eintritt	15:32 123°	-	15:31 125°	-	15:33 118°	15:32 119°	-	15:31 123°	-	-	-	15:29 134°
13.12	SAO 76088 7,3 mag	Austritt	16:02 196°	-	15:59 194°	-	16:06 201°	16:04 200°	-	16:01 196°	-	-	-	15:51 184°
13.12	SAO 76215 5,5 mag	Eintritt	17:55 101°	17:44 102°	17:53 104°	17:49 98°	17:54 95°	17:53 96°	17:49 95°	17:52 101°	17:48 105°	17:49 103°	17:47 101°	17:52 113°
13.12	SAO 76215 5,5 mag	Austritt	18:44 214°	18:31 212°	18:40 210°	18:38 216°	18:46 220°	18:43 218°	18:40 220°	18:41 213°	18:34 208°	18:37 211°	18:35 213°	18:33 199°
13.12	26 Tau 6,6 mag	Eintritt	18:30 22°	18:18 23°	18:26 25°	18:25 19°	18:34 13°	18:31 16°	18:28 14°	18:27 23°	18:20 28°	18:23 24°	18:22 22°	18:20 35°
13.12	26 Tau 6,6 mag	Austritt	19:13 292°	19:02 289°	19:13 288°	19:06 295°	19:10 301°	19:08 298°	19:04 300°	19:11 291°	19:07 285°	19:08 289°	19:05 290°	19:13 277°
13.12	SAO 76244 6,1 mag	Eintritt	18:33 69°	18:21 70°	18:31 71°	18:27 67°	18:33 63°	18:31 65°	18:28 34°	18:30 69°	18:25 73°	18:27 71°	18:25 69°	18:27 79°

Datum	Stern	Vorgang	Berlin	Bern	Dresden	Frankfurt	Hamburg	Hannover	Köln	Leipzig	München	Nürnberg	Stuttgart	Wien
13.12	SAO 76244 6,1 mag	Austritt	19:35 245°	19:21 242°	19:33 242°	19:28 247°	19:34 251°	19:32 249°	19:28 250°	19:32 244°	19:26 239°	19:28 242°	19:26 243°	19:29 233°
13.12	SAO 76251 6,7 mag	Eintritt	18:46 47°	18:34 48°	18:43 50°	18:41 45°	18:48 41°	18:45 42°	18:42 41°	18:44 47°	18:37 52°	18:40 49°	18:38 47°	18:39 58°
13.12	SAO 76251 6,7 mag	Austritt	19:45 267°	19:32 264°	19:44 264°	19:38 269°	19:43 274°	19:41 272°	19:37 273°	19:43 266°	19:38 260°	19:39 264°	19:36 265°	19:42 254°
13.12	SAO 76264 6,8 mag	Eintritt	19:14 42°	19:00 44°	19:11 45°	19:07 40°	19:15 35°	19:13 37°	19:09 36°	19:11 43°	19:04 47°	19:07 44°	19:05 43°	19:06 54°
13.12	SAO 76264 6,8 mag	Austritt	20:12 272°	19:59 268°	20:11 268°	20:04 273°	20:09 279°	20:07 277°	20:03 278°	20:10 271°	20:05 265°	20:06 268°	20:03 270°	20:11 258°
13.12	SAO 76350 6,4 mag	Eintritt	22:24 63°	22:11 74°	22:24 68°	22:16 66°	22:22 57°	22:20 61°	22:15 62°	22:22 66°	22:18 75°	22:18 71°	22:15 71°	22:26 79°
13.12	SAO 76350 6,4 mag	Austritt	23:36 261°	23:26 245°	23:36 256°	23:29 255°	23:31 266°	23:31 262°	23:27 259°	23:35 257°	23:33 247°	23:32 251°	23:29 250°	23:40 245°
14.12	SAO 76740 7,5 mag	Eintritt	16:06 133°	-	16:05 136°	16:05 131°	16:07 127°	16:06 128°	16:05 127°	16:05 133°	16:04 139°	16:04 135°	16:04 134°	16:06 149°
14.12	SAO 76740 7,5 mag	Austritt	16:34 199°	-	16:30 196°	16:33 201°	16:38 205°	16:36 204°	16:36 205°	16:32 198°	16:26 193°	16:29 197°	16:30 198°	16:20 182°
14.12	SAO 76804 7,3 mag	Eintritt	18:36 55°	18:26 57°	18:34 58°	18:32 53°	18:39 49°	18:36 51°	18:34 50°	18:34 56°	18:28 60°	18:31 57°	18:30 56°	18:29 66°
14.12	SAO 76804 7,3 mag	Austritt	19:32 273°	19:21 270°	19:31 270°	19:26 275°	19:31 280°	19:30 278°	19:26 278°	19:30 272°	19:25 267°	19:27 270°	19:25 271°	19:28 261°
14.12	SAO 76880 6,6 mag	Eintritt	21:58 23°	21:38 36°	21:53 30°	21:48 26°	22:01 11°	21:56 17°	21:50 20°	21:53 27°	21:43 38°	21:47 33°	21:44 32°	21:47 44°
14.12	SAO 76880 6,6 mag	Austritt	22:39 313°	22:33 295°	22:42 305°	22:33 307°	22:29 324°	22:32 317°	22:29 313°	22:39 308°	22:40 295°	22:39 301°	22:36 300°	22:49 291°
15.12	SAO 76998 6,9 mag	Eintritt	2:47 41°	2:38 67°	2:46 47°	2:39 55°	2:43 40°	2:42 45°	2:37 53°	2:45 47°	2:43 60°	2:43 55°	2:40 59°	2:49 55°
15.12	SAO 76998 6,9 mag	Austritt	3:30 318°	3:41 292°	3:34 313°	3:35 304°	3:26 318°	3:30 313°	3:32 305°	3:33 312°	3:41 300°	3:38 304°	3:38 300°	3:42 306°
15.12	SAO 77604 7,3 mag	Eintritt	15:49 86°	-	15:47 87°	-	15:52 83°	15:51 83°	-	15:49 86°	-	-	-	15:43 92°
15.12	SAO 77604 7,3 mag	Austritt	16:37 261°	-	16:35 260°	-	16:39 265°	16:38 264°	-	16:36 261°	-	-	-	16:30 254°
15.12	SAO 77619 7,1 mag	Eintritt	16:09 101°	-	16:08 103°	16:10 100°	16:12 98°	16:11 99°	16:11 98°	16:09 102°	16:07 105°	16:08 103°	16:08 102°	16:05 109°

Datum	Stern	Vorgang	Berlin	Bern	Dresden	Frankfurt	Hamburg	Hannover	Köln	Leipzig	München	Nürnberg	Stuttgart	Wien
15.12	SAO 77619 7,1 mag	Austritt	16:56 245°	-	16:53 243°	16:55 247°	16:59 250°	16:57 248°	16:57 249°	16:54 245°	16:51 241°	16:53 244°	16:53 245°	16:48 237°
15.12	SAO 77621 7,8 mag	Eintritt	16:15 63°	-	16:13 64°	16:15 61°	16:18 59°	16:17 60°	16:17 59°	16:14 63°	16:11 66°	16:12 64°	16:13 63°	16:07 70°
15.12	SAO 77621 7,8 mag	Austritt	17:00 284°	-	16:58 282°	16:59 285°	17:02 288°	17:01 287°	17:00 288°	16:59 283°	16:56 280°	16:58 282°	16:58 283°	16:55 275°
15.12	136 Tau 4,5 mag	Eintritt	17:03 93°	16:59 95°	17:01 95°	17:02 92°	17:05 89°	17:04 90°	17:03 89°	17:02 94°	16:59 97°	17:00 95°	17:00 94°	16:57 102°
15.12	136 Tau 4,5 mag	Austritt	17:53 252°	17:47 250°	17:51 250°	17:51 254°	17:55 257°	17:54 256°	17:53 256°	17:51 252°	17:47 248°	17:49 250°	17:49 251°	17:45 242°
15.12	SAO 77724 7,5 mag	Eintritt	17:52 86°	17:47 88°	17:50 88°	17:50 84°	17:55 81°	17:53 82°	17:52 81°	17:51 86°	17:47 90°	17:49 88°	17:48 87°	17:46 95°
15.12	SAO 77724 7,5 mag	Austritt	18:46 259°	18:38 256°	18:44 256°	18:43 260°	18:48 264°	18:46 263°	18:44 263°	18:44 258°	18:39 254°	18:41 256°	18:41 257°	18:39 248°
15.12	SAO 77804 7,6 mag	Eintritt	-	-	-	19:26 164°	19:23 147°	19:24 152°	19:21 151°	-	-	-	-	-
15.12	SAO 77804 7,6 mag	Austritt	-	-	-	19:34 180°	19:48 198°	19:44 193°	19:41 194°	-	-	-	-	-
15.12	SAO 77818 7,0 mag	Eintritt	19:58 9°	19:42 21°	19:51 19°	19:53 9°	-	-	-	19:54 14°	19:43 26°	19:48 20°	19:47 18°	19:41 35°
15.12	SAO 77818 7,0 mag	Austritt	20:16 336°	20:12 322°	20:19 326°	20:10 336°	-	-	-	20:16 331°	20:17 317°	20:16 324°	20:13 326°	20:24 309°
16.12	SAO 78191 7,4 mag	Eintritt	4:07 58°	4:03 82°	4:08 62°	4:02 72°	4:03 59°	4:03 63°	04:00 71°	4:06 63°	4:06 63°	4:06 71°	4:04 75°	4:13 67°
16.12	SAO 78191 7,4 mag	Austritt	4:55 321°	5:06 298°	4:59 317°	5:00 308°	4:52 319°	4:55 315°	4:58 308°	4:58 316°	4:58 316°	5:02 309°	5:03 305°	5:05 313°
16.12	SAO 78299 7,9 mag	Eintritt	6:12 79°	6:18 97°	6:14 82°	6:14 89°	6:09 81°	6:11 84°	6:12 90°	6:13 83°	6:13 83°	6:15 88°	6:16 91°	6:18 84°
16.12	SAO 78299 7,9 mag	Austritt	7:03 300°	7:14 285°	7:06 299°	7:09 292°	7:02 298°	7:05 296°	7:08 291°	7:06 298°	7:06 298°	7:09 293°	7:11 290°	7:09 297°
16.12	SAO 78291 7,5 mag	Eintritt	-	6:27 26°	-	-	-	-	-	-	-	-	-	-
16.12	SAO 78291 7,5 mag	Austritt	-	6:42 355°	-	-	-	-	-	-	-	-	-	-
16.12	SAO 78410 7,7 mag	Eintritt	8:18 53°	-	-	8:20 62°	8:17 56°	8:18 58°	3:19 53°	8:19 56°	8:19 56°	-	8:21 64°	-

Datum	Stern	Vorgang	Berlin	Bern	Dresden	Frankfurt	Hamburg	Hannover	Köln	Leipzig	München	Nürnberg	Stuttgart	Wien
16.12	SAO 78410 7,7 mag	Austritt	8:52 324°	-	-	8:59 316°	8:53 322°	8:55 320°	8:59 316°	8:54 322°	8:54 322°	-	9:01 315°	-
16.12	SAO 78957 7,8 mag	Eintritt	18:27 119°	18:23 123°	18:26 122°	18:25 118°	18:28 113°	18:27 115°	18:26 114°	18:26 120°	18:24 125°	18:25 122°	18:24 121°	18:24 132°
16.12	SAO 78957 7,8 mag	Austritt	19:14 242°	19:06 236°	19:11 238°	19:11 242°	19:17 248°	19:15 246°	19:14 246°	19:12 240°	19:06 234°	19:09 238°	19:09 238°	19:04 227°
16.12	SAO 78968 7,2 mag	Eintritt	18:44 55°	18:38 60°	18:42 59°	18:43 55°	18:48 49°	18:46 51°	18:45 50°	18:43 57°	18:38 62°	18:40 59°	18:40 58°	18:36 68°
16.12	SAO 78968 7,2 mag	Austritt	19:29 305°	19:24 299°	19:28 301°	19:26 305°	19:29 312°	19:28 309°	19:26 309°	19:28 303°	19:25 297°	19:26 300°	19:25 301°	19:27 291°
16.12	47 Gem 5,6 mag	Eintritt	23:10 110°	23:01 126°	23:10 115°	23:03 116°	23:06 105°	23:05 109°	23:01 112°	23:08 114°	23:07 125°	23:06 120°	23:03 121°	23:14 127°
17.12	47 Gem 5,6 mag	Austritt	0:21 263°	0:05 243°	0:20 258°	0:12 255°	0:17 267°	0:16 263°	0:11 259°	0:18 259°	0:13 247°	0:14 252°	0:10 250°	0:20 247°
17.12	SAO 79170 6,4 mag	Eintritt	-	0:00 24°	-	-	-	-	-	-	-	-	-	-
17.12	SAO 79170 6,4 mag	Austritt	-	0:24 349°	-	-	-	-	-	-	-	-	-	-
17.12	SAO 79241 6,5 mag	Eintritt	2:07 103°	2:05 125°	2:09 108°	2:03 114°	2:02 102°	2:02 106°	1:59 112°	2:07 108°	2:07 108°	2:07 115°	2:05 118°	2:16 115°
17.12	SAO 79241 6,5 mag	Austritt	3:21 286°	3:18 264°	3:23 282°	3:18 275°	3:16 286°	3:17 282°	3:15 275°	3:21 282°	3:21 282°	3:22 275°	3:19 271°	3:30 277°
17.12	SAO 79286 6,9 mag	Eintritt	-	3:24 65°	3:48 25°	3:30 48°	-	3:39 29°	3:27 47°	3:44 29°	3:33 53°	3:34 47°	3:29 54°	3:45 41°
17.12	SAO 79286 6,9 mag	Austritt	-	4:18 330°	3:58 8°	4:08 345°	-	3:55 4°	4:04 346°	3:59 4°	4:15 342°	4:10 347°	4:13 340°	4:13 355°
17.12	SAO 79316 7,9 mag	Eintritt	4:52 164°	-	4:57 169°	-	4:49 166°	4:54 173°	-	4:57 171°	4:57 171°	5:10 190°	-	5:07 175°
17.12	SAO 79316 7,9 mag	Austritt	5:28 231°	-	5:29 227°	-	5:23 228°	5:22 222°	-	5:26 225°	5:26 225°	5:20 207°	-	5:33 222°
17.12	SAO 79405 7,3 mag	Eintritt	-	7:36 53°	-	7:36 42°	-	7:39 28°	7:34 43°	-	7:40 40°	7:39 37°	7:37 44°	-
17.12	SAO 79405 7,3 mag	Austritt	-	8:08 343°	-	7:59 353°	-	7:49 6°	7:58 352°	-	8:01 355°	7:57 358°	8:02 351°	-
17.12	SAO 79910 7,8 mag	Eintritt	20:03 86°	19:57 93°	20:01 90°	20:01 87°	20:06 81°	20:04 83°	20:02 83°	20:02 88°	19:58 95°	19:59 91°	19:59 91°	19:57 99°

Datum	Stern	Vorgang	Berlin	Bern	Dresden	Frankfurt	Hamburg	Hannover	Köln	Leipzig	München	Nürnberg	Stuttgart	Wien
17.12	SAO 79910 7,8 mag	Austritt	21:00 289°	20:53 280°	20:59 285°	20:56 287°	21:00 295°	20:59 292°	20:57 291°	20:59 287°	20:55 279°	20:56 283°	20:55 283°	20:56 275°
19.12	SAO 98468 6,9 mag	Eintritt	6:11 144°	6:11 144°	6:14 146°	6:15 156°	6:07 147°	6:09 149°	6:09 149°	6:13 147°	6:13 147°	6:17 153°	6:18 157°	6:22 147°
19.12	SAO 98468 6,9 mag	Austritt	7:12 276°	7:12 276°	7:14 274°	7:11 266°	7:07 273°	7:09 271°	7:09 271°	7:13 273°	7:13 273°	7:15 268°	7:13 264°	7:21 274°
20.12	SAO 98874 7,6 mag	Eintritt	0:39 87°	0:27 108°	0:37 93°	0:32 97°	0:37 93°	0:36 88°	0:31 94°	0:37 92°	0:32 103°	0:32 103°	0:30 101°	0:37 102°
20.12	SAO 98874 7,6 mag	Austritt	1:43 326°	1:40 304°	1:45 321°	1:40 315°	1:45 321°	1:40 324°	1:38 317°	1:43 321°	1:44 310°	1:44 310°	1:41 311°	1:50 313°
20.12	SAO 98914 7,9 mag	Eintritt	3:37 106°	3:31 129°	3:38 110°	3:30 118°	3:30 118°	3:31 110°	3:28 117°	3:35 110°	3:35 110°	3:34 117°	3:32 121°	3:43 114°
20.12	SAO 98914 7,9 mag	Austritt	4:51 321°	4:52 300°	4:53 318°	4:49 309°	4:49 309°	4:47 316°	4:46 309°	4:52 317°	4:52 317°	4:53 311°	4:52 307°	5:01 316°
22.12	SAO 118891 7,9 mag	Eintritt	1:53 127°	1:50 150°	1:53 132°	1:50 138°	1:50 138°	1:50 130°	1:49 136°	1:52 132°	1:52 143°	1:52 132°	1:50 142°	1:55 140°
22.12	SAO 118891 7,9 mag	Austritt	3:05 301°	2:55 277°	3:05 297°	2:59 289°	2:59 289°	3:02 297°	2:58 290°	3:04 296°	3:01 285°	3:04 296°	2:59 285°	3:08 291°
22.12	SAO 118917 7,9 mag	Eintritt	4:36 74°	4:19 104°	4:35 79°	4:24 92°	4:24 92°	4:28 82°	4:21 92°	4:32 81°	4:28 93°	4:28 93°	4:23 95°	4:38 84°
22.12	SAO 118917 7,9 mag	Austritt	5:23 2°	5:32 335°	5:26 358°	5:27 346°	5:27 346°	5:23 354°	5:24 345°	5:26 356°	5:33 346°	5:33 346°	5:30 343°	5:34 356°
22.12	89 Leo 5,8 mag	Eintritt	5:27 98°	5:19 121°	5:27 101°	5:19 111°	5:19 111°	5:20 104°	5:16 112°	5:25 103°	5:25 111°	5:23 109°	5:21 114°	5:25 111°
22.12	89 Leo 5,8 mag	Austritt	6:34 339°	6:39 320°	6:37 337°	6:35 328°	6:35 328°	6:32 333°	6:32 326°	6:36 336°	6:41 329°	6:39 330°	6:38 326°	6:41 329°
24.12	SAO 139078 7,8 mag	Eintritt	6:35 201°	6:35 201°	6:41 209°	6:41 209°	6:41 209°	6:41 209°	6:41 209°	-	-	-	-	6:49 211°
24.12	SAO 139078 7,8 mag	Austritt	6:58 235°	6:58 235°	6:54 228°	6:54 228°	6:54 228°	6:54 228°	6:54 228°	-	-	-	-	07:00 227°
25.12	SAO 158135 6,9 mag	Eintritt	7:31 134°	7:30 151°	7:33 135°	7:28 144°	7:27 137°	7:27 139°	7:26 145°	7:31 137°	7:31 137°	7:31 141°	7:30 145°	7:30 145°
25.12	SAO 158135 6,9 mag	Austritt	8:50 294°	8:46 282°	8:52 293°	8:45 287°	8:45 291°	8:45 290°	8:42 285°	8:50 292°	8:50 292°	8:50 289°	8:47 286°	8:47 286°

Position von Merkur und Venus relativ zur Sonne

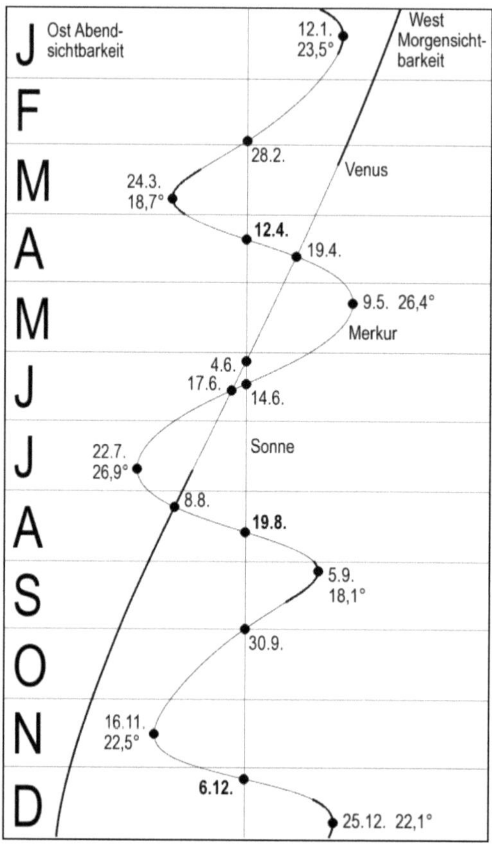

Position von Merkur und Venus in Bezug zur Sonne im Lauf des Jahres 2024. Die Datumswerte geben die Zeitpunkte der größten Elongationen (mit Elongationswert) und der oberen und unteren Konjunktionen zur Sonne an. Daten der unteren Konjunktionen sind fett, die der Elongationen und oberen Konjunktionen normal gedruckt. Eine dicke Linie bedeutet freiäugige Sichtbarkeit in Mitteleuropa.

Helligkeiten und Scheibchendurchmesser der Planeten 2024

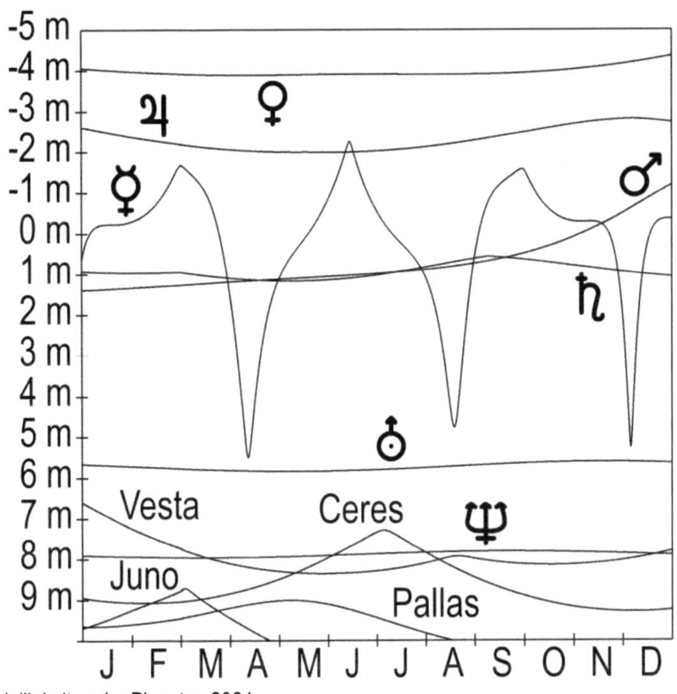

Helligkeiten der Planeten 2024

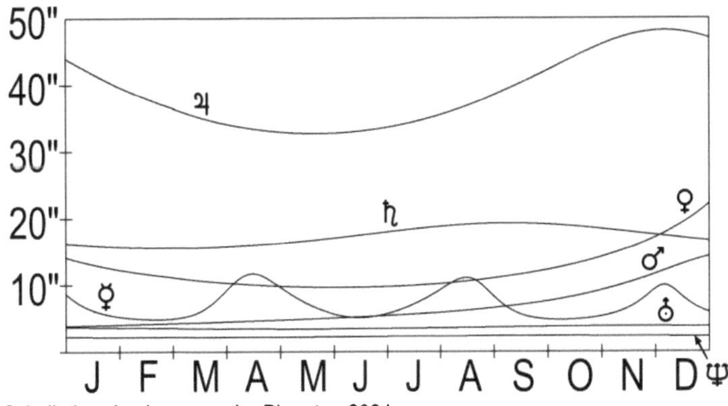

Scheibchendurchmesser der Planeten 2024

Ephemeriden

Sonne

Datum	Rektaszen-sion	Deklination	Scheibchen-durchmesser	Zentral-meridian	B	P
1.1.	18h43,5m	-23,06°	32,6'	228,3°	-3,0°	2,2°
6.1.	19h05,5m	-22,59°	32,6'	159,7°	-3,6°	-0,4°
11.1.	19h27,4m	-21,92°	32,6'	91,1°	-4,1°	-2,9°
16.1.	19h49,0m	-21,08°	32,6'	22,5°	-4,7°	-5,3°
21.1.	20h10,3m	-20,07°	32,5'	314,0°	-5,2°	-7,7°
26.1.	20h31,3m	-18,90°	32,5'	259,1°	-5,5°	-9,5°
31.1.	20h52,0m	-17,60°	32,5'	190,5°	-5,9°	-11,7°
5.2.	21h12,3m	-16,16°	32,5'	121,9°	-6,3°	-13,8°
10.2.	21h32,3m	-14,60°	32,5'	53,4°	-6,6°	-15,8°
15.2.	21h52,0m	-12,94°	32,4'	344,8°	-6,8°	-17,6°
20.2.	22h11,4m	-11,19°	32,4'	289,9°	-7,0°	-18,9°
25.2.	22h30,5m	-9,38°	32,4'	221,3°	-7,1°	-20,4°
1.3.	22h49,3m	-7,50°	32,3'	152,7°	-7,2°	-21,8°
6.3.	23h07,9m	-5,58°	32,3'	84,1°	-7,3°	-23,0°
11.3.	23h26,4m	-3,62°	32,2'	15,5°	-7,2°	-24,0°
16.3.	23h44,8m	-1,65°	32,2'	320,6°	-7,1°	-24,7°
21.3.	0h03,0m	0,33°	32,1'	251,9°	-7,0°	-25,4°
26.3.	0h21,2m	2,29°	32,1'	183,2°	-6,8°	-25,8°
31.3.	0h39,4m	4,24°	32,1'	114,5°	-6,5°	-26,1°
5.4.	0h57,7m	6,16°	32,0'	45,8°	-6,2°	-26,3°
10.4.	1h16,0m	8,03°	32,0'	350,8°	-5,9°	-26,2°
15.4.	1h34,5m	9,85°	31,9'	282,1°	-5,6°	-26,0°
20.4.	1h53,0m	11,60°	31,9'	213,3°	-5,1°	-25,5°
25.4.	2h11,8m	13,27°	31,8'	144,5°	-4,6°	-24,9°
30.4.	2h30,8m	14,84°	31,8'	75,6°	-4,1°	-24,0°
5.5.	2h50,0m	16,32°	31,8'	20,6°	-3,7°	-23,2°
10.5.	3h09,4m	17,68°	31,7'	311,7°	-3,1°	-22,0°
15.5.	3h29,0m	18,92°	31,7'	242,8°	-2,6°	-20,6°
20.5.	3h48,9m	20,03°	31,6'	173,9°	-2,0°	-19,1°
25.5.	4h09,1m	20,99°	31,6'	105,0°	-1,3°	-17,4°
30.5.	4h29,4m	21,80°	31,6'	49,9°	-0,8°	-15,9°
4.6.	4h49,9m	22,46°	31,6'	341,0°	-0,2°	-13,9°
9.6.	5h10,5m	22,95°	31,5'	272,0°	0,4°	-11,8°
14.6.	5h31,3m	23,27°	31,5'	203,1°	1,0°	-9,6°
19.6.	5h52,1m	23,42°	31,5'	134,2°	1,7°	-7,4°
24.6.	6h12,8m	23,40°	31,5'	79,0°	2,1°	-5,5°
29.6.	6h33,6m	23,21°	31,5'	10,1°	2,7°	-3,2°
4.7.	6h54,3m	22,85°	31,5'	301,1°	3,3°	-0,8°
9.7.	7h14,8m	22,32°	31,5'	232,2°	3,8°	1,6°
14.7.	7h35,2m	21,64°	31,5'	163,3°	4,4°	3,9°
19.7.	7h55,3m	20,80°	31,5'	108,1°	4,8°	5,7°

Datum	Rektaszension	Deklination	Scheibchendurchmesser	Zentralmeridian	B	P
24.7.	8h15,2m	19,81°	31,5'	39,2°	5,2°	7,9°
29.7.	8h34,9m	18,69°	31,5'	330,3°	5,6°	10,1°
3.8.	8h54,3m	17,43°	31,6'	261,5°	6,0°	12,1°
8.8.	9h13,5m	16,06°	31,6'	192,6°	6,3°	14,1°
13.8.	9h32,4m	14,59°	31,6'	137,5°	6,6°	15,6°
18.8.	9h51,1m	13,01°	31,6'	68,7°	6,8°	17,3°
23.8.	10h09,6m	11,36°	31,7'	359,8°	7,0°	18,9°
28.8.	10h27,9m	9,62°	31,7'	291,0°	7,1°	20,4°
2.9.	10h46,1m	7,82°	31,7'	222,2°	7,2°	21,7°
7.9.	11h04,1m	5,97°	31,8'	167,2°	7,3°	22,6°
12.9.	11h22,1m	4,08°	31,8'	98,4°	7,2°	23,7°
17.9.	11h40,0m	2,16°	31,9'	29,6°	7,2°	24,5°
22.9.	11h57,9m	0,22°	31,9'	320,9°	7,0°	25,2°
27.9.	12h15,9m	-1,73°	31,9'	252,2°	6,8°	25,8°
2.10.	12h34,0m	-3,67°	32,0'	197,2°	6,6°	26,0°
7.10.	12h52,2m	-5,59°	32,0'	128,5°	6,4°	26,2°
12.10.	13h10,6m	-7,49°	32,1'	59,7°	6,0°	26,2°
17.10.	13h29,1m	-9,34°	32,1'	351,0°	5,6°	26,0°
22.10.	13h48,0m	-11,13°	32,2'	282,3°	5,2°	25,6°
27.10.	14h07,1m	-12,86°	32,2'	227,4°	4,8°	25,1°
1.11.	14h26,5m	-14,50°	32,3'	158,7°	4,3°	24,3°
6.11.	14h46,3m	-16,05°	32,3'	90,0°	3,8°	23,3°
11.11.	15h06,4m	-17,48°	32,3'	21,4°	3,2°	22,1°
16.11.	15h26,8m	-18,79°	32,4'	312,7°	2,6°	20,7°
21.11.	15h47,6m	-19,96°	32,4'	257,8°	2,1°	19,4°
26.11.	16h08,7m	-20,98°	32,4'	189,1°	1,4°	17,6°
1.12.	16h30,2m	-21,84°	32,5'	120,5°	0,8°	15,6°
6.12.	16h51,9m	-22,52°	32,5'	51,9°	0,1°	13,5°
11.12.	17h13,8m	-23,02°	32,5'	343,2°	-0,6°	11,3°
16.12.	17h35,9m	-23,32°	32,5'	288,3°	-1,1°	9,4°
21.12.	17h58,1m	-23,44°	32,6'	219,7°	-1,8°	7,0°
26.12.	18h20,3m	-23,36°	32,6'	151,1°	-2,4°	4,5°
31.12.	18h42,4m	-23,08°	32,6'	82,5°	-3,0°	2,0°

Änderung des Zentralmeridian: 0,55°/Stunde, B = Neigung der Sonnenachse zur Erde, P = Positionswinkel des Sonnen-Nordpols

Beginn der synodischen Sonnenrotation nach Carrington 2024

Rotation	Datum
2280	18.1.2024 7h33m
2281	14.2.2024 15h45m
2282	12.3.2024 23h39m
2283	9.4.2024 6h46m
2284	6.5.2024 12h50m
2285	2.6.2024 17h59m
2286	29.6.2024 22h44m

Rotation	Datum
2287	27.7.2024 3h39m
2288	23.8.2024 9h10m
2289	19.9.2024 15h22m
2290	16.10.2024 22h09m
2291	13.11.2024 5h21m
2292	10.12.2024 12h54m

Merkur

Datum	Rektaszension	Deklination	Kulmination	Auf-/Untergang	Phase	Helligkeit	Scheibchendurchmesser
1.1.	17h27,2m	-20,15°	11:09	6:49A	0,27	0,6 mag	8,7"
6.1.	17h30,9m	-20,69°	10:54	6:37A	0,46	0,0 mag	7,7"
11.1.	17h46,4m	-21,55°	10:51	6:39A	0,60	-0,2 mag	6,9"
16.1.	18h08,9m	-22,35°	10:54	6:47A	0,70	-0,2 mag	6,3"
21.1.	18h35,7m	-22,85°	11:01	6:57A	0,77	-0,2 mag	5,8"
26.1.	19h05,1m	-22,94°	11:11	7:07A	0,83	-0,2 mag	5,5"
31.1.	19h36,2m	-22,55°	11:23	7:16A	0,87	-0,3 mag	5,3"
5.2.	20h08,4m	-21,63°	11:35	7:23A	0,91	-0,4 mag	5,1"
10.2.	20h41,3m	-20,15°	11:48	7:27A	0,93	-0,5 mag	5,0"
15.2.	21h14,7m	-18,10°	12:02	7:29A	0,96	-0,7 mag	4,9"
20.2.	21h48,5m	-15,48°	12:16		0,98	-1,0 mag	4,8"
25.2.	22h22,6m	-12,29°	12:31		0,99	-1,4 mag	4,9"
1.3.	22h57,1m	-8,54°	12:46	18:12U	1,00	-1,7 mag	4,9"
6.3.	23h31,9m	-4,31°	13:01	18:48U	0,98	-1,5 mag	5,1"
11.3.	0h06,2m	0,25°	13:15	19:24U	0,91	-1,3 mag	5,4"
16.3.	0h38,5m	4,79°	13:28	19:58U	0,78	-1,1 mag	5,9"
21.3.	1h06,2m	8,82°	13:35	20:24U	0,59	-0,6 mag	6,7"
26.3.	1h25,9m	11,80°	13:34	20:37U	0,38	0,1 mag	7,7"
31.3.	1h35,4m	13,36°	13:22	20:31U	0,20	1,2 mag	9,0"
5.4.	1h34,3m	13,31°	13:00	20:07U	0,07	2,7 mag	10,3"
10.4.	1h24,9m	11,75°	12:31	19:29U	0,01	4,8 mag	11,3"
15.4.	1h12,7m	9,30°	11:59	5:13A	0,01	4,7 mag	11,7"
20.4.	1h03,5m	6,86°	11:31	4:56A	0,07	3,0 mag	11,4"
25.4.	1h00,8m	5,19°	11:09	4:42A	0,15	1,9 mag	10,7"
30.4.	1h05,2m	4,57°	10:55	4:29A	0,24	1,2 mag	9,8"
5.5.	1h16,0m	4,97°	10:46	4:19A	0,33	0,8 mag	8,9"
10.5.	1h32,1m	6,23°	10:43	4:09A	0,42	0,5 mag	8,1"
15.5.	1h52,7m	8,18°	10:44	4:01A	0,50	0,3 mag	7,4"
20.5.	2h17,3m	10,64°	10:50	3:53A	0,59	-0,0 mag	6,8"
25.5.	2h46,1m	13,48°	10:59	3:48A	0,68	-0,3 mag	6,2"
30.5.	3h19,3m	16,52°	11:13	3:45A	0,77	-0,7 mag	5,8"
4.6.	3h57,4m	19,52°	11:32	3:46A	0,88	-1,1 mag	5,4"
9.6.	4h40,3m	22,17°	11:56	3:53A	0,96	-1,6 mag	5,2"
14.6.	5h27,1m	24,06°	12:23	20:40U	1,00	-2,2 mag	5,1"
19.6.	6h15,1m	24,88°	12:51	21:12U	0,98	-1,7 mag	5,1"
24.6.	7h01,2m	24,56°	13:17	21:35U	0,91	-1,2 mag	5,3"
29.6.	7h43,2m	23,26°	13:39	21:46U	0,82	-0,7 mag	5,6"

Datum	Rektaszen-sion	Deklina-tion	Kulmina-tion	Auf-/Untergang	Phase	Helligkeit	Scheibchen-durchmesser
4.7.	8h20,4m	21,26°	13:56	21:50U	0,73	-0,4 mag	5,9"
9.7.	8h52,7m	18,81°	14:08	21:46U	0,65	-0,1 mag	6,3"
14.7.	9h20,1m	16,13°	14:15	21:38U	0,58	0,1 mag	6,8"
19.7.	9h42,8m	13,41°	14:18	21:25U	0,50	0,3 mag	7,4"
24.7.	10h00,4m	10,84°	14:15	21:09U	0,42	0,5 mag	8,1"
29.7.	10h12,6m	8,60°	14:07	20:50U	0,34	0,8 mag	8,8"
3.8.	10h18,2m	6,95°	13:52	20:27U	0,24	1,2 mag	9,6"
8.8.	10h16,5m	6,15°	13:30	20:01U	0,15	2,0 mag	10,4"
13.8.	10h07,2m	6,48°	13:00		0,06	3,1 mag	10,9"
18.8.	9h52,6m	7,95°	12:26		0,01	4,6 mag	11,0"
23.8.	9h38,5m	10,12°	11:53	5:01A	0,03	3,7 mag	10,4"
28.8.	9h32,3m	12,13°	11:28	4:25A	0,14	1,8 mag	9,2"
2.9.	9h38,5m	13,22°	11:16	4:07A	0,32	0,4 mag	8,0"
7.9.	9h57,4m	12,96°	11:16	4:08A	0,53	-0,5 mag	6,9"
12.9.	10h25,7m	11,27°	11:25	4:26A	0,74	-1,0 mag	6,0"
17.9.	10h58,9m	8,43°	11:39	4:54A	0,88	-1,2 mag	5,5"
22.9.	11h33,1m	4,88°	11:53	5:27A	0,96	-1,4 mag	5,1"
27.9.	12h06,7m	1,01°	12:07	18:13U	0,99	-1,5 mag	4,9"
2.10.	12h39,0m	-2,89°	12:20	18:07U	1,00	-1,5 mag	4,8"
7.10.	13h10,2m	-6,69°	12:31	18:00U	0,99	-1,1 mag	4,7"
12.10.	13h40,5m	-10,27°	12:41	17:53U	0,98	-0,8 mag	4,8"
17.10.	14h10,3m	-13,59°	12:52	17:47U	0,96	-0,6 mag	4,8"
22.10.	14h39,8m	-16,60°	13:01	17:40U	0,93	-0,4 mag	4,9"
27.10.	15h09,3m	-19,26°	13:11	17:35U	0,90	-0,3 mag	5,1"
1.11.	15h38,6m	-21,52°	13:21	17:32U	0,86	-0,3 mag	5,3"
6.11.	16h07,5m	-23,33°	13:30	17:30U	0,81	-0,3 mag	5,6"
11.11.	16h35,1m	-24,64°	13:38	17:29U	0,74	-0,3 mag	6,0"
16.11.	17h00,1m	-25,38°	13:42	17:29U	0,64	-0,3 mag	6,6"
21.11.	17h19,3m	-25,48°	13:41	17:27U	0,50	-0,1 mag	7,3"
26.11.	17h27,7m	-24,87°	13:28	17:19U	0,31	0,4 mag	8,3"
1.12.	17h19,0m	-23,42°	12:58	16:58U	0,10	2,0 mag	9,4"
6.12.	16h54,0m	-21,22°	12:12	16:26U	0,00	5,3 mag	9,9"
11.12.	16h29,0m	-19,22°	11:29	7:04A	0,10	2,0 mag	9,4"
16.12.	16h20,2m	-18,56°	11:02	6:33A	0,31	0,4 mag	8,3"
21.12.	16h27,8m	-19,17°	10:51	6:25A	0,51	-0,2 mag	7,3"
26.12.	16h46,1m	-20,39°	10:51	6:32A	0,66	-0,3 mag	6,5"
31.12.	17h10,6m	-21,69°	10:56	6:45A	0,76	-0,4 mag	6,0"

Venus

Datum	Rektaszen-sion	Deklina-tion	Kulmina-tion	Auf-/Untergang	Phase	Helligkeit	Scheibchen-durchmesser
1.1.	16h03,6m	-18,76°	9:48	5:19A	0,78	-4,1 mag	14,1"
6.1.	16h28,9m	-19,98°	9:53	5:32A	0,79	-4,0 mag	13,8"
11.1.	16h54,7m	-20,98°	9:59	5:44A	0,81	-4,0 mag	13,4"
16.1.	17h20,8m	-21,74°	10:06	5:55A	0,82	-4,0 mag	13,1"
21.1.	17h47,2m	-22,24°	10:12	6:05A	0,83	-4,0 mag	12,8"

Datum	Rektaszension	Deklination	Kulmination	Auf-/Untergang	Phase	Helligkeit	Scheibchendurchmesser
26.1.	18h13,8m	-22,47°	10:19	6:13A	0,84	-4,0 mag	12,6"
31.1.	18h40,5m	-22,42°	10:26	6:19A	0,85	-4,0 mag	12,3"
5.2.	19h07,2m	-22,10°	10:33	6:24A	0,87	-4,0 mag	12,1"
10.2.	19h33,7m	-21,50°	10:40	6:27A	0,88	-4,0 mag	11,8"
15.2.	19h59,9m	-20,63°	10:47	6:28A	0,89	-3,9 mag	11,6"
20.2.	20h25,8m	-19,51°	10:53	6:28A	0,90	-3,9 mag	11,4"
25.2.	20h51,4m	-18,15°	10:59	6:26A	0,90	-3,9 mag	11,3"
1.3.	21h16,5m	-16,58°	11:04	6:22A	0,91	-3,9 mag	11,1"
6.3.	21h41,1m	-14,81°	11:09	6:18A	0,92	-3,9 mag	10,9"
11.3.	22h05,4m	-12,87°	11:13	6:12A	0,93	-3,9 mag	10,8"
16.3.	22h29,2m	-10,78°	11:17	6:05A	0,94	-3,9 mag	10,7"
21.3.	22h52,6m	-8,58°	11:21	5:58A	0,94	-3,9 mag	10,5"
26.3.	23h15,8m	-6,27°	11:25	5:50A	0,95	-3,9 mag	10,4"
31.3.	23h38,7m	-3,90°	11:28	5:42A	0,96	-3,9 mag	10,3"
5.4.	0h01,4m	-1,47°	11:31	5:34A	0,96	-3,9 mag	10,2"
10.4.	0h24,1m	0,98°	11:34	5:25A	0,97	-3,9 mag	10,1"
15.4.	0h46,8m	3,42°	11:37	5:16A	0,97	-3,9 mag	10,0"
20.4.	1h09,6m	5,84°	11:40	5:08A	0,98	-3,9 mag	10,0"
25.4.	1h32,5m	8,21°	11:43	4:59A	0,98	-3,9 mag	9,9"
30.4.	1h55,7m	10,51°	11:46	4:51A	0,99	-3,9 mag	9,8"
5.5.	2h19,2m	12,70°	11:50	4:43A	0,99	-3,9 mag	9,8"
10.5.	2h43,1m	14,77°	11:55	4:37A	0,99	-3,9 mag	9,7"
15.5.	3h07,4m	16,68°	11:59	4:31A	1,00	-3,9 mag	9,7"
20.5.	3h32,1m	18,43°	12:04	4:26A	1,00	-3,9 mag	9,7"
25.5.	3h57,3m	19,96°	12:10	4:22A	1,00	-3,9 mag	9,6"
30.5.	4h23,0m	21,28°	12:16		1,00	-3,9 mag	9,6"
4.6.	4h49,1m	22,35°	12:22		1,00	-3,9 mag	9,6"
9.6.	5h15,6m	23,16°	12:29	20:37U	1,00	-3,9 mag	9,6"
14.6.	5h42,3m	23,68°	12:36	20:47U	1,00	-3,9 mag	9,6"
19.6.	6h09,1m	23,92°	12:43	20:56U	1,00	-3,9 mag	9,6"
24.6.	6h36,0m	23,86°	12:50	21:02U	1,00	-3,9 mag	9,7"
29.6.	7h02,8m	23,51°	12:57	21:07U	0,99	-3,9 mag	9,7"
4.7.	7h29,4m	22,87°	13:04	21:09U	0,99	-3,9 mag	9,8"
9.7.	7h55,7m	21,95°	13:11	21:09U	0,99	-3,9 mag	9,8"
14.7.	8h21,6m	20,76°	13:17	21:08U	0,98	-3,9 mag	9,9"
19.7.	8h47,0m	19,33°	13:23	21:04U	0,98	-3,9 mag	9,9"
24.7.	9h12,0m	17,68°	13:28	21:00U	0,97	-3,9 mag	10,0"
29.7.	9h36,4m	15,82°	13:33	20:54U	0,97	-3,9 mag	10,1"
3.8.	10h00,4m	13,78°	13:37	20:47U	0,96	-3,9 mag	10,2"
8.8.	10h23,9m	11,60°	13:40	20:39U	0,95	-3,9 mag	10,3"
13.8.	10h47,0m	9,28°	13:44	20:30U	0,94	-3,9 mag	10,4"
18.8.	11h09,8m	6,87°	13:47	20:21U	0,94	-3,9 mag	10,6"
23.8.	11h32,3m	4,37°	13:50	20:12U	0,93	-3,9 mag	10,7"
28.8.	11h54,6m	1,83°	13:52	20:03U	0,92	-3,9 mag	10,9"
2.9.	12h16,9m	-0,74°	13:55	19:53U	0,91	-3,9 mag	11,0"
7.9.	12h39,1m	-3,32°	13:57	19:43U	0,90	-3,9 mag	11,2"
12.9.	13h01,4m	-5,87°	14:00	19:34U	0,89	-3,9 mag	11,4"
17.9.	13h23,9m	-8,38°	14:03	19:24U	0,88	-3,9 mag	11,6"

Datum	Rektaszension	Deklination	Kulmination	Auf-/Untergang	Phase	Helligkeit	Scheibchendurchmesser
22.9.	13h46,6m	-10,81°	14:06	19:15U	0,87	-3,9 mag	11,8"
27.9.	14h09,6m	-13,14°	14:09	19:07U	0,86	-3,9 mag	12,0"
2.10.	14h33,0m	-15,36°	14:13	18:59U	0,85	-3,9 mag	12,3"
7.10.	14h56,8m	-17,42°	14:17	18:52U	0,84	-4,0 mag	12,6"
12.10.	15h21,2m	-19,30°	14:22	18:46U	0,82	-4,0 mag	12,8"
17.10.	15h46,0m	-20,98°	14:27	18:41U	0,81	-4,0 mag	13,1"
22.10.	16h11,2m	-22,44°	14:32	18:38U	0,80	-4,0 mag	13,5"
27.10.	16h36,9m	-23,64°	14:38	18:36U	0,78	-4,0 mag	13,8"
1.11.	17h03,0m	-24,57°	14:45	18:37U	0,77	-4,0 mag	14,2"
6.11.	17h29,3m	-25,22°	14:51	18:39U	0,76	-4,0 mag	14,6"
11.11.	17h55,7m	-25,57°	14:58	18:44U	0,74	-4,1 mag	15,0"
16.11.	18h22,1m	-25,61°	15:05	18:51U	0,73	-4,1 mag	15,5"
21.11.	18h48,3m	-25,35°	15:11	18:59U	0,71	-4,1 mag	16,0"
26.11.	19h14,2m	-24,79°	15:18	19:10U	0,70	-4,1 mag	16,5"
1.12.	19h39,7m	-23,94°	15:23	19:21U	0,68	-4,2 mag	17,1"
6.12.	20h04,6m	-22,83°	15:28	19:34U	0,66	-4,2 mag	17,8"
11.12.	20h28,7m	-21,46°	15:33	19:47U	0,64	-4,2 mag	18,5"
16.12.	20h52,2m	-19,88°	15:36	20:00U	0,62	-4,3 mag	19,2"
21.12.	21h14,7m	-18,09°	15:39	20:13U	0,60	-4,3 mag	20,1"
26.12.	21h36,5m	-16,14°	15:41	20:26U	0,58	-4,3 mag	21,0"
31.12.	21h57,3m	-14,04°	15:42	20:38U	0,56	-4,4 mag	22,0"

Mars

Datum	Rektaszension	Deklination	Kulmination	Auf-/Untergang	Phase	Helligkeit	Scheibchendurchmesser
1.1.	17h48,1m	-23,96°	11:31	7:35A	0,99	1,4 mag	3,9"
6.1.	18h04,4m	-24,03°	11:28	7:32A	0,99	1,4 mag	3,9"
11.1.	18h20,7m	-24,00°	11:25	7:29A	0,99	1,4 mag	3,9"
16.1.	18h37,1m	-23,86°	11:21	7:24A	0,99	1,4 mag	3,9"
21.1.	18h53,5m	-23,61°	11:18	7:19A	0,99	1,4 mag	4,0"
26.1.	19h10,0m	-23,26°	11:15	7:14A	0,99	1,3 mag	4,0"
31.1.	19h26,4m	-22,79°	11:11	7:07A	0,99	1,3 mag	4,0"
5.2.	19h42,7m	-22,23°	11:08	7:00A	0,98	1,3 mag	4,1"
10.2.	19h58,9m	-21,56°	11:04	6:52A	0,98	1,3 mag	4,1"
15.2.	20h15,1m	-20,80°	11:01	6:44A	0,98	1,3 mag	4,1"
20.2.	20h31,1m	-19,94°	10:57	6:35A	0,98	1,3 mag	4,2"
25.2.	20h46,9m	-18,99°	10:53	6:26A	0,97	1,3 mag	4,2"
1.3.	21h02,7m	-17,96°	10:49	6:16A	0,97	1,3 mag	4,2"
6.3.	21h18,2m	-16,86°	10:45	6:06A	0,97	1,2 mag	4,3"
11.3.	21h33,6m	-15,68°	10:41	5:55A	0,97	1,2 mag	4,3"
16.3.	21h48,9m	-14,43°	10:36	5:44A	0,96	1,2 mag	4,4"
21.3.	22h04,0m	-13,13°	10:32	5:33A	0,96	1,2 mag	4,4"
26.3.	22h18,9m	-11,77°	10:27	5:21A	0,96	1,2 mag	4,4"
31.3.	22h33,7m	-10,37°	10:22	5:09A	0,96	1,2 mag	4,5"
5.4.	22h48,4m	-8,93°	10:17	4:56A	0,95	1,2 mag	4,5"
10.4.	23h02,9m	-7,45°	10:12	4:44A	0,95	1,2 mag	4,6"

Datum	Rektaszen-sion	Deklina-tion	Kulmina-tion	Auf-/Untergang	Phase	Helligkeit	Scheibchen-durchmesser
15.4.	23h17,3m	-5,96°	10:06	4:31A	0,95	1,2 mag	4,6"
20.4.	23h31,7m	-4,44°	10:01	4:18A	0,95	1,1 mag	4,6"
25.4.	23h45,9m	-2,91°	9:56	4:06A	0,94	1,1 mag	4,7"
30.4.	0h00,1m	-1,37°	9:50	3:53A	0,94	1,1 mag	4,7"
5.5.	0h14,2m	0,16°	9:44	3:40A	0,94	1,1 mag	4,8"
10.5.	0h28,3m	1,69°	9:39	3:28A	0,93	1,1 mag	4,8"
15.5.	0h42,3m	3,20°	9:33	3:15A	0,93	1,1 mag	4,9"
20.5.	0h56,4m	4,69°	9:28	3:02A	0,93	1,1 mag	4,9"
25.5.	1h10,4m	6,16°	9:22	2:49A	0,93	1,1 mag	5,0"
30.5.	1h24,4m	7,60°	9:16	2:36A	0,92	1,1 mag	5,0"
4.6.	1h38,5m	9,00°	9:11	2:23A	0,92	1,0 mag	5,1"
9.6.	1h52,6m	10,36°	9:05	2:11A	0,92	1,0 mag	5,1"
14.6.	2h06,7m	11,66°	8:59	1:59A	0,91	1,0 mag	5,2"
19.6.	2h20,9m	12,92°	8:54	1:47A	0,91	1,0 mag	5,2"
24.6.	2h35,1m	14,12°	8:48	1:35A	0,91	1,0 mag	5,3"
29.6.	2h49,3m	15,26°	8:43	1:24A	0,91	1,0 mag	5,4"
4.7.	3h03,6m	16,33°	8:37	1:12A	0,90	1,0 mag	5,4"
9.7.	3h17,9m	17,34°	8:32	1:01A	0,90	1,0 mag	5,5"
14.7.	3h32,2m	18,27°	8:27	0:50A	0,90	1,0 mag	5,6"
19.7.	3h46,5m	19,13°	8:21	0:39A	0,90	0,9 mag	5,6"
24.7.	4h00,8m	19,91°	8:16	0:29A	0,89	0,9 mag	5,7"
29.7.	4h15,1m	20,61°	8:10	0:20A	0,89	0,9 mag	5,8"
3.8.	4h29,3m	21,23°	8:05	0:10A	0,89	0,9 mag	5,9"
8.8.	4h43,5m	21,78°	7:59	0:02A	0,89	0,9 mag	6,0"
13.8.	4h57,6m	22,25°	7:54	23:51A	0,89	0,8 mag	6,1"
18.8.	5h11,5m	22,63°	7:48	23:43A	0,88	0,8 mag	6,2"
23.8.	5h25,3m	22,95°	7:42	23:35A	0,88	0,8 mag	6,3"
28.8.	5h39,0m	23,18°	7:36	23:28A	0,88	0,8 mag	6,4"
2.9.	5h52,4m	23,35°	7:30	23:20A	0,88	0,7 mag	6,6"
7.9.	6h05,6m	23,45°	7:23	23:13A	0,88	0,7 mag	6,7"
12.9.	6h18,5m	23,48°	7:16	23:06A	0,88	0,7 mag	6,9"
17.9.	6h31,2m	23,46°	7:09	22:59A	0,88	0,6 mag	7,0"
22.9.	6h43,5m	23,39°	7:02	22:52A	0,87	0,6 mag	7,2"
27.9.	6h55,4m	23,26°	6:54	22:45A	0,87	0,5 mag	7,4"
2.10.	7h06,9m	23,10°	6:46	22:38A	0,87	0,5 mag	7,6"
7.10.	7h18,0m	22,91°	6:37	22:31A	0,88	0,4 mag	7,8"
12.10.	7h28,6m	22,69°	6:28	22:23A	0,88	0,4 mag	8,0"
17.10.	7h38,6m	22,46°	6:18	22:15A	0,88	0,3 mag	8,3"
22.10.	7h48,1m	22,21°	6:08	22:06A	0,88	0,2 mag	8,6"
27.10.	7h57,0m	21,97°	5:57	21:57A	0,88	0,2 mag	8,9"
1.11.	8h05,2m	21,75°	5:46	21:47A	0,89	0,1 mag	9,2"
6.11.	8h12,7m	21,54°	5:33	21:36A	0,89	0,0 mag	9,5"
11.11.	8h19,3m	21,38°	5:20	21:23A	0,90	-0,1 mag	9,9"
16.11.	8h25,0m	21,25°	5:06	21:10A	0,90	-0,2 mag	10,3"
21.11.	8h29,8m	21,18°	4:51	20:55A	0,91	-0,3 mag	10,7"
26.11.	8h33,4m	21,18°	4:35	20:38A	0,92	-0,4 mag	11,2"
1.12.	8h35,9m	21,26°	4:18	20:20A	0,93	-0,5 mag	11,6"
6.12.	8h37,1m	21,42°	4:00	20:01A	0,94	-0,6 mag	12,1"

Datum	Rektaszension	Deklination	Kulmination	Auf-/Untergang	Phase	Helligkeit	Scheibchendurchmesser
11.12.	8h37,0m	21,66°	3:40	19:39A	0,95	-0,7 mag	12,6"
16.12.	8h35,4m	22,00°	3:18	19:16A	0,96	-0,8 mag	13,0"
21.12.	8h32,3m	22,41°	2:56	18:50A	0,97	-1,0 mag	13,5"
26.12.	8h27,8m	22,90°	2:31	18:22A	0,98	-1,1 mag	13,9"
31.12.	8h21,9m	23,43°	2:06	17:53A	0,99	-1,2 mag	14,2"

Jupiter

Datum	Rektaszension	Deklination	Kulmination	Auf-/Untergang	Helligkeit	Scheibchendurchmesser
1.1.	2h14,7m	12,26°	19:55	3:02U	-2,6 mag	44,0"
6.1.	2h14,9m	12,31°	19:36	2:42U	-2,6 mag	43,2"
11.1.	2h15,5m	12,38°	19:17	2:23U	-2,5 mag	42,5"
16.1.	2h16,3m	12,48°	18:58	2:05U	-2,5 mag	41,8"
21.1.	2h17,5m	12,60°	18:39	1:48U	-2,5 mag	41,1"
26.1.	2h18,9m	12,75°	18:21	1:30U	-2,4 mag	40,4"
31.1.	2h20,7m	12,93°	18:03	1:13U	-2,4 mag	39,8"
5.2.	2h22,8m	13,12°	17:46	0:56U	-2,3 mag	39,2"
10.2.	2h25,1m	13,33°	17:28	0:40U	-2,3 mag	38,5"
15.2.	2h27,6m	13,57°	17:11	0:24U	-2,3 mag	38,0"
20.2.	2h30,4m	13,82°	16:54	0:09U	-2,2 mag	37,4"
25.2.	2h33,4m	14,08°	16:38	23:51U	-2,2 mag	36,9"
1.3.	2h36,7m	14,35°	16:21	23:36U	-2,2 mag	36,4"
6.3.	2h40,1m	14,64°	16:05	23:21U	-2,2 mag	35,9"
11.3.	2h43,7m	14,93°	15:49	23:07U	-2,1 mag	35,5"
16.3.	2h47,5m	15,23°	15:33	22:52U	-2,1 mag	35,1"
21.3.	2h51,4m	15,54°	15:18	22:38U	-2,1 mag	34,8"
26.3.	2h55,4m	15,85°	15:02	22:24U	-2,1 mag	34,4"
31.3.	2h59,6m	16,16°	14:46	22:10U	-2,1 mag	34,1"
5.4.	3h03,9m	16,47°	14:31	21:57U	-2,0 mag	33,8"
10.4.	3h08,3m	16,78°	14:16	21:44U	-2,0 mag	33,6"
15.4.	3h12,8m	17,10°	14:01	21:30U	-2,0 mag	33,4"
20.4.	3h17,4m	17,40°	13:46	21:17U	-2,0 mag	33,2"
25.4.	3h22,1m	17,71°	13:31	21:03U	-2,0 mag	33,0"
30.4.	3h26,8m	18,01°	13:16	20:50U	-2,0 mag	32,9"
5.5.	3h31,6m	18,30°	13:01	20:37U	-2,0 mag	32,8"
10.5.	3h36,4m	18,58°	12:46	20:23U	-2,0 mag	32,7"
15.5.	3h41,2m	18,86°	12:31	20:10U	-2,0 mag	32,7"
20.5.	3h46,1m	19,13°	12:16		-2,0 mag	32,7"
25.5.	3h50,9m	19,39°	12:01	4:19A	-2,0 mag	32,7"
30.5.	3h55,8m	19,64°	11:47	4:03A	-2,0 mag	32,7"
4.6.	4h00,7m	19,88°	11:32	3:47A	-2,0 mag	32,8"
9.6.	4h05,5m	20,11°	11:17	3:30A	-2,0 mag	32,9"
14.6.	4h10,3m	20,33°	11:02	3:14A	-2,0 mag	33,0"
19.6.	4h15,1m	20,54°	10:47	2:58A	-2,0 mag	33,1"
24.6.	4h19,8m	20,73°	10:32	2:41A	-2,0 mag	33,3"
29.6.	4h24,5m	20,92°	10:17	2:25A	-2,0 mag	33,5"

Datum	Rektaszen-sion	Deklina-tion	Kulmina-tion	Auf-/Untergang	Helligkeit	Scheibchen-durchmesser
4.7.	4h29,0m	21,09°	10:02	2:09A	-2,0 mag	33,7"
9.7.	4h33,5m	21,25°	9:47	1:53A	-2,0 mag	34,0"
14.7.	4h37,9m	21,40°	9:31	1:37A	-2,1 mag	34,2"
19.7.	4h42,2m	21,54°	9:16	1:21A	-2,1 mag	34,5"
24.7.	4h46,3m	21,66°	9:00	1:04A	-2,1 mag	34,9"
29.7.	4h50,3m	21,78°	8:45	0:48A	-2,1 mag	35,2"
3.8.	4h54,1m	21,88°	8:29	0:31A	-2,1 mag	35,6"
8.8.	4h57,8m	21,97°	8:13	0:14A	-2,2 mag	36,1"
13.8.	5h01,3m	22,05°	7:57	23:55A	-2,2 mag	36,5"
18.8.	5h04,5m	22,13°	7:40	23:38A	-2,2 mag	37,0"
23.8.	5h07,6m	22,19°	7:24	23:21A	-2,2 mag	37,5"
28.8.	5h10,4m	22,25°	7:07	23:03A	-2,3 mag	38,0"
2.9.	5h13,0m	22,30°	6:50	22:46A	-2,3 mag	38,6"
7.9.	5h15,3m	22,33°	6:32	22:28A	-2,3 mag	39,2"
12.9.	5h17,3m	22,37°	6:15	22:10A	-2,4 mag	39,8"
17.9.	5h19,0m	22,39°	5:57	21:52A	-2,4 mag	40,4"
22.9.	5h20,3m	22,41°	5:38	21:34A	-2,4 mag	41,0"
27.9.	5h21,4m	22,43°	5:20	21:15A	-2,5 mag	41,7"
2.10.	5h22,1m	22,44°	5:01	20:56A	-2,5 mag	42,3"
7.10.	5h22,5m	22,44°	4:41	20:36A	-2,5 mag	43,0"
12.10.	5h22,4m	22,44°	4:22	20:16A	-2,6 mag	43,6"
17.10.	5h22,1m	22,43°	4:02	19:57A	-2,6 mag	44,3"
22.10.	5h21,3m	22,42°	3:41	19:37A	-2,6 mag	44,9"
27.10.	5h20,2m	22,40°	3:20	19:16A	-2,7 mag	45,5"
1.11.	5h18,8m	22,38°	2:59	18:55A	-2,7 mag	46,1"
6.11.	5h17,1m	22,35°	2:38	18:33A	-2,7 mag	46,6"
11.11.	5h15,0m	22,32°	2:16	18:12A	-2,7 mag	47,0"
16.11.	5h12,7m	22,28°	1:54	17:50A	-2,8 mag	47,4"
21.11.	5h10,2m	22,24°	1:32	17:28A	-2,8 mag	47,7"
26.11.	5h07,5m	22,19°	1:10	17:06A	-2,8 mag	48,0"
1.12.	5h04,6m	22,14°	0:47	16:44A	-2,8 mag	48,1"
6.12.	5h01,7m	22,08°	0:25		-2,8 mag	48,2"
11.12.	4h58,8m	22,03°	0:02	8:00U	-2,8 mag	48,1"
16.12.	4h55,9m	21,97°	23:35	7:38U	-2,8 mag	48,0"
21.12.	4h53,1m	21,91°	23:13	7:15U	-2,8 mag	47,8"
26.12.	4h50,5m	21,85°	22:50	6:52U	-2,8 mag	47,5"
31.12.	4h48,0m	21,80°	22:28	6:29U	-2,7 mag	47,1"

Saturn

Datum	Rektaszen-sion	Deklina-tion	Kulmina-tion	Auf-/Untergang	Helligkeit	Scheibchen-durchmesser	Ring-öffnung
1.1.	22h23,1m	-11,84°	16:04	21:10U	0,9 mag	16,2"	9,2°
6.1.	22h24,8m	-11,67°	15:46	20:52U	0,9 mag	16,1"	9,0°
11.1.	22h26,7m	-11,49°	15:28	20:35U	0,9 mag	16,0"	8,7°
16.1.	22h28,6m	-11,30°	15:11	20:18U	1,0 mag	15,9"	8,5°
21.1.	22h30,6m	-11,10°	14:53	20:02U	1,0 mag	15,8"	8,3°

Datum	Rektaszension	Deklination	Kulmination	Auf-/Untergang	Helligkeit	Scheibchendurchmesser	Ringöffnung
26.1.	22h32,6m	-10,90°	14:35	19:46U	1,0 mag	15,8"	8,0°
31.1.	22h34,8m	-10,69°	14:18	19:29U	1,0 mag	15,7"	7,8°
5.2.	22h36,9m	-10,48°	14:00	19:13U	1,0 mag	15,7"	7,5°
10.2.	22h39,2m	-10,26°	13:43	18:56U	1,0 mag	15,6"	7,2°
15.2.	22h41,4m	-10,03°	13:26	18:40U	1,0 mag	15,6"	6,9°
20.2.	22h43,7m	-9,81°	13:08	18:23U	1,0 mag	15,6"	6,7°
25.2.	22h46,0m	-9,58°	12:51	18:07U	1,0 mag	15,6"	6,4°
1.3.	22h48,3m	-9,36°	12:33		0,9 mag	15,6"	6,1°
6.3.	22h50,6m	-9,13°	12:16		1,0 mag	15,6"	5,8°
11.3.	22h52,9m	-8,90°	11:59	6:39A	1,0 mag	15,6"	5,5°
16.3.	22h55,1m	-8,68°	11:41	6:20A	1,0 mag	15,6"	5,3°
21.3.	22h57,3m	-8,46°	11:24	6:02A	1,0 mag	15,6"	5,0°
26.3.	22h59,5m	-8,24°	11:06	5:43A	1,1 mag	15,7"	4,7°
31.3.	23h01,7m	-8,03°	10:49	5:25A	1,1 mag	15,7"	4,5°
5.4.	23h03,8m	-7,83°	10:31	5:06A	1,1 mag	15,8"	4,2°
10.4.	23h05,8m	-7,63°	10:14	4:47A	1,1 mag	15,9"	4,0°
15.4.	23h07,8m	-7,44°	9:56	4:29A	1,1 mag	16,0"	3,7°
20.4.	23h09,7m	-7,25°	9:38	4:10A	1,1 mag	16,0"	3,5°
25.4.	23h11,5m	-7,08°	9:20	3:52A	1,2 mag	16,1"	3,3°
30.4.	23h13,2m	-6,92°	9:02	3:33A	1,2 mag	16,2"	3,1°
5.5.	23h14,8m	-6,76°	8:44	3:14A	1,2 mag	16,3"	2,9°
10.5.	23h16,3m	-6,62°	8:26	2:55A	1,2 mag	16,5"	2,7°
15.5.	23h17,7m	-6,49°	8:08	2:36A	1,2 mag	16,6"	2,6°
20.5.	23h19,0m	-6,38°	7:49	2:17A	1,2 mag	16,7"	2,4°
25.5.	23h20,2m	-6,28°	7:31	1:58A	1,2 mag	16,9"	2,3°
30.5.	23h21,2m	-6,19°	7:12	1:39A	1,1 mag	17,0"	2,2°
4.6.	23h22,0m	-6,12°	6:53	1:20A	1,1 mag	17,1"	2,1°
9.6.	23h22,8m	-6,06°	6:34	1:01A	1,1 mag	17,3"	2,0°
14.6.	23h23,4m	-6,02°	6:15	0:41A	1,1 mag	17,4"	2,0°
19.6.	23h23,8m	-6,00°	5:56	0:22A	1,1 mag	17,6"	2,0°
24.6.	23h24,1m	-5,99°	5:37	0:03A	1,1 mag	17,7"	1,9°
29.6.	23h24,2m	-6,00°	5:17	23:40A	1,0 mag	17,9"	1,9°
4.7.	23h24,2m	-6,03°	4:58	23:20A	1,0 mag	18,0"	2,0°
9.7.	23h24,1m	-6,07°	4:38	23:00A	1,0 mag	18,2"	2,0°
14.7.	23h23,7m	-6,12°	4:18	22:40A	1,0 mag	18,3"	2,1°
19.7.	23h23,3m	-6,20°	3:58	22:20A	0,9 mag	18,5"	2,2°
24.7.	23h22,6m	-6,28°	3:37	22:01A	0,9 mag	18,6"	2,3°
29.7.	23h21,9m	-6,38°	3:17	21:41A	0,9 mag	18,7"	2,4°
3.8.	23h21,0m	-6,49°	2:56	21:21A	0,8 mag	18,8"	2,5°
8.8.	23h20,0m	-6,61°	2:36	21:01A	0,8 mag	18,9"	2,7°
13.8.	23h18,9m	-6,75°	2:15	20:41A	0,7 mag	19,0"	2,8°
18.8.	23h17,7m	-6,89°	1:54	20:20A	0,7 mag	19,1"	3,0°
23.8.	23h16,5m	-7,03°	1:33	20:00A	0,7 mag	19,2"	3,1°
28.8.	23h15,1m	-7,18°	1:12	19:40A	0,6 mag	19,2"	3,3°
2.9.	23h13,7m	-7,34°	0:51	19:20A	0,6 mag	19,2"	3,5°
7.9.	23h12,3m	-7,49°	0:30	18:59A	0,6 mag	19,3"	3,7°
12.9.	23h10,9m	-7,65°	0:09	5:35U	0,6 mag	19,2"	3,9°
17.9.	23h09,5m	-7,79°	23:44	5:13U	0,6 mag	19,2"	4,1°

Datum	Rektaszension	Deklination	Kulmination	Auf-/Untergang	Helligkeit	Scheibchendurchmesser	Ringöffnung
22.9.	23h08,1m	-7,94°	23:23	4:51U	0,6 mag	19,2"	4,2°
27.9.	23h06,8m	-8,07°	23:02	4:29U	0,6 mag	19,1"	4,4°
2.10.	23h05,5m	-8,20°	22:41	4:08U	0,6 mag	19,1"	4,6°
7.10.	23h04,4m	-8,32°	22:20	3:47U	0,7 mag	19,0"	4,7°
12.10.	23h03,3m	-8,42°	21:59	3:26U	0,7 mag	18,9"	4,8°
17.10.	23h02,3m	-8,52°	21:39	3:05U	0,7 mag	18,8"	4,9°
22.10.	23h01,5m	-8,59°	21:18	2:43U	0,7 mag	18,7"	5,0°
27.10.	23h00,8m	-8,65°	20:58	2:23U	0,8 mag	18,5"	5,1°
1.11.	23h00,2m	-8,70°	20:38	2:02U	0,8 mag	18,4"	5,2°
6.11.	22h59,8m	-8,73°	20:18	1:43U	0,8 mag	18,3"	5,2°
11.11.	22h59,5m	-8,74°	19:58	1:23U	0,8 mag	18,1"	5,2°
16.11.	22h59,4m	-8,74°	19:38	1:03U	0,9 mag	18,0"	5,2°
21.11.	22h59,5m	-8,71°	19:19	0:43U	0,9 mag	17,8"	5,2°
26.11.	22h59,7m	-8,67°	18:59	0:24U	0,9 mag	17,7"	5,2°
1.12.	23h00,1m	-8,62°	18:40	0:05U	0,9 mag	17,5"	5,1°
6.12.	23h00,7m	-8,54°	18:21	23:43U	1,0 mag	17,3"	5,0°
11.12.	23h01,4m	-8,45°	18:02	23:24U	1,0 mag	17,2"	4,9°
16.12.	23h02,3m	-8,35°	17:43	23:06U	1,0 mag	17,1"	4,8°
21.12.	23h03,3m	-8,23°	17:25	22:48U	1,0 mag	16,9"	4,6°
26.12.	23h04,5m	-8,10°	17:06	22:30U	1,0 mag	16,8"	4,5°
31.12.	23h05,8m	-7,95°	16:48	22:12U	1,1 mag	16,7"	4,3°

Uranus

Datum	Rektaszension	Deklination	Kulmination	Auf-/Untergang	Helligkeit	Scheibchendurchmesser
1.1.	3h08,1m	17,28°	20:48	4:22U	5,7 mag	3,7"
11.1.	3h07,3m	17,23°	20:08	3:42U	5,7 mag	3,7"
21.1.	3h06,9m	17,21°	19:28	3:02U	5,7 mag	3,6"
31.1.	3h06,9m	17,21°	18:49	2:22U	5,7 mag	3,6"
10.2.	3h07,2m	17,24°	18:10	1:44U	5,7 mag	3,6"
20.2.	3h07,9m	17,28°	17:31	1:05U	5,8 mag	3,5"
1.3.	3h08,8m	17,35°	16:53	0:27U	5,8 mag	3,5"
11.3.	3h10,1m	17,44°	16:15	23:46U	5,8 mag	3,5"
21.3.	3h11,7m	17,55°	15:37	23:09U	5,8 mag	3,5"
31.3.	3h13,5m	17,67°	15:00	22:32U	5,8 mag	3,4"
10.4.	3h15,5m	17,81°	14:23	21:56U	5,8 mag	3,4"
20.4.	3h17,7m	17,95°	13:45	21:19U	5,8 mag	3,4"
30.4.	3h20,0m	18,09°	13:08	20:43U	5,8 mag	3,4"
10.5.	3h22,3m	18,24°	12:31	20:07U	5,8 mag	3,4"
20.5.	3h24,7m	18,39°	11:54	4:18A	5,8 mag	3,4"
30.5.	3h27,0m	18,53°	11:17	3:41A	5,8 mag	3,4"
9.6.	3h29,3m	18,67°	10:40	3:03A	5,8 mag	3,4"
19.6.	3h31,4m	18,80°	10:03	2:24A	5,8 mag	3,4"
29.6.	3h33,4m	18,91°	9:26	1:47A	5,8 mag	3,5"
9.7.	3h35,2m	19,02°	8:48	1:09A	5,8 mag	3,5"
19.7.	3h36,8m	19,10°	8:11	0:30A	5,8 mag	3,5"

Datum	Rektaszen- sion	Deklina- tion	Kulmina- tion	Auf- /Untergang	Helligkeit	Scheibchen- durchmesser
29.7.	3h38,1m	19,18°	7:33	23:48A	5,8 mag	3,5"
8.8.	3h39,1m	19,23°	6:54	23:09A	5,7 mag	3,6"
18.8.	3h39,8m	19,27°	6:16	22:30A	5,7 mag	3,6"
28.8.	3h40,1m	19,29°	5:37	21:51A	5,7 mag	3,6"
7.9.	3h40,1m	19,29°	4:57	21:12A	5,7 mag	3,6"
17.9.	3h39,7m	19,26°	4:18	20:32A	5,7 mag	3,7"
27.9.	3h39,1m	19,23°	3:38	19:53A	5,7 mag	3,7"
7.10.	3h38,1m	19,17°	2:57	19:13A	5,6 mag	3,7"
17.10.	3h36,8m	19,10°	2:17	18:32A	5,6 mag	3,7"
27.10.	3h35,4m	19,02°	1:36	17:52A	5,6 mag	3,8"
6.11.	3h33,8m	18,93°	0:55	17:12A	5,6 mag	3,8"
16.11.	3h32,1m	18,83°	0:14		5,6 mag	3,8"
26.11.	3h30,4m	18,73°	23:29	7:11U	5,6 mag	3,8"
6.12.	3h28,7m	18,64°	22:48	6:29U	5,6 mag	3,8"
16.12.	3h27,2m	18,55°	22:07	5:48U	5,6 mag	3,8"
26.12.	3h25,9m	18,47°	21:27	5:07U	5,6 mag	3,7"
31.12.	3h25,4m	18,44°	21:06	4:47U	5,6 mag	3,7"

Neptun

Datum	Rektaszen- sion	Deklina- tion	Kulmina- tion	Auf- /Untergang	Helligkeit	Scheibchen- durchmesser
1.1.	23h43,9m	-3,09°	17:25	23:13U	7,9 mag	2,2"
11.1.	23h44,5m	-3,02°	16:46	22:34U	7,9 mag	2,2"
21.1.	23h45,3m	-2,93°	16:07	21:56U	7,9 mag	2,2"
31.1.	23h46,3m	-2,82°	15:29	21:19U	7,9 mag	2,2"
10.2.	23h47,4m	-2,69°	14:51	20:41U	7,9 mag	2,2"
20.2.	23h48,7m	-2,56°	14:13	20:03U	8,0 mag	2,2"
1.3.	23h50,0m	-2,41°	13:35	19:26U	8,0 mag	2,2"
11.3.	23h51,3m	-2,26°	12:57	18:49U	8,0 mag	2,2"
21.3.	23h52,7m	-2,11°	12:19		8,0 mag	2,2"
31.3.	23h54,1m	-1,97°	11:41	5:48A	8,0 mag	2,2"
10.4.	23h55,5m	-1,82°	11:03	5:09A	8,0 mag	2,2"
20.4.	23h56,7m	-1,69°	10:25	4:30A	7,9 mag	2,2"
30.4.	23h57,9m	-1,57°	9:47	3:52A	7,9 mag	2,2"
10.5.	23h59,0m	-1,46°	9:09	3:13A	7,9 mag	2,2"
20.5.	23h59,9m	-1,37°	8:30	2:34A	7,9 mag	2,2"
30.5.	0h00,6m	-1,30°	7:52	1:55A	7,9 mag	2,2"
9.6.	0h01,2m	-1,24°	7:13	1:16A	7,9 mag	2,2"
19.6.	0h01,6m	-1,21°	6:34	0:37A	7,9 mag	2,2"
29.6.	0h01,8m	-1,20°	5:55	23:54A	7,9 mag	2,3"
9.7.	0h01,8m	-1,21°	5:15	23:15A	7,9 mag	2,3"
19.7.	0h01,5m	-1,24°	4:36	22:35A	7,9 mag	2,3"
29.7.	0h01,1m	-1,29°	3:56	21:56A	7,8 mag	2,3"
8.8.	0h00,6m	-1,36°	3:16	21:16A	7,8 mag	2,3"
18.8.	23h59,8m	-1,45°	2:36	20:36A	7,8 mag	2,3"
28.8.	23h59,0m	-1,55°	1:56	19:57A	7,8 mag	2,3"

Datum	Rektaszen-sion	Deklina-tion	Kulmina-tion	Auf-/Untergang	Helligkeit	Scheibchen-durchmesser
7.9.	23h58,1m	-1,65°	1:16	19:17A	7,8 mag	2,3"
17.9.	23h57,1m	-1,76°	0:35	18:37A	7,8 mag	2,3"
27.9.	23h56,1m	-1,87°	23:51	5:49U	7,8 mag	2,3"
7.10.	23h55,1m	-1,98°	23:11	5:08U	7,8 mag	2,3"
17.10.	23h54,1m	-2,08°	22:31	4:27U	7,8 mag	2,3"
27.10.	23h53,3m	-2,17°	21:50	3:47U	7,8 mag	2,3"
6.11.	23h52,6m	-2,24°	21:10	3:06U	7,8 mag	2,3"
16.11.	23h52,1m	-2,29°	20:31	2:26U	7,8 mag	2,3"
26.11.	23h51,7m	-2,32°	19:51	1:47U	7,9 mag	2,3"
6.12.	23h51,5m	-2,33°	19:11	1:07U	7,9 mag	2,3"
16.12.	23h51,6m	-2,32°	18:32	0:27U	7,9 mag	2,3"
26.12.	23h51,9m	-2,29°	17:53	23:45U	7,9 mag	2,2"
31.12.	23h52,1m	-2,26°	17:34	23:26U	7,9 mag	2,2"

Pluto

Datum	Rektaszen-sion	Deklinat-ion	Kulmina-tion	Auf-/Untergang	Helligkeit
1.1.	20h08,5m	-22,99°	13:50	17:52U	14,5 mag
11.1.	20h09,9m	-22,93°	13:12	17:15U	14,5 mag
21.1.	20h11,3m	-22,88°	12:34		14,5 mag
31.1.	20h12,7m	-22,82°	11:56	7:53A	14,5 mag
10.2.	20h14,0m	-22,77°	11:18	7:15A	14,5 mag
20.2.	20h15,3m	-22,72°	10:40	6:36A	14,5 mag
1.3.	20h16,5m	-22,68°	10:02	5:58A	14,5 mag
11.3.	20h17,6m	-22,65°	9:24	5:19A	14,5 mag
21.3.	20h18,5m	-22,63°	8:45	4:40A	14,5 mag
31.3.	20h19,2m	-22,61°	8:07	4:02A	14,5 mag
10.4.	20h19,8m	-22,61°	7:28	3:23A	14,5 mag
20.4.	20h20,2m	-22,62°	6:49	2:44A	14,4 mag
30.4.	20h20,4m	-22,64°	6:10	2:05A	14,4 mag
10.5.	20h20,4m	-22,67°	5:30	1:26A	14,4 mag
20.5.	20h20,2m	-22,71°	4:51	0:47A	14,4 mag
30.5.	20h19,8m	-22,76°	4:11	0:07A	14,4 mag
9.6.	20h19,2m	-22,81°	3:31	23:24A	14,4 mag
19.6.	20h18,5m	-22,88°	2:51	22:44A	14,4 mag
29.6.	20h17,7m	-22,94°	2:11	22:05A	14,4 mag
9.7.	20h16,8m	-23,01°	1:31	21:25A	14,4 mag
19.7.	20h15,8m	-23,08°	0:51	20:45A	14,4 mag
29.7.	20h14,8m	-23,15°	0:10	4:11U	14,4 mag
8.8.	20h13,8m	-23,21°	23:26	3:31U	14,4 mag
18.8.	20h12,9m	-23,27°	22:46	2:50U	14,4 mag
28.8.	20h12,1m	-23,31°	22:06	2:10U	14,4 mag
7.9.	20h11,4m	-23,35°	21:26	1:30U	14,4 mag
17.9.	20h10,8m	-23,39°	20:46	0:49U	14,4 mag
27.9.	20h10,4m	-23,41°	20:06	0:10U	14,4 mag
7.10.	20h10,2m	-23,41°	19:27	23:26U	14,4 mag

Datum	Rektaszen-sion	Deklinat-ion	Kulmina-tion	Auf-/Untergang	Helligkeit
17.10.	20h10,2m	-23,41°	18:47	22:47U	14,4 mag
27.10.	20h10,4m	-23,40°	18:08	22:08U	14,5 mag
6.11.	20h10,8m	-23,38°	17:29	21:29U	14,5 mag
16.11.	20h11,4m	-23,35°	16:51	20:51U	14,5 mag
26.11.	20h12,2m	-23,31°	16:12	20:12U	14,5 mag
6.12.	20h13,2m	-23,26°	15:34	19:35U	14,5 mag
16.12.	20h14,3m	-23,21°	14:56	18:56U	14,5 mag
26.12.	20h15,5m	-23,15°	14:17	18:18U	14,5 mag
31.12.	20h16,1m	-23,12°	13:58	18:00U	14,5 mag

Ceres

Datum	Rektaszen-sion	Deklina-tion	Kulmina-tion	Auf-/Untergang	Helligkeit
1.1.	16h57,6m	-20,73°	10:39	6:23A	8,9 mag
6.1.	17h06,2m	-21,06°	10:28	6:14A	9,0 mag
11.1.	17h14,8m	-21,36°	10:17	6:05A	9,0 mag
16.1.	17h23,2m	-21,63°	10:06	5:55A	9,0 mag
21.1.	17h31,6m	-21,88°	9:55	5:46A	9,0 mag
26.1.	17h39,9m	-22,10°	9:44	5:36A	9,1 mag
31.1.	17h48,0m	-22,29°	9:32	5:25A	9,1 mag
5.2.	17h56,0m	-22,46°	9:20	5:15A	9,1 mag
10.2.	18h03,9m	-22,60°	9:08	5:04A	9,1 mag
15.2.	18h11,6m	-22,73°	8:56	4:52A	9,1 mag
20.2.	18h19,1m	-22,84°	8:44	4:41A	9,1 mag
25.2.	18h26,4m	-22,93°	8:32	4:29A	9,1 mag
1.3.	18h33,5m	-23,01°	8:19	4:17A	9,0 mag
6.3.	18h40,3m	-23,08°	8:06	4:04A	9,0 mag
11.3.	18h46,8m	-23,15°	7:54	3:52A	9,0 mag
16.3.	18h53,1m	-23,21°	7:40	3:39A	9,0 mag
21.3.	18h59,0m	-23,27°	7:26	3:26A	8,9 mag
26.3.	19h04,6m	-23,33°	7:12	3:12A	8,9 mag
31.3.	19h09,8m	-23,41°	6:58	2:58A	8,9 mag
5.4.	19h14,6m	-23,49°	6:43	2:43A	8,8 mag
10.4.	19h19,0m	-23,59°	6:27	2:29A	8,8 mag
15.4.	19h23,0m	-23,71°	6:11	2:14A	8,7 mag
20.4.	19h26,5m	-23,86°	5:56	1:59A	8,6 mag
25.4.	19h29,4m	-24,02°	5:39	1:43A	8,6 mag
30.4.	19h31,8m	-24,22°	5:22	1:27A	8,5 mag
5.5.	19h33,6m	-24,45°	5:04	1:11A	8,4 mag
10.5.	19h34,9m	-24,71°	4:45	0:54A	8,4 mag
15.5.	19h35,4m	-25,01°	4:26	0:37A	8,3 mag
20.5.	19h35,4m	-25,34°	4:06	0:19A	8,2 mag
25.5.	19h34,7m	-25,70°	3:46	0:02A	8,1 mag
30.5.	19h33,3m	-26,09°	3:25	23:40A	8,0 mag
4.6.	19h31,2m	-26,51°	3:03	23:21A	7,9 mag
9.6.	19h28,5m	-26,95°	2:41	23:02A	7,8 mag

Datum	Rektaszen-sion	Deklina-tion	Kulmina-tion	Auf-/Untergang	Helligkeit
14.6.	19h25,3m	-27,40°	2:18	22:42A	7,7 mag
19.6.	19h21,5m	-27,85°	1:54	22:22A	7,6 mag
24.6.	19h17,3m	-28,29°	1:31	22:02A	7,5 mag
29.6.	19h12,7m	-28,71°	1:07	21:41A	7,4 mag
4.7.	19h07,9m	-29,11°	0:42	4:00U	7,3 mag
9.7.	19h03,1m	-29,48°	0:17	3:33U	7,3 mag
14.7.	18h58,3m	-29,81°	23:50	3:06U	7,4 mag
19.7.	18h53,6m	-30,09°	23:26	2:39U	7,5 mag
24.7.	18h49,3m	-30,33°	23:02	2:13U	7,7 mag
29.7.	18h45,4m	-30,52°	22:38	1:48U	7,8 mag
3.8.	18h42,0m	-30,68°	22:15	1:24U	7,9 mag
8.8.	18h39,2m	-30,79°	21:53	1:00U	8,0 mag
13.8.	18h37,1m	-30,87°	21:31	0:37U	8,1 mag
18.8.	18h35,6m	-30,91°	21:10	0:16U	8,2 mag
23.8.	18h34,8m	-30,93°	20:49	23:52U	8,3 mag
28.8.	18h34,7m	-30,93°	20:29	23:32U	8,4 mag
2.9.	18h35,2m	-30,90°	20:09	23:13U	8,5 mag
7.9.	18h36,4m	-30,86°	19:52	22:55U	8,6 mag
12.9.	18h38,3m	-30,80°	19:34	22:37U	8,6 mag
17.9.	18h40,7m	-30,72°	19:16	22:21U	8,7 mag
22.9.	18h43,7m	-30,63°	19:00	22:05U	8,8 mag
27.9.	18h47,2m	-30,52°	18:43	21:50U	8,9 mag
2.10.	18h51,2m	-30,40°	18:28	21:35U	8,9 mag
7.10.	18h55,7m	-30,26°	18:12	21:21U	9,0 mag
12.10.	19h00,6m	-30,11°	17:58	21:08U	9,0 mag
17.10.	19h05,9m	-29,94°	17:44	20:55U	9,1 mag
22.10.	19h11,5m	-29,75°	17:29	20:42U	9,1 mag
27.10.	19h17,4m	-29,54°	17:16	20:30U	9,1 mag
1.11.	19h23,6m	-29,31°	17:02	20:18U	9,2 mag
6.11.	19h30,1m	-29,07°	16:49	20:07U	9,2 mag
11.11.	19h36,9m	-28,80°	16:36	19:57U	9,2 mag
16.11.	19h43,8m	-28,50°	16:23	19:47U	9,3 mag
21.11.	19h50,9m	-28,19°	16:10	19:37U	9,3 mag
26.11.	19h58,2m	-27,85°	15:59	19:27U	9,3 mag
1.12.	20h05,6m	-27,49°	15:46	19:17U	9,3 mag
6.12.	20h13,2m	-27,11°	15:34	19:08U	9,3 mag
11.12.	20h20,9m	-26,71°	15:22	18:59U	9,3 mag
16.12.	20h28,6m	-26,28°	15:10	18:50U	9,3 mag
21.12.	20h36,4m	-25,83°	14:58	18:41U	9,3 mag
26.12.	20h44,3m	-25,35°	14:46	18:32U	9,3 mag
31.12.	20h52,2m	-24,86°	14:34	18:24U	9,2 mag

Pallas

Datum	Rektaszension	Deklination	Kulmination	Auf-/Untergang	Helligkeit
1.1.	15h21,1m	1,03°	9:03	2:56A	9,7 mag
6.1.	15h28,9m	1,34°	8:51	2:42A	9,7 mag
11.1.	15h36,5m	1,72°	8:39	2:28A	9,7 mag
16.1.	15h43,8m	2,17°	8:27	2:14A	9,6 mag
21.1.	15h50,9m	2,67°	8:14	1:59A	9,6 mag
26.1.	15h57,8m	3,25°	8:01	1:44A	9,6 mag
31.1.	16h04,3m	3,89°	7:49	1:27A	9,6 mag
5.2.	16h10,6m	4,60°	7:35	1:11A	9,6 mag
10.2.	16h16,5m	5,38°	7:21	0:53A	9,6 mag
15.2.	16h22,1m	6,23°	7:07	0:34A	9,5 mag
20.2.	16h27,2m	7,14°	6:53	0:15A	9,5 mag
25.2.	16h32,0m	8,11°	6:38	23:52A	9,5 mag
1.3.	16h36,2m	9,14°	6:22	23:32A	9,4 mag
6.3.	16h40,0m	10,23°	6:06	23:10A	9,4 mag
11.3.	16h43,3m	11,36°	5:50	22:48A	9,4 mag
16.3.	16h46,0m	12,54°	5:33	22:25A	9,3 mag
21.3.	16h48,2m	13,76°	5:16	22:01A	9,3 mag
26.3.	16h49,7m	14,99°	4:58	21:37A	9,2 mag
31.3.	16h50,7m	16,24°	4:39	21:11A	9,2 mag
5.4.	16h51,0m	17,49°	4:19	20:44A	9,2 mag
10.4.	16h50,6m	18,73°	4:00	20:17A	9,1 mag
15.4.	16h49,6m	19,93°	3:39	19:50A	9,1 mag
20.4.	16h48,0m	21,08°	3:18		9,1 mag
25.4.	16h45,8m	22,17°	2:56		9,0 mag
30.4.	16h43,1m	23,17°	2:33		9,0 mag
5.5.	16h39,9m	24,07°	2:10		9,0 mag
10.5.	16h36,2m	24,86°	1:47		9,0 mag
15.5.	16h32,3m	25,52°	1:24		9,0 mag
20.5.	16h28,1m	26,04°	1:00		9,0 mag
25.5.	16h23,8m	26,41°	0:36		9,1 mag
30.5.	16h19,5m	26,65°	0:12		9,1 mag
4.6.	16h15,3m	26,73°	23:45		9,1 mag
9.6.	16h11,3m	26,68°	23:21		9,2 mag
14.6.	16h07,6m	26,49°	22:58		9,2 mag
19.6.	16h04,3m	26,18°	22:35		9,3 mag
24.6.	16h01,5m	25,75°	22:12		9,4 mag
29.6.	15h59,1m	25,22°	21:50		9,4 mag
4.7.	15h57,2m	24,61°	21:29		9,5 mag
9.7.	15h55,8m	23,91°	21:08		9,5 mag
14.7.	15h55,0m	23,16°	20:47		9,6 mag
19.7.	15h54,8m	22,35°	20:27	4:31U	9,7 mag
24.7.	15h55,0m	21,50°	20:08	4:06U	9,7 mag
29.7.	15h55,8m	20,62°	19:49	3:42U	9,8 mag
3.8.	15h57,1m	19,72°	19:31	3:18U	9,8 mag
8.8.	15h58,8m	18,80°	19:13	2:54U	9,9 mag

Datum	Rektaszension	Deklination	Kulmination	Auf-/Untergang	Helligkeit
13.8.	16h01,0m	17,88°	18:55	2:31U	10,0 mag
18.8.	16h03,7m	16,95°	18:38	2:09U	10,0 mag
23.8.	16h06,7m	16,03°	18:21	1:48U	10,0 mag
28.8.	16h10,1m	15,12°	18:05	1:26U	10,1 mag
2.9.	16h13,8m	14,23°	17:50	1:06U	10,1 mag
7.9.	16h17,9m	13,35°	17:34	0:45U	10,2 mag
12.9.	16h22,3m	12,50°	17:19	0:25U	10,2 mag
17.9.	16h27,0m	11,67°	17:04	0:06U	10,2 mag
22.9.	16h31,9m	10,87°	16:48	23:44U	10,3 mag
27.9.	16h37,1m	10,10°	16:33	23:25U	10,3 mag
2.10.	16h42,5m	9,36°	16:19	23:07U	10,3 mag
7.10.	16h48,2m	8,65°	16:05	22:49U	10,3 mag
12.10.	16h54,0m	7,99°	15:52	22:32U	10,4 mag
17.10.	17h00,0m	7,35°	15:38	22:15U	10,4 mag
22.10.	17h06,2m	6,76°	15:24	21:59U	10,4 mag
27.10.	17h12,6m	6,21°	15:11	21:43U	10,4 mag
1.11.	17h19,0m	5,70°	14:58	21:28U	10,4 mag
6.11.	17h25,6m	5,23°	14:45	21:12U	10,4 mag
11.11.	17h32,3m	4,80°	14:32	20:57U	10,4 mag
16.11.	17h39,2m	4,41°	14:19	20:42U	10,4 mag
21.11.	17h46,0m	4,07°	14:06	20:28U	10,4 mag
26.11.	17h53,0m	3,78°	13:54	20:14U	10,4 mag
1.12.	18h00,0m	3,52°	13:41	20:00U	10,4 mag
6.12.	18h07,1m	3,31°	13:28	19:47U	10,4 mag
11.12.	18h14,2m	3,15°	13:16	19:33U	10,4 mag
16.12.	18h21,3m	3,03°	13:03	19:20U	10,4 mag
21.12.	18h28,4m	2,95°	12:50	19:07U	10,4 mag
26.12.	18h35,6m	2,92°	12:38	18:54U	10,4 mag
31.12.	18h42,7m	2,93°	12:25	18:41U	10,4 mag

Juno

Datum	Rektaszension	Deklination	Kulmination	Auf-/Untergang	Helligkeit
1.1.	11h18,9m	-1,91°	5:02	23:04A	9,7 mag
6.1.	11h20,5m	-1,91°	4:44	22:46A	9,6 mag
11.1.	11h21,4m	-1,82°	4:25	22:27A	9,6 mag
16.1.	11h21,7m	-1,64°	4:05	22:07A	9,5 mag
21.1.	11h21,3m	-1,37°	3:46	21:46A	9,4 mag
26.1.	11h20,2m	-1,01°	3:25	21:23A	9,3 mag
31.1.	11h18,5m	-0,55°	3:03	20:59A	9,3 mag
5.2.	11h16,2m	0,00°	2:41	20:35A	9,2 mag
10.2.	11h13,4m	0,63°	2:19	20:09A	9,1 mag
15.2.	11h10,1m	1,34°	1:56	19:43A	9,0 mag
20.2.	11h06,4m	2,11°	1:33	19:16A	8,9 mag
25.2.	11h02,4m	2,92°	1:09	18:48A	8,9 mag
1.3.	10h58,4m	3,75°	0:45	18:21A	8,8 mag

Datum	Rektaszension	Deklination	Kulmination	Auf-/ Untergang	Helligkeit
6.3.	10h54,3m	4,60°	0:21	6:46U	8,8 mag
11.3.	10h50,3m	5,43°	23:55	6:26U	8,9 mag
16.3.	10h46,6m	6,23°	23:32	6:07U	9,0 mag
21.3.	10h43,2m	6,99°	23:08	5:48U	9,2 mag
26.3.	10h40,2m	7,68°	22:46	5:29U	9,3 mag
31.3.	10h37,8m	8,31°	22:23	5:10U	9,4 mag
5.4.	10h35,9m	8,87°	22:02	4:50U	9,5 mag
10.4.	10h34,6m	9,34°	21:41	4:32U	9,7 mag
15.4.	10h33,8m	9,74°	21:21	4:13U	9,8 mag
20.4.	10h33,7m	10,06°	21:01	3:56U	9,9 mag
25.4.	10h34,1m	10,30°	20:42	3:38U	10,0 mag
30.4.	10h35,1m	10,47°	20:23	3:20U	10,1 mag
5.5.	10h36,6m	10,56°	20:05	3:02U	10,2 mag
10.5.	10h38,6m	10,60°	19:47	2:44U	10,3 mag
15.5.	10h41,1m	10,56°	19:30	2:27U	10,4 mag
20.5.	10h43,9m	10,48°	19:13	2:10U	10,5 mag
25.5.	10h47,2m	10,33°	18.57	1:53U	10,5 mag
30.5.	10h50,8m	10,14°	18:41	1:36U	10,6 mag
4.6.	10h54,7m	9,90°	18:25	1:19U	10,7 mag
9.6.	10h58,9m	9,62°	18:09	1:02U	10,7 mag
14.6.	11h03,4m	9,31°	17:55	0:45U	10,8 mag
19.6.	11h08,1m	8,95°	17:40	0:28U	10,9 mag
24.6.	11h13,1m	8,57°	17:25	0:11U	10,9 mag
29.6.	11h18,2m	8,15°	17:10	23:51U	11,0 mag
4.7.	11h23,6m	7,71°	16:55	23:35U	11,0 mag
9.7.	11h29,0m	7,24°	16:41	23:18U	11,0 mag
14.7.	11h34,7m	6,75°	16:27	23:02U	11,1 mag
19.7.	11h40,4m	6,24°	16:13	22:45U	11,1 mag
24.7.	11h46,3m	5,71°	15:59	22:29U	11,1 mag
29.7.	11h52,3m	5,17°	15:46	22:12U	11,2 mag
3.8.	11h58,4m	4,61°	15:32	21:56U	11,2 mag
8.8.	12h04,5m	4,04°	15:18	21:40U	11,2 mag
13.8.	12h10,8m	3,47°	15:05	21:24U	11,2 mag
18.8.	12h17,1m	2,88°	14:52	21:08U	11,2 mag
23.8.	12h23,5m	2,29°	14:38	20:51U	11,2 mag
28.8.	12h29,9m	1,70°	14:25	20:35U	11,2 mag
2.9.	12h36,4m	1,10°	14:12	20:19U	11,2 mag
7.9.	12h43,0m	0,50°	13:59	20:03U	11,2 mag
12.9.	12h49,6m	-0,10°	13:46	19:48U	11,2 mag
17.9.	12h56,2m	-0,69°	13:33	19:32U	11,2 mag
22.9.	13h02,9m	-1,28°	13:20	19:16U	11,2 mag
27.9.	13h09,6m	-1,87°	13:07	19:00U	11,2 mag
2.10.	13h16,3m	-2,44°	12:54	18:44U	11,2 mag
7.10.	13h23,0m	-3,01°	12:41	18:29U	11,1 mag
12.10.	13h29,8m	-3,56°	12:28	18:13U	11,1 mag
17.10.	13h36,5m	-4,11°	12:15	17:58U	11,1 mag
22.10.	13h43,3m	-4,64°	12:02	17:42U	11,1 mag
27.10.	13h50,1m	-5,15°	11:49	17:27U	11,2 mag

Datum	Rektaszen-sion	Deklina-tion	Kulmina-tion	Auf-/ Untergang	Helligkeit
1.11.	13h56,8m	-5,65°	11:36	17:12U	11,2 mag
6.11.	14h03,6m	-6,12°	11:23	16:56U	11,3 mag
11.11.	14h10,3m	-6,58°	11:10	5:39A	11,3 mag
16.11.	14h17,0m	-7,02°	10:57	5:28A	11,3 mag
21.11.	14h23,6m	-7,43°	10:44	5:17A	11,3 mag
26.11.	14h30,2m	-7,82°	10:31	5:06A	11,4 mag
1.12.	14h36,7m	-8,18°	10:18	4:54A	11,4 mag
6.12.	14h43,2m	-8,51°	10:04	4:43A	11,4 mag
11.12.	14h49,5m	-8,82°	9:52	4:31A	11,4 mag
16.12.	14h55,8m	-9,09°	9:38	4:19A	11,4 mag
21.12.	15h01,9m	-9,34°	9:25	4:07A	11,4 mag
26.12.	15h07,9m	-9,55°	9:11	3:54A	11,4 mag
31.12.	15h13,8m	-9,73°	8:57	3:41A	11,4 mag

Vesta

Datum	Rektaszen-sion	Deklina-tion	Kulmina-tion	Auf-/Untergang	Helligkeit
1.1.	5h47,2m	21,00°	23:28	7:23U	6,6 mag
6.1.	5h42,0m	21,21°	23:03	6:59U	6,7 mag
11.1.	5h37,4m	21,43°	22:38	6:36U	6,8 mag
16.1.	5h33,3m	21,64°	22:15	6:14U	6,9 mag
21.1.	5h29,9m	21,85°	21:52	5:52U	7,0 mag
26.1.	5h27,3m	22,06°	21:30	5:32U	7,1 mag
31.1.	5h25,5m	22,27°	21:08	5:11U	7,2 mag
5.2.	5h24,4m	22,48°	20:47	4:52U	7,3 mag
10.2.	5h24,2m	22,69°	20:27	4:33U	7,4 mag
15.2.	5h24,8m	22,91°	20:08	4:15U	7,5 mag
20.2.	5h26,2m	23,12°	19:50	3:59U	7,6 mag
25.2.	5h28,2m	23,32°	19:33	3:43U	7,7 mag
1.3.	5h31,0m	23,53°	19:16	3:27U	7,7 mag
6.3.	5h34,4m	23,73°	18:59	3:12U	7,8 mag
11.3.	5h38,4m	23,91°	18:44	2:58U	7,9 mag
16.3.	5h42,9m	24,09°	18:28	2:44U	7,9 mag
21.3.	5h47,9m	24,26°	18:14	2:30U	8,0 mag
26.3.	5h53,4m	24,40°	18:00	2:17U	8,1 mag
31.3.	5h59,4m	24,53°	17:46	2:04U	8,1 mag
5.4.	6h05,7m	24,64°	17:33	1:52U	8,1 mag
10.4.	6h12,4m	24,73°	17:20	1:40U	8,2 mag
15.4.	6h19,4m	24,79°	17:07	1:27U	8,2 mag
20.4.	6h26,8m	24,82°	16:55	1:15U	8,2 mag
25.4.	6h34,4m	24,83°	16:42	1:03U	8,3 mag
30.4.	6h42,2m	24,80°	16:31	0:51U	8,3 mag
5.5.	6h50,2m	24,75°	16:19	0:39U	8,3 mag
10.5.	6h58,5m	24,66°	16:07	0:27U	8,3 mag
15.5.	7h06,9m	24,54°	15:57	0:15U	8,3 mag
20.5.	7h15,5m	24,38°	15:46	0:02U	8,3 mag

Datum	Rektaszen-sion	Deklina-tion	Kulmina-tion	Auf-/Untergang	Helligkeit
25.5.	7h24,2m	24,19°	15:34	23:47U	8,4 mag
30.5.	7h33,1m	23,97°	15:23	23:34U	8,4 mag
4.6.	7h42,0m	23,71°	15:12	23:22U	8,4 mag
9.6.	7h51,0m	23,41°	15:01	23:09U	8,4 mag
14.6.	8h00,1m	23,08°	14:51	22:56U	8,3 mag
19.6.	8h09,3m	22,71°	14:40	22:43U	8,3 mag
24.6.	8h18,5m	22,31°	14:30	22:30U	8,3 mag
29.6.	8h27,7m	21,88°	14:19	22:16U	8,3 mag
4.7.	8h37,0m	21,41°	14:09	22:03U	8,3 mag
9.7.	8h46,3m	20,91°	13:59	21:50U	8,3 mag
14.7.	8h55,6m	20,37°	13:49	21:36U	8,2 mag
19.7.	9h04,9m	19,81°	13:38	21:23U	8,2 mag
24.7.	9h14,2m	19,22°	13:28	21:09U	8,2 mag
29.7.	9h23,5m	18,60°	13:17	20:54U	8,1 mag
3.8.	9h32,8m	17,95°	13:07	20:40U	8,1 mag
8.8.	9h42,1m	17,27°	12:56	20:26U	8,0 mag
13.8.	9h51,4m	16,58°	12:46	20:11U	8,0 mag
18.8.	10h00,6m	15,85°	12:35	19:57U	7,9 mag
23.8.	10h09,8m	15,11°	12:25	19:43U	7,9 mag
28.8.	10h19,0m	14,35°	12:14	19:28U	8,0 mag
2.9.	10h28,2m	13,57°	12:04	19:13U	8,0 mag
7.9.	10h37,3m	12,78°	11:54	18:59U	8,0 mag
12.9.	10h46,4m	11,97°	11:43	18:44U	8,1 mag
17.9.	10h55,5m	11,16°	11:32	4:35A	8,1 mag
22.9.	11h04,5m	10,33°	11:22	4:28A	8,1 mag
27.9.	11h13,6m	9,49°	11:11	4:22A	8,1 mag
2.10.	11h22,6m	8,65°	11:00	4:16A	8,1 mag
7.10.	11h31,5m	7,80°	10:49	4:09A	8,1 mag
12.10.	11h40,5m	6,96°	10:39	4:03A	8,1 mag
17.10.	11h49,4m	6,11°	10:28	3:56A	8,1 mag
22.10.	11h58,2m	5,27°	10:17	3:49A	8,1 mag
27.10.	12h07,1m	4,44°	10:06	3:43A	8,1 mag
1.11.	12h15,9m	3,61°	9:56	3:36A	8,1 mag
6.11.	12h24,6m	2,79°	9:45	3:29A	8,1 mag
11.11.	12h33,4m	1,99°	9:34	3:22A	8,1 mag
16.11.	12h42,0m	1,20°	9:23	3:14A	8,1 mag
21.11.	12h50,6m	0,43°	9:12	3:07A	8,1 mag
26.11.	12h59,2m	-0,32°	9:00	2:59A	8,1 mag
1.12.	13h07,7m	-1,05°	8:49	2:51A	8,0 mag
6.12.	13h16,1m	-1,75°	8:38	2:43A	8,0 mag
11.12.	13h24,4m	-2,42°	8:26	2:35A	8,0 mag
16.12.	13h32,7m	-3,07°	8:15	2:27A	7,9 mag
21.12.	13h40,8m	-3,68°	8:03	2:18A	7,9 mag
26.12.	13h48,8m	-4,25°	7:52	2:09A	7,8 mag
31.12.	13h56,6m	-4,79°	7:40	2:00A	7,8 mag

Saturnmonde

Januar

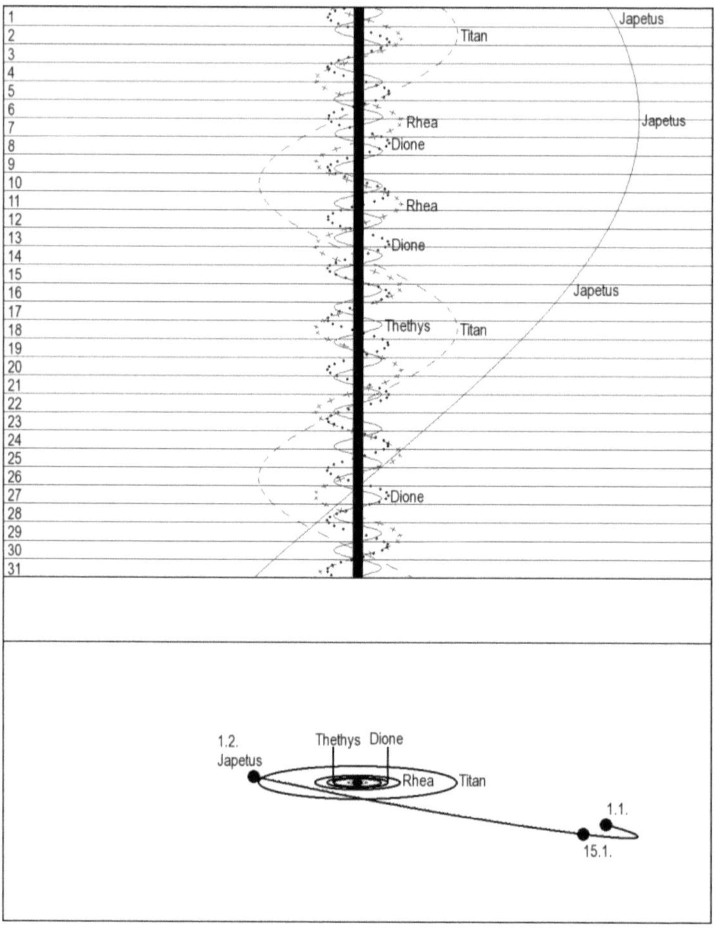

Datum	Uhrzeit (MEZ)	Mond	Erscheinung	Phase
1.1.2024	17:36:54	Tethys	Durchgang	Ende
1.1.2024	18:23:23	Tethys	Schattenvorübergang	Ende
2.1.2024	17:02:59	Tethys	Verfinsterung	Ende
11.1.2024	17:14:06	Dione	Durchgang	Anfang
11.1.2024	17:19:29	Dione	Schattenvorübergang	Anfang
11.1.2024	18:15:41	Dione	Durchgang	Ende

Datum	Uhrzeit (MEZ)	Mond	Erscheinung	Phase
11.1.2024	19:29:34	Dione	Schattenvorübergang	Ende
15.1.2024	19:38:27	Tethys	Bedeckung	Anfang
16.1.2024	18:18:03	Tethys	Durchgang	Anfang
16.1.2024	18:32:47	Tethys	Schattenvorübergang	Anfang
18.1.2024	17:42:20	Tethys	Durchgang	Ende
18.1.2024	18:15:56	Tethys	Schattenvorübergang	Ende
22.1.2024	17:26:50	Dione	Durchgang	Ende
22.1.2024	18:20:30	Dione	Schattenvorübergang	Ende
26.1.2024	18:28:45	Dione	Bedeckung	Anfang

Mai

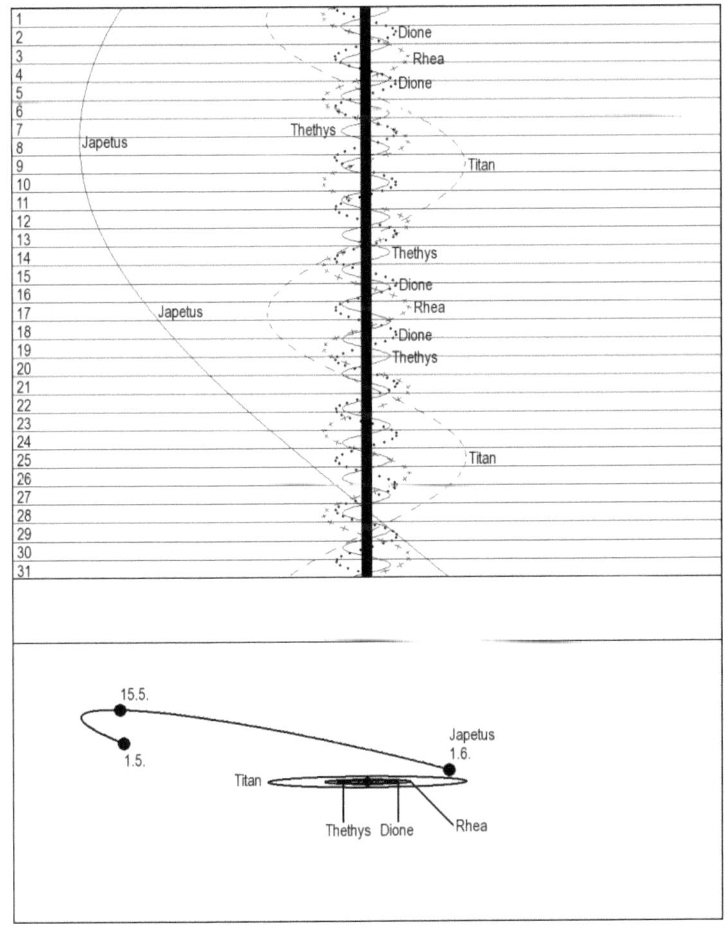

Datum	Uhrzeit (MEZ)	Mond	Erscheinung	Phase
7.5.2024	03:55:04	Tethys	Schattenvorübergang	Anfang
7.5.2024	04:22:19	Tethys	Durchgang	Anfang
9.5.2024	03:52:19	Tethys	Schattenvorübergang	Ende
11.5.2024	03:49:08	Dione	Schattenvorübergang	Anfang
18.5.2024	03:55:49	Dione	Bedeckung	Ende
22.5.2024	03:16:23	Dione	Durchgang	Anfang
24.5.2024	03:41:41	Tethys	Schattenvorübergang	Anfang
26.5.2024	03:40:38	Tethys	Schattenvorübergang	Ende
27.5.2024	03:05:50	Tethys	Bedeckung	Ende
29.5.2024	02:46:12	Dione	Bedeckung	Ende

Juni

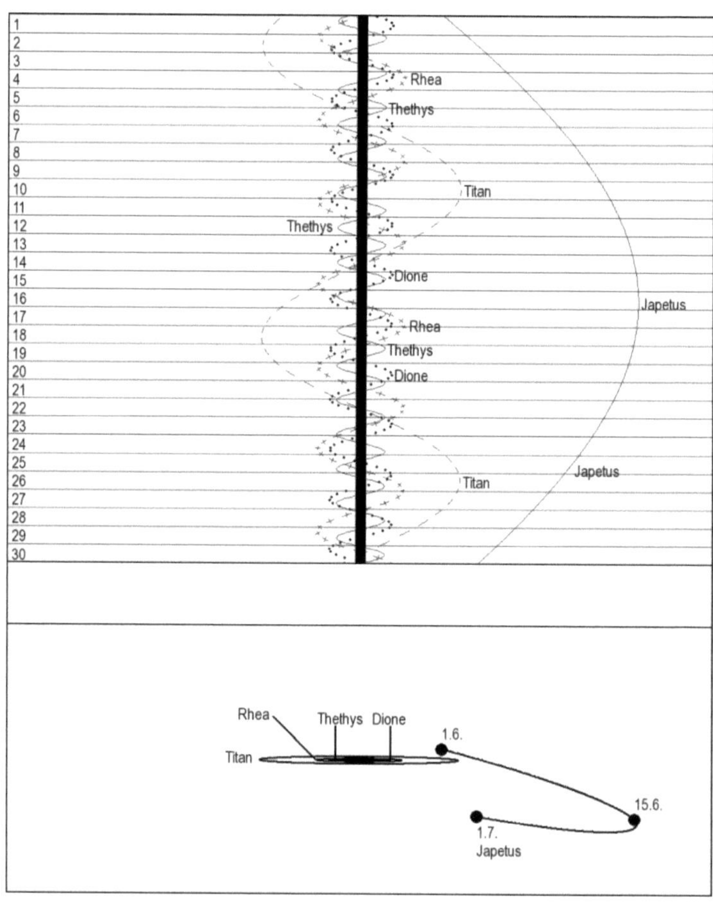

Datum	Uhrzeit (MEZ)	Mond	Erscheinung	Phase
3.6.2024	03:06:48	Rhea	Verfinsterung	Anfang
6.6.2024	03:52:14	Dione	Verfinsterung	Anfang
10.6.2024	02:33:27	Rhea	Durchgang	Ende
10.6.2024	03:28:09	Tethys	Schattenvorübergang	Anfang
11.6.2024	02:07:24	Tethys	Verfinsterung	Anfang
12.6.2024	03:28:49	Tethys	Schattenvorübergang	Ende
13.6.2024	02:54:38	Tethys	Bedeckung	Ende
13.6.2024	02:56:29	Dione	Schattenvorübergang	Ende
14.6.2024	01:33:55	Tethys	Durchgang	Ende
17.6.2024	02:37:46	Dione	Verfinsterung	Anfang
19.6.2024	01:20:56	Rhea	Schattenvorübergang	Ende
19.6.2024	03:26:58	Rhea	Durchgang	Ende
24.6.2024	01:44:11	Dione	Schattenvorübergang	Ende
24.6.2024	02:52:33	Dione	Durchgang	Ende
27.6.2024	03:14:40	Tethys	Schattenvorübergang	Anfang
27.6.2024	03:47:41	Tethys	Durchgang	Anfang
28.6.2024	00:32:14	Rhea	Durchgang	Anfang
28.6.2024	01:23:25	Dione	Verfinsterung	Anfang
28.6.2024	01:53:56	Tethys	Verfinsterung	Anfang
28.6.2024	02:17:13	Rhea	Schattenvorübergang	Ende
29.6.2024	00:33:12	Tethys	Schattenvorübergang	Anfang
29.6.2024	01:05:57	Tethys	Durchgang	Anfang
29.6.2024	03:16:55	Tethys	Schattenvorübergang	Ende
30.6.2024	02:40:06	Tethys	Bedeckung	Ende

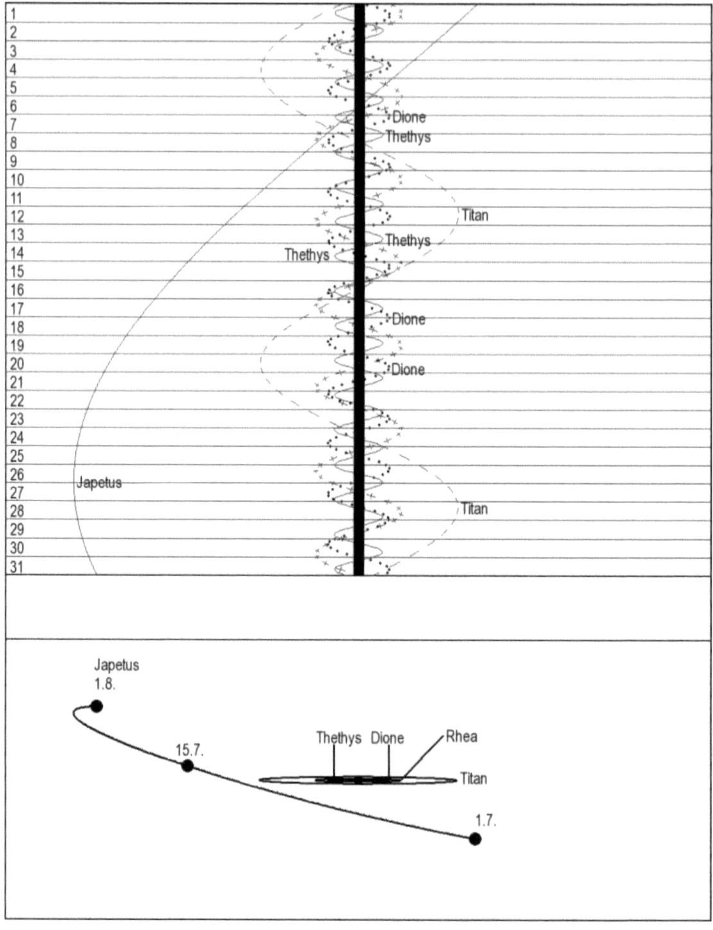

Datum	Uhrzeit (MEZ)	Mond	Erscheinung	Phase
1.7.2024	00:35:37	Tethys	Schattenvorübergang	Ende
1.7.2024	01:19:12	Tethys	Durchgang	Ende
2.7.2024	03:55:32	Dione	Schattenvorübergang	Anfang
5.7.2024	00:31:52	Dione	Schattenvorübergang	Ende
5.7.2024	01:35:55	Dione	Durchgang	Ende
7.7.2024	00:19:59	Rhea	Schattenvorübergang	Anfang
7.7.2024	01:21:27	Rhea	Durchgang	Anfang
7.7.2024	03:13:30	Rhea	Schattenvorübergang	Ende

Datum	Uhrzeit (MEZ)	Mond	Erscheinung	Phase
9.7.2024	00:09:10	Dione	Verfinsterung	Anfang
13.7.2024	02:41:22	Dione	Schattenvorübergang	Anfang
13.7.2024	03:21:59	Dione	Durchgang	Anfang
13.7.2024	23:41:24	Rhea	Bedeckung	Ende
14.7.2024	03:01:27	Tethys	Schattenvorübergang	Anfang
14.7.2024	03:30:49	Tethys	Durchgang	Anfang
15.7.2024	01:40:44	Tethys	Verfinsterung	Anfang
15.7.2024	23:19:35	Dione	Schattenvorübergang	Ende
16.7.2024	00:17:16	Dione	Durchgang	Ende
16.7.2024	00:20:00	Tethys	Schattenvorübergang	Anfang
16.7.2024	00:48:47	Tethys	Durchgang	Anfang
16.7.2024	01:11:57	Rhea	Schattenvorübergang	Anfang
16.7.2024	02:08:59	Rhea	Durchgang	Anfang
16.7.2024	03:05:16	Tethys	Schattenvorübergang	Ende
16.7.2024	03:43:23	Tethys	Durchgang	Ende
16.7.2024	04:09:44	Rhea	Schattenvorübergang	Ende
17.7.2024	02:22:19	Tethys	Bedeckung	Ende
18.7.2024	00:23:58	Tethys	Schattenvorübergang	Ende
18.7.2024	01:01:14	Tethys	Durchgang	Ende
18.7.2024	23:40:09	Tethys	Bedeckung	Ende
20.7.2024	02:47:17	Dione	Bedeckung	Ende
23.7.2024	00:25:46	Rhea	Bedeckung	Ende
24.7.2024	01:27:22	Dione	Schattenvorübergang	Anfang
24.7.2024	02:02:56	Dione	Durchgang	Anfang
25.7.2024	02:04:09	Rhea	Schattenvorübergang	Anfang
25.7.2024	02:55:01	Rhea	Durchgang	Anfang
26.7.2024	22:56:42	Dione	Durchgang	Ende
28.7.2024	03:59:40	Dione	Verfinsterung	Anfang
30.7.2024	04:09:21	Tethys	Verfinsterung	Anfang
31.7.2024	01:26:03	Dione	Bedeckung	Ende
31.7.2024	02:48:39	Tethys	Schattenvorübergang	Anfang
31.7.2024	03:11:35	Tethys	Durchgang	Anfang

August

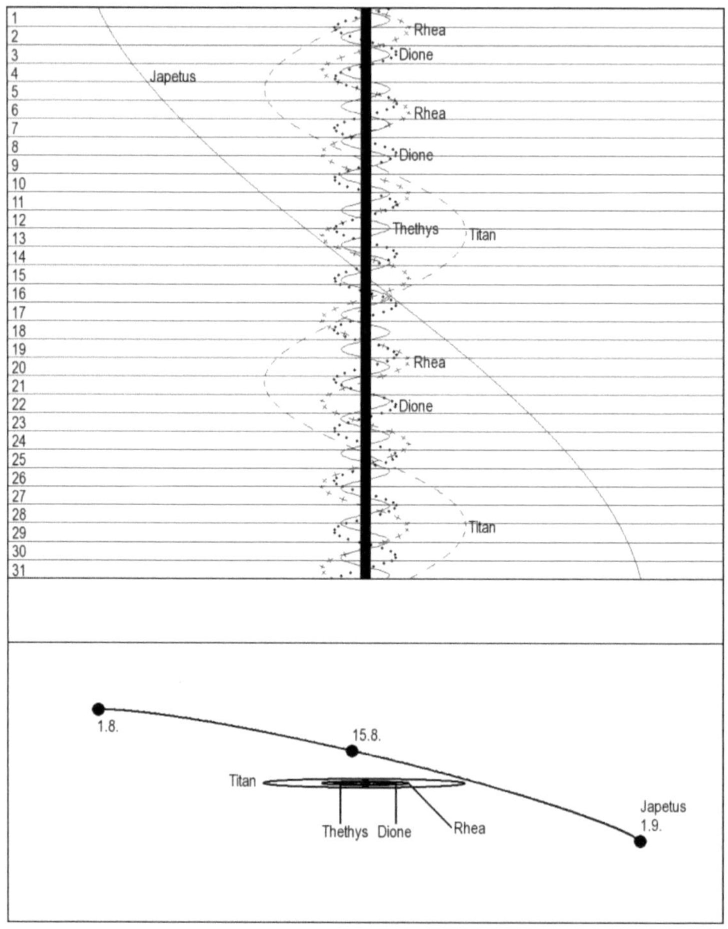

Datum	Uhrzeit (MEZ)	Mond	Erscheinung	Phase
1.8.2024	01:07:51	Rhea	Bedeckung	Ende
1.8.2024	01:27:57	Tethys	Verfinsterung	Anfang
2.8.2024	00:07:15	Tethys	Schattenvorübergang	Anfang
2.8.2024	00:29:20	Tethys	Durchgang	Anfang
2.8.2024	02:53:54	Tethys	Schattenvorübergang	Ende
2.8.2024	03:22:50	Tethys	Durchgang	Ende
2.8.2024	22:46:34	Tethys	Verfinsterung	Anfang
3.8.2024	02:01:37	Tethys	Bedeckung	Ende
3.8.2024	02:56:32	Rhea	Schattenvorübergang	Anfang

Datum	Uhrzeit (MEZ)	Mond	Erscheinung	Phase
3.8.2024	03:39:47	Rhea	Durchgang	Anfang
4.8.2024	00:12:40	Tethys	Schattenvorübergang	Ende
4.8.2024	00:13:36	Dione	Schattenvorübergang	Anfang
4.8.2024	00:40:23	Tethys	Durchgang	Ende
4.8.2024	00:42:40	Dione	Durchgang	Anfang
4.8.2024	03:13:28	Dione	Schattenvorübergang	Ende
4.8.2024	03:55:08	Dione	Durchgang	Ende
4.8.2024	23:19:09	Tethys	Bedeckung	Ende
5.8.2024	21:57:55	Tethys	Durchgang	Ende
8.8.2024	02:46:01	Dione	Verfinsterung	Anfang
10.8.2024	01:47:51	Rhea	Bedeckung	Ende
11.8.2024	00:03:09	Dione	Bedeckung	Ende
12.8.2024	03:49:14	Rhea	Schattenvorübergang	Anfang
12.8.2024	04:23:36	Rhea	Durchgang	Anfang
14.8.2024	23:00:07	Dione	Schattenvorübergang	Anfang
14.8.2024	23:21:30	Dione	Durchgang	Anfang
15.8.2024	02:01:39	Dione	Schattenvorübergang	Ende
15.8.2024	02:31:43	Dione	Durchgang	Ende
16.8.2024	03:57:04	Tethys	Verfinsterung	Anfang
17.8.2024	02:36:24	Tethys	Schattenvorübergang	Anfang
17.8.2024	02:50:44	Tethys	Durchgang	Anfang
18.8.2024	01:15:44	Tethys	Verfinsterung	Anfang
18.8.2024	04:21:17	Tethys	Bedeckung	Ende
18.8.2024	22:28:55	Rhea	Verfinsterung	Anfang
18.8.2024	23:55:05	Tethys	Schattenvorübergang	Anfang
19.8.2024	00:08:22	Tethys	Durchgang	Anfang
19.8.2024	01:32:39	Dione	Verfinsterung	Anfang
19.8.2024	02:26:01	Rhea	Bedeckung	Ende
19.8.2024	02:43:03	Tethys	Schattenvorübergang	Ende
19.8.2024	02:59:58	Tethys	Durchgang	Ende
19.8.2024	05:00:06	Dione	Bedeckung	Ende
19.8.2024	22:34:26	Tethys	Verfinsterung	Anfang
20.8.2024	01:38:39	Tethys	Bedeckung	Ende
20.8.2024	21:13:46	Tethys	Schattenvorübergang	Anfang
20.8.2024	21:25:59	Tethys	Durchgang	Anfang
21.8.2024	00:01:53	Tethys	Schattenvorübergang	Ende
21.8.2024	00:17:19	Tethys	Durchgang	Ende
21.8.2024	04:42:11	Rhea	Schattenvorübergang	Anfang
21.8.2024	22:38:58	Dione	Bedeckung	Ende
21.8.2024	22:55:59	Tethys	Bedeckung	Ende
22.8.2024	21:20:43	Tethys	Schattenvorübergang	Ende
22.8.2024	21:34:40	Tethys	Durchgang	Ende
23.8.2024	04:05:13	Dione	Schattenvorübergang	Anfang
23.8.2024	04:20:18	Dione	Durchgang	Anfang
25.8.2024	20:53:39	Rhea	Durchgang	Ende
25.8.2024	21:46:57	Dione	Schattenvorübergang	Anfang
25.8.2024	21:59:52	Dione	Durchgang	Anfang
26.8.2024	00:50:05	Dione	Schattenvorübergang	Ende

Datum	Uhrzeit (MEZ)	Mond	Erscheinung	Phase
26.8.2024	01:07:10	Dione	Durchgang	Ende
27.8.2024	23:22:04	Rhea	Verfinsterung	Anfang
28.8.2024	03:02:43	Rhea	Bedeckung	Ende
30.8.2024	00:19:35	Dione	Verfinsterung	Anfang
30.8.2024	03:35:13	Dione	Bedeckung	Ende

September

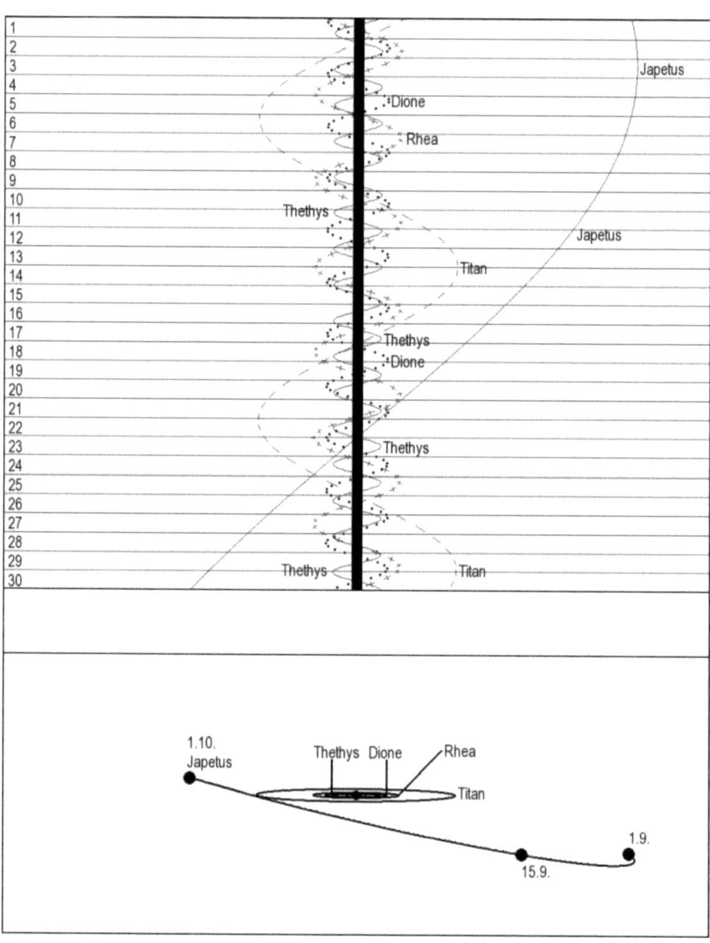

Datum	Uhrzeit (MEZ)	Mond	Erscheinung	Phase
1.9.2024	05:06:07	Tethys	Schattenvorübergang	Anfang

Datum	Uhrzeit (MEZ)	Mond	Erscheinung	Phase
1.9.2024	05:11:40	Tethys	Durchgang	Anfang
1.9.2024	21:13:55	Dione	Bedeckung	Ende
2.9.2024	03:45:30	Tethys	Verfinsterung	Anfang
3.9.2024	02:24:53	Tethys	Schattenvorübergang	Anfang
3.9.2024	02:29:17	Tethys	Durchgang	Anfang
3.9.2024	02:52:17	Dione	Schattenvorübergang	Anfang
3.9.2024	02:58:35	Dione	Durchgang	Anfang
3.9.2024	05:13:56	Tethys	Schattenvorübergang	Ende
3.9.2024	05:18:32	Tethys	Durchgang	Ende
3.9.2024	21:19:43	Rhea	Schattenvorübergang	Ende
3.9.2024	21:29:33	Rhea	Durchgang	Ende
4.9.2024	01:04:15	Tethys	Verfinsterung	Anfang
4.9.2024	03:57:10	Tethys	Bedeckung	Ende
4.9.2024	23:43:38	Tethys	Schattenvorübergang	Anfang
4.9.2024	23:46:55	Tethys	Durchgang	Anfang
5.9.2024	02:32:50	Tethys	Schattenvorübergang	Ende
5.9.2024	02:35:49	Tethys	Durchgang	Ende
5.9.2024	20:34:06	Dione	Schattenvorübergang	Anfang
5.9.2024	20:38:11	Dione	Durchgang	Anfang
5.9.2024	22:23:02	Tethys	Verfinsterung	Anfang
5.9.2024	23:38:43	Dione	Schattenvorübergang	Ende
5.9.2024	23:41:54	Dione	Durchgang	Ende
6.9.2024	00:15:29	Rhea	Verfinsterung	Anfang
6.9.2024	01:14:29	Tethys	Bedeckung	Ende
6.9.2024	03:38:23	Rhea	Bedeckung	Ende
6.9.2024	21:02:25	Tethys	Schattenvorübergang	Anfang
6.9.2024	21:04:33	Tethys	Durchgang	Anfang
6.9.2024	23:51:44	Tethys	Schattenvorübergang	Ende
6.9.2024	23:53:08	Tethys	Durchgang	Ende
7.9.2024	19:41:48	Tethys	Verfinsterung	Anfang
7.9.2024	22:31:48	Tethys	Bedeckung	Ende
8.9.2024	21:10:27	Tethys	Durchgang	Ende
8.9.2024	21:10:39	Tethys	Schattenvorübergang	Ende
9.9.2024	19:50:07	Tethys	Verfinsterung	Ende
9.9.2024	23:06:53	Dione	Verfinsterung	Anfang
10.9.2024	02:12:03	Dione	Verfinsterung	Ende
12.9.2024	19:54:16	Dione	Verfinsterung	Ende
12.9.2024	22:04:50	Rhea	Durchgang	Ende
12.9.2024	22:16:24	Rhea	Schattenvorübergang	Ende
14.9.2024	01:37:08	Dione	Durchgang	Anfang
14.9.2024	01:39:42	Dione	Schattenvorübergang	Anfang
14.9.2024	04:37:52	Dione	Durchgang	Ende
15.9.2024	01:06:11	Rhea	Bedeckung	Anfang
15.9.2024	04:30:38	Rhea	Verfinsterung	Ende
16.9.2024	19:16:51	Dione	Durchgang	Anfang
16.9.2024	19:21:36	Dione	Schattenvorübergang	Anfang
16.9.2024	22:16:33	Dione	Durchgang	Ende
16.9.2024	22:27:40	Dione	Schattenvorübergang	Ende

Datum	Uhrzeit (MEZ)	Mond	Erscheinung	Phase
18.9.2024	04:06:46	Dione	Bedeckung	Anfang
19.9.2024	03:29:30	Tethys	Bedeckung	Anfang
20.9.2024	02:08:22	Tethys	Durchgang	Anfang
20.9.2024	02:14:06	Tethys	Schattenvorübergang	Anfang
20.9.2024	21:46:34	Dione	Bedeckung	Anfang
21.9.2024	00:47:15	Tethys	Bedeckung	Anfang
21.9.2024	01:01:04	Dione	Verfinsterung	Ende
21.9.2024	03:43:48	Tethys	Verfinsterung	Ende
21.9.2024	19:39:33	Rhea	Durchgang	Anfang
21.9.2024	19:49:43	Rhea	Schattenvorübergang	Anfang
21.9.2024	22:40:05	Rhea	Durchgang	Ende
21.9.2024	23:13:15	Rhea	Schattenvorübergang	Ende
21.9.2024	23:26:08	Tethys	Durchgang	Anfang
21.9.2024	23:32:57	Tethys	Schattenvorübergang	Anfang
22.9.2024	02:11:50	Tethys	Durchgang	Ende
22.9.2024	02:23:17	Tethys	Schattenvorübergang	Ende
22.9.2024	22:05:01	Tethys	Bedeckung	Anfang
23.9.2024	01:02:46	Tethys	Verfinsterung	Ende
23.9.2024	18:43:22	Dione	Verfinsterung	Ende
23.9.2024	20:43:54	Tethys	Durchgang	Anfang
23.9.2024	20:51:49	Tethys	Schattenvorübergang	Anfang
23.9.2024	23:29:15	Tethys	Durchgang	Ende
23.9.2024	23:42:16	Tethys	Schattenvorübergang	Ende
24.9.2024	01:50:48	Rhea	Bedeckung	Anfang
24.9.2024	19:22:48	Tethys	Bedeckung	Anfang
24.9.2024	22:21:45	Tethys	Verfinsterung	Ende
25.9.2024	00:16:20	Dione	Durchgang	Anfang
25.9.2024	00:27:27	Dione	Schattenvorübergang	Anfang
25.9.2024	03:12:55	Dione	Durchgang	Ende
25.9.2024	03:34:31	Dione	Schattenvorübergang	Ende
25.9.2024	20:46:41	Tethys	Durchgang	Ende
25.9.2024	21:01:15	Tethys	Schattenvorübergang	Ende
26.9.2024	19:40:45	Tethys	Verfinsterung	Ende
27.9.2024	20:51:49	Dione	Durchgang	Ende
27.9.2024	21:16:50	Dione	Schattenvorübergang	Ende
29.9.2024	02:46:18	Dione	Bedeckung	Anfang
30.9.2024	20:24:59	Rhea	Durchgang	Anfang
30.9.2024	20:43:55	Rhea	Schattenvorübergang	Anfang
30.9.2024	23:16:00	Rhea	Durchgang	Ende

Oktober

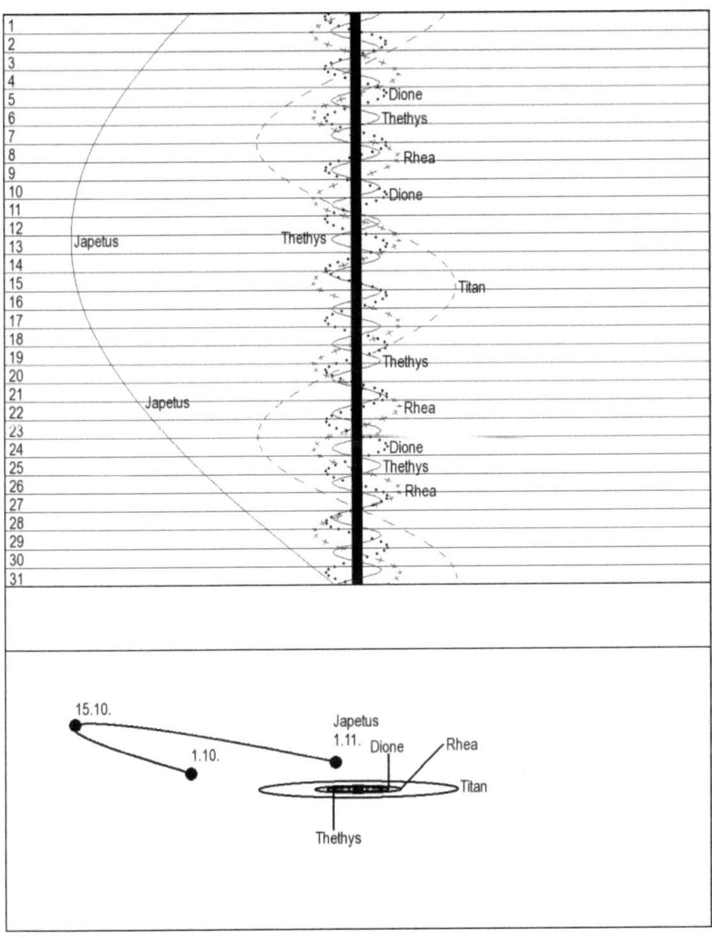

Datum	Uhrzeit (MEZ)	Mond	Erscheinung	Phase
1.10.2024	00:10:14	Rhea	Schattenvorübergang	Ende
1.10.2024	20:26:21	Dione	Bedeckung	Anfang
1.10.2024	23:50:22	Dione	Verfinsterung	Ende
3.10.2024	02:36:28	Rhea	Bedeckung	Anfang
5.10.2024	22:56:30	Dione	Durchgang	Anfang
5.10.2024	23:15:31	Dione	Schattenvorübergang	Anfang
6.10.2024	01:49:00	Dione	Durchgang	Ende
6.10.2024	02:23:55	Dione	Schattenvorübergang	Ende
7.10.2024	01:49:00	Tethys	Durchgang	Anfang

Datum	Uhrzeit (MEZ)	Mond	Erscheinung	Phase
7.10.2024	02:04:05	Tethys	Schattenvorübergang	Anfang
7.10.2024	18:53:01	Rhea	Verfinsterung	Ende
8.10.2024	00:27:59	Tethys	Bedeckung	Anfang
8.10.2024	19:28:15	Dione	Durchgang	Ende
8.10.2024	20:06:18	Dione	Schattenvorübergang	Ende
8.10.2024	23:06:59	Tethys	Durchgang	Anfang
8.10.2024	23:23:01	Tethys	Schattenvorübergang	Anfang
9.10.2024	01:49:31	Tethys	Durchgang	Ende
9.10.2024	02:14:24	Tethys	Schattenvorübergang	Ende
9.10.2024	21:11:33	Rhea	Durchgang	Anfang
9.10.2024	21:38:23	Rhea	Schattenvorübergang	Anfang
9.10.2024	21:45:59	Tethys	Bedeckung	Anfang
9.10.2024	23:53:23	Rhea	Durchgang	Ende
10.10.2024	00:53:55	Tethys	Verfinsterung	Ende
10.10.2024	01:07:18	Rhea	Schattenvorübergang	Ende
10.10.2024	01:26:54	Dione	Bedeckung	Anfang
10.10.2024	20:25:00	Tethys	Durchgang	Anfang
10.10.2024	20:41:58	Tethys	Schattenvorübergang	Anfang
10.10.2024	23:07:13	Tethys	Durchgang	Ende
10.10.2024	23:33:27	Tethys	Schattenvorübergang	Ende
11.10.2024	19:04:00	Tethys	Bedeckung	Anfang
11.10.2024	22:12:59	Tethys	Verfinsterung	Ende
12.10.2024	00:31:07	Titan	Verfinsterung	Anfang
12.10.2024	01:40:40	Titan	Verfinsterung	Ende
12.10.2024	18:00:54	Tethys	Schattenvorübergang	Anfang
12.10.2024	19:07:14	Dione	Bedeckung	Anfang
12.10.2024	20:24:56	Tethys	Durchgang	Ende
12.10.2024	20:52:31	Tethys	Schattenvorübergang	Ende
12.10.2024	22:39:53	Dione	Verfinsterung	Ende
13.10.2024	19:32:03	Tethys	Verfinsterung	Ende
14.10.2024	18:11:35	Tethys	Schattenvorübergang	Ende
16.10.2024	19:50:11	Rhea	Verfinsterung	Ende
16.10.2024	21:37:52	Dione	Durchgang	Anfang
16.10.2024	22:03:54	Dione	Schattenvorübergang	Anfang
17.10.2024	00:26:46	Dione	Durchgang	Ende
17.10.2024	01:13:31	Dione	Schattenvorübergang	Ende
18.10.2024	21:59:16	Rhea	Durchgang	Anfang
18.10.2024	22:33:06	Rhea	Schattenvorübergang	Anfang
19.10.2024	00:32:54	Rhea	Durchgang	Ende
19.10.2024	02:04:29	Rhea	Schattenvorübergang	Ende
19.10.2024	18:06:32	Dione	Durchgang	Ende
19.10.2024	18:55:56	Dione	Schattenvorübergang	Ende
20.10.2024	00:50:48	Titan	Schattenvorübergang	Anfang
20.10.2024	01:22:29	Titan	Schattenvorübergang	Ende
21.10.2024	00:08:44	Dione	Bedeckung	Anfang
23.10.2024	17:49:24	Dione	Bedeckung	Anfang
23.10.2024	21:29:38	Dione	Verfinsterung	Ende
24.10.2024	01:31:54	Tethys	Durchgang	Anfang

Datum	Uhrzeit (MEZ)	Mond	Erscheinung	Phase
25.10.2024	00:11:02	Tethys	Bedeckung	Anfang
25.10.2024	20:47:25	Rhea	Verfinsterung	Ende
25.10.2024	22:50:10	Tethys	Durchgang	Anfang
25.10.2024	23:13:44	Tethys	Schattenvorübergang	Anfang
26.10.2024	01:30:20	Tethys	Durchgang	Ende
26.10.2024	21:29:19	Tethys	Bedeckung	Anfang
27.10.2024	00:45:39	Tethys	Verfinsterung	Ende
27.10.2024	20:08:28	Tethys	Durchgang	Anfang
27.10.2024	20:20:33	Dione	Durchgang	Anfang
27.10.2024	20:32:45	Tethys	Schattenvorübergang	Anfang
27.10.2024	20:52:33	Dione	Schattenvorübergang	Anfang
27.10.2024	22:48:05	Rhea	Durchgang	Anfang
27.10.2024	22:48:26	Tethys	Durchgang	Ende
27.10.2024	23:01:07	Titan	Verfinsterung	Anfang
27.10.2024	23:06:46	Dione	Durchgang	Ende
27.10.2024	23:25:12	Tethys	Schattenvorübergang	Ende
27.10.2024	23:28:03	Rhea	Schattenvorübergang	Anfang
28.10.2024	00:03:19	Dione	Schattenvorübergang	Ende
28.10.2024	01:15:13	Rhea	Durchgang	Ende
28.10.2024	01:33:07	Titan	Verfinsterung	Ende
28.10.2024	18:47:37	Tethys	Bedeckung	Anfang
28.10.2024	22:04:45	Tethys	Verfinsterung	Ende
29.10.2024	17:26:47	Tethys	Durchgang	Anfang
29.10.2024	17:51:45	Tethys	Schattenvorübergang	Anfang
29.10.2024	20:06:36	Tethys	Durchgang	Ende
29.10.2024	20:44:19	Tethys	Schattenvorübergang	Ende
30.10.2024	17:45:48	Dione	Schattenvorübergang	Ende
30.10.2024	19:23:52	Tethys	Verfinsterung	Ende
31.10.2024	17:24:48	Tethys	Durchgang	Ende
31.10.2024	18:03:25	Tethys	Schattenvorübergang	Ende
31.10.2024	22:51:53	Dione	Bedeckung	Anfang

November

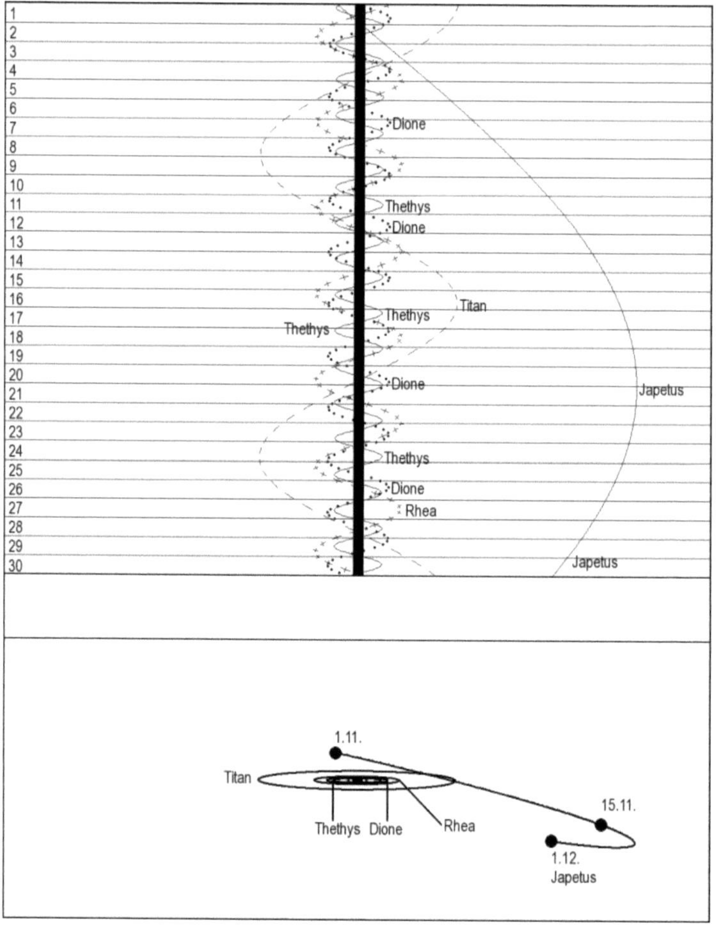

Datum	Uhrzeit (MEZ)	Mond	Erscheinung	Phase
3.11.2024	17:25:16	Rhea	Bedeckung	Anfang
3.11.2024	20:19:31	Dione	Verfinsterung	Ende
3.11.2024	21:44:44	Rhea	Verfinsterung	Ende
4.11.2024	23:05:26	Titan	Schattenvorübergang	Anfang
5.11.2024	23:37:43	Rhea	Durchgang	Anfang
6.11.2024	00:23:10	Rhea	Schattenvorübergang	Anfang
7.11.2024	19:04:35	Dione	Durchgang	Anfang
7.11.2024	19:41:25	Dione	Schattenvorübergang	Anfang
7.11.2024	21:49:25	Dione	Durchgang	Ende

Datum	Uhrzeit (MEZ)	Mond	Erscheinung	Phase
7.11.2024	22:53:16	Dione	Schattenvorübergang	Ende
10.11.2024	23:56:42	Tethys	Bedeckung	Anfang
11.11.2024	21:36:24	Dione	Bedeckung	Anfang
11.11.2024	22:35:59	Tethys	Durchgang	Anfang
11.11.2024	23:04:58	Tethys	Schattenvorübergang	Anfang
12.11.2024	18:15:28	Rhea	Bedeckung	Anfang
12.11.2024	21:15:17	Tethys	Bedeckung	Anfang
12.11.2024	21:48:59	Titan	Verfinsterung	Anfang
12.11.2024	22:42:05	Rhea	Verfinsterung	Ende
13.11.2024	19:54:35	Tethys	Durchgang	Anfang
13.11.2024	20:24:01	Tethys	Schattenvorübergang	Anfang
13.11.2024	22:33:50	Tethys	Durchgang	Ende
13.11.2024	23:17:20	Tethys	Schattenvorübergang	Ende
14.11.2024	18:33:54	Tethys	Bedeckung	Anfang
14.11.2024	19:09:33	Dione	Verfinsterung	Ende
14.11.2024	21:56:54	Tethys	Verfinsterung	Ende
15.11.2024	17:13:13	Tethys	Durchgang	Anfang
15.11.2024	17:43:04	Tethys	Schattenvorübergang	Anfang
15.11.2024	19:52:30	Tethys	Durchgang	Ende
15.11.2024	20:36:28	Tethys	Schattenvorübergang	Ende
16.11.2024	00:08:30	Dione	Durchgang	Anfang
16.11.2024	19:16:03	Tethys	Verfinsterung	Ende
17.11.2024	17:11:13	Tethys	Durchgang	Ende
17.11.2024	17:55:37	Tethys	Schattenvorübergang	Ende
18.11.2024	17:49:58	Dione	Durchgang	Anfang
18.11.2024	18:30:26	Dione	Schattenvorübergang	Anfang
18.11.2024	20:34:52	Dione	Durchgang	Ende
18.11.2024	21:43:20	Dione	Schattenvorübergang	Ende
19.11.2024	17:25:07	Rhea	Schattenvorübergang	Ende
20.11.2024	21:52:31	Titan	Schattenvorübergang	Anfang
21.11.2024	19:06:30	Rhea	Bedeckung	Anfang
21.11.2024	23:39:27	Rhea	Verfinsterung	Ende
22.11.2024	20:22:21	Dione	Bedeckung	Anfang
25.11.2024	17:59:38	Dione	Verfinsterung	Ende
26.11.2024	22:54:54	Dione	Durchgang	Anfang
26.11.2024	23:37:17	Dione	Schattenvorübergang	Anfang
28.11.2024	10:22:28	Rhea	Schattenvorübergang	Ende
28.11.2024	20:43:21	Titan	Verfinsterung	Anfang
28.11.2024	22:24:35	Tethys	Durchgang	Anfang
28.11.2024	22:56:30	Tethys	Schattenvorübergang	Anfang
29.11.2024	17:19:35	Dione	Schattenvorübergang	Anfang
29.11.2024	19:23:15	Dione	Durchgang	Ende
29.11.2024	20:33:25	Dione	Schattenvorübergang	Ende
29.11.2024	21:04:02	Tethys	Bedeckung	Anfang
30.11.2024	19:43:29	Tethys	Durchgang	Anfang
30.11.2024	19:58:16	Rhea	Bedeckung	Anfang
30.11.2024	20:15:34	Tethys	Schattenvorübergang	Anfang
30.11.2024	22:23:44	Tethys	Durchgang	Ende

Datum	Uhrzeit (MEZ)	Mond	Erscheinung	Phase
30.11.2024	23:09:42	Tethys	Schattenvorübergang	Ende

Dezember

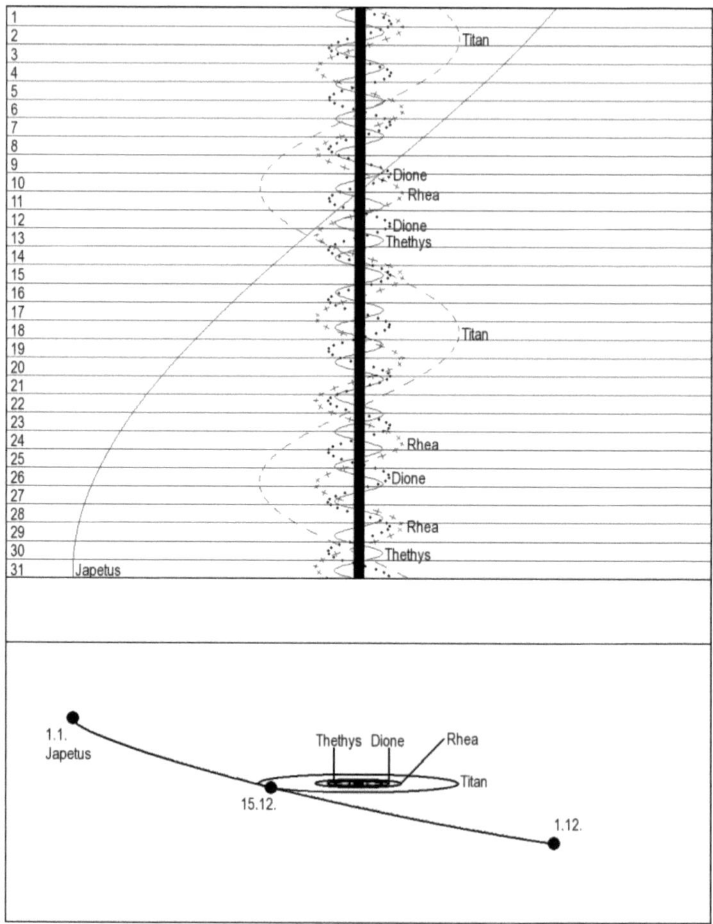

Datum	Uhrzeit (MEZ)	Mond	Erscheinung	Phase
1.12.2024	18:22:56	Tethys	Bedeckung	Anfang
1.12.2024	21:49:16	Tethys	Verfinsterung	Ende
2.12.2024	17:02:24	Tethys	Durchgang	Anfang
2.12.2024	17:34:39	Tethys	Schattenvorübergang	Anfang
2.12.2024	19:42:52	Tethys	Durchgang	Ende

Datum	Uhrzeit (MEZ)	Mond	Erscheinung	Phase
2.12.2024	20:28:51	Tethys	Schattenvorübergang	Ende
3.12.2024	19:08:26	Tethys	Verfinsterung	Ende
3.12.2024	19:09:39	Dione	Bedeckung	Anfang
3.12.2024	23:07:13	Dione	Verfinsterung	Ende
4.12.2024	17:02:03	Tethys	Durchgang	Ende
4.12.2024	17:48:00	Tethys	Schattenvorübergang	Ende
6.12.2024	16:49:44	Dione	Verfinsterung	Ende
6.12.2024	20:47:49	Titan	Schattenvorübergang	Anfang
7.12.2024	17:11:52	Rhea	Durchgang	Ende
7.12.2024	19:19:47	Rhea	Schattenvorübergang	Ende
7.12.2024	21:42:44	Dione	Durchgang	Anfang
7.12.2024	22:26:29	Dione	Schattenvorübergang	Anfang
9.12.2024	20:51:06	Rhea	Bedeckung	Anfang
10.12.2024	18:14:18	Dione	Durchgang	Ende
10.12.2024	19:23:31	Dione	Schattenvorübergang	Ende
14.12.2024	17:58:19	Dione	Bedeckung	Anfang
14.12.2024	19:41:35	Titan	Vertinsterung	Anfang
14.12.2024	21:57:17	Dione	Verfinsterung	Ende
15.12.2024	22:15:46	Tethys	Durchgang	Anfang
16.12.2024	18:14:15	Rhea	Durchgang	Ende
16.12.2024	20:17:03	Rhea	Schattenvorübergang	Ende
16.12.2024	20:55:21	Tethys	Bedeckung	Anfang
17.12.2024	19:34:56	Tethys	Durchgang	Anfang
17.12.2024	20:07:14	Tethys	Schattenvorübergang	Anfang
17.12.2024	22:17:43	Tethys	Durchgang	Ende
18.12.2024	18:14:32	Tethys	Bedeckung	Anfang
18.12.2024	20:31:56	Dione	Durchgang	Anfang
18.12.2024	21:15:42	Dione	Schattenvorübergang	Anfang
18.12.2024	21:41:37	Tethys	Verfinsterung	Ende
18.12.2024	21:45:10	Rhea	Bedeckung	Anfang
19.12.2024	16:54:09	Tethys	Durchgang	Anfang
19.12.2024	17:26:18	Tethys	Schattenvorübergang	Anfang
19.12.2024	19:37:17	Tethys	Durchgang	Ende
19.12.2024	20:21:11	Tethys	Schattenvorübergang	Ende
20.12.2024	19:00:46	Tethys	Verfinsterung	Ende
21.12.2024	16:56:53	Tethys	Durchgang	Ende
21.12.2024	17:07:47	Dione	Durchgang	Ende
21.12.2024	17:40:20	Tethys	Schattenvorübergang	Ende
21.12.2024	18:13:33	Dione	Schattenvorübergang	Ende
22.12.2024	19:47:38	Titan	Schattenvorübergang	Anfang
25.12.2024	16:48:23	Dione	Bedeckung	Anfang
25.12.2024	17:28:23	Rhea	Schattenvorübergang	Anfang
25.12.2024	19:19:17	Rhea	Durchgang	Ende
25.12.2024	20:47:17	Dione	Verfinsterung	Ende
25.12.2024	21:14:13	Rhea	Schattenvorübergang	Ende
29.12.2024	19:22:31	Dione	Durchgang	Anfang
29.12.2024	20:04:54	Dione	Schattenvorübergang	Anfang
30.12.2024	18:42:23	Titan	Verfinsterung	Anfang

Sternzeit für 0 Uhr MEZ und 9° östlicher Länge

	J	F	M	A	M	J	J	A	S	O	N	D
1	6:16	8:19	10:13	12:15	14:13	16:16	18:14	20:16	22:18	0:17	2:19	4:17
2	6:20	8:23	10:17	12:19	14:17	16:20	18:18	20:20	22:22	0:21	2:23	4:21
3	6:24	8:27	10:21	12:23	14:21	16:24	18:22	20:24	22:26	0:25	2:27	4:25
4	6:28	8:30	10:25	12:27	14:25	16:28	18:26	20:28	22:30	0:29	2:31	4:29
5	6:32	8:34	10:29	12:31	14:29	16:31	18:30	20:32	22:34	0:32	2:35	4:33
6	6:36	8:38	10:33	12:35	14:33	16:35	18:34	20:36	22:38	0:36	2:39	4:37
7	6:40	8:42	10:37	12:39	14:37	16:39	18:38	20:40	22:42	0:40	2:43	4:41
8	6:44	8:46	10:41	12:43	14:41	16:43	18:42	20:44	22:46	0:44	2:47	4:45
9	6:48	8:50	10:45	12:47	14:45	16:47	18:46	20:48	22:50	0:48	2:50	4:49
10	6:52	8:54	10:48	12:51	14:49	16:51	18:49	20:52	22:54	0:52	2:54	4:53
11	6:56	8:58	10:52	12:55	14:53	16:55	18:53	20:56	22:58	0:56	2:58	4:57
12	7:00	9:02	10:56	12:59	14:57	16:59	18:57	21:00	23:02	1:00	3:02	5:01
13	7:04	9:06	11:00	13:03	15:01	17:03	19:01	21:04	23:06	1:04	3:06	5:05
14	7:08	9:10	11:04	13:06	15:05	17:07	19:05	21:07	23:10	1:08	3:10	5:08
15	7:12	9:14	11:08	13:10	15:09	17:11	19:09	21:11	23:14	1:12	3:14	5:12
16	7:16	9:18	11:12	13:14	15:13	17:15	19:13	21:15	23:18	1:16	3:18	5:16
17	7:20	9:22	11:16	13:18	15:17	17:19	19:17	21:19	23:22	1:20	3:22	5:20
18	7:23	9:26	11:20	13:22	15:21	17:23	19:21	21:23	23:25	1:24	3:26	5:24
19	7:27	9:30	11:24	13:26	15:24	17:27	19:25	21:27	23:29	1:28	3:30	5:28
20	7:31	9:34	11:28	13:30	15:28	17:31	19:29	21:31	23:33	1:32	3:34	5:32
21	7:35	9:38	11:32	13:34	15:32	17:35	19:33	21:35	23:37	1:36	3:38	5:36
22	7:39	9:41	11:36	13:38	15:36	17:39	19:37	21:39	23:41	1:40	3:42	5:40
23	7:43	9:45	11:40	13:42	15:40	17:42	19:41	21:43	23:45	1:43	3:46	5:44
24	7:47	9:49	11:44	13:46	15:44	17:46	19:45	21:47	23:49	1:47	3:50	5:48
25	7:51	9:53	11:48	13:50	15:48	17:50	19:49	21:51	23:53	1:51	3:54	5:52
26	7:55	9:57	11:52	13:54	15:52	17:54	19:53	21:55	23:57	1:55	3:58	5:56
27	7:59	10:01	11:56	13:58	15:56	17:58	19:57	21:59	0:01	1:59	4:01	6:00
28	8:03	10:05	11:59	14:02	16:00	18:02	20:00	22:03	0:05	2:03	4:05	6:04
29	8:07	10:09	12:03	14:06	16:04	18:06	20:04	22:07	0:09	2:07	4:09	6:08
30	8:11		12:07	14:10	16:08	18:10	20:08	22:11	0:13	2:11	4:13	6:12
31	8:15		12:11		16:12		20:12	22:14		2:15		6:15

- Änderung: 60,164 min/h
- Korrektur für Orte anderer geographischer Länge:
  (Länge des Orts − 9) * 4 min

Zentralmeridiane

Mars

	Okt.	Nov.	Dez.
1	207	272	352
2	198	263	343
3	188	253	334
4	179	244	324
5	169	234	315
6	159	225	306

	Okt.	Nov.	Dez.
7	150	215	297
8	140	206	288
9	131	197	279
10	121	187	270
11	112	178	261
12	102	168	252
13	93	159	243
14	83	150	234
15	73	140	225
16	64	131	216
17	54	122	207
18	45	112	198
19	35	103	189
20	26	94	180
21	16	84	171
22	7	75	162
23	357	66	153
24	348	57	144
25	338	47	135
26	329	38	126
27	319	29	117
28	310	20	109
29	300	10	100
30	291	1	91
31	281		82

Änderung: +14,62°/Stunde

Neigung der Marsachse zur Erde

	Okt.	Nov.	Dez.
1	9,1	13,9	15,4
2	9,3	14,0	15,4
3	9,5	14,1	15,3
4	9,7	14,2	15,3
5	9,8	14,3	15,3
6	10,0	14,4	15,2
7	10,2	14,5	15,2
8	10,4	14,6	15,2
9	10,6	14,6	15,1
10	10,8	14,7	15,0
11	10,9	14,8	15,0
12	11,1	14,9	14,9
13	11,3	14,9	14,9
14	11,4	15,0	14,8
15	11,6	15,0	14,7
16	11,8	15,1	14,6
17	11,9	15,1	14,5
18	12,1	15,2	14,4

	Okt.	Nov.	Dez.
19	12,2	15,2	14,3
20	12,4	15,3	14,2
21	12,5	15,3	14,1
22	12,7	15,3	14,0
23	12,8	15,3	13,9
24	12,9	15,4	13,8
25	13,1	15,4	13,7
26	13,2	15,4	13,5
27	13,3	15,4	13,4
28	13,5	15,4	13,3
29	13,6	15,4	13,1
30	13,7	15,4	13,0
31	13,8		12,8

Jupiter, System I

	Jan	Feb	Mär	Apr.	Jul.	Aug	Sep	Okt	Nov	Dez
1	24	235	127	334	282	132	345	42	259	321
2	182	32	285	132	80	290	143	200	58	119
3	340	190	83	290	237	88	300	358	216	277
4	137	348	240	87	35	246	98	156	14	75
5	295	145	38	245	193	43	256	314	172	233
6	93	303	196	43	351	201	54	112	330	31
7	251	101	353	200	148	359	212	270	128	189
8	49	259	151	358	306	157	10	68	286	347
9	206	56	309	156	104	315	168	226	84	145
10	4	214	106	313	262	112	326	23	242	303
11	162	12	264	111	59	270	124	181	40	101
12	320	169	62	268	217	68	281	339	198	259
13	117	327	219	66	15	226	79	137	356	57
14	275	125	17	224	173	24	237	295	154	215
15	73	282	175	21	330	182	35	93	312	13
16	231	80	332	179	128	339	193	251	110	171
17	29	238	130	337	286	137	351	49	268	329
18	186	35	287	134	84	295	149	207	66	127
19	344	193	85	292	241	93	307	5	224	285
20	142	351	243	90	39	251	105	163	22	83
21	300	148	40	247	197	48	263	321	180	241
22	97	306	198	45	355	206	60	119	338	39
23	255	104	356	202	152	4	218	277	136	197
24	53	261	153	0	310	162	16	75	294	355
25	211	59	311	158	108	320	174	233	92	153
26	8	217	109	315	266	118	332	31	250	311
27	166	14	266	113	63	275	130	189	49	109
28	324	172	64	271	221	73	288	347	207	267
29	121	330	221	68	19	231	86	145	5	65
30	279		19	226	177	29	244	303	163	223
31	77		177		335	187		101		21

Jupiter, System II

	Jan	Feb	Mär	Apr.	Jul	Aug	Sep	Okt	Nov	Dez
1	80	54	86	56	29	3	339	167	148	341
2	230	204	236	206	179	153	129	318	299	131
3	20	354	26	356	330	303	279	108	89	281
4	170	144	176	146	120	94	70	258	239	72
5	321	294	326	296	270	244	220	48	30	222
6	111	84	116	86	60	34	10	199	180	13
7	261	235	266	236	210	184	160	349	331	163
8	51	25	56	26	0	334	311	139	121	313
9	201	175	206	176	150	124	101	290	271	104
10	351	325	356	326	300	275	251	80	62	254
11	142	115	146	116	90	65	41	230	212	45
12	292	265	296	266	240	215	192	21	3	195
13	82	55	86	56	31	5	342	171	153	345
14	232	205	236	206	181	155	132	322	304	136
15	22	355	26	356	331	305	283	112	94	286
16	172	145	176	146	121	96	73	262	244	77
17	322	295	326	296	271	246	223	53	35	227
18	113	85	116	86	61	36	13	203	185	17
19	263	235	266	236	211	186	164	353	336	168
20	53	25	56	26	1	336	314	144	126	318
21	203	175	206	176	152	127	104	294	276	109
22	353	325	356	326	302	277	254	84	67	259
23	143	115	146	116	92	67	45	235	217	49
24	293	265	296	266	242	217	195	25	8	200
25	83	55	86	56	32	7	345	176	158	350
26	233	205	236	206	182	158	136	326	309	140
27	24	356	26	356	332	308	286	116	99	291
28	174	146	176	146	123	98	76	267	249	81
29	324	296	326	296	273	248	227	57	40	231
30	114		116	86	63	39	17	207	190	22
31	264		266		213	189		358		172

Änderung: 36,26°/Stunde

Neigung der Jupiterachse zur Erde

	Jan	Feb	Mär	Apr.	Jul	Aug	Sep	Okt	Nov	Dez
1	3,1	2,9	2,9	2,9	2,9	2,9	2,9	2,9	2,9	2,9
2	3,1	2,9	2,9	2,9	2,9	2,9	2,9	2,9	2,9	2,9
3	3,1	2,9	2,9	2,9	2,9	2,9	2,9	2,9	2,9	2,9
4	3,0	2,9	2,9	2,9	2,9	2,9	2,9	2,9	2,9	2,9
5	3,0	2,9	2,9	2,9	2,9	2,9	2,9	2,9	2,9	2,9
6	3,0	2,9	2,9	2,9	2,9	2,9	2,9	2,9	2,9	2,9
7	3,0	2,9	2,9	2,9	2,9	2,9	2,9	2,9	2,9	2,9
8	3,0	2,9	2,9	2,9	2,9	2,9	2,9	2,9	2,9	2,9

	Jan	Feb	Mär	Apr.	Jul	Aug	Sep	Okt	Nov	Dez
9	3,0	2,9	2,9	2,9	2,9	2,9	2,9	2,9	2,9	2,9
10	3,0	2,9	2,9	2,9	2,9	2,9	2,9	2,9	2,9	2,9
11	3,0	2,9	2,9	2,9	2,9	2,9	2,9	2,9	2,9	2,9
12	3,0	2,9	2,9	2,9	2,9	2,9	2,9	2,9	2,9	2,9
13	3,0	2,9	2,9	2,9	2,9	2,9	2,9	2,9	2,9	2,9
14	3,0	2,9	2,9	2,9	2,9	2,9	2,9	2,9	2,9	2,9
15	3,0	2,9	2,9	2,9	2,9	2,9	2,9	2,9	2,9	2,9
16	3,0	2,9	2,9	2,9	2,9	2,9	2,9	2,9	2,9	2,9
17	3,0	2,9	2,9	2,9	2,9	2,9	2,9	2,9	2,9	2,9
18	3,0	2,9	2,9	2,9	2,9	2,9	2,9	2,9	2,9	2,9
19	3,0	2,9	2,9	2,9	2,9	2,9	2,9	2,9	2,9	2,9
20	3,0	2,9	2,9	2,9	2,9	2,9	2,9	2,9	2,9	2,8
21	3,0	2,9	2,9	2,9	2,9	2,9	2,9	2,9	2,9	2,8
22	3,0	2,9	2,9	2,9	2,9	2,9	2,9	2,9	2,9	2,8
23	3,0	2,9	2,9	2,9	2,9	2,9	2,9	2,9	2,9	2,8
24	3,0	2,9	2,9	2,9	2,9	2,9	2,9	2,9	2,9	2,8
25	3,0	2,9	2,9	2,9	2,9	2,9	2,9	2,9	2,9	2,8
26	3,0	2,9	2,9	2,9	2,9	2,9	2,9	2,9	2,9	2,8
27	3,0	2,9	2,9	2,9	2,9	2,9	2,9	2,9	2,9	2,8
28	3,0	2,9	2,9	2,9	2,9	2,9	2,9	2,9	2,9	2,8
29	3,0	2,9	2,9	2,9	2,9	2,9	2,9	2,9	2,9	2,8
30	2,9		2,9	2,9	2,9	2,9	2,9	2,9	2,9	2,8
31	2,9		2,9		2,9	2,9		2,9		2,8

Korrektur der Auf- und Untergangszeiten

Korrektur für geographische Länge:
(Geographische Länge des Orts – 9°) *4 Minuten

Korrektur für geographische Breite:
Deklinationabhängiger Korrekturwert für die geographische Breite des
Beobachtungsorts von der Aufgangszeit für 50° nördliche Breite subtrahieren und zur
Untergangszeit zu addieren.

Deklination / Geographische Breite	47°	48°	49°	50°	51°	52°	53°	54°
-30°	21	15	8	0	-8	-17	-27	-38
-29°	20	14	7	0	-8	-16	-25	-34
-28°	19	13	7	0	-7	-15	-23	-32
-27°	18	12	6	0	-7	-14	-21	-29
-26°	16	11	6	0	-6	-13	-20	-27
-25°	15	11	5	0	-6	-12	-18	-25

Deklination / Geographische Breite	47°	48°	49°	50°	51°	52°	53°	54°
-24°	15	10	5	0	-5	-11	-17	-24
-23°	14	9	5	0	-5	-10	-16	-22
-22°	13	9	4	0	-5	-10	-15	-21
-21°	12	8	4	0	-4	-9	-14	-19
-20°	11	8	4	0	-4	-9	-13	-18
-19°	11	7	4	0	-4	-8	-12	-17
-18°	10	7	3	0	-4	-7	-11	-16
-17°	9	6	3	0	-3	-7	-11	-15
-16°	9	6	3	0	-3	-6	-10	-14
-15°	8	5	3	0	-3	-6	-9	-13
-14°	7	5	3	0	-3	-6	-9	-12
-13°	7	5	2	0	-3	-5	-8	-11
-12°	6	4	2	0	-2	-5	-7	-10
-11°	6	4	2	0	-2	-4	-7	-9
-10°	5	4	2	0	-2	-4	-6	-8
-9°	5	3	2	0	-2	-4	-5	-7
-8°	4	3	1	0	-2	-3	-5	-7
-7°	4	3	1	0	-1	-3	-4	-6
-6°	3	2	1	0	-1	-2	-4	-5
-5°	3	2	1	0	-1	-2	-3	-4
-4°	2	2	1	0	-1	-2	-3	-3
-3°	2	1	1	0	-1	-1	-2	-3
-2°	1	1	0	0	0	-1	-1	-2
-1°	1	1	0	0	0	-1	-1	-1
0°	0	0	0	0	0	0	0	-1
1°	0	0	0	0	0	0	0	0
2°	-1	0	0	0	0	0	1	1
3°	-1	-1	0	0	0	1	1	2
4°	-2	-1	-1	0	1	1	2	2
5°	-2	-1	-1	0	1	2	2	3
6°	-3	-2	-1	0	1	2	3	4
7°	-3	-2	-1	0	1	2	3	5

Deklination / Geographische Breite	47°	48°	49°	50°	51°	52°	53°	54°
8°	-4	-2	-1	0	1	3	4	6
9°	-4	-3	-1	0	1	3	5	6
10°	-5	-3	-2	0	2	3	5	7
11°	-5	-3	-2	0	2	4	6	8
12°	-6	-4	-2	0	2	4	6	9
13°	-6	-4	-2	0	2	5	7	10
14°	-7	-5	-2	0	2	5	8	11
15°	-7	-5	-3	0	3	5	8	11
16°	-8	-5	-3	0	3	6	9	12
17°	-9	-6	-3	0	3	6	10	13
18°	-9	-6	-3	0	3	7	11	14
19°	-10	-7	-3	0	4	7	11	16
20°	-11	-7	-4	0	4	8	12	17
21°	-11	-8	-4	0	4	8	13	18
22°	-12	-8	-4	0	4	9	14	19
23°	-13	-9	-4	0	5	10	15	21
24°	-14	-9	-5	0	5	10	16	22
25°	-15	-10	-5	0	5	11	17	24
26°	-15	-11	-5	0	6	12	19	26
27°	-17	-11	-6	0	6	13	20	28
28°	-18	-12	-6	0	7	14	21	30
29°	-19	-13	-7	0	7	15	23	32
30°	-20	-14	-7	0	8	16	25	35

Veränderliche Sterne

Algol

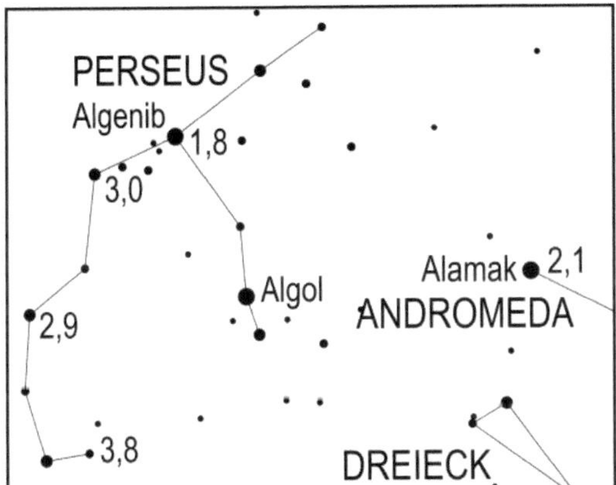

Aufsuchkarte für Algol. Die Dezimalzahlen bezeichnen die Helligkeitswerte (in mag) von Vergleichssternen zur Helligkeitsbestimmung.

Algol ist der bekannteste bedeckungsveränderliche Stern. Er hat eine Helligkeit von 2,1 mag. Alle 2,8673 Tage wird der hellere der beiden Sterne vom schwächeren bedeckt, wobei seine Helligkeit innerhalb von 5 Stunden auf 3,4 mag zurückgeht, um anschließend wieder im gleichen Zeitraum auf den ursprünglichen Wert anzusteigen. Nach einer halben Periode bedeckt die hellere Komponente des Algol-Systems die schwächere, wodurch ein Nebenminimum entsteht. Dieses hat einen Betrag von unter 0,1 mag und kann mit bloßem Auge nicht erkannt werden.

Algol-Minima 2024

Es sind nur diejenigen Minima aufgeführt, die während der Nachtstunden stattfinden und bei denen Algol eine Höhe von mehr als 15° über dem Horizont hat. Alle aufgeführten Minima sind Hauptminima (Zeiten in MEZ).

7.1.2024 2:02, 9.1.2024 22:51, 12.1.2024 19:40, 30.1.2024 0:36

1.2.2024 21:26, 4.2.2024 18:15, 21.2.2024 23:11, 24.2.2024 20:01

15.3.2024 21:46

7.4.2024 20:20

27.6.2024 3:12

20.7.2024 1:41

9.8.2024 3:22, 12.8.2024 0:10, 29.8.2024 5:02

1.9.2024 1:51, 3.9.2024 22:39, 21.9.2024 3:31, 24.9.2024 0:20, 26.9.2024 21:08

11.10.2024 5:12, 14.10.2024 2:01, 16.10.2024 22:50, 19.10.2024 19:38,
31.10.2024 6:54

3.11.2024 3:43, 6.11.2024 0:31, 8.11.2024 21:20, 11.11.2024 18:09, 23.11.2024 5:25,
26.11.2024 2:14, 28.11.2024 23:03

1.12.2024 19:52, 4.12.2024 16:41, 16.12.2024 3:58, 19.12.2024 0:47, 21.12.2024
21:36, 24.12.2024 18:25

β (Beta) Lyrae

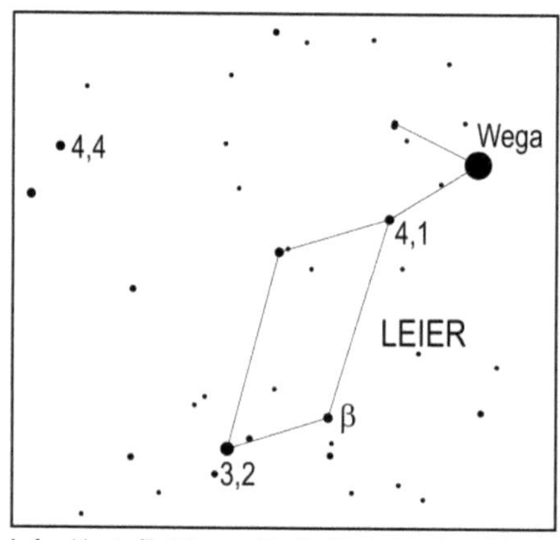

Aufsuchkarte für β Lyrae. Die Dezimalzahlen bezeichnen die Helligkeitswerte (in mag) von Vergleichssternen zur Helligkeitsbestimmung.

Die Helligkeit des bedeckungsveränderlichen Sterns β Lyrae schwankt mit einer Periode von 12,9075 Tagen zwischen 3,4 mag und 4,6 mag. Im Unterschied zu Algol ist bei β Lyrae das Nebenminimum, bei dem die Helligkeit auf 3,9 mag zurückgeht, gut beobachtbar. Die Haupt- und Nebenminima von β Lyrae folgen direkt aufeinander und es gibt keinen Zeitraum konstanter Helligkeit bei diesem Stern. Das System von β Lyrae besteht nicht nur aus den beiden, sich gegenseitig bedeckenden Sternen, sondern auch noch aus zwei Sternen, die im Fernglas bzw. Fernrohr beobachtet werden können. Ersterer hat eine Helligkeit von 7,1 mag und befindet sich in südsüdöstlicher Richtung vom Hauptsystem in 45,7" Abstand, letzterer steht 85,8" nordnordöstlich des Hauptsystems und hat eine Helligkeit von 10,6 mag.

Hauptminima von β Lyrae 2024

Es sind nur diejenigen Hauptminima aufgeführt, die während der Nachtstunden stattfinden und bei denen β Lyrae eine Höhe von mehr als 15° über dem Horizont hat. (Zeiten in MEZ).

5.1.2024 6:00, 18.1.2024 4:40

28.10.2024 23:37

10.11.2024 22:19, 23.11.2024 21:01

6.12.2024 19:43, 19.12.2024 18:24

Nebenminima von β Lyrae 2024

Es sind nur diejenigen Nebenminima aufgeführt, die während der Nachtstunden stattfinden und bei denen β Lyrae eine Höhe von mehr als 15° über dem Horizont hat. (Zeiten in MEZ).

11.1.2024 17:20

20.5.2024 4:01

2.6.2024 2:41, 15.6.2024 1:21, 28.6.2024 0:02

10.7.2024 22:43, 23.7.2024 21:24

5.8.2024 20:05

13.12.2024 7:04

δ (Delta) Cephei

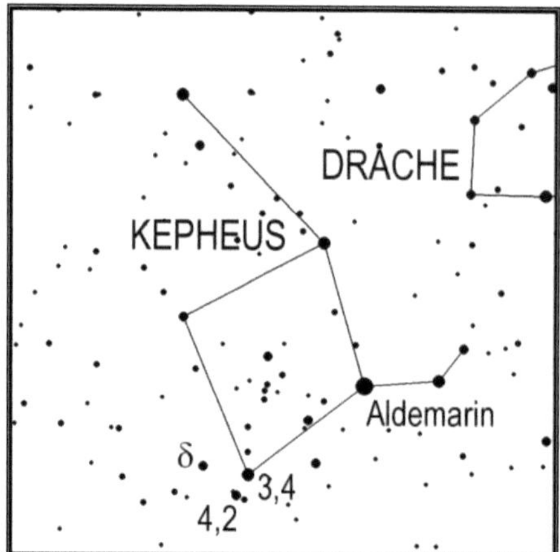

Aufsuchkarte für δ Cephei. Die Dezimalzahlen bezeichnen die Helligkeitswerte (in mag) von Vergleichssternen zur Helligkeitsbestimmung.

Die Helligkeit des physikalisch-veränderlichen Sterns δ Cephei, welcher der Prototyp einer Klasse veränderlicher Sterne ist, schwankt zwischen 3,5 mag und 4,4 mag mit einer Periode von 5,36643 Tagen. Seine Lichtkurve ist stark asymmetrisch: der Abfall von der Maximalhelligkeit zur Minimalhelligkeit dauert 4 Tage, während der Anstieg zum Maximalwert nur 1,36 Tage lang andauert.
δ Cephei hat einen 6,4 mag hellen Begleiter in 41" Abstand, der schon im Feldstecher gesehen werden kann.

Maxima von δ Cephei 2024

Es sind nur diejenigen Maxima aufgeführt, die während der Nachtstunden stattfinden. Für Beobachter in Mitteleuropa hat δ Cephei immer eine zur Beobachtung ausreichende Höhe über dem Horizont (Zeiten in MEZ).

10.1.2024 18:52, 16.1.2024 3:40, 26.1.2024 21:15

1.2.2024 6:03, 11.2.2024 23:39, 28.2.2024 2:03

9.3.2024 19:38, 15.3.2024 4:26, 25.3.2024 22:01

11.4.2024 0:24, 27.4.2024 2:46

7.5.2024 20:21, 23.5.2024 22:43

9.6.2024 1:04, 25.6.2024 3:26

5.7.2024 21:00, 21.7.2024 23:22

7.8.2024 1:43, 23.8.2024 4:05

2.9.2024 21:40, 19.9.2024 0:02

5.10.2024 2:24, 15.10.2024 19:59, 21.10.2024 4:47, 31.10.2024 22:22

6.11.2024 7:09, 17.11.2024 0:45, 27.11.2024 18:21

3.12.2024 3:08, 13.12.2024 20:44, 19.12.2024 5:32, 29.12.2024 23:08

Mira

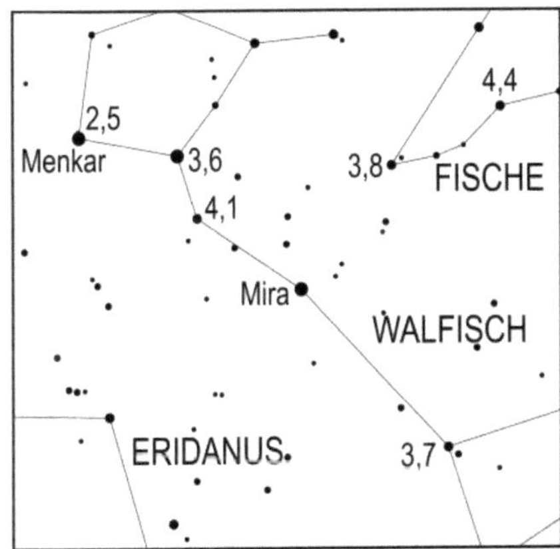

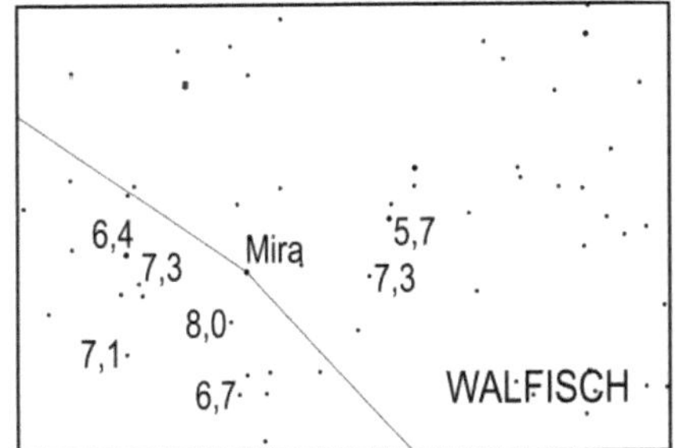

Aufsuchkarte für Mira. Die Dezimalzahlen bezeichnen die Helligkeitswerte (in mag) von Vergleichssternen zur Helligkeitsbestimmung.

Miras Helligkeit schwankt mit einer Periode von 332 Tagen zwischen 2,0 mag und
10,1 mag. Sie ist somit im Maximum mit bloßem Auge als auffälliger Stern zu sehen,
während es im Minimum ein Fernrohr benötigt, um sie zu sehen. Allerdings erreicht
Mira nicht in jedem Maximum 2,0 mag. Es wurden schon Maxima mit einer Helligkeit
von nur 4,9 mag registriert. Miras Minimalhelligkeit fällt manchmal auch größer als der
Maximalwert aus und erreichte in manchen Jahren nur 8,6 mag. Mira erreicht ihr
Minimum am 5.1.2024 und ihr Maximum am 10.5.2024.

χ (Chi) Cygni

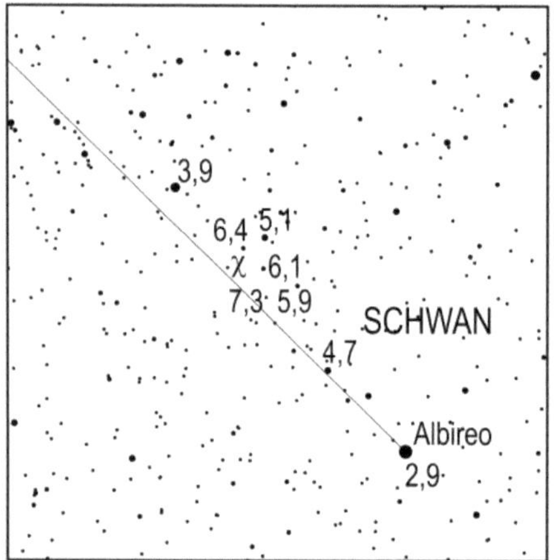

Aufsuchkarte für χ Cygni. Die Dezimalzahlen bezeichnen die Helligkeitswerte (in mag) von
Vergleichssternen zur Helligkeitsbestimmung.

χ Cygni gehört zu den pulsationsveränderlichen Sternen mit dem größten
Lichtwechsel, denn dieser Veränderliche vom Mira-Typ mit einer Periode von 408,7
Tagen kann im Maximum eine Helligkeit von 3,4 mag erreichen, während im Minimum
seine Helligkeit auf 14,2 mag zurückgehen kann. Man kann diesen Stern somit im
Maximum gut mit freiem Auge sehen, während zu seiner Beobachtung im Minimum
ein Fernrohr von 30 cm-Durchmesser erforderlich ist. Wie bei Mira erreicht auch
χ Cygni nicht in jedem Minimum und jedem Maximum die oben genannten Werte. Die
mittlere Maximalhelligkeit von χ Cygni beträgt 4,8 mag, die mittlere Minimalhelligkeit
13,4 mag. Es wurden schon Maxima mit einer Helligkeit von 6,5 mag registriert.
χ Cygni erreicht sein Minimum am 27.1.2024 und sein Maximum am 11.7.2024.

R Hydrae

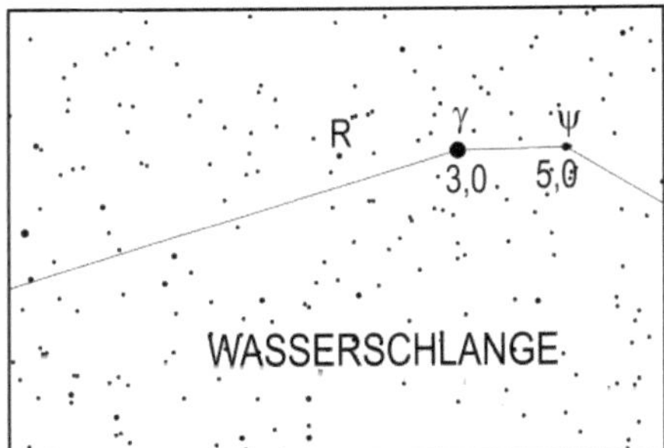

Aufsuchkarte für R Hydrae. Die Dezimalzahlen bezeichnen die Helligkeitswerte (in mag) von Vergleichssternen zur Helligkeitsbestimmung.

R Hydrae ist ein weiterer, leicht beobachtbarer Mirastern, dessen Helligkeit mit einer leicht veränderlichen Periode von 389 Tagen zwischen 3,5 mag und 10,9 mag schwankt. R Hydrae erreicht sein Maximum am 10.6.2024 und sein Minimum am 21.12.2024.

R Leonis

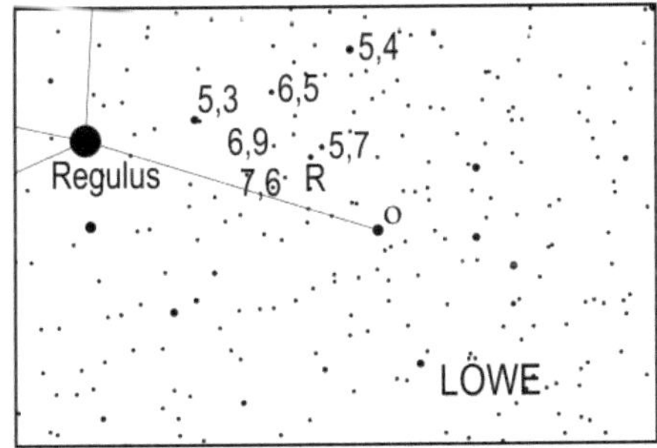

Aufsuchkarte für R Leonis. Die Dezimalzahlen bezeichnen die Helligkeitswerte (in mag) von Vergleichssternen zur Helligkeitsbestimmung.

R Leonis ist ein Mirastern im westlichen Teil des Sternbildes Löwe. Seine Helligkeit schwankt mit einer Periode von 312 Tagen zwischen 4,3 mag und 11,7 mag. R Leonis erreicht sein Maximum am 28.3.2024 und sein Minimum am 4.9.2024.

Impressum

Bibliografische Information der Deutschen Nationalbibliothek: Die Deutsche Nationalbibliothek verzeichnet diese Publikation in der Deutschen Nationalbibliografie: detaillierte bibliografische Daten sind im Internet über dnb.dnb.de abrufbar.

© 2023 Harald Lutz
Herstellung und Verlag: BoD – Books on Demand, Norderstedt

ISBN: 978-3-7578-0899-0

Umschlaggestaltung: Harald Lutz unter Verwendung selbst angefertigter Fotografien.

FSC
www.fsc.org
MIX
Papier aus ver-
antwortungsvollen
Quellen
Paper from
responsible sources
FSC® C105338